装备科技译著出版基金

可靠性维修性保障性

系统工程师最佳实践

Reliability, Maintainability, and Supportability: Best Practices for Systems Engineers

[美]迈克尔·托尔托雷拉　著
李小倩　译
宋太亮　审校

国防工业出版社
·北京·

著作权合同登记　图字：军-2016-055 号

图书在版编目(CIP)数据

可靠性维修性保障性系统工程师最佳实践/(美)迈克尔·托尔托雷拉(Michael Tortorella)著;李小倩译.—北京:国防工业出版社,2019.9

书名原文:Reliability,Maintainability,and Supportability:Best Practices for Systems Engineers

ISBN 978-7-118-11867-4

Ⅰ.①可…　Ⅱ.①迈… ②李…　Ⅲ.①系统可靠性-研究　Ⅳ.①N945.17

中国版本图书馆 CIP 数据核字(2019)第 126826 号

※

国防工业出版社出版发行

(北京市海淀区紫竹院南路 23 号　邮政编码 100048)

三河市腾飞印务有限公司印刷

新华书店经售

*

开本 710×1000　1/16　**印张** 23　**字数** 402 千字

2019 年 9 月第 1 版第 1 次印刷　**印数** 1—2000 册　**定价** 128.00 元

(本书如有印装错误,我社负责调换)

国防书店:(010)88540777　　发行邮购:(010)88540776

发行传真:(010)88540755　　发行业务:(010)88540717

序

现代战争是基于信息系统的一体化联合作战,是体系对体系的对抗,作战强度高,对装备可靠性维修性保障性要求高,对保障的依赖性大。与此同时,武器系统复杂程度、信息化水平不断提高,更进一步加大了实现装备可靠性维修性保障性要求的难度,增加了部队的保障难度和负担。国内外的大量实践证明,装备可靠性维修性保障性是提高武器装备作战能力和战备完好性的倍增器,是降低寿命周期费用和保障负担的重要因素。

装备可靠性维修性保障性是武器系统的一项重要性能指标,是一种设计特性,也是一种使用特性,需要在设计上予以实现,同时与生产制造、使用保障因素直接相关,需要在使用保障上采取相应保证措施。因此,达到可靠性维修性保障性要求,发挥可靠性维修性保障性水平,不仅是设计工程师的责任,同时也是生产制造和使用保障人员的共同责任。然而,可靠性维修性保障性特性影响因素复杂多变,与产品结构、材料、工艺、环境因素、使用模式等的相互联系、量化关系还没有完全掌握。加之,装备研制保进度,实现战术技术指标的压力大,可靠性维修性保障性指标没有在武器系统型号工作中得到足够的重视。实际上,可靠性维修性保障性指标应当是战术技术指标的重要组成部分,不可或缺。

由于对可靠性维修性保障性特性重视不够,造成武器系统交付部队后,故障多发、繁发,部队保障困难等情况比较普遍。同时,随着我国武器系统研制水平的不断提高,战术技术性能水平与国外同类装备相比差距在不断缩小,但有些装备的可靠性维修性保障性水平差距在扩大。实际上,实现可靠性维修性保障性要求已经有一套理论方法和工程实践,这些工程实践可以称为最佳实践,最佳实践已经上升为标准。这些最佳实践中的部分设计与分析方法,已经纳入国家军用标准 GJB450A《装备可靠性工作通用要求》、GJB368B《装备维修性工作通用要求》和 GJB3872《装备综合保障通用要求》等相关标准。我国装备设计过程比较缺乏的是工程实践。

《可靠性维修性保障性系统工程师最佳实践》一书,专注于实现客户需要的、明确的、容易被利益相关者理解的和可验证的各种可靠性维修性保障性要求,提供了用于需求开发、定量建模、统计分析、试验验证等方面的工程技术和最佳实践。

本书是一本难得的介绍可靠性维修性保障性工程最佳实践的参考书，可以帮助系统工程师和相关专业的研究生学习如何有效地确定和开发相应需求，帮助设计师完成充分满足客户需求的系统设计。

希望本书的引进、翻译和出版能对提高我国武器系统可靠性维修性保障性水平起到积极的促进作用，也希望广大的需求确定人员、设计开发人员、试验人员、保障人员加强最佳实践的积累、研究和应用，加强交流，不断总结出我国武器系统可靠性维修性保障性工程的最佳实践。

中国航天科工集团第二研究院二十三所积极吸收借鉴国外先进可靠性维修性保障性理论与工程实践，翻译团队能够正确理解原书英文核心要义，翻译专业水平高、翻译质量高。希望能为我国设计开发出高可靠性、易维修、好保障的武器系统，实现强军目标做出更大贡献。

2019 年 6 月

译 者 前 言

武器装备的可靠性维修性保障性工作是一项极为复杂而艰巨的工作，为了提高武器系统的性能，不仅要做好可靠性要求分析和设计，在生产和使用阶段也需要考虑影响可靠性维修性保障性的相关因素及关键指标，发挥可靠性维修性保障性水平，降低寿命周期费用，提高武器装备的作战能力和保障能力。

本书由迈克尔·托尔托雷拉（Michael Tortorella）所著，从系统工程的角度详实地说明了在工程上如何从提出相应的要求开始，落实可靠性维修性保障性相关工作，通过将可靠性维修性保障性工作与系统全局工作紧密结合，最终达成满足或超过用户要求的性能指标，是近年来一部全面阐述推进可靠性工程、维修性工程及保障性工程实践的实用性书籍。

本书的翻译工作力求忠实原著，并易于理解。翻译出版本书的主旨在于介绍和推广实施一项可持续性工程活动时构建可靠性维修性保障性模型所需要的可持续性要求、方法、工具和技术，供系统工程师、可靠性工程师和项目管理人员参考。特别是期望通过重点关注确定和监控可靠性维修性保障性要求的角色与职责，引导实现多方受益的工程实践，促进系统工程和可持续性技术的发展，提高我国装备可靠性设计的水平，从而创造出更大的经济效益和军事效益。

全书由李小倩等翻译，其中：第 1 章和第 2 章由李小倩翻译；第 3 章和第 4 章由高龙翻译；第 5 章和第 6 章由李小倩、刘佳翻译；第 7～11 章由李小倩、郭冠博翻译；第 12 章和第 13 章由李小倩、林冠豫翻译。全书由李小倩负责技术审校，由宋太亮和李小倩主审，参与审校的还有王绪智、蔡建平、朱美娴、丁利平、王迪等。

由于译者水平有限，书中难免有疏忽和错误之处，恳请各位读者批评指正。

译者

2019 年 6 月

前　言

目的和原理

可靠性、维修性、保障性等可持续性发展工程领域的学生与专业技术人员有很多文献及参考书目可选择,涵盖了可靠性数学原理等理论性专著、维修性和逻辑建模应用、可靠性物理研究以及系统管理等多个方面。但是仍显不足,有必要向系统工程师介绍如何更好地实施一项可持续性工程活动,说明活动的目的和意义即可,而不必涉及所有的工作细节。本书正好可以满足这方面的要求。

基于几十年电信业可持续性工程和管理的从业经历,以及从事相关研究和教学的经验,我从实际中总结出了一些实质性的观点。

(1) 很少有可持续性学科的公共出版物根据学科特点专门关注核心的系统工程任务,即提出、管理和追踪这些专业的要求。

(2) 授予可持续性工程专业学位的人员数量很少,这就意味着很多系统工程师直到工作时才接触到相关的思想和理念。

(3) 文献中查到知识与可持续性工程日常实践之间的鸿沟越来越大。很多系统工程师使用过于简单的模型和工具处理可持续性工程任务,因而错失了以更低成本提出更丰富、更完善的产品管理和改进的机会。

(4) 因为业务范围广泛,系统工程师需要得到专家支持,才能撰写高质量的可持续性要求,理解可持续性发展工程专家给他们提供的结果,追踪可持续性要求的执行状态。因此,他们需要足够的本领域背景知识来成为专业团队理想的供应商和客户。

(5) 用于执行复杂的可持续性工程任务的许多基本的软件工具,经常包含过于简单的假设,依靠用户判断结果是否合理,并不能帮助用户了解该工具是否可以达到期望的结果。

可持续性工程和管理不是晦涩难懂、神秘莫测的一个知识分支。它是人类在一些管理准则基础上进行的一种尝试。本书的目的在于为系统工程师提供这些准则。创建适当的可持续性要求,是开发出满足用户要求和期望的可靠性、维修性、保障性系统,以及提升供应商成功率和利润率的关键步骤。相反,不完整、没有重点或不适当的要求,将使得客户对他们购买和使用的系统不满意,供应商的保修成本和维修成本也会增加,并失去良好的商誉。本书的目的还有为系统工程师提供编制可持续性要求所需的原理与工具,使得产品或系统能够成功地满足客户对可靠性、维修性、保障性的需要和期望,同时也保证成本可控。还有一个目的是使系统工程师能够通过对现场设备数据的理解和分析,判定可持续性要求是否得到满足。最后,本书充分探讨了可靠性、维修性和保障性的定量建模,用于保障系统工程师完成工程、管理、验证和交流等任务。

需要注意的是,本书并不打算作为可靠性数学理论(或者维修性、保障性数学基础)方面的教科书。相反,当系统工程师需要构建自己所需的可靠性维修性保障性模型时,我们期望本书能为他们提供有关这些理论的成果。更重要的一点是,他们能够成功地获得并使用这些学科的专业工程师提供给他们的信息。客户-供应商模型为这种交互提供了很好的背景:

- 系统工程师扮演供应商的角色,向专业工程师提供清晰有效的产品可靠性、维修性、保障性要求。
- 系统工程师扮演客户的角色,在系统开发期间,由专业工程师团队为他们提供可靠性、维修性、保障性模型、数据分析等。

因此,系统工程师需要熟练掌握这些领域的语言和概念,而不是非要自己开展广泛的建模或数据分析。本书是要正确描述必要的语言和概念,而不是为引用的结论提供数学验证。虽然这些数学细节不是本书的写作目的,但对于想详细探讨可靠性数学理论的读者,本书提供了相应的参考文献。

目标

希望这本书能够让系统工程师牵头开发出可靠性、维修性、保障性均满足甚至超出用户期望的系统(在书中我们将笼统理解为涵盖产品与服务),并且能让他们的雇主获得成功和收益。我的目的是让系统工程师可以自己运用本书中以用户要求为导向探讨的最佳实践,并鼓励他们的保障性工程专家一起利用。为了避免舍本逐末,我们不断重温涉及的所有应用领域中的基本问题和首要原则,包括硬件产品、软件密集型系统、服务以及要害系统等应用领域。我写这本书的目的是帮助系统工程师选择合适的方法和工具实现他们的目标,从而创造出与用户需求且与期望相一致的最适合的可持续要求,以及成为成功的供应商。

结构组成

每一位作者都倾向于认为自己的作品结构完美、逻辑清晰,能够带给读者独特丰富的体验。如果真能如此容易就好了。学习的成功主要取决于学生的努力,我只能尽力让学生的学习更容易些。我希望在本书中讲述的方法能达到这个目的。

- 本书分为可靠性、维修性和保障性工程三大部分。每个部分中都包含以下相关内容。

(1) 要求分析。

(2) 适用于对要求进行充分理解、开发、解释的定量建模。

(3) 用于检查系统运行是否满足要求的统计分析。

(4) 以上每一个方面的最佳实践。

● 我多次强调要正确使用术语。正如第 1 章所讨论的,可持续性工程使用的术语中包含许多在普通用语中使用的相同词汇。这是非常重要的,你在任何时候都要有这个意识。为了帮助你在容易出现混淆的地方正确运用术语,我会在文中你需要注意的地方指出。这些实例用“用语提示”标识,它们在文中许多地方出现。

● 这本书主要是解决系统工程师关注的要求建立,以便产品设计师能达到客户的期望。因此,本书的重点在于建立要求时各种可持续工程方法和技术的应用。这些方法和技术

(1) 专注于客户需要。

(2) 清楚明了。

(3) 容易被客户、产品设计师、管理人员等理解。

(4) 能够通过对系统运行数据的收集和分析得到检验。

本书会在必要或方便时引入“要求提示”,以促进上述目标的实现。

● 系统工程师的一个同样重要的工作是确定在客户环境中运行的系统何时满足要求。因此,本书各大部分中均有一章或一节专门介绍完成这项任务所需的统计分析。

● 书名强调的是“最佳实践”。在每章最后一部分都总结了当前的最佳方案。

● 最后,必须认识到,我们所做的一切都是一个过程,所做的一切都可以得到改进。要求分析和验证都不例外(事实上,本书也不例外,欢迎读者提出建议,帮助下一个版本更好)。

迈克尔·托尔托雷拉

致　谢

我非常幸运能与许多才华横溢、关心他人的人共事,他们向我分享了很多知识和经验,帮助我逐步完善自己对可靠性领域的见解。首先,我要感谢已故的 Norman A. Marlow,他给了我在网络和服务可靠性方面研究探索有趣和重要问题的机会,是我早期在贝尔实验室开展职业生涯的领路人。Elsayed A. Elsayed 和 Endre Boros 帮助我建立了与罗格斯大学愉快且富有成果的关系。许多其他同事和朋友付出了时间和专业知识来帮助我更多地了解可靠性工程。其中包括 Susan Albin, Sigmund J. Amster, Lawrence A. Baxter, Michele Boulanger, Chun Kin Chan, Ramon V. Leon, Michael LuValle,和 William Q. Meeker。Jose Ramirez-Marquez 帮助我将研究继续开展下去。与 Bill Frakes 合作的"特别"项目非常有趣并且很有教育意义。A. Blanton Godfrey, Jeffrey H. Hooper 和 William V. Robinson 为我提供了极其宝贵的管理支撑,Jon Bankert 和 Jack Sipress 为我提供了与贝尔实验室的海底电缆实验室合作的机会,在那里我学习并实践了很多可靠性工程方法。我很感谢史蒂文斯理工学院聘用我讲授基于我的想法的系统工程课程。非常感谢 Chun Kin Chan, Bill Frakes 和 D. A. Hoeflin 对手稿的仔细阅读并提出很好建议。我也从与 David Coit, ElsayedElsayed, ShirishKher, MohceneMezhoudi, Himanshu Pant, William V. Robinson 和 Terry Welsher 的交谈中获益匪浅。除了我的同事之外,我还要感 Harry Ascher, Alessandro Birolini, IlyaGertsbakh 和 William A. Thompson。通过阅读和学习他们所著的知识丰富、逻辑清晰的书籍,帮助我成为一名更好的可靠性工程师。Laura Madison 帮助我整理了一些非常晦涩难懂的资料,她耐心地完成了一份大大超出她预期的工作,非常令人感激。最后,我要感谢 Andrea 对我频繁和长期沉迷在写作中的耐心。对于所有这些,以及更多没有提到的人们,感谢你们帮助我完成这本书。我尝试着听从你们的建议,但我有时是一个固执的家伙,所以书中难免还有错漏之处,敬请谅解。

迈克尔·托尔托雷拉

作 者 简 介

迈克尔·托尔托雷拉(Michael Tortorella) 是新泽西州罗格斯大学RUTCOR(罗格斯运筹学研究中心)的访问学者,同时也是史蒂文理工学院的系统工程兼职教授。他是Assured Networks LLC公司的创始人和总经理,从事下一代网络的设计、性能分析以及可靠性咨询服务。他曾经是贝尔实验室的一位杰出的技术人员,被公认为是可靠性设计、网络设计和性能分析等方面的领军人物。

目　　录

第1部分　可靠性工程

第2部分 维修性工程

第3部分 保障性工程

第 1 部分

可靠性工程

第 1 章　系统工程和可持续性学科

1.1 概　　述

1.1.1 系统工程师确定和监控要求

教科书市场上有许多高质量的书籍，它们给学生、专业人员和研究人员提供了许多关于可靠性工程、维修性工程与保障性工程等可持续性学科的观点。然而，我们在这本书里讲述的观点与其他书籍不同。本书的重点侧重于系统工程师在确定和监控可靠性、维修性、保障性要求方面的角色和职责，这些要求将产生最有可能让客户满意、让供应商受益的产品开发和服务保障。系统工程师在这个过程中发挥着举足轻重的作用。如果要求错了，产品或服务成功的可能性几乎为零。在开发过程中需要尽早确定质量和可靠性要求，这就需要系统工程师重视并理解可持续性学科是如何催生成功的产品和服务的，以及扩大其用于生成和验证可持续性要求的工具包。本书的首要目的是为系统工程师提供所需的知识，以便其提出明确、简洁、有效的可持续性要求。

客户和供应商还想知道交付的产品和服务是否满足要求。例如，许多电信服务提供商面向大客户提供服务水平协议（SLA）（见 8.6 节）。SLA 通常规定了所提供服务的可靠性标准[11,12]；如果在规定的服务期内违反了这些标准，将向客户做出全部或部分赔偿。此外，许多商用和消费产品的供应商都提供保修，保修服务的费用由供应商承担。这些经济效益显著的例子证明了系统地确定要求

(在规划阶段)以及尽可能满足要求(在使用阶段)的重要性。因此,本书的第二个主要目的是向系统工程师提供所需的概念、工具和技术,用以开展分析以确定是否符合定量的可持续性要求。

1.1.2 合适的要求是成功的关键

要求是产品或服务成功的关键因素。因此,需要了解什么是合适的要求。合适的要求至少有两个重要特征。

(1) 要能够形成文字,以反映客户所期望的结果(产品或服务的属性或特性)。

(2) 要求是明确的,也就是有明确的标准来判定要求是否得到满足。

要求应该包括用户需要或期望的产品或服务的每一个属性或特性。如果你想要什么东西,就必须提出具体要求,否则能否获得只能凭运气了,没有其他可靠的方法能确保产品或服务拥有该属性或特性。这个观点是大家公认的,这里只不过是重述一遍。想想有个客户,如电信服务提供商,他需要一台可靠的备用发电机以确保在不能获得公用供电期间保持服务的连续性。如果客户没有规定备用发电机需要的无故障工作时间,那么系统设计师就没有依据用来确定使用哪一种备用发电机,以及需要采取哪些措施确保它在需要的时间内正常工作。随便选择某一种备用发电机,其可靠性可能无法满足用户要求。这个例子中,如果没有一个明确的计划,你得到的可能就不是你需要的。合适的要求必须是完整的(涵盖客户需要的所有特性和属性)。

提高要求明确程度的最佳途径是定量地表述要求。可持续性领域的大多数要求都涉及某些可量化的变量。例如,我们可能希望限定完成某项特定修理工作所需的时间。要落实这一限定,就要将这个时间作为要求的一个主题。在工程实践中,完成一项修理工作所需的时间受多种因素的影响,包括控制因素(系统设计师和用户能够控制的那些因素)和干扰因素(被认为是“随机的”、不能由设计师或用户调整的那些因素)①。这样一来,人们就习惯性地将要求中出现的可量化变量理解为随机变量,就像概率论中用的一样。也就是说,该变量在不同产品或服务上所取的值可能彼此都不同,且不可预测。例如,例子中规定的修理时间会受多种因素的影响,如所需备件的位置和获得的方便程度、所需文档的位置和获得的方便程度、修理人员的训练程度等。系统设计人员可以适当地选择

① 在统计学设计的实验背景下,这种概念化操作方法在现实世界中是首先由 Genichi Taguchi 在 20 世纪 80 年代[10]引进的。它说明一个给定的产品或服务实现的程度是由要求决定的,以及如何安排设计,包括考虑在设计中需要多少保证金,以减轻干扰因素对最终结果的影响。

对它们的要求有影响的这些因素。有关维修性考虑见本书第 2 章。然而,修理时间也会受设计人员无法控制的因素影响,例如,操作人员在开始修理之前已经上了一个满班,他的疲劳程度如何;操作人员是否要应对室外作业的恶劣天气等。设计人员无法控制这些干扰因素。基于这个原因,产品或服务的设计受干扰因素的影响应该是稳健的。这意味着,产品或服务应该对干扰因素的变化不敏感。随着稳健设计学科[7,14]的发展,这项工作已经系统化。在这方面表现稳健的产品或服务就可能发生较少的故障,从而使稳健设计成为系统工程师和设计人员的一个重要工具。6.8 节将更详细地论述这个话题。

对照一组要求来评估产品或服务性能时需要用到统计思想,这一点是很重要的。监测产品或服务在使用中的性能会生成每项要求的数据。这些数据可以是普查结果,也可以是全体装机系统中的一个样本。处理普查数据很简单,第 5 章和其他地方给出了许多例子。抽样数据的分析需要采用一致的统计方法,尊重数据采集的采样特性,以便获得有关产品或服务表现情况的宏观信息。本书各章都有关于这些分析的详细论述,在此不再深入讨论,但要指出,性能表现和要求之间的比较,用概率、重要程度和置信区间等统计指标表示。实际使用情况会带来不确定性,特别是,当无法收集到全部数据时,能否对是否满足要求做出绝对判断,还要取决于要求的表述形式(见第 3 章和第 5 章)。

1.1.3　可持续性要求非常重要

系统工程的存在就是为了促进产品与服务开发和部署的某些结果。这些结果包括客户满意度和供应商的盈利能力。系统工程师用来实现此功能的基本工具是确定具体产品或服务属性的要求并进行监控。这样的特性有很多,本书关注的焦点是与可靠性、维修性、保障性相关的那些特性。不过,在聚焦之前,需要全面讨论一下系统工程在这些学科中的作用。

促成某些关键的结果是系统工程的一个主要功能。例如,在可靠性方面,分析客户的要求可能发现,客户主要关心的是故障率,也许是因为排除故障需要派一个维修小组到偏远或难以到达的地方去,而客户的愿望是尽量减少这些行为的开支。因此,系统工程师要提出一项关于故障率的要求,就像“每套系统每 10 年发生需要派遣服务人员的故障不得超过一次”这样的内容。在第 2 章里,我们将知道为什么这个要求是不完整的(它缺乏关于满足该故障率要求所需条件的说明)。这里要强调的是,它是根据客户的要求以及为了满足这些要求而设计到系统中的能力来确定的。

就像为达到某种目标而进行的任何努力一样,了解接近这些目标的过程是必要的。这是质量工程的一项基本原则,根据该原则,设计和改进产品或服务的任何工作都要建立在理解如何创建和使用产品或服务过程的基础上。系统工程师的作用就是促成这些结果。在可持续性学科领域,这些结果代表了产品或服务在可靠性、维修性和保障性方面的要求,从而使产品或服务能满足客户要求并给供应商带来利润。要有效地做到这一点,他需要了解实现这些结果所使用的过程。然后,才可以确定该过程中的关键点,在这些点进行监测可以最有效地引导过程朝所要的结果发展。

1.1.4 需要采取有针对性的行动来实现要求中所提出的目标

系统或服务开发通常从一份"愿望清单"开始,它列出了对客户有吸引力的各种属性或特征,应根据这个特征清单创建一组要求。在本书中,我们将要求分为属性要求和可持续性要求。属性要求包括功能、性能、物理和安全要求。可持续性要求是与可靠性、维修性和保障性相关的那些要求,也就是开发的系统或服务不仅在开始时能令人满意地工作,而且之后还能继续令人满意地工作非常长的时间,以便得到足够高的客户满意度并且使供应商足够盈利,达到物有所值。

必须采取精心的聚焦行动,设计并实现满足要求的系统或服务。这些行动称为"为 x 而设计",x 可以指任何一类要求。对于属性要求确实是这样,但在本书中,我们强调可靠性设计、维修性设计以及保障性设计,将其作为通过系统的、可重复的、基于科学的行动实现目标的关键途径。如果不高度关注"为 x 而设计",那么,任何要求目标都只能靠运气来实现,而靠运气达到所有要求的可能性确实是渺茫的。尤其是,当可靠性、维修性和保障性被那些在这些领域缺乏训练的人视为"无稽之谈"时,其实现将超出大多数工程师的能力。我们在第 6 章、第 11 章和第 13 章分别讨论可靠性设计、维修性设计和保障性设计。我们认为,这些领域的行动应该是系统的、可重复的和有扎实科学根据的,可以被大多数工程师学会并加以运用的。

最后指出,几乎所有的"为 x 而设计"的组成部分都易于定量建模和优化。例如,可以按随机网络对一个修理厂的布局和工艺流程进行建模(见第 13 章)并在此基础上进行优化,从而消除效率低下的问题,实现更快、更经济的运行。关于是否介入到更深细节的决定主要取决于对预防成本和外部故障成本的权衡。在这种情况下,经过优化的维修设施修理机构要倡导更快地修复故障、缩短系统中断时间、加快客户的周转时间。这是值得的(即使可能难以量化),但是否值得消耗稀缺、成熟的资源实行最优化取决于组织的质量管理方式。在有些情况下改进花费的时间可能要比优化所花费的时间长很多。在"为 x 而设计"的各章中将看到这种方法的很多例子,但不会每次都详细讨论。如果某种这类的重要技术有用而本书中没有涵盖到,我们会提供相应的参考资料。

1.2 目　　标

系统工程师要想有效地做这些事情,就需要制定并实现一定的目标。讲解如何实现这些目标就是本书的目的。

(1) 系统工程师需要知道开发的产品或服务是否成功的判定标准。成功的两个主要指标是提供产品或服务的组织的盈利程度,以及客户满意度。在本书中,我们强调可持续性要求、产品/服务的成功、可持续性模型之间的关系。

(2) 系统工程师通常不会被要求进行详细的可靠性、维修性和保障性建模,但他们仍然从这些领域专家得到关于可靠性、维修性和保障性方面的如下建议。

① 把确定可靠性、维修性以及保障性要求的工作分包给这些学科的专家小组。

② 加入与客户或供应商进行可持续性要求谈判的团队。

因此,系统工程师需要知道如何成为专业工程供应商的优质客户和可持续性要求的有效谈判者。这就需要对可靠性、维修性和保障性工程的一些细节有基本的了解。本书将提供这种信息,目标不是培养可靠性、维修性和保障性专业人员,而是培养优秀的专业信息使用者和高水平的谈判者。我们的目标是使系统工程师具备履行可靠性、维修性和保障性要求方面职责所需的技能,特别是能够提出好问题并找到问题的答案。有经验的可持续性工程师可能会发现,有关这方面的内容他们已经很熟悉了,不必重复,但我们还是再次强调一遍,以便给系统工程师提供所需的知识。

(3) 第三个目标(至少和前面提到的其他目标一样重要)是促进系统工程领域各相关方(包括客户代表、专业工程师、产品或服务开发团队、管理层和高管)之间明确、清晰的沟通交流。可持续性学科充满着专业术语,人们都渴望表现自己是内行,尽量使用专业术语。然而,我们坚信,最简单实用的想法才是最好的想法,你的想法必须是可以简单明了地解释清楚的,编写本书的首要目标是为了促进清晰、明确、一致的交流。我曾经服务过的一个经理人表示,有时"模糊"是必要的。但我的经验是,"模糊"更多是为了掩饰缺乏理解或玩文字游戏,而很少带来真正的好处。本书旨在帮助读者明确而简明地表达自己。有时,你可能会选择不这样做,但至少在需要这样做时能够做到。

(4) 除了简单介绍可持续性建模的技巧外,本书还想让系统工程师能够采用系统的和可重复的流程来确定系统与服务是否满足已确定的可持续性要求。在产品或服务开发过程中的这一关键步骤使得管理层能够根据可靠的数据和合理的分析开展质量提升工作。换句话说,这些要求验证是戴明循环中"检查"阶段的一部分。应该在对相关要求的成败有了准确判断后,再采取预防措施和纠正措施。本书旨在为读者提供一些概念、框架、工具和技术,用以高效地确定要求是否得到满足,并为实现基于事实的管理提供基础。

(5) 可持续性工程有时是由那些没有在这些学科进行过专门培训的工程师开展的。这些人本应充分利用可用的资源,但这些资源可能是用他们不熟悉的语言写的,在理解上可能会有很大差距。如果系统工程师的专业和教育背景与可持续性学科离得很远,则可能需要从可靠的渠道获得帮助以弥补这些差距。本书的目的之一是提供有关可持续性学科的资料,并考虑到系统工程师的各种需要。读者可以学到如何消除这些差距的内容,特别是关于使用明确的语言以避免混乱和模糊,在某些情况下,专家可能会认为这些内容繁琐、重复,但本书中精心准备的详细、具体的内容是可以帮助非专业人员很快地发挥实质性作用。

1.3 范　　围

可持续性学科包括可靠性工程、维修性工程和保障性工程。这些学科是有重大关联的(见第 2 章),是产品或服务取得成功的重要因素。为了加强对这些工程学科的学习,本书强调了某些观点,聚焦于特定的某些主题,对其他的主题没有做出讨论。

本书表达的基本观点是:要求是产品或服务取得成功的关键驱动因素。由于系统工程师是要求的提出者,他们必须能熟练地提出要求,引领正确的方向。因此,他们需要对 3 个可持续性学科都有足够的认识,能够制定出合理、有效的要求。本书的范围主要由这一要求决定。

1.3.1 可靠性工程

有效地完成可靠性工程任务需要两个关键技能:首先,了解产品或服务设计和制造过程中采取的措施是如何促进(或抑制)可靠性的;其次,有能力定量地开展可靠性建模和统计分析。因此,本书可靠性工程部分(第一部分)有以下两个目标。

(1) 通过学习有关故障模式和故障机理、故障原因和预防措施,为读者介绍各种电子和机械产品的可靠性设计。

(2) 提供有关定量的可靠性建模和统计分析的充足材料,使读者能够理解编写要求的意义,并能确定产品或服务的性能是否符合要求。

这不是关于可靠性物理、软件设计模式或一般的软硬件开发最佳实践的教科书。因此,本书用更为基本的术语达成第一个目标。希望读者从给出的故障模式和故障机理的例子中学到知识,并将其延伸到新的领域。这也不是一本可靠性数学理论的教科书,感兴趣的读者已经阅读了许多可靠性数学理论方面的高质量书籍,很多书籍已经被本书作为参考资料引用。本书中给出了足够的定量可靠性建模和统计分析,读者将了解到如何正确地将其说出来和写出来,如何理解该学科专业人员在系统工程和开发过程的相关工作及其提供的结果,如何确定产品或服务最终部署时可靠性要求得到满足的程度。可靠性工程专业人员可能会发现,在第 4 章给出的针对系统工程师的可靠性建模材料可能过于基础而且不完整。本书是有意用基础术语表述的,这样可以被非专业人士所接受。由于没有给出数学证明(尽管提供了大量的参考文献),可以说它是不完整的。但由于覆盖了可靠性建模中所有最重要的内容,它又是全面的。专业人员可能会发现,一些基础性讨论对其理解常用技术是有用的。

1.3.2　维修性工程

与可靠性工程一样,在维修性工程部分也还将提到,系统工程师需要了解在产品或服务的设计和制造中所做的工作是如何促进(或抑制)维修性的,他们还需要能够开展定量的维修性建模和统计分析。因此,本书维修性工程部分(第二部分)有以下两个目标。

(1) 通过研究影响维修性的关键因素,向读者介绍维修性设计。

(2) 提供有关定量的维修性建模和统计分析的充足材料,使读者能够理解编写维修性要求的意义,并能确定产品或服务的性能是否符合维修性要求。

必须认识到,维修性和可靠性不是相互独立的。正如在第 2 章中详细论述的,有关维修性的决策也会对系统可靠性产生影响。例如,特定系统的外场可更换单元结构,对该单元发生故障时不能工作的时间长短有影响,进而影响系统的可用性,可用性是系统可靠性的一个关键量度①。维修性设计要考虑这些影响,并指导系统工程师在将系统可靠性、维修性和成本一起考虑时,提出有效的维修性要求。当然,还是有必要在部署后评估满足维修性要求的程度,不仅要为评判客户赔偿提供必要的事实,还要为管理和改进系统维修性要求的创建过程提供事实基础。

1.3.3　保障性工程

系统的不可用性与不能工作的时间密切相关,保障性越差,不能工作的时间越长,保障性对于提高系统可靠性有着直接的作用。因此,合理的保障性很重要,不仅可以降低系统成本,还影响系统可靠性。本书的第三部分(保障性)强

① 在第 3 章和之后,我们将可用性作为一个可靠性指标对待。

调保障资源的优化配置,以便在注重保障成本的同时提高可靠性。因此,本书保障性工程部分有以下两个目标。

(1) 通过研究影响保障性的关键因素,向读者介绍保障性设计。

(2) 提供有关保障性优化和保障性数据统计分析的丰富材料,使读者可以了解编写保障性要求的意义,并能确定产品或服务的性能是否符合保障性要求。

如前所述,必须认识到,保障性和可靠性也不是相互独立的。如果创建彼此独立的可靠性和保障性系统要求,则忽略了它们之间的协同效应。

1.4 受　众

1.4.1 本书读者对象

虽然系统工程师和系统工程专业的学生是本书的主要受众,但其他人也可从中受益。对于已经明白可靠性的重要性但还不清楚如何去做的客户代表,如果了解系统工程如何工作,将有助于提出具体的可靠性要求,并将这些要求与每个需要的可靠性特征对应起来。可靠性、维修性和保障性工程的专业人员可以从本书中(特别是在针对现场结果与要求进行比较的数据分析技术的各章里)找到他们感兴趣的新材料,这几章对风险管理团队和一般的管理层也是有用的。设计和开发工程师将学到如何系统地开展可靠性设计、维修性设计和保障性设计,这是保证可持续性要求得以实现的关键。

1.4.2 前提条件

为了从本书获得最大受益,读者需要在某些学科方面具有一定的背景知识。首先是要熟练运用统计思维。可靠性、维修性和保障性工程领域使用的所有语言几乎都是基于概率和统计方法的。这些学科中处理的变量几乎都是不确定的,需要用概率和统计的语言正确处理。虽然本书不期望你是个概率行家,但对概率的概念、随机过程和统计推断等应有相当熟练的掌握。对于概率和随机过程,达到文献[3]的水平是有必要的。对于统计,可以考虑文献[2,6]。为了帮助读者理解那些不熟悉的概念和模型,在相关各章中提供了其他参考文献,以便获得更多的解释。

此外,本书还假设读者对质量工程有一定的了解和掌握。系统工程师对产品或服务的成功起着至关重要的作用,他们负责制定要求,以此开发能够吸引客户、让其信服的产品和服务。本书不深入研究质量工程方法,而是在需要时使用这些方法。文献[13]对此有很好的介绍。

1.4.3 配套要求

读者还应该意识到，在本书中有很多地方提出了建议系统工程师开展（或承包出去）的工作，但没有给出细节。例如，在第 12 章中，我们提出确定备件库存的适当规模是系统工程在系统保障方面的重要职责，并提到了解决这个问题的两个方法：一个是基于缺货概率的最小化，另一个则基于预算限制内系统可用性的最大化。然而，在书中并没有讨论这些方法的具体细节，因为它们在其他教科书或论文中都有充分介绍。针对这两种方法，我们都提供了参考文献，如果需要，可以从中获得这些方法。但通常情况下，这些应该是设计团队中专业人员该做的。系统工程师的责任是确保有人负责这些任务，大多数情况下不用亲自去做。系统工程师侧重于开发一个成功的系统或服务所需的可持续性工程任务，但不一定深入研究任务的操作细节。后者通常由开发团队的一些专业工程师负责开展，他们将根据需要使用其他资源。

书中也有几个例外的情况。选上它们主要是由于教学价值，有的例子是作者推荐的开展可持续性工程工作的新方法。例如，在第 13 章中，我们讨论了将修理厂的设计优化作为保障性设计一部分的例子。虽然大家肯定都知道随机网络流量模型可用于这项工作，但本书还是在第 13 章中对这一方法做了简要介绍。

“配套要求”是一个新词。希望它能帮助你记住我们所强调的，即系统工程师需要确保可持续性工程工作得以完成，同时，在许多情况下，对于工作的具体细节需要参考其他资料，后者主要是开发团队中专业工程师的责任范围。

1.5 导　　读

如果你是一名从业的系统工程师，应收集一系列你可能熟悉的可持续性要求。当你通读本书或者学习用本书开设的课程时，要研究所收集的要求是否符合所提的建议，要用文中所给材料理解其相似和差异之处。用可能的替代和改进方案进行试验，并反馈给作者。

如果你是系统工程领域的新人，希望你按照书中所给出的思路，在可持续性学科迅速成熟起来，能够创建明确且有效的可持续性要求。

1.6 在可靠性维修性保障性工程领域取得成功的关键因素

1.6.1 客户与供应商的关系

要求不是凭空产生的。要有效地确定要求，必须了解客户–供应商的关系。

(1) 首先要考虑从供应商那里购买系统(或服务)的客户。客户是决定供应商在该系统或服务的提供中是否有利可图的外部因素。要求必须出自对该客户需求的深刻理解。目前已有系统的程序可用来引出这些要求并确保提出的要求可以直接追溯到客户的需求。这些程序包括:

① 质量功能展开[1];

② “质量屋”[4,8];

③ 卡诺分析[5];等等。

本书不详细讨论这些方法。我们的目的是帮助你制定能真正促进产品或服务保障设计和开发的有效要求。使用这些(或其他)方法确定的要求能充分地满足客户需求,并且产生利润。当然,这些程序也有助于制定可持续性要求,建议将它们尽可能地用于这方面。

(2) 对于设计开发团队的其他人员而言,系统工程师是他们的供应商。系统工程师提供的产品是系统(或服务)的一整套要求。设计和开发团队需要从系统工程师那里获得明确的方向,本书中讨论的各种方法可以用来明确方向。这里,良好的客户—供应商关系包括要求制定过程中的过程管理,其中要有一个稳健的反馈机制,不仅要改进各项要求,而且要改进生成的过程。

(3) 系统工程师也是信息管理方面的供应商,这些信息包括要求开发的时效、与客户要求和产品或服务的盈利能力相关的合理要求、范围的拓展等。沟通技巧是满足这些要求的基础。本书将帮助你成为一个在可持续性学科方面更熟练的沟通者。书中在不同地方提供了许多“用语提示”,用来帮助你给用户解释、沟通关键点。

(4) 在产品或服务的设计开发团队中,系统工程师是可持续性工程专业人员的客户。一般情况下,系统工程师不进行支撑要求开发所需的各种建模和分析,大多数情况下,时间紧张不允许他们这么做,特殊情况除外。因此,系统工程师需要学习在专业信息方面如何成为好的客户。这意味着他至少必须在可靠性、维修性、保障性工程方面掌握足够的知识,当这些学科的专业人员提交结果时,能够判断出结果是合理的,产品的建模和分析是恰当的,并为后续在部署过程中根据收集的数据对要求进行验证奠定基础。因此,本书涵盖了这 3 个学科定量建模的一些基本思路。我们的目的不是要培养可靠性、维修性、保障性工程的专家,而是使系统工程师成为好的沟通者和专业信息供应商的好客户。

1.6.2 语言的清晰度

任何一门技术学科中所用的词汇都来自普通词汇,但这些词汇通常带有更精确的限定含义。在技术交流中使用同一个英文单词时,其精确的限定含义可能是不一样,这就可能引起对其含义的理解混乱。例如,在日常说话中,“可靠的”通常指的是“能够被信赖可以无故障地工作”。名词“可靠性”由此而来,并有相应的含义。在可靠性工程中,“可靠性”有精确的技术含义,比普通用语中的含义窄。系统工程中所用的“可靠性”的具体定义在第 2 章~第 4 章中阐述。与非专业人员包括管理人员谈论可靠性时,其含义通常更广泛,类似于“无故障”。

“故障”迄今为止还是一个未被定义的词(见第 2 章),非专业人员几乎肯定不会将“可靠性”当作如 2.2.5 节的概率定义或 3.3.2.3 节的生存函数定义,而专业人员有时这样用,有时又不这样用,而且通常没有提醒。最后,“可靠性”作为系统特性的一个合成词,除了概率定义外,还包含很多可能的具体判据,如可用性、故障间隔时间、维修时间等。我们称这些为可靠性效能判据(见第 2 章)。将这些问题理清楚是系统工程的一个重要功能,可以促成明确、有效的沟通。

本书所持的立场是,系统工程师最适合于分辨这类用语问题,并对其进行整理,以便让所有人都清楚说的是什么。这是一个重大的责任。因此,我们强调学习可持续性学科的技术语言,并在学习过程中思考高管、经理、团队成员和客户等重要人物可能误解用语的情况。意识到可能出现的误解,有助于系统工程师预见和克服客户可能遇到的各种困难,不仅成为一位卓越的工程师,同时也成为一个卓越的沟通者。

如果能够让所有人的认知保持在同一层面上,其作用是巨大的。因此,我们要求系统工程师学习可持续性学科专业人员和非专业人员用的不同语言。你会在书中许多需要的地方发现“用语提示”。

1.6.3　统计思维

可靠性、维修性、保障性的相关量都不是物理常数,都来自于应用这些学科的系统总体的测量结果。因此,需要从统计的角度理解它们,对统计的基本概念有一定了解是非常必要的。特别强调的是,要明确观察到的差异(对某个量的要求与该量基于使用数据的估计值之间的不一致)是可以解释的、大概率的、由于数据生成机制的偶发波动产生的,还是因抽样误差导致的“真的”差异。当对照定量要求比较系统性能时,这样的推理很重要:虽然说对确定为重大的差异做出响应是适当的,但同样重要的是,要认识到有时我们需要花费资源去修正由于对使用性能的认识不到位而忽视的差异。这些都是“按事实管理”的基本原则,只要涉及的量是统计性的,这些原则都适用。系统工程师应该能够有信心处理这些问题,并向受决策影响的其他利益相关方做出解释。

1.7 用本书组织课程

本书的三个部分基本上是相对独立、完整的,因此,可以根据相应部分独立地构建可靠性、维修性、保障性课程。在这种情况下,各章(第 3 章、第 4 章、第 8 章、第 11 章、第 13 章)可以构建一个学期的课程。但是,只学这些学科的建模方法是不够的。学习可持续性工程的真正益处来自于可靠性、维修性、保障性设计原则的综合应用,这些原则是第 6 章、第 11 章、第 13 章的主题。与质量工程的原则相一致,我们主张在开发过程早期应用这些原则,以便可以管理和控制各种预防成本,同时增加产品、系统或服务获得成功的机会。因此,可以用“为 X 而设计”章节的相关内容作为基础,用建模各章作为支持材料,构建一门更有价值的课程。如果需要一个更通用的概述,可以用第 2 章和第 6 章、第 10 章~第 13 章的部分节。在服务行业,第 6 章、第 8 章、第 9 章是有帮助的。对于故障后果非常严重甚至危及生命的系统,可以考虑使用第 7 章为基础,用第 3 章~第 5 章、第 8 章、第 11 章和第 13 章作为补充。以将系统工程师引入可持续性学科为目的的概述课程,可以吸收本书的所有 3 个部分,为了压缩成一个学期的课程,建模章节可以点到为止。

1.7.1 示例

本书包含了很多例子,但不是讨论每一个概念或方法时都给出例子。例如,4.7.3 节讨论可靠性预计就比较抽象,没有一个完整的示例。在大多数章节中,你会看到其他这样的情况。这是有意的,可能的应用种类非常多,作者不想假装都熟悉。更重要的是,这些情况给教员提供了一个机会,可以根据自己的经验和特定领域的专业知识补充示例。鼓励教员充分利用这一机会,根据自己的经验,事先计划好所提出的概念和方法的应用,进行课堂讨论。

1.7.2 练习

每章都包含练习,它是讲课内容的一个组成部分。有些练习是对书中给出的示例的补充和完善。有些给读者一个机会去尝试一些章节中提出的思路和程序。还有一些是超前性的,可能适合作为研究项目,这些都是带星号的。

1.7.3 参考文献

每一章都包含参考文献。一些参考文献是作者本人的工作成果,在可靠性工程的理论和实践方面涉及广泛。这一领域已发展比较成熟,引用所有相关的参考文献是一项不可能的任务。本章中文献的选取兼顾了既提供历史背景又提供基础素材和额外扩展内容的目标。

1.8 本章小结

本章的目的是使读者尽可能从本书中获取最大的收益。它指出了本书的目标和范围,但更重要的是,它指出了谁可以从中受益以及如何获益。本书的目的不在于把系统工程师变为可持续性学科的专家,而在于使没有接受过可持续性领域(包括可靠性、维修性、保障性)专门训练的系统工程师能成功和有效地履行他们的职责。我们强调了这方面的关键成功因素,其中包括在系统工程中了解客户与供应商的关系,清晰、正确地使用术语,以及统计学的思考方法。

参考文献

[1] Akao Y. *Quality Function Deployment—Integrating Customer Requirements into Product Design*. New York: Productivity Press (a division of CRC Press); 2004.

[2] Berry DA, Lindgren BW. *Statistics: Theory and Methods*. 2nd ed. Belmont: Duxbury Press (Wadsworth); 1996.

[3] Chung KL, AitSahia F. *Elementary Probability Theory: With Stochastic Processes and an Introduction to Mathematical Finance*. New York: Springer-Verlag; 2006.

[4] Clausing D, Houser J. The house of quality. Harv Bus Rev 1988;66 (3):63–73.

[5] Kano N, Seraku N, Takahashi F, Tsuji S. Attractive quality and must-be quality (in Japanese). J Jpn Soc Qual Control 1984;14 (2):39–48.

[6] Moore DS, McCabe GP. *Introduction to the Practice of Statistics*. New York: Freeman and Co.; 1993.

[7] Park SH, Antony J. *Robust Design for Quality Engineering and Six Sigma*. Singapore: World Scientific; 2008.

[8] Park T, Kim K-J. Determination of an optimal set of design requirements using house of quality. J Oper Manage 1998;16 (5):569–581.

[9] Scherkenbach WW. *The Deming Route to Quality and Productivity*. Washington: CEE Press Books; 1988.

[10] Taguchi G. Quality engineering in Japan. Commun Statist Theory Methods 1985; 14 (11):2785–2801.

[11] Tortorella M. Service reliability theory and engineering, I: foundations. Qual Technol Quant Manage 2005;2 (1):1–16.

[12] Tortorella M. Service reliability theory and engineering, II: models and examples. Qual Technol Quant Manage 2005;2 (1):17–37.

[13] Wadsworth HM, Stephens KS, Godfrey AB. *Modern Methods for Quality Control and Improvement*. New York: John Wiley & Sons, Inc; 2002.

[14] Wu Y, Wu A. *Taguchi Methods for Robust Design*. New York: ASME Press; 2000.

第 2 章　可靠性要求

2.1　本 章 内 容

本章介绍了“可靠性”在日常交谈中的各种含义,以及在工程中的特定应用,为研究可靠性要求的确定方法奠定了基础。探讨了如何编写好可靠性要求,以及如何适当关注可靠性、维修性和保障性,形成提高性能且降低成本的良性循环。然后,非常详细地分析了可靠性概念,包括可靠性的效能标准和指标。从 4 个方面举例说明了可靠性要求:产品、流动网络、长期服务和间歇服务。为了对性能和要求进行恰当比较,良好地解释可靠性要求是非常重要的,这里给出了一些对比的示例,作为基础准备,关于这一主题的更详细讨论将在第 5 章中进行。此外,还介绍了其他一些指标和统计方法,这些也将在第 5 章中详细介绍。和本书的所有章节一样,本章重点讨论可靠性要求确定的最佳实践,并对关键环节进行简要总结。

2.2　系统工程师的可靠性

2.2.1　日常生活中的“可靠性”

在日常生活中,对于“可靠性”是什么,大部分人都有自己的见解。通常,如果一件事情没出故障或一个人在完成他/她/它的工作时没有故障且尽可能长时间保持稳定,那么,就可以说这件事或这个人是可靠的。在这种方式的表述中,“没有故障”的含义最为重要。在日常生活中,一般认为这意味着他/她/它想做的事是正确的。这种认识可以很好地帮助我们在系统工程中用更精确的术语规范化地表述这些见解,从而使我们可以对重要的关系进行展示和研究。本章致力于扩展可靠性的概念,做出明确的界定,并探讨一些我们所提概念的含义。

2.2.2　工程中的“可靠性”

工程的概念是有明确界定的,并且常常是可以量化的。可靠性工程框架非常接近于如前所述的一般意义上的“可靠性”，要求是他/她/它所“应该做”的；“故障”是指违反了要求，“尽可能长时间保持稳定”成为所期望的“无故障运行一段时间”。正式的定义与这些想法非常一致。

你如果觉得这个比喻很恰当，那么它将有助于你在系统工程的背景下思考“可靠性”，把它作为一个正式术语。也就是说，在系统工程中，我们赋予“可靠性”一个特定含义，这比它在日常生活中的含义更为精确。下一节将进一步阐明这些概念。

2.2.3　基本概念

2.2.3.1　属性要求

系统工程的主题是要求。要求是对用户和客户认为必要的或期望的关于系统①或服务应实现的功能以及应拥有的属性的说明，包括功能、性能、物理和安全特性。这些相关的要求称为“属性要求”，用于区分可持续性要求（可靠性、维修性、保障性）。总之，功能要求关注什么是系统应该做的；性能要求关注系统如何有效地去做；物理要求涉及该系统的外观，包括尺寸和重量这些方面；安全要求关注系统使用时对生命和肢体的保护。可以认为，这些要求是静态的，设计的系统或服务满足这些属性要求的程度是质量领域主要关注的问题。

系统工程师编制要求时，要深刻理解客户的需要和期望，并在满足客户需要与降低开发成本中进行权衡。正确判断要求的恰当性和完整性，主要方法是更好地捕捉这些客户的需要和期望，以及判定所产生的产品、系统或服务对供应商是否有利，等等。编制的要求被用来指导系统开发团队的基层成员开展设计、试验、确认和验证以及其他开发活动，使开发过程的最终产品成为满足客户需要和期望的系统、产品或服务，以确保客户的接受程度和供应商的盈利。本书的假设是，系统属性要求的定义已经被接受。在实践中，有时并非如此，很多市场上产品和服务，由于系统工程师误解了客户，导致确定的要求不完整或存在低级错误，这样的例子每个人都能举出很多。然而，在本书中我们做出理想的假设，是为了专注于本书所聚焦的主要任务，即学习可持续性工程和管理的原则，用来创建、评估和跟踪可持续性要求。系统工程师通常使用几个工具，包括质量功能展开（QFD）[7]、众所周知的“质量屋”[18]和卡诺分析[5]，来获得有关客户的需要和期望，以便更好地确定要求。这些工具不但有助于确定属性要求，而且有助于确

① 作为一个提醒，我们把“系统”宽泛地解释为包括有形产品如飞机、计算机以及无形产品如应用软件。

定可持续性要求，但其细节不属于本书讨论的范围。客户对违反属性要求事件的频率和持续时间感兴趣，他们对这些违规事件发生的频率和持续时间的要求与期望恰好是要求的主体（可靠性要求、维修性要求和保障性要求）。这些工具主要用于开发属性要求，但系统工程师也可以使用这些工具开发可持续性要求。一旦建立了属性要求，就可以考虑可持续性问题（违反属性要求有多频繁？这样的状态持续多久？）。使用工具可以确定客户对系统可靠性的需要和期望，但更重要的是首先获得正确的属性要求，因为一个系统如果必须做用户需要它做的。这样，可靠性要求的产生就有了扎实的基础。

2.2.3.2 故障

从广义上讲，可靠性关注故障。“故障”本身是一个广泛使用的术语。在这一节中，将对在可靠性工程中使用的“故障”含义进行分析。

定义：故障是一种行为，是指在一个或多个系统中违反系统要求时不作为的行为。

在后面的章节中将扩充这一概念。现在请注意用这种方式定义故障，就意味着要求必须以这样的方式进行描述，即当要求不被满足时可以清楚地辨识。

系统工程的这一基本原则使得要求用定量术语来表示时更容易实现。幸运的是，我们所关注的很多可靠性、维修性和保障性概念可以定量表达，本书会给出很多示例。

当故障发生时，系统的一个或多个功能进入一个不执行或不能有效执行的状态。也就是说，在此期间，一个或多个属性要求持续地被违反，我们说该系统被认为是处在故障或退化状态，这种情况可能会持续一段时间。

定义：停机是故障之后的一段时间，在此期间系统处于故障或退化的状态。

在本书中，使用“故障”表示系统从运行状态转到故障或退化的状态，即故障发生在一个特定的瞬间。一旦故障发生，停机就开始，并且停机会持续一定的时间，直到系统恢复并进入正常运行（满足所有的属性要求）。进一步讨论如图 2.1 所示。

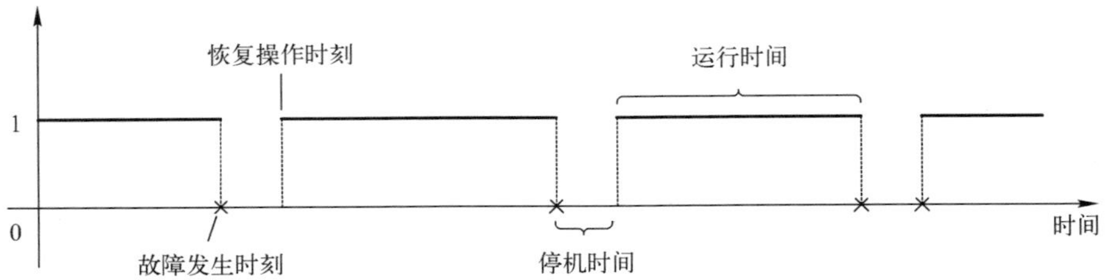

图 2.1 故障和停机随时间变化的图解

“硬”故障和“软”故障：

有时认为可靠性工程的内容只涉及故障，看起来就像系统完全终止运动，有时称为“硬故障”，这是一种常见的但非常不完善的定义。许多系统要求被违反后，并不能使系统完全终止运行。例如，在一个交易处理系统中，通常有一个延迟要求，就像“在额定负载下，用户请求的平均系统响应时间不超过 500ms”，这是一个性能要求。此时暂且不谈“额定负载”的精确范围，当某子系统发生故障时①，系统可能继续处理用户请求的平均响应时间大于 500ms 的一些要求。该系统仍提供服务（它并没有完全停止运行），但由于没有达到这一条件，系统故障仍发生了，但用户可能没有意识到这种故障已经发生。在一些情况下，即使系统处于“退化”水平但仍旧可以提供一些服务，这种情况有时也称为“软故障”。这些术语在可靠性工程界几乎是公认的，但我们建议采取谨慎的做法，花费一些精力确保所有交谈方在任何特定情况下都能以同样的方式解释它们。

如果“故障”的概念不局限于“系统完全停止运行”，还包括一些系统属性要求的违规，那么可靠性工程对于解决问题是最有效的。例如，软件工程界一直争论的概念是，与安全相关的软件故障是否不同于其他类型的故障。Leveson[17] 主张定性地区分其他故障类型。本书的观点认为，安全性作为特定属性要求（称作安全性要求），是可以使用可靠性工程的方法有效地处理其故障问题的。解决这一分歧的关键在于了解故障是如何解决的。

(1) 通过设计工程措施避免。

(2) 一旦发生立刻补救。

的确，与安全相关的故障后果可能会导致人身伤害，这会比其他类型的故障后果更严重。尽管如此，本书的立场是：对于安全相关的故障预防和纠正仍然属于可靠性工程与管理的范畴。安全性故障是违反安全要求②的，这类安全性故障是可以用本书中介绍的可靠性工程与管理方法避免和弥补的。无论是在最初的系统安装时，还是在此后整个系统的使用寿命周期内，正确使用此处所讲的可靠性工程原则和实践，将能够促进所有属性要求的有效实现，包括安全性需求。

2.2.4　系统工程师的可靠性概念

在系统工程语境中，“可靠性”这个词的使用包括系统运行的 3 个重要方面。

---

① 例如，一个服务器的故障源于用于处理事务请求的 7 个服务器。

② 遗憾的是，在许多情况下，安全要求只是隐含的。最好是明确规定这样的安全要求，以便适当注意它们，并采取有效的行动，确保它们符合所有要求。

（1）违反系统的一个或多个要求。

（2）违反系统运行条件(可能时常变化)的行为发生时的持续时间。

（3）违反行为发生的时间。

我们已经将故障定义为违反系统的一个或多个属性要求①。系统的每一个属性要求都为故障的发生提供了机会,即每个属性要求包含一个或多个故障模式或违反要求的方式,并给用户提供发生这种违规行为(失败)的证据。例如,一个实时处理系统——在线票务销售应用,该应用有一个延迟要求如下:当客户请求数量为100次/min或更少时,系统对客户请求的响应时间不应超过2s。无论何时,如果系统的响应时间超过2s,且客户请求数量小于100次/min,就认为出现了对该要求的违反。用户发现响应时间超过2s,就是该要求已被违反的具体证据。

当这一事件发生时,只有系统操作员可以发现负载是否大于100次/min。即使用户无法判断故障是否已经发生,较长的响应延迟也会惹恼用户。从这个意义上说,如果2s是一个较长的延迟,它将导致用户恼火,或如果用户因为不到2s的延迟发生的太频繁而变得不高兴,这为重新考虑要求提供了驱动力。这是一个性能要求,违反了该要求是可靠性工程研究范围内的一个故障。可持续性工程方面涉及违反要求的频率和持续时间,即在特定故障模式中的故障和停机。

用语提示:“可靠性”的同义词。在讨论有关系统运行时,不难听到“可信度”“寿命”“耐久性”等术语。系统工程师需要注意的是,任何字典都能够提供这些术语的常见定义,但它们在可靠性工程中的正式定义没有被普遍接受。可靠性工程中明确定义的这些术语可以自由使用,并且与在研究过程中使用的是一致的,同时也得到了所有利益相关者的认可。事实上,由于缺少普适性的意义,可以自由地按照你所需要的进行定义。“可靠性”在日常交谈中有几个含义,但在正式的系统中有明确的定义,该定义已经被广泛接受,本书在之前已经多次提到,因此不需要修改,可以按照之前的方式继续使用。“可靠度”的含义在正式系统中没有普遍使用。有时,“可靠度”用作“可靠性”的同义词,或用于一些内涵更宽泛的概念,但定义没有被普遍认可。注意不同的含义:当使用怀疑的口吻或书面用语时,听起来的意思是“可靠性”没有被普遍接受(其中包括文献[16]的标准),需要以精确的术语使用方式从说话者或作者处得到确认。除非基本术语和它的含义对所有各方的会话都是明确的,否则很容易陷入困境。需要注意的是,满足以下受限条件时,你可以选择使用任何你喜欢的词。

---

① 我们将不允许,以无限后退为理由,将违反可靠性的要求称为失败的概念。

（1）如果这个词有一个精确的、普遍接受的含义，那么应该一直使用该含义。

（2）如果一个词的精确定义缺乏广泛的共识，交谈的所有各方需要对这个词的确切含义保持一致，因为它是在上下文中使用的。

2.2.4.1　可靠性要求的引入

在认识到可靠性是用来处理违反系统的功能、性能、物理或安全性要求之后，进行编写可靠性要求。可靠性要求不同于系统的属性要求，但必须参考系统的属性要求，因为可靠性要求与违反的系统属性要求有关。

之所以存在可靠性要求，是因为系统的客户或用户对以下问题非常关注。

（1）故障发生的频率。

（2）故障引起的停止服务或降级服务状态（停机）能持续多久。

（3）寿命周期费用。

（4）故障对客户和业务的影响。

所有团队（系统工程、设计/开发、运营等）都关注这 4 个问题，但是不同团队关注的重点不同。通常，设计人员最关心的是持续时间（故障事件如何检测，故障事件如何恢复，以及需要花多长时间才能恢复）和影响（如何减少对用户的影响），然后是频率和费用。运营人员最关心的是频率（需要手动恢复多少次）和持续时间，然后是影响与费用。供应连锁店最关心费用。系统工程师需要明白客户关心的是什么。

可靠性要求虽然可以用于其他用途，但最主要的还是用于控制故障和停机的频率、持续时间和影响。

示例：美国联邦通信委员会（FCC）曾经规定，如果一个公共交换电话网（PSTN）停机，影响的用户分钟（PIUM）超过了 900000，就必须报告。PIUM 定义为每分钟的停机时间和最大可能受影响用户数量的乘积。联邦通信委员会希望减少每年报告事件的次数。通过根源分析显示，大量的停机是由一个过于便宜的元器件造成的。为了减少停机报告次数，可以通过使用更昂贵的元器件减少故障频率，可以通过改变操作人员配备（一个非常昂贵的选择）减少中断持续时间，或使用相对廉价的元器件并将每个元器件的用户数减半。使用廉价元器件并拆分每个元器件的用户数是最便宜的解决方案。需要注意的是，在系统工程师看来，虽然 FCC 报告停机的次数大大降低了，但最终用户并未获益。

2.2.4.2　可靠性和质量

在质量工程中，质量被理解为满足要求的程度。这个定义的用意是强调对系统要特别关注设计、生产和对客户的首次交付。在交付给客户时，不满足一个或多个要求会造成系统质量下降。尽管如此，在大多数情况下，客户在交货初始之后会继续使用该系统,但使用状态可能和初始运行时会有所不同。一个系统在初始运行时满足所有要求,而在一段时间或不同条件下使用之后,有些要求可能无法满足。术语“可靠性”涵盖后一种情况:可靠性包括时间维度而质量不包括。以上讨论的结论是,可靠性是伴随着产品、系统或服务在规定的条件下的运行质量的持续。对这一术语的理解可以作为在下述正式系统中进行更精确定义的基础。

2.2.5 可靠性定义

工程界普遍接受的“可靠性”定义[16]实质上是对之前讨论的提炼。

定义:可靠性是系统在规定的时间段内,在规定的运行环境中设计的无故障运行的能力。

更简单地说,可靠性是系统在规定条件下以及规定时间内正常运行的能力。

这种说法包含以下 4 个关键概念。

(1) 能力。能使系统运行更容易、故障更少和停机时间更短的所有特性。可以通过关注工程活动(如对系统运行时的故障数据进行的建模、试验和分析等)了解可靠性。特别是,建立可靠性效能标准(2.4.1 节),也就是对“可靠性”这种抽象能力的各种特征的定量表达式,可以帮助系统工程师和开发团队采取有效的措施促进与管理可靠性。“能力”也许被认为是一个抽象的特性,但有很多机会可以对它按需进行测量、管理和改进。

(2) 符合设计,无故障。如前所述,这是运行正常的意思。所有系统的属性要求都满足,系统按照期望的属性要求执行。

(3) 运行环境。在后面的章节中将讨论到工作环境(温度、振动、负载、用户技能等),运行环境将对系统的运行是否满足要求产生影响。系统可能适用于某些环境,却不适用于其他环境。因此,规定系统正常运行的环境条件是很重要的。

(4) 时间段。质量更关注在完成生产和交付客户时系统能够运行正确。与质量相比,可靠性更关注随着时间的推移,系统能够连续正确运行。因此,可靠性定义包括在规定的时间段内系统正常运行的期望。

值得再次总结一下,可靠性是产品、系统或服务在规定条件下运行质量的持续。

用语提示:再次强调,“可靠性”这个词在日常会话使用时有多种含义,但在正规系统中有明确的意义,以此作为可靠性工程的框架。在后面的章节中,将介绍其他的一般用法以及“可靠性”相关的效能标准、指标,以及不可维修和可维修系统的度量等定量定义。同一个词用于不同目的可能引起混淆,是这一领域的普遍现象，必须认真面对并合理解释。对系统整体了解最全面的系统工程师，应该开发前后一致的检测技术并明确不同用法的目的，正确使用概念并给其他利益相关者（包括供应商、客户、管理者和执行者）解释。

要求提示：构建可靠性要求时，应确保包含定义的 3 个关键要素。

（1）按照包括属性要求在内的可靠性要求正常运行。

（2）满足要求的运行条件。

（3）满足要求的时间段。

在实践中经常会注意到，可靠性要求明显无法解决特殊的属性要求。在这种情况下，唯一合理的解释是，可靠性要求的目的是适用于所有的属性要求。如果这不是你想要的，应该适当地修改要求的措辞。尽管可靠性要求适用于所有属性要求，但为了避免出现任何误解，最好做出明确表述。

示例：提出一个智能手机的可靠性要求。无线运营商提供的服务包括了一系列智能手机能够执行的功能，如运营商提供的语音呼叫和访问的各种数据服务（互联网、全球定位系统等）。智能手机可靠性要求的一个示例："在环境温度保持在-10～40℃、工作不少于 10000h 的情况下，产品将实现合同规定的性能标称值的所有功能。"这是否符合一个好的可靠性要求的定义？在之前的要求提示中曾介绍过，需要考虑定义的 3 个关键要素。

（1）"正常运行"定义了吗？要求中与"正常运行"有关的部分是"实现所有性能标称值的合同功能"。这句话的意思明确吗？系统工程师可以列出"合同功能"（即由运营商提供的、客户预订和支付的功能）吗？明确的"性能标称值"是为每个合同功能定义的吗？智能手机的"正常运行"涵盖客户期待的所有功能，甚至不限于与运营商的合同中约定的功能？如果问题的答案是"没有"，那么对于该要求的目的来说，"正常运行"就没有定义充分。

（2）运行条件规定了吗？当然，一些运行条件是确定的：智能手机要求在环境温度为-10～40℃运行正常。这足够了吗？该要求保留了所有其他可能未规定的环境条件，因此是不受控制的。这一疏漏的一种解释是，正常运行是需要在湿度、振动、冲击、浸泡、气压等任何条件下都能完成的。如果制造商有信心认为智能手机可以这样运行，那完全是令人满意的。然而，留下隐性的或未提出的重要条件是很危险的。如果供应商和顾客之间出现异议，则可能陷入法律困扰。但是，现实中最常见的是智能手机性能评估，会引导系统工程师为每一个实际可能遇到的环境变量进行预处理，从而确定一个更严苛的取值范围。在第 3 章中将探讨一些受环境条件影响的可靠性定量模型。

（3）规定的时间段是要求无故障运行吗？在这个示例中，规定的时间段是"不少于 10000h"。注意：不可能保证全体中的每一个智能手机都能无故障运行超过 10000h。故障的原因以及用户操作智能手机的方式也多种多样,是不能完全预料的。因此,可靠性工程师借助概率和统计模型来帮助定量地表征可靠性。在这个示例里,最有希望的概率估计(来自操作、测试数据或来自预测模型),即无故障运行时间至少是 10000h。在 2.6 节将对此进行更全面的探讨。

因此,把要求写成"智能手机运行时间至少 10000h 的概率是 0.98"可能是比较好的。

要求提示:运行时间和日历时间。在确定可靠性要求时,需要考虑系统也许有不连续运行的情况。也许会出现几次用户不想使用该系统并将电源关闭或其他原因导致系统停止运行[①]的情况。因此,在可靠性要求中规定了持续时间,系统工程师和他们的客户就此需要知道使用的是(累积)运行时间还是日历时间。最常见的是基于运行时间的可靠性要求。也就是说,如果要求没有说明使用的是运行时间还是日历时间,通常就认为使用的是运行时间[②]。使用确定的日历时间表达可靠性要求是完全合法的,但解释和验证这种要求需要采用一种方法将运行时间和日历时间(即客户如何使用该系统的定量理解)联系起来。各方都可以接受要求的所有部分,并理解要求使用的时间概念。运行时间和日历时间之间的区别对保修的设计和分析也有影响,因为保修几乎都是以日历时间规定的,见 3.3.7 节。第 5 章中也有关于保修的进一步讨论,在第 9 章习题中还有一些与运行时间和日历时间有关的练习。

要求提示:除时间以外的其他老化标志。在可靠性工程中,"老化"一词是用来表示系统通常由于时间的流逝逐渐发展成故障的。然而,一些系统发展到故障不仅是简单地因为时间流逝(或年龄增长),而是由于一些其他作用引起的。例如,墙上安装的普通家用光电开关是一个相当简单的机电系统,如果不用是不可能出故障的。重复的开和关会导致切换枢轴与电触点的机械磨损,如果操作频繁将会使它更容易出现故障。与简单的时间流逝相比,开关的操作次数可以更好地表示故障的发展过程。在电气和机械系统中,有许多别的非暂时的故障进程指标,如压缩机的开关次数、铣床刀具切割工作的件数等。由于工作时间和日历时间存在关联,如果希望表达系统在时间方面的可靠性,有必要将这种标记操作的次数与时间相关联。为此,掌握有关这些操作频繁程度的信息是必要的。系统的可靠性可以用时间或操作次数进行表述。可以根据客户所使用的语言进行选择。

---

① 人们普遍认为,当一个系统是无源的,它不会老化,也不会积累任何时钟测量的故障时间。这似乎是一个合理的假设,应该在每个示例中检查它。例如,在许多情况下,海洋环境的湿度和盐雾特性会对某些类型的电子造成损害,即使没有电力应用。

② 当然,如果有任何疑问,明确说明是什么意思。

2.2.5.1 同一个词的多种用法

“可靠性”在工程文献中也定义为“可靠性是指在规定的时间内,在规定的运行环境中,系统按照设计无故障工作的概率”。所以,“可靠性”除了作为一个抽象的概念外,有时也可用作一个数值概念(在 2.4.1 节中,“可靠性”的这种用法就是可靠性指标)。在这里我们第一次看到,但不是最后一次看到,在该领域中重复用作术语的示例(也可参见 3.3.2.2 节)。“可靠性”也可以(如“可靠性工程”和“可靠性设计”中)作为一个通用的词涵盖所有与故障及停机的持续时间和频率相关联的概念。因为同一个词所用的目的不同,所以在某一特定示例中能觉察出应使用哪种含义是很重要的。系统工程师是实现这一要求最适合的人选,因为他们对整个系统具有全局的看法并熟悉其开发过程,可以在这方面帮助他人。

2.2.6 故障模式、故障机理及故障原因

按照定义,发生故障是违反了某些系统要求。怎样知道故障何时会发生?用户可检测到的任何可以表明系统要求被违反的明显事件,就是一种故障模式。例如,想象你正在驾驶一辆汽车,发动机突然停止转动,则前进就停止了。停止前进就是一个故障:汽车的要求,是在道路上从一个地方移动到另一个地方,停止前进(除非用户故意引发的,如通过制动停止正常运行)就违反了这一要求。在这种情况下,用户可以很容易地发现故障已经发生。故障模式就是停止前进。

一旦故障模式已知,就可应用可靠性工程识别故障原因并采取适当对策。在系统中,故障机理是系统中的一些潜在状态,它们的发生或存在能使系统从工作状态(无故障发生)变为故障状态(发生一个或多个故障)。我们可以把这些视为故障原因,但最好是找到故障的根源,最后的答案通过根源分析的“为什么”链找到,并在这里采用最有效的对策。根源分析是一个不断追问“为什么”的过程,直到每一个原因都能被发现。根源分析不断发现故障机理直到采用合理对策。使用 IshiKawa 或“鱼骨”图[26]可以很方便地进行根源分析。故障树分析(第 6 章)是一种揭示故障模式与相关的故障机理和故障原因的正式过程。在汽车的示例中,停止前进的最直接原因是发动机停止转动。可能有许多原因会导致发动机停止转动,所以还不能提出一种有效的策略。假设在这种情况下,发动机停止转动的原因是速度调节链条损坏。这确实是一种故障机理。是否能对它采用足够有效的对策呢?这可能取决于受众对象。汽车的车主或经营者可以修复发动机速度调节链条,其他零件也可能已经损坏,必需要更换。但是,如果因为一个速度调节链条损坏(也许是车主没有坚持按照制造商建议的更换时

间表更换速度调节链条,或没有进行合适的发动机润滑保养),只是简单地更换它而没有纠正,更深层的故障机理将会导致故障再次发生(或许在很久以后)。如果受众对象是车辆制造商,那么在试验过程中损坏的速度调节链条就是一次更多了解有关速度调节链条的规定是否足够完善、该系统是否足以承受规定的"正常"运行时间的时机。最后,故障原因是根源分析的最终结果。在示例中,其中一个故障原因可能是缺乏适当的发动机润滑,有效的对策是:创建一个提醒方案(电子邮件、短信、信件或车辆信息),以帮助车主按照建议的润滑油变化时间表及时进行更换。

在这个示例中应用了推理,通常是根据故障模式确定故障机理和故障根源的过程,相同的推理用于故障树分析(见 6.6.1 节),这是一种定性的可靠性设计技术,采用系统化的方法预测、避免或管理故障,从而使系统更加可靠。故障树分析法是一种在更全面设置中进行演绎推理的应用。其目的是发现故障根源,能够使用合适的对策防止故障根源的发生,从而避免这些故障根源导致的后果。

可以用疾病做一个有效的类比。故障模式就像一个人生病时表现出的症状。它们是公开的信号,有些地方出问题了,人不再是健康的了。例如,一个人可能会感到发烧或体温异常升高,这是人体出现问题的明显信号。通常,发烧表明身体某个地方受到感染。感染导致身体处于发烧状态,类似于故障机理。这是发烧的潜在原因。反过来讲,这种引起疾病的感染类似于故障原因。在质量工程的语言中,这就是一个故障根源。医学专业训练可以解释症状并用它们来发现问题的潜在原因,即影响病人的疾病,尽可能采取合适的治疗方法。可靠性工程师应采取同样的方式,与系统运营的其他专家一起,努力发现与每个系统故障模式相关的故障机理和故障根源,以便采取适当的对策解决问题。

之后,在第 6 章可靠性设计的讨论中,我们会发现并不是每一种潜在的故障模式都需要根据它的故障根源采取纠正措施。可能系统供应商会允许一些故障留在系统中。一般来说,这是根据系统工程师对故障后果的深刻了解而定的经济上最合理的决策。例如,可以判定针对某种故障模式所采取的措施费用很高但很少发生,或当它发生时后果不严重。某些故障模式在某些情况下对用户造成的影响可能很小或没有影响。例如,无线电接收机中电源旁路电容器的故障(如果失去作用,是"开路"而不是"短路"),可能会导致接收机的噪声系数稍有增加。如果这些增加不足以导致违反接收机噪声系数的要求,设计师宁可选择"放置"一个最大(正)数值的电容器,这种电容器故障超出了接收机的总体要求,也超出了设计的服务寿命,而不是在旁路应用高可靠性(可能更昂贵)电容器。在实践中,一个独立的接收器中可能有许多这样的电源旁路电容器,这是因为单个旁路电容器故障造成的噪声系数的增加是可以容忍的,但由几个旁路电容器故障引起的噪声系数增加就无法容忍了(即超出了要求)。概率模型将在这种情况下做出明智的决定。

这就意味着权衡系统的可靠性要求和经济性是解决这些问题更为严格的方法。上面的论据把我们从可靠性工程和管理领域带到考虑结果的世界中去。决策理论(充分运用掌握系统如何使用以及对用户和其他利益相关者的故障后果等知识的一种统计方法)有助于做出有关可靠性设计、可靠性提高以及其他涉及系统与周围有关活动的决定。决策理论利用示例和各种结果的概率(在这种情况下,可靠性或系统各种故障模式的故障概率)构建风险图,是理性决策者工具包中的基本工具。理性决策者可以基于系统使用风险选择不同的方法,这意味着,在这种情况下故障模式可能会被容忍,受到的关注会减轻或消除。由于涉及可靠性的决策,充分讨论示例和风险超出了本书的范围,不过 6. 5. 2 节介绍了这种类型的基本推理形式。有兴趣的读者可以查阅文献[1,20],文献中对于这些思想,以及系统工程师如何使用它们并对系统可靠性做出更明智的决策有更全面的阐述。还可以参阅文献[6]。

2. 2. 7　应力强度模型

可靠性工程早期的许多工作致力于对有形产品(如轴承、电子元件等)从物理、化学、热力学等方面揭示故障原因。应力强度模型是一种抽象模型,用来描述产品在运行环境中的强度与施加在该产品上的应力之间的相互作用,当应力超过该产品强度时,就会发生故障。例如,假设一个互补金属氧化物半导体(CMOS)集成电路静电放电(ESD)不超过 60V 时可以继续正常工作。环境中的 ESD 冲击超过 60V 将导致集成电路损坏、功能丧失。从这个例子中可以得到应力强度模型的概念,该模型中设备或产品的故障可以通过环境所提供的应力超过了设备或产品的强度来解释。常用设备或产品的应力强度模型的进一步讨论见 3. 3. 3. 3 节。现在看来,在工作中理解应力强度模型对确定故障模式的故障机理和故障根源是非常有帮助的。应力-强度的概念也可以类比应用于无形产品中,如软件和服务。

2. 2. 8　竞争风险模型

多数情况下,在产品工作时会有一个以上的与应力-强度作用相关的过程,可能导致几个故障机理同时起作用,这种情况称为竞争风险。可以把这些过程看作是内部的物理、电气、化学、热力学、机械或其他机理的行为降低了产品强度,并使其更容易受到一个特定冲击的影响。产品发生故障的时间,是解决相关冲击的各个独立过程所花费时间中的最小值。从某种意义上说，这些过程是在“竞争”导致产品出现故障的“特权”。

示例：假设存在两个过程，分别导致 CMOS 氧化层击穿和裂纹扩展。氧化层击穿是由电位刺激氧化物引起的物理/化学/电子过程；裂纹扩展是累积的机械损伤，由应力松弛、晶格失配、微裂纹、振动和其他机械伤害构成。如果氧化层击穿（由于电压应力）或在器件制造期间产生的微裂纹增大到一定程度，将导致电路元器件电流被切断，CMOS 器件就会发生故障。故障发生的时间是氧化层击穿或裂纹增大到一定程度后造成断路，这两种故障时间中较短的一个。这是一个简单的示例（在 CMOS 中还有其他导致故障的过程在起作用，包括电迁移、热载流子损伤、离子污染等），在这个简单的示例中只是使用了两种故障机理来说明竞争的思想。

2.3 可靠性维修性保障性的相互强化

2.3.1 概述

从之前的许多讨论可以总结出，可靠性工程要解决产品和服务不受（或不易受）故障影响的问题。但是故障是不可避免的，产品或服务从来不发生故障的情况是非常罕见的。要求产品、系统或服务始终不出问题，在绝大多数情况不具有经济可承受性①。因此，系统工程师要关注产品或服务满足客户的技术要求，就必然也要关注如何处理故障。

几乎所有的技术系统，当它们出现故障时都需要被修复或恢复服务②，而不是被废弃。这样做的原因是多种多样的，但对于“可修复”或“可维护”的系统而言（见第 4 章），关键是一旦发生故障，等待系统纠正状态并重新开始正常运行前需要花费一些时间。在此期间，系统停止运行（停机期），应着手采取使系统或服务恢复正常运行的各种措施。这里就引入了关于维修性和保障性的描述。可以把停机时间分为两部分：第 1 部分（按时间顺序）包含所有修理准备活动；第 2 部分包含所有修理活动。从广义上讲，这就是维修性、保障性的区别：维修性工程关注实际修理活动和作业的实施；保障性工程关注修理的准备。维修性工程项目包括维修计划和程序的设计，而保障性工程则包括业务计划和修理准备。维修性工程涉及的问题是插件只需要安装到插槽内还是用螺丝固定，而保

① 第 7 章进一步讨论像卫星、核电站、临界胸骨频散特性等后果严重的系统可靠性工程。

② 例如，软件崩溃通常通过重启恢复。

障性工程涉及的问题是选择现场存放备件还是第 2 天由中央仓库送达。本书的第 2 部分和第 3 部分将详细介绍这些定义,这里只是很粗略的介绍,让读者在获得详细信息前得到一个大致的概貌。可靠性、维修性、保障性工程有时会涉及一些可持续性学科的问题。

在 2.3.2 节将介绍如何通过改进可靠性、维修性、保障性中的任何一个,使得其他两个也得到改善。由于客户不能使用发生故障的系统,因此,客户更感兴趣的是系统能够快速从故障中恢复服务。我们将恢复服务的活动划分为两个阶段——修复准备和执行修复,这使得维修性和保障性被创建成为两个独立学科,以分别研究这些特殊的过程和工具。简单来说,客户很关心维修性和保障性,因为这些事情做得好,可以使停机次数减少、可靠性更高(见 4.3.3.4 节)。维修性和保障性学科的出现,是由于它们提供的系统性方法可以减少进行修理所需时间或减少停机时间。客户更关心他们的服务能够尽快获得恢复,维修性和保障性就可以通过系统性方法满足客户的这种需要。为了使系统恢复到运行状态,需要对这些活动进行分析。如果一个系统完全可靠且永远不会发生故障,那就不需要维修性和保障性了。

用语提示:故障、停机、故障时间、停机时间。在研究中,正确定义和使用这些术语是非常重要的,因为它们在文献中的使用是不一致的。上面已经定义了故障,并继续在违反产品或服务要求的示例中使用了"故障"术语。在本书中,将术语"故障发生时刻"定义为故障发生的时间点(在图 2.1 用"×"标记的点),"停机时间"指的是故障状态持续的整个时间(从点"×"开始到下一个恢复操作时刻结束)。在中断期间,一个或多个系统要求被违反。在此期间,故障状态持续时间称为"中断时间"或"停机时间"或"停机持续时间"。图中所示的水平粗线在第 1 层是运行区间或运行时间,即该时间段系统运行正常(没有违反要求)。在专业术语中,"故障的区间"和"故障周期"没有定义,因为故障是指发生在特定瞬间的事件。故障发生后所消耗的时间就是中断时间。当在第 4 章中讨论"故障之间的时间"这一概念时将还会继续这一话题。

图 2.1 中的示例是系统可靠性过程中的一个样本路径。系统的可靠性过程(见 4.3.2 节)通常概念化为一个双态随机过程,状态 1 表示系统正常运行,状态 0 表示系统处于故障状态(违反了一个或多个要求)。系统经历被看作是对产品、系统或服务运行时,正常工作和故障交替出现的时间段的一个"典型"或"一般"的描述。定制的系统可靠性过程规范可以适应各种假设情况,包括系统如何运行以及如何修复。在 4.4 节中将详细介绍这些细节。

由于故障会干扰客户工作,引起客户的严重不满甚至不能完成任务,因此系统工程师必须制定维修性和保障性计划,作为保证总体客户满意度的重要部分。

同样，供应商需要权衡故障消除费用、故障给客户带来的损失以及保修费用，以及失去声誉或商誉所带来的经济影响，需要在这些费用和影响之间实现平衡。因故障而产生的费用是不断上升的，包括为预测和避免故障而开展的所有“以设计为中心”的活动，以及产品或服务出现故障后恢复正常运行的计划和管理活动。这些活动中都必须制定出故障发生时的应对计划。

普遍认为，要想以尽可能低的成本来实现预期的可靠程度，就需要在产品/服务的定义和设计期间更多地关注可持续性学科。质量工程提倡解决问题的“1-10-100法则”：解决一个出现在生产制造期间的问题所花费的费用，是防止该问题发生的设计活动费用的10倍，而解决第一次在现场出现该问题所花费的费用又要再增加10倍。在这个“规则”中的数字不一定准确，它表示了这些费用之间是数量级的增长关系，这可以让人很容易地记住如下重要原则——预测和预防故障花费的成本，在产品/服务的寿命周期内几乎总是能够十倍、百倍地节省回来，因为可以不必再处理那些故障，见练习10。

不过，这些费用会在不同的预算中出现。可靠性设计增加了产品或服务提供者的成本，而与故障相关的花费增加了产品或服务用户的成本[①]。因此，供应商需要为用户做出一个可信的总成本，无论在采购成本中增加什么（可能是增加了对可靠性、维修性和保障性设计的重视），都将在产品或服务的使用寿命周期中因不发生故障得到充分的补偿。这些费用在不同市场领域有着很大差别：国防系统市场与消费电子市场是非常不同的。国防采购人员会在首次成本和累计成本之间进行权衡，而这样的考虑对消费者而言并不是最主要的。虽然本书的原则应用广泛，但也不是所有地方都适用。对于许多系统和服务，是否进行可靠性、维修性和保障性设计，可能直接导致任务是成功完成还是失败，甚至危及生命（见第7章）。而对于另外一些系统和服务，供应商则更希望其能够可靠地维持到完成下一代部署即可，而不必使用所有可靠性、维修性和保障性技术。

根据上述讨论可以推断，对可靠性设计活动的关注程度，将直接影响可靠性的实现程度。然而，通过调整开展的可靠性设计活动，来精确地调整系统、产品或服务在寿命周期内所能达到的可靠性程度，实际做起来是很困难的，其原因包括以下几方面。

（1）对于系统、产品或服务的部件和组件可靠性缺乏准确的信息。这些信息一般是总结出来的概率化数据，其中有些估计值可能并不准确。在许多情况下，有关估计值的准确信息（如估计值的置信区间、标准差等）可能完全不可获得，导致无法准确识别系统、产品或服务的可靠性。

---

① 除供应商承担的保修费用（如果保修费用是提供的）外。

(2) 缺乏对组件或子系统可靠性进行选择的连续性。在可靠性数学理论的文献中,对于如何把系统可靠性优化分配到元器件或组件有许多研究,通常通过一个数学程序设计(优化)模型完成。但在实践中,通常很少把元器件或组件的可靠性选为成本的函数。也就是说,通过增加(或减少)成本中一个很小的增量,不可能在元器件或组件的可靠性中获得一个小增量的增加(或减少)。

(3) 客户使用该系统、产品或服务的条件可能超出了预期的极限情况,也可能与预期只是略有不同。

(4) 如果可靠性设计已经正确实施,大多数故障将来自意料之外的原因。这就在可靠性建模中引入了另一个无法量化的不确定性,并且突出了无形资产的重要性,如经验丰富的设计和工程技术人员、稳健的制度和文化,不惩罚失败而是把它当作一个学习机会,等等。

鉴于这些事实,调整系统、产品或服务的可靠性以满足既定的目标,可以通过以下方式得到实现。

(1) 使全体员工能够轻松使用概率统计思维考虑问题。

(2) 创造一种文化氛围,把失败当作一次为未来学习的机会。

(3) 强大的可靠性建模和数据分析能力。

(4) 积极维护信息来源。

(5) 在开发部门和客户之间建立良好的横向和纵向联系沟通。

总之,运用所有工具和管理把工作做到最好,不断改进,并为不可避免和无法预料的故障模式留出余量。

2.3.2　相互强化

这部分研究的可靠性、维修性、保障性是相辅相成、相互强化的。简单来说,就是改善 3 个中的任何一个就同时改善了其他 2 个。来看看这是如何实现的。

(1) 通过改善维修性提高可靠性。正如在第 4 章中将看到的,可修复系统可靠性的一个重要指标是可用性,即系统在正常工作状态下的时间在全部时间中所占的比例(在第 4 章中有完整的定义)。改进维修性意味着该系统出现故障时更容易修复:组件更易到达,只需更少的专用工具,修理操作可以快速完成等。所有这些都可以转化为发生故障时完成维修需要的时间更少了。参照图 2.1 所示的关系图,可以看到,维修活动消耗的时间越少,停机时间越短,系统恢复正常功能越快,系统处于正常功能状态的时间比例也就会增大,其可靠性就得到提高(正如在其可用性中反映出来的那样)。

(2) 通过改善保障性提高可靠性。这里提出一种观点,即提高保障性意味着花在保障性措施(如从存放位置派送所需备品备件,诊断正确的故障原因,为这些原因找到正确的修理规程等)上的时间减少。从图 2.1 的关系图中同样可以看出,保障性提高后,所需保障活动的实施时间更短,系统在正常功能状态下的时间所占比例更大。另外,这还意味着系统可用性的提高。

(3) 通过改善保障性提高维修性。这里重点关注可以用来提高维修人员业绩的活动。快速有效地完成修理,需要准确地诊断和定位故障,找到合适的工具和备件并带到工作现场,提供正确的理修规程;总之,要在第一时间做好与保障性相关的事情。这样就可以减少维修人员纠正错误的时间,使他们尽可能快地开展正确和有效的修理任务。通过这种方式改善保障性可以降低维修时的“废品和返工”,使维修性得到改善。

(4) 通过改善维修性提高保障性。反过来,提高维修性涉及很多活动,包括简化修理程序、减少使用专用工具,以及系统采用现场可更换单元(LRU)最少的体系结构等;于是,提供修理所需要的备品备件和修理规程就变得很容易,从而使得保障性在很多重要方面都得到较好的改善。

(5) 通过改善可靠性同时提高维修性和保障性。如果系统的故障减少,则需要的修理设备和人员减少、用于训练的时间增多、备件要求降低,从而使修理的规划和实施会变得更容易,所有这些都将降低保障性和维修性负担。

总之,可持续性学科应形成良性循环。只有高度关注可靠性、维修性和保障性设计,它们之间相互促进的好处才能充分实现。由于在系统定义和设计初期的疏忽和资源匮乏,这种相互作用很容易被破坏。这就是为什么本书要将可靠性设计、保障性设计和维修性设计作为促进任务完成、客户满意和盈利能力的重点进行讨论的原因。维修性和保障性就像是一只摇着可靠性尾巴的狗。之所以关注维修性和保障性,是因为它们有助于缩短停机时间,从而使得可靠性更高[①]。因此,本书的重点是可靠性设计。只有故障少了才能克服维修性和保障性的不足,如果可靠性设计不好、故障频发,通过加强维修性和保障性来补偿在经济上是难以承受的,见练习 4。

2.4 可靠性要求的结构

虽然已经花了一些时间讨论可靠性、维修性和保障性之间的关系,但本章更关注可靠性,因此接下来将详细地研究可靠性要求。维修性和保障性要求将在第 10 章和第 12 章进一步研究。下面开始讨论可靠性定量描述的一般形式。

---

① 注意:“可靠性”在这里是广义的。

2.4.1 可靠性效能标准

效能标准是与要求(如吞吐量、延迟、重量、耗电等)相关的一些系统属性的定量表达。效能标准用来指导为实现客户认为重要和/或期望的系统属性和特征而开展的系统工程、设计与开发工作。由于可靠性涉及故障,因此许多可靠性效能准标主要关注于任务完成、故障频率、停机持续时间等,例如:

(1) 每小时、日、周、月、年等的故障次数;

(2) 单一用途组件的寿命;

(3) 系统在运行状态中的时间比例;

(4) 两次停机之间的时间;

(5) 每小时、天、周、月、年等不可修理单元的更换次数。

很明显,可靠性效能标准存在许多可能性。上面所列肯定不全。可靠性效能标准的广泛使用将在第 3 章和第 4 章中讨论。系统工程师在系统要求中所选用的可靠性效能标准的数量和深度,取决于系统的类型以及客户的需要和期望。2.4.3.1 节将对这个问题提供一些指导。

在本书的第二部分和第三部分中,将考虑维修性和保障性要求。在那里,效能标准和指标的概念同样适用。例如,执行指定的修理操作所需的时间是维修性效能标准的示例,编写系统修理要求文件所产生的成本是保障性效能标准的示例。在本书后面几章中将会介绍更多的示例。

用来促进系统工程的有用的全部效能标准都可以视为随机变量[4]。因为系统工程始于系统开发的初始阶段。但系统尚不存在,因此无法知道系统开发和使用时这些效能标准的取值是什么。此外,已部署的系统可能在各种不同的环境条件下运行,不同配置的系统可能以不同的方式对这些条件做出响应。事先无法确切知道,特定系统在运行的第一年会有多少故障(违规要求)发生。最后,取值也取决于许多因素,其中一些不能准确指定(如在第 1 章中讨论的控制因素和噪声因素)或无法很好地对所依赖的因素做出量化。可靠性效能标准不是真空中的光速或汞密度之类的物理常数。同一效能标准用于不同系统时,其结果是不同的,无法预测的。例如,中频调幅(MFAM)广播发射机中组件的故障次数,2014 年在 WNYC 应用时是 3 个,同年同型号的发射机在 WKCR 应用时是 5 个①。来自同一制造商的相同发射机,可以安装在许多广播站,这些设备组件故障数可能会有所不同。事实上,不同设备之间几乎总是不同的。注意:之前引用的每一个示例都是这样的。由于这个原因,可靠性工程界已经发现,在建模和

① 不是一个真正的例子,它仅用于说明目的。

其他定量活动中将可靠性效能标准看作随机变量,是非常有用的。

因为一个效能标准就是一个随机变量,对其完整的描述是它的累积分布函数(cdf)[4]。一个效能标准 C 的 CDF 是由 $F_C(c)=P\{C\leq c\}$ 给出的。这是一个真实变量 c 的函数,不管该变量①的域代表的工程意义是什么,其取值区间都为[0,1]。已经讨论过 cdfs 及其特性,包括任意变量的概念,3.3.2 节中将会更深入进行探讨。文献[4]是从另一个角度来看。但是,现在足以说明,它在用于获得效能标准完整信息的为数不多的方法中是最好的。可靠性建模(第 3 章和第 4 章)和来自实验室试验、系统试验、系统部署(第 5 章)的可靠性数据分析,是用于系统寿命周期内在不同时间估计 cdf 和/或其他与效能标准有联系的相关量的一种工具。2.4.2 节将致力于说明如何使用 cdf 开展系统工程任务,并且对那些与效能标准相关的工作提供有益的指导。

用语提示:不要混淆可靠性、维修性和保障性的"效能标准"与"(系统)有效性度量"。有效性度量通常是针对客户有价值的一些系统级属性进行的更为广泛的定量描述,如每小时的运行成本或全寿命周期费用。系统的有效性度量通常包含来自可靠性(或维修性或保障性)效能标准或指标的影响,但它们应用范围更广(如系统经济学)。

2.4.2 可靠性指标

面对大量系统时,处理原始的随机变量会很难做、费时且难以与非专业人员清晰沟通。在概率论中,提出了一些用统计方式表示的术语,用来简要地表达随机变量的关键特征。可靠性工程中的此类关键特征包括:

(1) 均值或期望值;

(2) 方差和标准差;

(3) 百分位数(包括中值)。

这些随机变量用做可靠性效能标准时,其结果称为可靠性指标。在 2.7 节中给出了这些指标的定义,并且在第 3 章和第 4 章中将进行更详细的介绍。

在 2.4.1 节的示例中,考虑所有已经安装的发射机中的组件,其数量和型号可能有几十个或几百个。原则上,可以列出每个设备中每年组件的故障数。在实践中,这样的列表可能很长并且很难用于与其他人沟通。这份列表可以归纳为经验分布或直方图,使用简单的统计技术可以将复杂或冗长的数据进行简化;也可以使用替换品数量的平均数表征总体中组件故障的数量统计。第一年运行中的替换品数量是一个可靠性效能标准:每个设备取一个(潜在的)不同的值。

① 在这个公式中,C 称为任意变量。

cdf 是随机变量的平均值,在第一年运行中组件替代的期望值(或平均数),都是可靠性指标的示例。

2.4.3　可靠性定量要求框架

可靠性要求可以用可靠性效能标准或可靠性指标来描述。在实践中两种方法的示例都遇到过。本节将详细讨论每一种方法,包括对特定情况下的选择进行一些指导。

2.4.3.1　基于效能标准的可靠性要求

可靠性要求通常采用限制或约束的形式,在对系统进行部署时要满足规定的可靠性效能标准。例如,一个可靠性要求:"系统在其第一年运行期间的故障数,在指定的 x、y、z 条件下不应超过两个"。注意:该要求与特定的可靠性效能标准有关,即对系统在第一年运行时的故障数规定一个上限,也就是 2 个。在对要求进行更详细讨论之前,需要检查可靠性要求的 3 个重要部分。

(1) 故障定义确定了吗?

(2) 相关的时间段规定了吗?

(3) 有关的工作条件确定了吗?

在这一要求中,故障的定义是不明确的,因此会把属于所有系统的故障,即任何系统(属性)的任何违规都作为要求。相关的时间段,即运行的第一年是确定的。相关的工作条件都包含在 x、y、z 中,可以用做完整性检查。

要求规定,在可靠性能效标准中对总体的每一个成员的应用设置了一个限制值。可以很容易看出一个特定的设备是否符合要求:看一下设备可靠性效能标准达到的值,并与要求进行比较。对于能够从设备收集的数据,不需要进行统计分析。为了了解数据不能被收集的设备是否满足要求,可以对已收集的设备记录数据进行统计推断,得到在所有类似设备母体中随机选择的设备符合要求的概率。在本章和第 3 章、第 10 章和第 12 章中将给出一些示例。

要求提示:作为要求的一部分,样本数据中的估计可以指定置信水平,使用的概率满足要求,但这不是常见的做法。规定置信水平的值不应该是随意的,而应该基于底层的可靠性决策[1,6,19,20],这是很重要的,但已超出了本书的范围。

要求规定,可靠性效能标准可以用于所有的工程情况,而且对以下情况是特别合适的。

(1) 安装的系统总体保持很少;

(2) 可靠性特性的单独控制是至关重要的(如要害系统,见第 7 章)。

2.4.3.2 基于指标的可靠性要求

可靠性要求通常采用限制或约束的形式，在对系统进行部署时要满足一定的可靠性指标。例如，一个可靠性要求可以写成："在其第一年的运行期间，系统期望的故障数在规定的 x、y、z 条件下不应超过 2 个"。在这种情况下，要求的可靠性指标限制在一个特定的值。由于指标是全部可靠性效能标准的总体，以这种形式写出的要求，不能控制个别系统设备的单个效能标准值。相反，可以用来控制整个已经安装的系统总体的指标。例如，假设要求包括系统的 100 个设备，那么，在第一年的运行中如果 99 个已安装设备各有一次组件更换，1 个设备有 20 次更换，则该系统被认为满足要求，因为组件替换均值是 1.19，小于 2。也可以很容易地用一个不太极端的示例说明同样的问题：当只控制单个指标而不是控制效能标准时，可能会遇到个别设备本身指定的（指标）要求未达到，但却可以满足整体（总体）要求的情况。关于这个话题的更多资料可以在 2.7.2.1 节中找到。

如果能够对整个已经安装的系统总体进行一次统计，然后检查与要求的一致性，就可以通过这些数据以及通过结果与要求的比对很容易地计算出指标。如果不能进行统计，也可以通过单个样本获得一些数据信息，然后使用统计推断程序推断是否有可能满足要求。有关均值和总体比例的程序如表 5.1 所列。

要求规定，可靠性指标可在所有的工程条件下使用，但更适合于下列情况。

（1）已经安装的系统总体指标大，或预计值会大。

（2）用于不同的系统时，指标值的变化预计会小。

（3）对可靠性特性的单个控制不重要（如大规模生产的消费娱乐设备）。

2.5 可靠性要求示例

2.5.1 产品的可靠性要求

科技社会有大量不同类型的产品用在生命维持系统（如医疗设备）、运输系统（如飞机、铁路和汽车）、娱乐产品（如电视机）等方面。在这些不同类别的系统中，故障所造成的后果可能完全不同，但产品可靠性要求的基本结构是相同的，而不同类别对可靠性的要求程度可能会不同。首先考虑一个比较简单的产品，如厨房电器（冰箱、洗碗机等）。从某种意义上来说，所谓简单是因为它们的故障模式与其他系统（如战斗机）相比相对较少。设备运行是连续的（如冰箱）或间歇的（如洗碗机）。用户对这些设备的期望可以概括为"当我想使用它时，它可以工作"。符合这个期望的一个关键的可靠性要求是无故障时间间隔。例如,对于家用冰箱的可靠性要求可以是“当电源的 AC 电压为 115~125V、频率为 58~62Hz、环境温度为 55~85℉时,冰箱将无故障连续运行 100000h。”此时并不关心该要求如何编写,而是要研究要求是否完整以及如何解释。

首先考虑是否完整。前面已经介绍了可靠性要求的 3 个重要组成部分:明确地表达所期望的操作行为;要求在一段时间内是适用的;要求在运行条件下是适用的。在示例中每一条都描述了吗?“无故障运行”是一个明确的描述,但“故障”的定义是不明确的。部分可靠性过程的标准设计是:通过产品的每个属性要求一步步找出产品的故障模式。在 2.8.1 节中将进一步讨论这一问题。由于该要求没有规定包括的故障模式,则必须假设为包括所有的故障模式①。时间期限是明确的:连续运行 100000h②。工作条件规定了电源电压、频率和环境温度的范围。这些似乎是一个典型的用户厨房环境。需要注意其他可能的工作环境变量,如湿度、使用频率等是未规定的。因此,必须假定无论这些未规定的工作条件的值是多少,要求都可以应用。这些遗漏可能会导致与客户发生纠纷。

还有另一种思路,冰箱出现故障时可以进行修理。如果采用这一观点,可以把要求写成在一个规定的时间段内限制故障的次数。例如,“当工作 AC 电压为 115~125V、频率为 58~62Hz、环境温度为 55~85℉时,冰箱在 100000h 的工作时间段内故障次数不得超过 1 次,预防性维修根据建议的时间表进行,修理由授权的服务人员进行。”

对这种产品来说,两种可靠性都是合适的。当冰箱出现故障时,有些消费者会选择不修理而是用一个新的来替换;对于这种市场,前一种可靠性要求更为合适。对于那些选择修理而不是更换冰箱的消费者,则后一种要求更为合适。当然,冰箱制造商可以同时采用两种可靠性要求,对他们来说是一致的。③

对于更复杂产品(如战斗机)的可靠性要求,其要求程度可能会有所不同,但本质上是类似的。操作员或用户关注产品在某段时间(如一次任务)内或规定的每周、月、年的修理次数内,始终连续无故障运行。任务时间可能会变,比工作条件列表中要求的可能更长,修理可能是多方面的,但这些复杂的因素不会改变可靠性要求的基本性质。这时就需要说明要求所涉及的那些故障模式,限定的可靠性效能标准或可靠性指标,时间段以及恰当的工作条件。只是要求的详

---

① 将故障模式划分为更为严重和不太严重的类别可能是可取的。例如,冰箱内部的灯泡故障可能比压缩机的故障更受关注。

② 一年包含 8766h(到小数点后 0 位),所以 100000h 大约是 11.4 年。大多数可靠性工程师在一年到 10000h 之间进行非正式使用。虽然这是一种有用的记忆辅助,但是任何重要的可靠性工程练习都应该使用更精确的数字。

③ 确定其是否一致超出本章的范围,需要在 4.4 节中讨论方法。

细程度不同而已。

用语提示:工程界中许多人认为可靠性和可用性是同一件事。可用性是一种适用于可维修系统的特殊的可靠性指标(见 4.3.3.4 节),本书始终坚持可靠性和可用性之间是有区别的观点。

2.5.2 流动网络的可靠性要求

对社会功能很重要的许多基础设施可以抽象为流动网络[8]。网络具有交付商品的能力,在网络中流量不中断是网络价值的一个关键指标。流动网络的可靠性有两个突出的特征。

(1) 网络元素的可靠性和容量。

(2) 网络支持的承诺交付的可靠性。

"网络可靠性"这一短语本身是不明确的。仔细检查发现,"网络可靠性"通常意味着网络支持的想要的商品容量应连续交付、不中断。这些网络元素的可靠性与各技术系统本身是不同的。当然,网络元素的可靠性承担着想要交付的商品容量以及不发生中断的要求。最近已经开展了许多具有不可靠元素的流动网络的研究。可详见文献[21]中的介绍。

网络元素包括管道、阀门、流动网络控制器、传输系统、路由器、电信网络计费系统、发电机、输电线路、杆塔、电力传输网络变电站、卡车、枢纽、物流网络的常规算法等。对这些产品或系统的可靠性要求可以按照 2.5.1 节的思路构建。

然而,由于这些元素协同工作以保证网络中的商品流动,并要求有一定数量的商品从初始节点到目的节点的交付,因此,对于具有不可靠元素的流动网络,必须考虑使用一种模型来处理网络元素可靠性对这些交付可靠性的影响。这仍然是一个活跃的研究领域,许多大型流动网络只能够近似建模。适用于这一研究的概念和相关模型的数学推理可以参见文献[24]。

流动网络很容易受到两类可靠性问题的影响,可以分别标记为"慢性"和"急性"。慢性可靠性问题是网络元素。由于部件故障、操作错误、软件故障以及日常运行时出现的"普通"变化,或多或少地发生故障。这些问题往往是孤立、不相关的,时间不长,在地理和时间上分布广泛,被视为一个可控的、不可避免但必须处理的低级"噪声"。网络技术员可以进行规划,通过这里推荐和描述的几种可靠性过程的设计减轻这些问题。急性可靠性问题更为严重、非常罕见,并且涉及许多相邻的网络元素,通常与相邻的网络元素有较高的相关性。急性可靠性问题往往是自然灾害(地震、火灾、洪水等)、不适当的故障隔离或蓄意攻击等引起的。与慢性问题相比,这种问题往往持续很长时间,对网络流量的影响更严重,预测、规划和快速恢复更困难。

在大多数情况下，对于慢性可靠性问题，从流量或交付可靠性要求所使用的稳态模型（描述一个长期稳定运行的网络）推导出网络元素可靠性要求是可以接受的。急性可靠性问题有一些性质不稳定的现象，缓解这些问题的明智做法是实现良好的保障性和维修性，即在较大破坏之后采取快速恢复服务或流量的措施。这并不是说其他措施不该开展，如避免在地震多发地区进行核电厂选址。经验[15]表明，在地震活动区建设一个核电厂是一个坏主意。在这个示例中，由地震和海啸造成的严重故障所带来的后果，不仅包括直接的生命丧失和严重受伤，同时也使得在一个广阔的地理区域内接下来的几十年都不适于居住。核电站就是这本书中称为“要害系统”的一个示例。要害系统的可靠性工程将在第 7 章中详细讨论。

示例：一个简化版本的包裹传送网络。想象一个物流载体将货物从城市 A 运到城市 B，如图 2.2 所示。

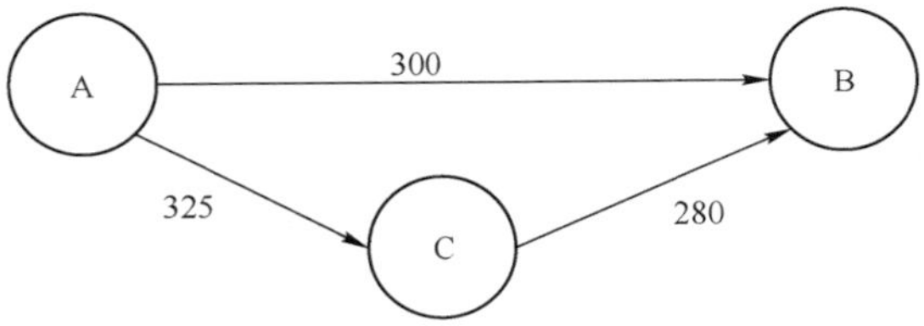

图 2.2　逻辑网络实例

这是一个有向网络（不按照箭头方向流动是不允许的），线路的能力用每天的包裹单位表示。假定要求每天从城市 A 运送到城市 B 是 275 包，则这一流程的可靠性要求的成功概率至少为 0.99。满足这个网络可靠性要求的线路的可靠性要求应该是什么？用 r_{AB}、r_{AC} 和 r_{BC} 表示线路在工作状态下（假定线路或全部工作或全部故障）的概率，则每天从城市 A 到城市 B 可以运送 275 包的概率是 $r_{AB}+(1-r_{AB})r_{AC}r_{BC}$。期望可以找到使 $r_{AB}+(1-r_{AB})r_{AC}r_{BC}\geqslant 0.99$ 的 r_{AB}、r_{AC} 和 r_{BC} 的取值。有许多 r_{AB}、r_{AC} 和 r_{BC} 的取值都可以使这个不等式成立，那么该如何选择取值呢？选择合适值的一种方法就是把成本纳入到模型中。假设包裹从 A 直接到 B 的运输成本是 c_1，从 A 经过 C 再到 B 成本是 $c_2>c_1$，则每天从 A 到 B 运输 275 包的预期成本是 $275c_1r_{AB}+275c_2(1-r_{AB})r_{AC}r_{BC}$，并通过求解程序选择 r_{AB}、r_{AC} 和 r_{BC} 适当的值：

约简

$$c_1r_{AB}+c_2(1-r_{AB})r_{AC}r_{BC}$$

使服从

$$r_{AB}+(1-r_{AB})r_{AC}r_{BC}\geqslant 0.99$$

这个示例非常简单:没有计算该终端 A、B、C 的可靠性;线路停止服务只是多一天或少一天,因而通过一个交替过程(见 4.3.2 节)可以更好地建模,如果任何一个线路每天的运力不足 275,又不考虑包装重量或尺寸等其他因素,而费用是固定的,则示例将会变得更复杂。然而,该示例的重点是用于流动网络元素的可靠性要求,不可以单独从网络中构建流量可靠性要求。流量可靠性要求是面向用户的要求,而对网络元素的可靠性要求感兴趣的主要是网络设计人员,他们只对满足用户要求且运行成本最低感兴趣。在流动网络中构建可靠性要求时,必须考虑网络元素可靠性对流量可靠性的影响。

2.5.3 长期服务的可靠性要求

现在开始对有形对象(如产品和系统)与无形对象(如服务)之间的可靠性加以区分。服务的可靠性是本书第 8 章的主题,在这里介绍一些基本观念和原则,帮助设计服务可靠性要求。

首先,区分两种类型的服务:长期服务(本节)和间歇服务(见 2.5.4 节)。

长期服务是一种可供用户随时使用、不中断的服务。公共电力是长期服务的一个示例。客户期望其场所内的公共电力在任何时候都可获得且不中断。间歇服务是指客户的使用具有间歇性,客户与服务的每次交互是一次定义了开始和结束的交易。互联网的接入是间歇服务的一个示例。用户可以在某一时刻启动网络浏览开会,持续使用互联网一段时间并在稍后停止。每一个这样的会议在互联网接入服务中构成一次交易。互联网接入服务不必总是为所有的客户提供服务,客户对服务的满意程度取决于客户在需要时能否获得服务。如果客户没有试图使用服务,而此时该服务无法访问,则客户事后不会注意到服务曾经无法获得。

长期服务和间歇服务之间的最主要区别是用户的行为。长期服务中,可靠性的重要标准是在任何时候都能提供服务,因为用户期望的服务任何时候都存在。电力服务任何时候都在被"消耗",如冰箱、生命维持系统以及其他需要连续、不间断电源的类似对象。因此,在长期服务中,服务消费者要求持续提供服务。在以交易为基础的服务中,用户只需要偶尔服务,了解如何将这种行为与服务可靠性相结合,获得使客户满意或不满意的服务,在提出服务的可靠性要求时是很有帮助的。

由于假设长期服务总是主动的,因此长期服务的可靠性相当于提供服务的基础设施的可靠性。在许多重要的情况下(配电、供水、污水处理等),这些基础设施就是一个流动网络,这种观念应用于 2.5.2 节。服务的可靠性要求经常用每一个客户终端的可访问性表示。例如,在电力系统中,可以写成在客户场所的电表上的电源可靠性要求(可以是:对于规定区域内的所有电表,任何时候都有电的概率至少为 0.999995)。在这种情况下,电力分配网络的所有基础设施都包含在可靠性要求中,从客户减少和任何建模都涉及的独立网络元素的可靠性,一直到服务的整体可靠性。

2.5.4　间歇服务的可靠性要求

间歇服务的显著特点是:用户不时地向服务提供商请求服务,这种互动持续一段有限的时间后解除。间歇服务的示例包括在加油站购买汽油、语音电话呼叫、从互联网上下载软件、运送包裹等。这类模型必须足够灵活,可以适应一些非常抽象的情况,如个人计算机或智能手机上的应用。

如同在流动网络那样,要从两个重要的视角看待间歇服务的可靠性:用户或客户的角度,以及服务提供商的角度。服务提供商希望有利可图,同时为用户提供良好服务体验,服务的可靠性程度必须与这些目标相一致。服务提供商还负责(直接或通过重新采购配置)提供服务的基础设施。例如,加油站老板负责储油罐、泵、安全系统、计费系统以及加油站本身的其他组成部分。加油站老板也必须涉及汽油供应商的可靠性:从炼油厂或经销商批发购买汽油可以看作是批发服务中的一次交易。许多用于支持服务交付的基础设施(如电信、物流等案例)可以看作是流动网络。此外,还有一个服务本身(在第 8 章会广泛涉及)的可靠性问题和服务交付基础设施的可靠性问题。如同流动网络中那样,这些都是相关的。大多数情况下,提高服务交付基础设施的可靠性也将改善所提供服务的可靠性。支持这些活动所需的定量建模在文献[22,23]中有所描述,并将在第 8 章中予以回顾。

服务交付基础设施是一些科技产品或系统,它的可靠性要求在 2.5.1 节介绍过。根据第 8 章所描述的分类,服务本身的可靠性要求可以很容易地创建出来。

(1) 服务可访问性。

(2) 服务持续性。

(3) 服务解除。

简而言之,服务访问性的要求是用户期望得到服务时建立一种交易的能力,服务持续性要求是进行的交易不中断并保持相关服务质量标准的能力,服务解除的要求是交易完成时解除交易的能力。这些在第 8 章中有更详细的讨论。下面的电信语音服务是服务可访问性要求的一个示例:用户能够使用该服务建立语音呼叫的概率至少为 0.99995。该要求没有规定应用的时间,所以可以得出结论,即无论何时用户试图开始一个语音呼叫时,服务都可以使用。要求中没有规定其他条件,因此可以得出结论,该服务可以适用于所有条件,会流行于网络和用户设备。如果服务提供商不希望使用这些宽泛的解释,那么在要求中必须要有技术说明、限制时间和/或条件。针对这些要求开展的可靠性建模中,必须考虑服务交付基础设施中的设备和活动(它们必须正确运行以建立语音呼叫)。服务可靠性要求(包括服务持续性和服务解除的要求)的更多示例,可以在 8.5.1 节中找到。

2.6 可靠性要求说明

2.6.1 概述

对开发团队来讲,可持续性领域的要求构成了用户满意度目标的主体,这是很容易理解的。此外,它们还能提供在部署后检查系统的表现是否达到预期效果的依据。这个重要功能使开发团队能获得定量的效果反馈信息,并且可以促使其建立从成功和错误中学习的制度。本节将介绍一个解释定量要求的框架,对开发团队来说,它能提供清晰、明确的指导(而数据收集只是使指导更为合理而已),并且能够准确了解系统部署后与每一条要求有关的性能表现。这种解释按照基于效能标准或指标的要求(2.4 节)进行分类。在回到具体的可靠性要求之前,可以看到基于效能标准或指标的要求分类同样适用于保障性和维修性要求。我们提倡使用一致的术语,能够使系统工程师更容易完成任务并便于主要的利益相关者(包括开发团队、管理和行政人员,以及客户)交流重要的结果。因此,本节简要地引入一些观点,并对两个类别的每条要求和性能进行比较。在第 5 章中,对完成这个项目所必需的统计分析进行了更完整的描述。这里的介绍和第 5 章中的材料包含了最常见的实际情况。有关更复杂或特殊情况的统计超出了本书的范围。如果需要额外的统计分析,可以参考其他几本相关的统计学教材,包括文献[2,10]。

2.6.2 利益相关方

虽然许多团队(由客户、行政和管理人员、设计和开发人员、销售人员及其他人员组成)对系统、产品或服务的成功创造和使用都具有一定的贡献,但在可靠性要求说明中只有 2 个团队是主要的利益相关方——供应方的可靠性工程师和客户方的可靠性工程师。他们都有各自的需求及可靠性要求。本节将回顾这些情况。

2.6.2.1　供应方团队的可靠性工程师

系统、产品或服务的供应方提出可靠性要求时，有 3 个主要关心的利益。

(1) 供应商需要使客户相信，可靠性要求能满足他们的需要并且系统、产品或服务能够实现可靠性要求。

(2) 设计和开发团队必须能够说明在开发与制造完成时，其设计能否满足可靠性要求。

(3) 销售及客户服务团队需要确定系统、产品或服务是否满足产品、系统或服务工作时的要求。

对于一个完整的产品、系统或服务，除非在非常特殊的情况，否则其可靠性是不可测试的，因为这需要很长的时间和大量的样本。① 此外，当产品或服务仍处于开发阶段时，还 不能实现可以用做测试的示例。供应方的可靠性工程团队主要根据可靠性历史数据、可靠性数学理论以及其他一些方法，使用可靠性模型来估算产品、系统或服务的可靠性。这些其他方法将在第 3 章和第 4 章进行讨论。这个团队必须能够对可靠性建模结果与可靠性要求进行比较。此处的关键是选择的可靠性模型能够反映系统是如何构建和保持的，并使用此模型计算要求的可靠性效能标准和指标。例如，一个海底电缆通信系统的可靠性要求是：该系统在 25 年的服务中，转发器的更换不超过 3 次。系统提供商必须选择一个能够估计出在 25 年服务中转发器更换次数的可靠性模型，同时也最大程度反映出系统结构、工作方式（如果有冗余，是如何进行的），以及如何修复的（通过更新一个故障的转发器）。这样的可靠性建模是第一次使用，早期提供的列表中引用了以上两条。该应用提出的核心问题是要把可靠性建模结果与可靠性要求进行比较。这个问题也出现在质保计划中。② 只要产品、系统或服务在运行，就可以收集可靠性数据。对这些数据进行适当分析，就能够得出实际可靠性性能与可靠性要求的比较结果，这是销售和客户服务团队所面临的核心问题。如果可靠性要求用第一次故障的平均时间表述，那么需要做的就是收集出现第一次故障的时间数据，并直接分析这些数据而不用考虑系统如何工作。可靠性要求只关心第一次故障的时间，而对于可靠性工程团队可能选择什么模型证明满足要求，或系统的拥有者选择如何操作（只要操作是要求中列出的条件），都是不可知的。向内部和客户证明产品、系统或服务第一次故障的平均时间符合要求，是供应方可靠性工程团队的责任，他们会用要求中没有指定的可靠性模型完成这

① 然而，加速寿命试验和软件可靠性增长试验是常见的，部分原因是因为这种试验可能无法证明可靠性，发生的故障表明系统可能包含需要纠正的缺陷。

② 完整的质保模型和计划的处理超出了本书的范围；进行综合处理可参见文献[3]。

项工作。当实际的数据可用时,可靠性模型数据会被直接弃用。

2.6.2.2 客户团队的可靠性工程师

客户或用户对产品、系统或服务的主要兴趣在3个方面,同样地,这三方面在2.6.2.1节已经列出,即产品、系统或服务在运行时是否满足其可靠性要求?帮助回答这个问题的可靠性数据分析方法在5.1节中可以找到。

2.6.3 基于效能标准的要求说明

编写基于效能标准的可靠性要求时,该要求应能详细说明以下几方面。

(1) 适用于每个单独的设备,从这个意义上来看这是最严的要求。

例如,在25年的使用寿命中,每一个系统出现的故障不超过3次。

(2) 适用于某些设备的比例。

例如,在25年的使用寿命中,95%的系统出现的故障不超过3次。

参阅10.6节可以获得很有价值的另外一些观点。

2.6.3.1 与所有设备有关的要求

例如,在2.5.1节给出冰箱的可靠性要求,规定至少100000h的无故障工作时间。由于无故障工作时间是一个随机变量,这就意味着不同冰箱的差异是无法预测的。用这种方式表述的要求适用于每个冰箱。如果不能从特定的设备中获取数据,则很难看出设备的无故障运行时间是否大于100000h,也就很难判断是否满足了该要求。

当不能从特定设备中获取数据时,情况会变得复杂,但仍然希望能确定该设备是否满足要求。在缺乏数据的情况下,不能肯定地说设备是否符合要求。但是,如果可以从相似的冰箱总体中获得一个无故障间隔时间样本,就可以做出一个满足要求的可能性的说法。

示例:2.4.3.1节给出了冰箱的可靠性要求。假设从10个冰箱中获取样本,得到以下10个初始无故障间隔时间(h)的样本,如表2.1所列。

表2.1 初始无故障间隔示例

安装编号	第一次无故障间隔/h	安装编号	第一次无故障间隔/h
1	87516	6	105494
2	102771	7	132400
3	155310	8	87660
4	65483	9	90908
5	99786	10	155454

首先,可以肯定地说,设备 2、3、6、7 和 10 满足要求,其余的 1、4、5、8 和 9 不满足。那么,从设备总体中(除了样本中的那些)随机抽取一个设备满足要求的概率是多少?一个"好的"总体比例估计是通过样本的比例得出的,因此满足要求的冰箱在总体中的比例估计可以占到 1/2,也就是说,从冰箱总体中随机抽取的满足要求的概率估计为 1/2。这个问题将在第 5 章中进行更精确的计算。为了确定这是不是一个满意的结果,需要考虑效用和风险问题[1,6,20],这超出了本书的范围。

2.6.3.2　有关设备比例的要求

可以把可靠性效能标准写成限制不符合技术要求①的设备在总体中所占的比例,通常人们也希望这样做。例如,5.1 节给出的冰箱可靠性要求,可以写成"当交流供电电压为 115~125V、工作频率为 58~62Hz、环境温度为 55~85℉时,98%的冰箱可以无故障连续运行 100000h。"现在,设备总体的 2%允许出现第一次故障的时间少于 100000h(少多少未做规定)。因此,这 2%的设备出现第一次故障的时间可能确实很快(用效能标准平均值提出要求时,方式大致相同,允许个别数值可能出现较大偏差)。如果表 2.1 中的数据是对整个设备总体的统计,那么可以得出没有满足要求的结论。如果表 2.1 中的数据是来自设备总体的一个样本,则满足要求的设备的样本比例为 0.5。在第 5 章中,将看到样本大小如何影响采样误差,并决定在较大的设备总体中进行的采样是否满足要求。

2.6.3.3　可修复系统

一个可修复系统可能会反复出故障,并且某些可靠性效能标准(如停机时间、停机间隔时间、每月的故障数等)对于同一个设备可以呈现出多种数值。例如,假设一个特定的冰箱出现过 3 次故障,相应的故障停机时间分别是 1.5h、8h 和 4.76h(图 2.1)。对于这样的系统,基于效能标准的要求说明是:该要求适用于系统运行所产生的效能标准的每一个值。在这个示例中,如果要求故障停机时间不超过 7.5h,则系统不满足要求,因为有一个故障停机时间超过了 7.5h。

2.6.3.4　结论

基于效能标准要求的优点如下。

(1) 当安装的总体统计数据可用时,计算简单。

(2) 对于每一个进行数据收集的系统是否满足要求这个问题,答案为是或不是,简单明确。

(3) 可以控制效能标准的全部可能的值。

(4) 在同一个框架内容易交流结果,便于对所有利益相关方进行解释。

基于效能标准的要求的缺点如下。

(1) 对于一致性的判断不稳定。对来自同一系统的一组新的数据进行分析，和以前的分析相比，可能会产生不同的结论。

（2）由于设备系统的数量变大，如果没有适当的计划，跟踪与要求的一致性会变得很难，因为对每个单独的设备都需要进行比较。

2.6.4 基于指标的要求说明

当编写基于指标的要求时，该要求只能解释为适用于设备系统总体。[①]这是因为指标是一种汇总统计，通常是汇总随机变量（效能标准值）的大量状态数据。基于指标的可靠性要求说明的一个核心问题是：要求是否打算只用于已经建立和实施的真正的系统总体，还是打算用于一个（更大的）纯理论上的所有给定类型的系统总体，包括那些已经建成的和尚未建立的。在前一种情况下，对于设备总体进行统计可以获得最简单的分析。

在基于指标的要求情况下，为了比较性能和要求，可以根据总体统计结果是否可用，区分以下两种情况。

2.6.4.1 不可修复系统的指标

不可修复系统的一些可靠性效能标准，也可以用于可修复系统。例如，可靠性效能标准中提及的出现第一次故障的时间与不可修复系统的故障时间的标准基本上相同。本节讨论的要求说明均建立在这些效能标准基础上。对于不可修复系统使用可靠性效能标准的更详尽说明，可以在 4.3.4 节中找到。

1. 设备总体的统计数据可获得

如果来自所有设备系统的数据是可获得的，可以通过这些数据（计算结果在第 5 章中称为“度量”）计算出相关的指标，并将这些值与要求中的值进行简单比较。例如，假设现在冰箱的可靠性要求是“如果冰箱连续工作时，交流供电电压保持在 115～125V、工作频率保持在 58～62Hz、环境温度保持在 55～85℉，则冰箱第一次故障的平均时间应不少于 100000h。”要求是用冰箱第一次故障的平均时间表述的可靠性指标（第一次故障的时间是一个随机变量、一个效能标准，平均值是该随机变量主要趋势（见 2.7.2 节）的度量，指标在 2.4.2 节中有定义）。假设表 2.1 中列出的 10 个冰箱构成了这种类型的所有冰箱的全域，那么，表 2.1 等同于对这个总体的统计。表中 10 个第一次故障时间的平均值是 108278.2h，结果大于 100000，因此这个冰箱总体满足要求。

2. 设备总体统计数据不可获得

假设现在的要求就像 2.6.4.1 节中提到的，而表 2.1 中 10 个冰箱的汇总只是较大量冰箱设备总体中的一个样本（同一类型），则确定整个总体是否符合要求是不可能的，因为没有从任何其他设备获得第一次故障时间的数据。把表 2.1 中的 10 个设备数据当作一个来自这一总体的样本，使用该样本数据估计总体的平均值。如前所述，数据的样本均值为 108278.2h。样本的标准差是 30035h，因此，总体均值 μ 的估计值 $\hat{\mu}$（即样本均值）近似于正态分布，均值 108278.2h，标准差为 $30035/\sqrt{10} = 9497.9\text{h}$。因此，总体均值等于或少于 100000h 的概率约为 $\varphi_{(0,1)}(-8278.2/9497.9) = \varphi_{(0,1)}(-0.872) \approx 0.192$。这是一个基于这个样本的估计值，总体不满足需求。相反地，数据会支持这样一种观点，即这个总体满足需求的概率约为 0.808。注意：这里所产生的概率，不是由于总体均值（这是固定的，但未知的）的随机特性，而是由于采样过程中的变异造成的。另一种方式是给出这个采样程序，有大约 1/5 的概率使得程序导致该总体不符合要求。

2.6.4.2　可修复系统的指标

一个可修复系统可能会产生多个给定可靠性效能标准的值，因此，指标可以通过数据计算，数据可能来自一个系统，或者来自许多系统的数据集合。因此，对于可修复系统有两种可能基于可靠性指标的要求说明：如果每个单独的系统符合要求，则认为整个系统符合要求；如果集合符合要求（也就是来自集合中所有系统的数据计算得到相应的指标满足要求），则认为系统符合要求。例如，假设在 2.6.3 节中提到的冰箱故障停机时间的要求是“冰箱的平均故障停机时间不超过 5h”。可以解释为：总体中每一个冰箱的平均故障停机时间不超过 5h，也可以解释为总体中所有设备的全部停机时间不超过 5h。每一种解释都是合理的，关于使用哪一种解释的决定，是建立在了解客户要求以及故障停机时间的变化量的基础上，故障停机时间可能超过冰箱总体。反过来，后者又转移到冰箱供应商要完成的保障性和维修性设计质量在一定程度上存在不足。

此外，还必须考虑设备系统总体的统计是否可获得。如果是这样，相关的指标是按照总体中所有的设备计算得出的，并且可以通过比较统计得出的计算值与要求的值，确定是否符合要求。如果统计数据不可获得，必须再次进行统计推理来确定要求的一致性，这种一致性现在一般使用概率术语表示。

示例：假设前面所给出的要求规定：这种类型的冰箱的平均故障停机时间不得超过 5h。表 2.2 中列出了来自出现过故障停机的 8 个冰箱的数据，每一台冰箱都已经工作了 100000h。

表 2.2　冰箱故障停机时间示例

安装编号	停机时间/h	样本均值	样本标准差
1	1.5,8,4.76	4.75	3.98
2	3.1,6.5,4,7.3	5.23	2.31
3	0.4,2.25,9.5	4.05	5.89

（续）

安装编号	停机时间/h	样本均值	样本标准差
4	4. 5	4. 50	0. 00
5	1. 5,5. 5,6,7	5. 00	2. 79
6	4. 5,7. 5	6. 00	2. 25
7	3,6,8. 75	5. 92	3. 13
8	4,7,9. 25,11	7. 81	3. 49
平均		5. 53	2. 84

第二列是记录的原始数据，最右边的两列是统计计算的数据（即指标）。要求可能解释如下。

（1）该要求适用于每一个单独的设备。编号为 1、3、4、5 的设备在规定的时间段内（100000h）满足要求，而编号为 2、6、7、8 的设备不满足。不需要进行统计推理。根据这些数据，可以得到另外的时间段（即在 100000h 之后继续收集数据，期望的概率是这些未来数据的均值不少于 5h）继续满足要求的概率。这个推理是将手中的数据作为一个样本，该样本来自未来不可见的数据流。例如，对于设备 1，平均故障停机时间现在的预计是 4. 75h。假设该冰箱工作的环境一直保持不变，则要求设备 1（未来）的概率$\overline{X}$小于或等于 5，即

$$P\{\overline{X}\leqslant 5\}=P\left\{\frac{\overline{X}-4.75}{3.98\sqrt{3}}\leqslant\frac{5-4.75}{3.98\sqrt{3}}=0.036\right\}$$

这是因为等号左边的定量分布是已知的（近似的）。如果数据点的数量巨大，这种分布近似正态分布。然而，由于从设备 1 收集的故障停机时间的数量只有 3 个，该分布近似于一个具有 2 个自由度的 t 分布，因此期望的概率是 $P\{t_2\leqslant 0.036\}\approx 0.51$。得出的结论是：从数据可以看出设备 1 现在符合要求，设备 1 在未来（假设基本条件保持不变）能够继续满足要求的概率只有 50%。

（2）该要求适用于所有的装置，并且所列出的数据是所有设备的统计。在这种情况下，只有 8 个冰箱设备，表中完整列出了来自 8 个设备的所有故障停机时间的数据记录。来自 8 个设备的所有故障停机时间数据的平均值是 5. 53h，不符合要求。我们可以再次询问在额外增加一段时间之后可能满足要求的概率，不需要计算就可以得出这种情况的概率不到 1/2。

如果不能获得设备总体的统计，则该要求适用于所有设备，表中所列出的是来自 8 个设备的样本数据。设备超过 8 个，但可用的数据只有表中的 8 个。以 24 为观测值，样本平均值近似为一个正态分布，即

$$P\{\mu\leqslant 5\}=P\left\{\frac{\mu-5.53}{2.84\sqrt{24}}\leqslant\frac{5-5.53}{2.84\sqrt{24}}=-0.038\right\}\approx 0.485$$

因此，表 2.2 中样本所对应的总体能够满足要求的概率小于 1/2。

2.6.4.3　小结

通过研究设备系统的数据，简要介绍与确定可靠性（或维修性或保障性）要求是否得到满足有关的一些思路。本章讨论的目的是表明对可靠性要求的解释有多种不同方式，进行本质分析比使用自身对比的方法更容易确定。可靠性工程中所需要的对比技术（包括性能和要求的对比以及可靠性预测和要求的对比）将在第 5 章中进一步讨论。

基于指标要求的一些优点如下。

（1）该框架适用于更简便的下行风险分析。

（2）对一致性的判断往往比使用基于效能标准的要求更准确。

（3）在框架中需要对数据进行有意义的统计推理，它对系统状态的了解会更加细致。

基于指标要求的一些缺点如下。

（1）所有利益相关方都需要熟悉这种方法的信息框架，以便得出合理的结论并方便相互交流。

（2）计算略显复杂（虽然很容易自动执行）。

2.6.5　模型和预测

到目前为止，已经介绍了一些对比设备系统的可靠性性能和可靠性要求的有用的思路。但系统工程师仍需要一些其他类型的对比。在第 3 章和第 4 章中介绍的可靠性建模可以实现另一种类型的系统可靠性估计，即基于组件的可靠性估计、可靠性工作的设计以及在系统开发过程中开展的其他工程，通常称为可靠性预计。与可靠性建模的结果进行对比是在当前开发状态下确定系统在其安装后是否能够满足所提出的可靠性要求的一种方法。系统工程师在这个决定中占有明显的分量。

对于一个组件串联系统，其寿命服从指数分布（定义见第 3 章）（该技术是在“串联系统寿命分布参数的置信区间”一节中介绍），可以为系统寿命分布参数提供分散表征。一个“倾斜”程度的定量指标，是根据当前的系统寿命分布，给出关于组件寿命分布的估计。将可靠性建模的结果和根据运行中的系统数据分析推断出的要求或性能进行对比时，应该用到该信息。我们不讨论必须使用的统计技术，因为与简单的工序相比，它们是一些更先进的方式，也建议熟练的系统工程师精通使用这种思维方式。此外，这种方法迄今只限于用在具有指数寿命分布的组件串联系统的情况下。将同样的想法应用于其他类型系统之前，还需要进行更多的研究。尽管该方法适用于具有指数寿命分布的组件串联系统,但在实践中还没有被广泛使用,如常用的印制电路板组件(见6.5.1节)模型。期待有一天可靠性模型置信区间信息的这种用法能成为常用手段,但现在看来这一天还很遥远。

2.6.6 不满足要求时会出现的情况

在本章的几个示例中,可以发现要求经常无法满足。这种情况在真实系统中不时地发生。掌握一种系统的方法应对这些情况是很重要的。

首先,最重要的是了解不符合要求的结论的证据说服力。所有系统运行和故障的过程都存在一定程度的统计波动,这是正常运行中预期的部分。本书介绍的方法旨在帮助辨别需要哪些证据得出这些波动得出满足要求的结论。判断是否满足要求的另一种方法应该是用事实证明。假设给定的装置正在运行,如果一些结果由于偶然情况得到看似的高概率,那么这些结果不应该被看作更有效的行动基础,除非它们可以重复出现。这类似于控制图中共同原因和特殊原因的区别[26]。清晰的可靠性要求控制图是很难得到的,而且控制所需的时间一般很长,因此,在不同的时间段难以对它们重复研究。然而,对于时间周期较短的需求,如在10.6节中将要讨论的维修性要求,获得清晰的控制图是可能的,并且可以有效地用于辨别可被忽略(由共同原因造成的结果)的违规行为和需要进一步调查(由一个特殊原因或其他原因造成的结果)的违规行为。练习5和练习6利用一些样本数据进行了尝试。

通过此处推荐的统计分析,假设现在能够确信有一个要求由于某些重要的原因无法满足。接下来实用的做法就是对根源进行分析以确定为什么不满足要求,用石川(鱼骨)图作为工具指导分析并表达结果。如果根源分析指出是设计问题,应该期待相同类型的其他故障会出现在设备系统总体中。在这种情况下,需要对系统开发过程中的可靠性活动进行设计审查,系统的修改也是必要的。修改可能发生在系统未来的版本中,如果设计问题非常严重,可以对已实现的系统进行主动追溯。如果根本原因分析指向随机发生的故障,它们看起来没有共同的原因,复查应力-应变的相互作用有助于确定合适的纠正措施。一种应力-应变复查可能的结果是,系统中使用的某类组件的强度分布更多地集中在比预计值更低的值上。另一种可能的结果是,系统用在比预计的更恶劣的环境下。根本原因分析能够根据对实际情况的了解实施对策。为了帮助过程管理,需要实施一个正式的、基于七步质量改进流程(QI故事)的改进计划[25],参见文献[9]。

在所有情况下,都值得花一些精力确定要求未满足是确实不满足,还是由于用来进行验证的数据存在正常的统计波动,导致其看起来不满足要求。所有的客户总是准备好理解并接受这样的分析,可是,这只是单纯的假设。大多数客户都坚持要关注他们现在正在经历的故障,并且不满足于所告诉他们的,该故障属于涉及统计学给出的一种不常见类型的说法。站在客户的立场,每个故障都需要关注(即使这种关注只是在以后的某一天安排修理,见 10.2.2.1 节示例),因此,这个分析更多地是在内部使用。它有助于回答如下问题,即是需要进行大量的重新设计工作(因为故障类型表明一个特殊的原因在起作用),还是系统继续按照字面上和实际意义上的可靠性要求正常运转,而且当有些客户看到一些故障时,他们分辨不清主要系统有何变化。

2.7 其他指标

2.6.4 节中的示例是基于系统第一次故障的平均时间。有许多其他的指标,可能与可靠性效能标准有关,并且在创建可靠性要求时非常有用。在这一节中将回顾其中的一部分。

2.7.1 累积分布函数

随机变量最完整的概括是由其累积分布函数(CDF)或简单的分布给出的。当随机变量 X 是离散的(只取有限多个或可数的无穷多个离散值 $x_1,x_2,\cdots$),其分布函数为

$$P\{X=x_i\}=p_i,\quad i=1,2,\cdots$$

其中,$0\leqslant p_i\leqslant 1$ 且 $p_1+p_2+\cdots=1$。对于一个连续实数区间的随机变量 X,其分布为

$$P\{X\leqslant x\},\quad -\infty<x<\infty$$

有一些分布同时具有离散和连续的部分。在可靠性建模时,这些经常发生在对于开关元件寿命的描述中,那时它们被称为故障的非零概率(见 3.4.5.1 节的示例)。寿命随机变量分布的附加属性(称为寿命分布)在 3.3.2.3 节中给出。寿命分布的许多示例在 3.3.4 节中有考虑。

用语提示:在离散的情况下,集合 $\{p_1,p_2,\cdots\}$ 与连续随机变量的密度相似。尽管如此,有时它们称为随机变量的分布。避免混淆的最好方式是把它们称为随机变量的概率密度函数。这是专业术语,但一般不常用。

分布包含随机变量的所有信息,所以有时很难得到足够的信息记录整个分布。幸运的是,可用其他缩略语表达。本节的其余部分将对其中的某些进行讨论。

2.7.2 中心趋势度量

对于一个随机变量的最简单的概括是找出它的“中心”在哪里。这种概括称为“集中趋势程度”。最常用的有以下3个：

(1) 均值；

(2) 中值；

(3) 模。

2.7.2.1 均值

一个(真值)随机变量 X 的均值是在 X 的密度曲线下平面区域的重心(见3.3.3.1节),它也称为期望值或 X 的期望。X 的均值就是 X 的平均值。对 X 可能取的所有值进行加权平均计算,依据每一个值出现的概率确定它的权重。对于一个离散的随机变量 X,计算方法为

$$\mathrm{E}X=\sum_i x_i P\{X=x_i\}=\sum_i x_i p_i$$

这是对 X 可能取的所有的值 x_i(有限多个或可数的无穷多个)求和。对于一个连续的随机变量,计算方法为

$$\mathrm{E}X=\int_{\Omega} xP(\mathrm{d}x)=\int_{-\infty}^{\infty} x\mathrm{d}F_X(x)=\int_{-\infty}^{\infty} xf_X(x)\mathrm{d}x$$

对于真值随机变量,等式倒数第二个表达式是有效的(这是本书中唯一考虑的一例)。此处,F_X 代表 X 的 CDF 值,f_X 表示它的密度(如果存在),参见3.3.2节和3.3.3.1节。最后面的表达式说明“重心”是通过密度计算的。

示例:假设离散随机变量 X 取值为 1,2,…,10,它们的概率分别为 1/55,2/55,…,10/55,则

$$\mathrm{E}X=\frac{1}{55}\sum_{i=1}^{10} i^2=7$$

但变量的均值不必等于变量中的任何值。假设 Y 与 X 取相同的值,但概率不同:$P\{Y=i\}=1/20, i=1,2,\cdots,9$,且 $P\{Y=10\}=11/20$,则

$$\mathrm{E}Y=\frac{1}{20}\sum_{i=1}^{9} i+\frac{110}{20}=\frac{155}{20}=7.75$$

要求提示:要求通常由效能标准的平均值确定的指标作为边界条件。例如,“停机之间的平均时间不小于1000h”。应该认识到,控制某些变量的均值使该变量的实际值与均值可能存在较大差别是很重要的。除非有充分的理由相信问题中的变量值没有很大的不同,仅仅控制均值可能会使设备系统总体的变量的极值偏离较大。例如,可以想象一下,配置了两个系统,系统 A 和系统 B,都在时

间零点开始工作,每个系统均出现两次故障,故障时间在下面列出,每次停机持续 1h,当前的时间是开始工作以后 2001h。

(1) 系统 A 故障出现在第 950h 和第 1050h。

(2) 系统 B 故障出现在第 100h 和第 1900h。

系统 A 中,停机时间是第 950h 和第 1050h。系统 B 中,停机时间是第 100h 和第 1900h。根据这些数据,对于系统 A 和系统 B 来说,估计的停机时间的平均时间都是 1000h。然而,有理由相信这两个系统未来的故障行为可能完全不同。系统 A 表现出有相当规律的行为,故障时间(950h 和 1050h)大致相同。系统 B 的故障时间(100h 和 1900h)相差很大。可以说,仅仅依靠这些稀少的数据,能够了解系统 A 在未来可能的行为比了解系统 B 的更多。从这个示例中可以吸取教训,即除非你有充足的理由期望变量与可能取的值是紧密联系的,否则,仅仅控制变量的均值可能会导致过度偏离预期行为。当然,收集和分析更多的数据将提高对这两个系统的认知质量。

"均值"的概念也出现在数据的统计分析中,例如用于定量要求一致性的验证。假设有一个物体总体,其平均重量是未知的。也许总体数量很大,或有些总体成员是无法接触到的,或由于某些其他理由,对总体中的每一个物体称重是不可能的或不希望的(因此,重量统计是不可用的)。可以通过抽取一个总体的随机样本,对样本中的每一个物体称重,并使用标准的统计推理技术,估算总体的平均重量。设 $x_1, x_2, \cdots, x_n$ 表示 n 个数据点或观测点,对一些固定的事件进行记录(例如,样本中物体的重量,或 n 个相同的系统在运行第一年的故障次数,或……)。这组样本由概率论中的独立和相同分布(IID 的)随机变量组成。如果从任一系统中收集的观测值,没有影响其他任何系统收集的观测值,则判定其具有独立性①。相同的分布属性来自一个事实,即样本所涉及的所有系统都是相同的(模型、系列、制造商等),则这些数据的样本均值为

$$\overline{X} = \frac{1}{n}\sum_{i=1}^{n} x_i ,$$

这是一个简单的对观测值的未加权平均。例如,数据集{38,55,27,10,88,41}的样本均值是 43.167。样本均值是总体均值的 μ(这是无法直接得到的)的估计②;要发挥这一作用时,也用$\hat{\mu}$表示。每一个 x_i 都是一个随机变量,所以样本均值是一个随机变量。这是一个称为统计的示例,不过是一些或多或少的数据函数而已。作为一个随机变量,样本均值的 CDF 称为(样本平均值的)抽样分布。

① 概率论中的随机独立性有一个正式的定义[4],我们将禁止支持一个非正式的方法。

② 统计学家通常使用插入"^"在一个变量表示该变量是一个估计值。

总体来说,很难明确地计算抽样分布,所以如同在2.7.5节中讨论的,只能使用近似的办法。样本均值之所以如此重要的原因是,当将系统总体性能与写为均值的要求进行比较时,样本均值与要求中规定均值的差距,告诉了我们要求满足的概率。在2.6.4节的示例中使用过这种推理。

2.7.2.2 中值

随机变量的中值定义为随机变量CDF的第50百分位数。也就是说,随机变量一半的值小于或等于中值,而另一半大于中值。随机变量X的中值用符号m表示,它是概率$P\{X\leqslant m\}=0.5$的随意选择的任意随机变量。

在2.7.2.1节的示例中,X的中值可以是区间[6,7]内的任一值,因为$P\{X\leqslant 6\}=21/55<0.5$,且$P\{X\leqslant 7\}=28/55>0.5$。

一个数据集的样本中值是数据集的中间值。要计算样本中值,只需将数据按照从小到大的顺序排列并找到中间的值。对于2.7.2.1节提到的数据集合{38,55,27,10,88,41},经过排序为{10,27,38,41,55,88},则中值是38和41之间的任何值[①]。样本中值也是一个统计数据,因此有一个采样分布(由于很难明确地计算非正态随机变量,所以一般通过仿真来近似表示)。

在应用统计中,与均值相比,中值有时被认为是一个更希望有的中心趋势度量,因为它对数据中的极端值不敏感。尽管有这种优势,中值在工程需求中不经常使用。与均值相比中值至少存在一个缺点,也就是说,仅仅通过对中值的控制无法解决可能出现变量偏差大的问题。

2.7.2.3 模

随机变量X模的定义是不同的,取决于X是离散的还是连续的。如果X是离散的,则变量X的模是具有最大概率的X。如果X是一个连续的随机变量,则变量X的模定义为X密度最大处的值(如果它存在)。在本书中将不再继续讨论模,因为它很少出现在量化的工程需求中。

2.7.3 分散度量

随机变量分布的中心趋势度量不足以提供变量的高质量信息。例如,假设有两组随机变量A和B,A取值98、99、100、101和102,并且具有相等的概率(每一个都是1/5),B取值0、50、100、150和200,也具有相等的概率。A和B的均值和中值均为100,但它不会让人感到随机变量A和B在一些重要的方面是完全不同的。不知为什么,B比A更分散或发散。如果A和B代表从两个不同系统收集的数据,则有理由认为对系统行为的了解A比B更好些。至少,对随机事

---

① 当数据集中的元素数量相等时,就会出现这种特殊性。

件的下一个观测会更有信心，在下一个观测中系统 A 比系统 B 的值很可能更接近100。至少在这个意义上，数据集 A 比数据集 B 提供了更高质量的有关系统的基础信息。

幸运的是，有一个简单的方式可以表达分散性或发散性的概念。这个概念涉及的量称为随机变量的方差。随机变量的方差是变量 X 的均值与当前 X 所取值的差的平方，经加权平均后得到的值。当 X 是离散变量时，用符号表示为

$$\mathrm{Var}X = \sum_i (x_i - \mathrm{E}X)^2 P\{X = x_i\} = \sum_i (x_i - \mathrm{E}X)^2 p_i$$

当 X 是连续变量时，有

$$\mathrm{Var}X = \int_\Omega (x - \mathrm{E}X)^2 P(\mathrm{d}x) = \int_{-\infty}^{\infty} (x - \mathrm{E}X)^2 \mathrm{d}F_X(x) = \int_{-\infty}^{\infty} (x - \mathrm{E}X)^2 f_X(x)\,\mathrm{d}x$$

可以看出，当变量 X 离均值 $\mathrm{E}X$ 越远，则方差越大。也就是说，方差大是分布发散或分散的一个征兆。反之，方差小表示变量 X 可能的值都聚集在其均值附近。只有当随机变量等于一个常数且概率为1时（见练习12），随机变量的方差才是零。

对于先前在2.7.3节讨论的两组随机变量 A 和 B，A 的方差 $\mathrm{Var}\ A=2$，B 的方差 $\mathrm{Var}\ B=5000$。还记得 A 和 B 的均值都等于100。大多数 A 的值都接近100，而大多数 B 的值都远离100。如果 A 和 B 是来自不同总体的数据集，则认为 A 提供的信息比 B 提供的信息质量更高，因为对于未来值的预测 A 比 B 更可信。

随机变量的标准差是其方差的平方根。通常由小写希腊字母 σ 表示。在前面的示例中，可得 $\sigma(A)\approx1.414$ 和 $\sigma(B)\approx70.711$。和方差一样，标准差可以显示随机变量（或其CDF）有多么分散：标准差大表示分布发散或分散。反之，标准差小表示随机变量可能的值聚集在均值附近。只有当随机变量等于一个常数且概率为1时（练习12），随机变量的标准差才是零。

要求提示：要求中几乎从不明确提及方差或标准差。这些通常看做是技术性的问题，是通过要求来实现的远期目标。稍后会在第5章中看到，方差和标准差的概念在本质上是怎样在确定系统如何更好地符合其要求的过程中自然发挥作用的。

如果 $x_1, x_2, \cdots, x_n$ 代表来自某一些现象的数据集，可以为该数据集的样本方差和样本标准差进行定义。样本方差被定义为

$$\frac{1}{n-1}\sum_{i=1}^{n}(x_i - \overline{X})^2$$

式中：$\overline{X}$为样本均值，它有时也用 S 表示。样本标准差是这个量的平方根①。样本方差是总体方差的估计值，这是无法直接得到的。样本方差和样本标准差是统计量，如同 CDF 一样，是样本方差的抽样分布和样本标准差的抽样分布。此外，这些抽样分布明确地计算是不容易的，在大多数实际情况下一般采取近似的办法（见 2.7.5 节）。

2.7.4 百分位数

一个分布的百分之百是任意变量的值 x_p，其中 $P\{X \leqslant x_p\}=p$。它的中值是 $x_{0.5}$。其他常用术语包括四分位数（$x_{0.25}, x_{0.5}, x_{0.75}, x_{1.0}$）和十分位数（$x_{0.1}, x_{0.2}, \cdots, x_{1.0}$）。和中值一样，可能存在非唯一性。百分位数很少作为要求的指标，即使它们能提供较好的控制随机变量的取值范围。例如，要求在第二年运行故障的平均数不大于 3 的可能性，当要求被满足时，第二年运行时许多系统可能有超过 3 次的故障，而另外一些系统可能一次也没有。如果反过来要求第二年运行设备的 95%的故障数不大于 3，要求被满足时，则在第二年运行时不超过系统设备的 5%有超过 3 次的故障。在要求中使用百分位数并不常见，因为确定百分位数通常需要对整个分布有所了解，并且百分比的计算并不比用均值那样简单明了。当使用笔和纸来计算时，是根本不允许这样做的。仿真建模为使用百分位数来工作提供了便利的方式，即使只有少量的计算能力是可用的。

2.7.5 中心极限定理和置信区间

或许，可持续性工程中最常用的指标就是均值。因此，熟练掌握与均值一起使用的工具很重要。就像在 2.6.4 节看到的示例那样，使用样本均值来推断总体均值，在这种情况下，希望把性能与基于均值作为指标进行比较的要求。这个推断基于样本均值的抽样分布的两个近似值，一个是观测值（样本中的元素）数量巨大时可用，另一个是观测值数量很小时可用。大样本的近似值基于中心极限定理[4]，即一个独立的相同分布的具有有限方差的随机变量的平均数近似一个标准的正态分布。正式说来，如果 μ 是真正的（但未知的）总体均值，即

$$P\left\{\frac{\overline{X_n}-\mu}{\sigma/\sqrt{n}} \leqslant z\right\}=\Phi_{(0,1)}(z)$$

式中：$\overline{X_n}$为来自 n 个观测的样本均值；$\Phi_{(0,1)}$ 为均值是 0、方差是 1 的标准正态分布。与前面一样，当观测的数量巨大时，极限值适合使用正态分布作为样本均值的近似分布。在实践中，一个好的经验法则是：如果有超过 10~15 个观测，正态

① 分母是 $n-1$ 而不是 n 来提供统计学家称为方差的无偏估计。更多细节参见文献[7]。

近似通常是可以接受的,除非涉及的变量是非常发散的(“有长尾巴”),在一般的可靠性研究中不会经常遇到这种情况。反之,对于较小的数据集,样本均值的渐近分布是一个自由度为 $n-1$ 的 t 分布[10],即

$$P\left\{\frac{\overline{X_n}-\mu}{\sigma/\sqrt{n}}\leqslant z\right\}=t_{(n-1)}(z)$$

式中:n 为数据集中元素的数目。在 2.6.4 节的很多示例说明这些组成计算的基础。

总体均值的推断也可以用置信区间的形式表示。总体均值 μ 的一个 $100p\%$ 的双侧置信区间($0<p<1$)为

$$\left[\overline{X}-a\frac{S}{\sqrt{n}},\overline{X}+a\frac{S}{\sqrt{n}}\right]$$

其中置信度 a 来自于标准正态分布的百分位数,当观测值的数量足够大时,正态近似是合理的。最常用的置信区间是 90%($p=0.9$)、95%和 99%。表 2.3 给出了相应的置信度(基于正态分布)。

表 2.3　置信度

置信度/%	置信系数	
	单边	双侧
68	0.75	1
90	1.28	1.645
95	1.645	1.96
99	2.33	2.58

该表中 68%用来表示,在分布中有多少位于其中心的标准误差($\pm S/\sqrt{n}$)。当观测值数量太小不合适正态近似时,置信度要从自由度为 $n-1$ 的 t 分布(n 是样本的大小,置信度将随 n 变化)得到。例如,当 $n=6$ 时,对于 90%、95%和 99%的置信区间来说,基于 $t_{(5)}$ 分布的双侧置信度分别是 2.01、2.57 和 4.03。随着 n 逐渐变大,t 分布逐渐变成正态分布。

置信区间表示总体均值定位的可信程度,取决于所选的样本。一个 $100p\%$ 置信区间表示,如果从总体选一个样本多次重复实验,在 $100p\%$ 重复采样中,从数据得来的 $100p\%$ 置信区间包含了总体均值(注意:重复每一次实验,获得的样本不同,因此得到不同的置信区间——这些不同的置信区间约为 $100p\%$,包含了总体均值)。

示例:假设在 2.6.4.2 节中首次出现 8 台冰箱样本。对于从冰箱设备总体

中获得的样本的平均停机时间，给出了一个95%的置信区间。在表2.2中，记录的24次停机时间的样本均值为5.53，样本标准差为2.84。由于观测数是24(不是8)，所以可使用正态近似，则95%的置信区间为

$$\left[5.53-1.96\frac{2.84}{\sqrt{24}},5.53+1.96\frac{2.84}{\sqrt{24}}\right]=[4.39,6.66]$$

该区间包含了要求(5h)，但没有结论可以保证是否满足要求。如果该区间没有包含要求，可以推断它不满足该要求的置信度有95%(或无论置信水平多少是合理的)。

由于这种不精确性，不推荐使用置信区间推断要求是否能被满足。在2.6.4节中描述的估计程序是首选的，因为它能得出满足要求的概率估计。

2.8 开发可靠性要求的最佳实践

本书的目标之一就是通过系统的、可重复的过程建立可靠性要求，基本步骤可以概括如下。

(1) 按照系统属性要求进行分类。

(2) 确定与每一个要求有关联的故障模式。

(3) 为了继续良好运行，需要考虑到每一个故障模式，从而确定客户的需要和期望。

(4) 在客户的可靠性要求和期望，与开发系统满足可靠性要求的经济性之间取得平衡。

(5) 进行系统可靠性预算。

(6) 将分析结果形成可靠性要求的文档。

本节后续部分将详细介绍每一步，并提出如何完成相关任务的建议。

2.8.1 确定故障模式

到目前为止，已经确立了违反一些系统属性(功能、性能、物理、安全)要求的故障。客户所关心的故障包括：违反了上述要求，以及在整个产品、系统或服务的有用寿命周期中，客户认为对于实现正常运行所必要的任何其他要求。从这个角度来看，通过系统化地审查相关要求并进行分析，确定与每一个要求有关联的可能的故障模式(见2.2.6节)，可以把产品、系统或服务中的故障模式进行分类。有时，如果对系统或类似系统有足够多的经验，系统工程团队可以使用非常规的方法完成任务。然而，在全新的系统，或在要害系统(第7章)中，非常规的方法可能不够。在这种情况下，遵循与故障树分析的第一步相同的推理，可

以提供一个系统化的方法确定与特定要求有关联的故障模式。把违反要求作为故障树的“顶事件”,归纳推理导致违反要求的事件。作为一种规则,故障树的第一层是与该要求有关联的故障模式清单。在这个阶段,没有必要开展进一步的故障树分析,但到可靠性设计阶段时,这些故障树可以作为更详细研究的基础。故障树方法的详细研究可以在6.6.1节中找到。

示例:家庭供热系统的安全要求之一是:不产生任何能到达生活空间的一氧化碳。为了找出与此要求相关的故障模式,将事件“系统产生到达生活空间的一氧化碳”作为故障树的顶事件。然后开始故障树推理,在系统运行中什么事件可能导致产生一氧化碳并到达生活空间?这些事件包括不合适的气体/空气混合物、泄漏或烟道开裂。根据故障树推理,确定了供热系统的两个故障模式可能导致一氧化碳到达生活空间这种不期望的事件发生。从这一点来说,只需要编制一个基于安全要求的可靠性要求,而没有必要开展任何进一步的故障树分析。然而,当系统进入详细设计时,适当地开展故障树分析(或者其他必要的分析),可以帮助确定能够采用的预防措施来避免违反该要求(及其他)。

2.8.2 确定客户对可靠性的需要

一旦产品、系统或服务的故障模式列表在手,为了制定相应的可靠性要求,需要从客户和用户了解这些故障模式是否经常发生、持续多久能容忍等。

当然,用户总是希望系统永远不发生故障。这个目标几乎是不可能达到的,要非常接近它一般也是代价昂贵的。那么,一个更有用的问题是“客户愿意支付多少来实现多高的可靠性?”其他事情也是如此,除非在系统的开发早期采用适当的可靠性技术进行设计,否则,更可靠的系统将需要更多的费用进行开发和制造。在这种情况下,我们甚至可以得到一个看似矛盾的结果,即与一个开发效率低下或使用无效方法的不太可靠的系统(相同的类型)相比,实现更可靠的系统只需花费较低的开发成本。增加对可靠性设计的关注意味着在系统设计的早期阶段需要做更多工作,防止系统增加成本。大多数系统供应商会把这个问题转移到提高系统的价格上,因此系统工程师需要从本质上很好地理解客户对于价格和可靠性的权衡。见多识广的客户可能会意识到,一次性的额外费用可能伴随着降低故障费用。系统供应商是否能使用这种成功的推理,可能取决于他们对于自己所处市场的理解。

2.8.2.1 质量功能展开及其他常规方法

系统工程师的最重要和最具挑战性的责任是,确定客户对系统运行的需要和期望。一般来说,既要考虑系统的功能和其他属性(如外观、重量等),同时也要考虑可持续性要素。先前(见1.6.1节)提到的质量功能展开(QFD),“质量屋”和卡诺分析也是结构化技术，系统工程师可以用它们完成这些任务。本书的目的不是教你如何使用这些方法。许多优质的资源，包括教科书和短期课程，无论线上线下，都可以帮助你学习如何成功地应用这些技术。本书的目的是让你知道这些方法的存在，它们不仅像通常宣传的那样适用于功能、外观、安全等要求，也适用于可持续性要求。

2.8.2.2 行业标准

许多行业已经制定了可靠性要求的标准，可以直接应用或作为新系统、产品或服务的起点。

（1）电信。在全球范围内，国际电工委员会（IEC）和国际电信联盟（ITU，ISO 的一部分）已经制定了许多电信设备与服务的可靠性标准。在全美国，TEl-cordia（原贝尔通信研究或 BEllcore）发布了类似的标准。即使新的系统或服务不要求遵照这些标准，它们也往往是供应商和客户之间关于可靠性（和其他）要求谈判的起点。

（2）国防采办。MIL-SPEC 改革伴随着标准的消亡，从前以军用标准著称的文件变为手册。涉及国防工业可靠性的手册列表可以在 URL 中找到[11]。

（3）电力。在全美国，美国联邦电力部的 215 法案要求北美电力可靠性公司（NERC）制定可靠性标准，该标准由联邦电力委员会审查，强制执行。网页上给出了一份适用于美国电力行业的可靠性标准综合列表[14]。

（4）汽车。汽车工程师协会（SAE）发布了汽车的质量、可靠性和耐久性标准[12]。

（5）航空航天和商业航空。SAE 也发布了航空航天行业的可靠性标准[13]。

2.8.3 审查所有可靠性要求的完整性

如前所述，可靠性要求应包含一些基本要素。

（1）包含违反要求的有关内容。

（2）可靠性效能标准或可靠性指标。

（3）效能标准或指标中的定量限制或范围。

（4）限制或范围适用的时间段。

（5）要求适用的条件。

通常情况下，任何一种可靠性要求都不是针对一种特定的故障模式而制定的。在这种情况下，唯一合理的解释是，该要求适用于系统中的任何故障模式。系统工程师会发现它有助于正式开展跨职能团队审查的可靠性要求草案，使得整个开发团队可以更好地促进要求的制定，同时，也可以得到关于要求设计什么样的可靠性活动的早期想法。

2.8.4　系统组件的可靠性要求分配

一旦建立了系统可靠性要求,设计的责任之一就是为系统的组成单元和组件分配可靠性要求,它们联合起来将实现系统的可靠性要求。这种分配的结果有时称为可靠性预计。这个分配过程的第一步就是对每个主要的系统功能进行分解(系统功能与可靠性要求相联系)。例如,冰箱的主要功能包括以下两方面:

(1) 保持冷藏室在规定的温度范围内;

(2) 从外部制冰器中分配冰块。

功能分解可以用于这两个功能;功能分解的讨论参见 3.4.1 节。功能分解识别出系统的主要组件和单元,它们将共同发挥作用以达到预期的结果。例如,为了使冷藏室的温度保持在规定范围内,需要压缩机、恒温器、控制器和隔热材料正常运行。对于这种故障模式,系统功能分解不仅涉及到这些单元或组件,还包括对这些功能如何保持温度稳定的认知。这种认知构成了可靠性框图的基础(见 3.4.3 节),可靠性框图可以用来评价分配给每个子组件的可靠性要求,从而确定总的系统级可靠性要求的满足程度。在这个示例中,任何一个压缩机、恒温器、控制器或隔热材料故障,都会导致温度无法保持在要求的范围内。压缩机、恒温器、控制器和隔热构成一个单点故障集合,或一个串联系统,这是可靠性建模中的术语,将在 3.4.4 节进行介绍。

将系统可靠性要求分配到系统各组成部分的正规方法,包括基于最低成本或其他一些等效目标的可靠性要求的最佳分配。6.6.1.4 节提供了一些详细的讨论和参考文献。除了在要害系统中外,正规方法在实践中并不常用,因为这样做需要多花费时间,并且所需的基本信息往往很难或不可能获得。在分配中用得更多的是可靠性工程方法。这些都是基于近似的形式化方法或试错迭代法。

示例:一个制冷系统,由压缩机、恒温器和控制器组成串联系统。假设对于冰箱温度稳定性的可靠性要求如下:第一例中温度超范围出现的时间超过 100000h 的概率不超过 0.10。① 对于各组成部分来说,假设 100000h 生存概率如表 2.4 所列。

表 2.4　组件存活概率

组　　件	100000h 存活概率	组　　件	100000h 存活概率
压缩机	p_C	控制器	p_E
恒温器	p_T	保温材料	1.0

① 我们在适用于不相关例子的情况下省略这个条件,但你应该注意到这一点。

注意：分配寿命超过100000h的隔热概率为1。这反映了一种信念，即隔热故障在冰箱的寿命周期内是不可能发生的。[①] 制冷温度保持在规定范围内至少100000h的概率为$p_Cp_Tp_E$，至少是0.90，现在求解p_C、p_T和p_E的值，使它满足这个不等式。一种正规的分配方法如下：设$z_A(p_A)$表示单位成本，具有确定的生存概率p_A，$A=C,T,E$，则基于成本最低的分配解决方案是一个数学优化问题。

找到概率p_C、p_T和p_E，约简$z_C(p_C)+z_T(p_T)+z_E(p_E)$，使服从$p_Cp_Tp_E\geqslant0.9$。

如果冰箱制造商首先想最大限度地减少费用，那么在这个问题中出现的费用将是该组件的采购费用。如果冰箱生产商为了将费用降到最低限度，则选择替代的办法是将在分配产生的费用转化成由客户承担的修理费用，包括零部件和劳动力。在任何情况下，鉴定z函数都是明显的挑战。尤其是对于每个组件也许只有一种或两种选择(虽然这可能是一种简化而不是一种挑战)。对于可靠性分配或预算来说，正规的方法仍然是一个很好的概念化方法，但在它们成为常规应用之前还需要更多的选择。对这个问题进行推理的一种非正规的方法如下：根据组件的复杂程度、以往的历史或其他经验等因素，可以粗略地推断恒温器和控制器的可靠性与压缩机的可靠性相关。例如，如果恒温器的可靠性比压缩机的高5倍，这种陈述该如何解释呢？显然，不能说生存概率也增长了5倍，因为如果在某一时间压缩机的生存概率是0.90，那么，这将使恒温器的生存概率为4.50，而这是不可能的。能够取得一致的解释是：恒温器发生故障的概率是压缩机的1/5。也就是说，如果压缩机在100000h的生存概率是0.90，那么压缩机在100000h之前出现故障的概率为0.10，它的1/5就是0.02，恒温器的生存概率为0.98。同样，如果说控制器的可靠性比压缩机高2倍，那么，控制器的生存概率就是0.95。现在，回到一般的问题：如果压缩机的生存概率为p_C，则(假设比率相同)恒温器的生存概率为$p_T=1-(1-p_C)/5$，控制器的生存概率为$p_E=1-(1-p_C)/2$。这些假设将分配问题降低为一维计算练习：找到p_C的最小值(或许，z_C是p_C的一个非增函数)，则

$$p_C[1-(1-p_C)/5][1-(1-p_C)/2]\geqslant0.9$$

虽然简化的理论和使用数学优化的正规方法不完全一样，但在可获得的信息质量不够好，无法更精确判断的情况下，它确实可以提供一些指导。

不管该问题如何解决，在设计系统时，把系统可靠性分配到系统组件是一个重要的步骤，可以使其可靠性要求得到满足，在可靠性工程中被认为是最佳实践。也可参见4.7.3节和8.7节。

---

① 绝缘可能由于其他一些故障而故障，如冰箱着火；如果冰箱着火了，业主要担心的是绝缘故障。

2.8.5　文档的可靠性要求

已经创建的可靠性要求应形成文件。开发团队的所有成员都需要接触和理解可靠性要求，以指导其行为，如果后续的开发要求需要调整，则可在一个扎实的基础上进行。如果组织缺乏文件化的流程，那么进行文件化将是一个很好的主意。

2.9　本章小结

“可靠性”是人们在日常会话中经常使用的词汇。在工程中使用的“可靠性”，其基础定义是系统在规定时间内按规定条件正常运行（根据其属性要求）的能力。其他工程应用的“可靠性”都源于该定义。

（1）系统在规定时间内按规定条件正常工作的概率。这是一个可靠性指标（见 2.4.2 节）。

（2）组件、子系统或系统的生存函数。对组件、子系统或系统寿命分布的补充（见 4.3.2 节）。

（3）当人们需要提到系统运行，包括频率与/或故障和停机持续时间等某些方面时，作为复合专用名词使用。在这个意义上，“可靠性”可以包括可用性、故障率、生存函数等。

通过可靠性效能标准和指标简化可靠性要求，这是将定量概念引入可靠性工程的一些途径。可靠性效能标准是有关系统运行时频率与/或故障和停机持续时间的简化定量表达式，通常包括单位时间内的故障次数、停机间隔时间、首次故障时间等。这些量通常定义为在 2.4.1 节中用于推理讨论的随机变量。使这些概念更方便使用的这种定量描述，我们称之为可靠性指标，包括寿命分布和生存函数、均值、方差、中值等。

可靠性要求应该涉及以下内容。

（1）要求中假定要应用的故障模式。

（2）受控的可靠性效能标准或指标。

（3）效能标准或指标的定量限制或范围。

（4）要求适用的环境或其他运行条件。

（5）要求适用的时间区间。

当创建或审查可靠性要求时，应使用检查单以确保该要求是完整和明确的。

可靠性要求不是凭空产生的。它们的目的是推动某些行为，系统安装完成后检查是否符合要求是非常重要的。使用可靠性效能标准或指标来研究可靠性要求，并根据需要对比性能和要求。本章提供了一些介绍性的资料作为序幕，在第5章中将进行更详细的讨论。关键的一点是，许多比较可能只有统计上的意义，因为在装配总体的组成部分中，每一个可靠性效能标准都存在易变性，大多数情况下，来自现场的可靠性性能数据只有一个安装总体的样本，而且必须使用关于该抽样特性的统计程序。

本章包括一些更详细的关于其他常用指标的讨论。当然，一些可靠性效能标准的意义在可靠性要求中是广泛应用的。对于方差和标准差谈论的这么多，不是因为它们在要求中（并没有）经常用到，而是因为它们对用于把实现的可靠性和要求的可靠性进行比较的统计程序来说是很重要的。

2.10 练　　习

1. 假设一个能够承受60V电压应力的装置，工作时电压尖峰出现在T_1，T_2，…时刻，对应幅值V_1，V_2，…，写出设备故障时的表达式。如果$\{T_1, T_2, \cdots\}$服从速率为$\lambda>0$的齐次泊松过程，预期故障时间是多少？

2. 当系统在可靠性要求规定的条件之外使用时，系统操作不当或根本不操作并不常见。这种情况属于故障吗？

3. 根据图2.1的讨论，什么是“恢复时间”的合理定义？如何看待这个短语在经验中使用？“恢复时间”的一致定义是否被普遍认同是重要的吗？你会推荐什么作为“恢复时间”的定义？这种定义的优点和缺点是什么？

4. 讨论以下系统的可靠性、可维护性和保障性之间的关系：

（1）卫星；

（2）海底电缆通信系统；

（3）商业航空公司；

（4）军用飞机；

（5）植入式医疗设备（如起搏器）；

（6）DVD播放器（消费产品）。

5. 2.5.1节中的实例是基于可靠性有效准则或可靠性价值因数的可靠性要求吗？在50000个冰箱的集合中，不符合需求的预期值是多少？有足够的信息进行计算吗？

6. 2.5.2节中的可靠性要求是基于可靠性有效性准则还是可靠性指标？需求是否完成？在一年的时间内，需求不满足预期的天数是多少？有足够的信息来进行计算吗？什么是对“工作条件关联概率”的合理解释？（可以参考4.3.2节）。

7. 评价一下2.5.3节中提出的实例需求。故障定义得好吗？需求申请的时间是否清楚？未规定需求适用的条件意味着什么？是否能把书面需求提高？

8. 当 $c_1=4.55$ 美元且 $c_2=7.12$ 美元时，优化 2.5.2 节中的实例。

9. 在 2.5.3 节的最后一个例子中，根据有效性标准或品质因数，是否引用了电力公用事业的可靠性要求？要求是否完成？配电网的可靠性模型可以用来计算在典型的用户终端（仪表）上的电力的稳态（$t\to\infty$）可用性。如果计算值小于 0.999995，是否提供了足够的信息说明有可能满足需求？

10. "1-10-100 规则"详细介绍了"1-10-10"规则的意图。谁在规定的每个阶段承担费用？讨论的结果是：客户在使用过程中承担了故障的大部分成本。如果不是全部，供应商对他们做的任何事情都没有兴趣吗？

11. 请说明当且仅当变量等于概率为 1 的常数时，随机变量的方差为零。

12. 完成 2.2.4 节的结尾实例中的分配问题。

参考文献

[1] Barlow RE, Clarotti CA, Spizzichino F. *Reliability and Decision Making*. Boca Raton: CRC Press; 1993.

[2] Berry DA, Lindgren BW. *Statistics: Theory and Methods*. 2nd ed. Belmont: Duxbury Press (Wadsworth); 1996.

[3] Blischke WR, Murthy DNP. *Warranty Cost Analysis*. Boca Raton: CRC Press; 1994.

[4] Chung KL. *A Course in Probability Theory*. 3rd ed. New York: Springer; 2001.

[5] Cohn M. *Agile Estimating and Planning*. New York: Prentice-Hall; 2005.

[6] Cui L, Li H, Xu SH. Reliability and risk management. Annal Oper Res 2014;212(1):1–2.

[7] Ficalora JP, Cohen L. *Quality Function Deployment and Six Sigma: A QFD Handbook*. 2nd ed. New York: Prentice-Hall; 2009.

[8] Ford LR Jr, Fulkerson DR. *Flows in Networks*. Princeton: Princeton University Press; 1962.

[9] Hart CWL, Maher D, Montelongo M. *Florida Power and Light Quality Improvement Story Exercise*. Cambridge: Harvard Business School; 1988.

[10] Hoel PG, Port SC, Stone CJ. *Introduction to Statistical Theory*. Boston: Houghton Mifflin; 1971.

[11] http://www.rollanet.org/~asemmsd/em-handbook/Resources/ram_r1.html. Accessed November 9, 2014.

[12] http://topics.sae.org/qrd/standards/automotive/. Accessed November 9, 2014.

[13] http://topics.sae.org/reliability-maintainability-supportability/standards/aerospace/. Accessed November 9, 2014.

[14] http://www.nerc.com/pa/Stand/Pages/AllReliabilityStandards.aspx?jurisdiction=United%20States. Accessed November 9, 2014.

[15] https://en.wikipedia.org/wiki/Fukushima_Daiichi_nuclear_disaster. Accessed November 9, 2014.

[16] Kratz L et al. *Designing and Assessing Supportability in DOD Weapon Systems: A Guide to Increased Reliability and Reduced Logistics Footprint*. Washington, DC: US Department of Defense Memorandum for the Acquisition Community; 2003.
[17] Leveson NG. Safety as a system property. Commun ACM 1995;38 (11):146.
[18] Madu CN. *House of Quality (QFD) in a Minute*. 2nd ed. Fairfield: Chi Publishers; 2006.
[19] National Research Council. *Reliability Issues for DoD Systems: Report of a Workshop*. Washington: The National Academies Press; 2002.
[20] Raiffa H, Schlaifer R. *Applied Statistical Decision Theory*. New York: John Wiley and Sons, Inc; 2000.
[21] Ramirez-Marquez JE, Coit DW, Tortorella M. A generalized multistate based path vector approach for multistate two-terminal reliability. IIE Trans Reliab 2007;38 (6):477–488.
[22] Tortorella M. Service reliability theory and engineering, I: foundations. Qual Technol Quant Manage 2005;2 (1):1–16.
[23] Tortorella M. Service reliability theory and engineering, II: models and examples. Qual Technol Quantitative Manage 2005;2 (1):17–37.
[24] Tortorella M. Design for network resiliency. In: Cochran JJ, Jr. Cox LA, Keskinocak P, Kharoufeh JP, Smith JC, editors. *Wiley Encyclopedia of Operations Research and Management Science*. Volume 2, Hoboken: John Wiley and Sons, Inc; 2011. p 1364–1381.
[25] U. S. Government Accountability Office. *QI Story Tools and Techniques: A Guidebook for Teams*. Bibliogov. Publication no. TQM-92-2; 2013.
[26] Wadsworth HM, Stephens KS, Godfrey AB. *Modern Methods for Quality Control and Improvement*. New York: John Wiley & Sons, Inc; 2002.

第3章　不可维修系统的可靠性建模

3.1　本章内容

帮助你成为一名可靠性工程专业人士并不是本书的目的。然而，作为一名系统工程师，你既要作为一名供应者也要作为一名客户与这些专业人士进行互动。你要提出可靠性要求，供专业工程师们用来操控他们的可靠性设计工作。对于从可靠性工程专家们反馈回来的信息而言，你又是一名客户，要关注一个设计以现状可以在多大程度上满足那些可靠性要求以及已部署了的系统是否满足了他们的可靠性要求。本章的目的主要是支持你在这些互动过程中起到供应者和客户的作用。你需要充分地熟悉可靠性工程术语和概念，以便提出切合实际的可靠性要求。许多相关的内容已在第2章中述及，而在本章中所述及的材料则支持与扩展了该章中所引出的概念。你也需要充分熟悉这方面的内容，以便能够切合实际地利用专业的可靠性工程师所提供的信息，从而使设计工作得到正确的指导。

本章中的素材旨在支持后一种要求。你在本章中要读到的所选素材强化了对不可维修系统的可靠性建模概念和术语的正确使用。① 它是完全足够的，即它涵盖了你通常会碰到的几乎全部情况，而如果你对此学得透彻，也就能够使之适应于一些不常见的情况。虽然本章所述的都是确切的并且符合实用规则的，但即使有大量用来支撑各观念的可靠性数学理论[3,4]，也不试图提供数学上各种定理和证明的严密性。如果希望进一步关注相关的进展情况，则提供了许多另外的参考文献。

3.2　引　　言

如今，普遍存在的工业、医疗和军事系统往往是非常复杂且紧密相关的，而且开发起来既昂贵又费时。由于显而易见的经济和进度原因，对这类系统进行

① 第4章介绍了维修系统的相应思想。

可靠性试验几乎是不现实的。的确,要这样做就会是全然不顾当代系统工程的指导原则:从系统研发的最早期阶段就将其设计得具有促进可靠的、可维修的和可保障的运行的特征。简而言之,宁可在系统工程和设计过程中采取能引向可持续保障的和有用系统的那些行动,也不要进行昂贵而费时的试验工作项目或做更糟的废掉再返工的事。

那么,如果认为对一个复杂的系统进行可靠性试验是不切实际的,系统工程师和可靠性工程师又能做些什么确保一个系统得以满足其客户的可靠性要求呢?本书中,我们强烈提倡关于可靠性设计的专业,该专业涵盖了在系统工程和设计过程中为预测和预防故障而应从事的一系列活动。第 6 章从此观点出发讨论了可靠性设计问题,在该章中介绍了诸如故障树分析(FTA)和故障模式、影响及危害性分析(FMECA)及其他的一些具体方法,它们提供了系统性的、可重复应用的技术,这些技术在预测可能存在于系统中的故障和利用合用的防止那些故障发生的对策方面是广泛适用和非常有效的。可靠性设计过程一个重要的部分是定量地预计或预测在给定的当前设计状态下所能期望的系统可靠性。为了能够进行这类定量的预测,甚至是在建造出了任何一个系统(即或是建造出了原型产品)之前也能进行预测,就促成了称为可靠性建模的科目。

可靠性建模是以观察所得为依据的,即虽然我们应对的各系统是复杂的和密切相联系的,但通常它们都是由大量较为简单组分组成的。可靠性建模是一个进行组合的过程,以适用的数学方式和关于各个组分的可靠性定量信息去生成关于这些组分的复杂集合的可靠性信息,即所应对的系统可靠性信息。从寿命试验、基本的物理原理以及实际外场经验中获得简单组分的可靠性信息通常都是可行的。组分的寿命试验是可实现的,因为它一次只处理一个(同一母体)组分;不存在与其他组分复杂的交互作用,而且能施加有变化的环境条件表征该组分有可能在运行中遇到的不同环境中的可靠性[16,62]。在某些情况下,通过基本的物理原理估计组分的可靠性是可行的,因为已经识别出了许多实用的组分种类[10,24]中造成组分退化的物理的、化学的、机械的和/或电学的机理。也可以根据含有该组分的系统的实际运行经验估计组分的可靠性,但条件是能将导致系统终止服务以进行修理的故障追溯到该明确的组分[7,55](还可见 5.6 节)。本章致力于帮助你增进对不可维修系统的可靠性建模的理解,使你准备好去评估你的可靠性要求是否有可能得以满足,以之作为整个系统设计和研发进程的一部分。本章中所介绍的不可维修系统的可靠性模型构成了第 4 章中所讨论的可维修系统的可靠性模型构造块。

然而,除非你利用所学到的东西去做以下两件事情中的一件(或两件),否则,你所能提供的所有可靠性模型都是价值不高的:

(1) 如果建模表明系统以其当前的构型是不可能满足其可靠性要求的,就要去提高系统的可靠性。

(2) 要确定出最初提出的可靠性要求是否太严格了而需要放宽,有可能节约研发费用。

第 5 章讨论了可靠性建模(通常称为"可靠性预计")的结果与相关的可靠性要求的对比。为了提高系统的可靠性,应更为深入地重新审查必须要进行的另外的可靠性设计活动或已经进行了的可靠性设计活动(第 6 章)。可供选择的办法是决定原始的可靠性要求是否比所需要的更加严苛——但若未对确立要求的过程(QFD、质量屋、卡诺分析等,在 1.6.1 节中有介绍)进行透彻的再次审查就不能做出这个决策。没有此种回应,可靠性建模价值就不高。

最后,当系统故障时,对它们中的大多数都是要计划进行修理并通过修理使之恢复服务。当然,有一些明显的例外(即卫星,虽然哈勃太空望远镜的例子也表明当利害关系足够大时会采取确实是冒险的措施去修理一些历来被指明为不可修复的系统)。许多可靠性效能标准对于描述一个可维修系统的故障频率和持续时间是适合的(见 4.3 节)。系统维修方案(见第 10 章)说明了当系统故障时如何将它恢复到正常工作以及该系统的哪些零件是被明确为要进行修理的,而哪些是不修理的。系统的可靠性模型反映出系统的维修计划:该模型根据对构成各部件和各子组件的各零件的可靠性描述,建立起对该系统进行维修的零件的可靠性描述。如果一个系统的故障可以追溯到一个不可维修的组分,而通过丢弃故障组分并以另外的(通常是新的)组分替换它所进行的系统修理是有效的,则在这个意义上所有的系统都包含一些不可维修的组分。某些系统还包含更为复杂的子组件,为了使系统恢复到正确运行,则可将它们予以拆除和更换,然后对这些被拆除的十分复杂和昂贵的子组件本身加以修理并用作以后的系统修理备件。关于这一类操作的更多细节可参见第 11 章。相应地,安排了第 3 章和第 4 章,我们首先学习不可维修组分的可靠性效能准则和模型,接着学习如何将之组合起来形成系统维修方案中的更高层次单元的可靠性效能标准和模型——子组件、外场可更换单元等,直至整个系统。

3.3　不可维修单元的可靠性效能标准和指标

3.3.1　概述

本节讨论定量地描述一个不可维修的组分或系统可靠性的各种方式。一个不可维修的对象是指当其故障时就永久地终止运行的实体。不对其进行修理,且对故障了的不可维修的组分通常是将之予以丢弃。一个不可维修的对象可以是像电阻或球轴承之类的一个简单的、单一整体的对象(不进行修理是因为要修理它们实际上不可能或者经济上不合理),或是像火箭或卫星之类的一个复杂的对象(不进行修理是因为在用过之后要予以摧毁或不可能接近它们)。简单的不可维修的组分通常构成了一个更大系统的组成部分,对组成部分可维修或不可维修。大多数复杂系统都是在某种程度上要进行维修的。例如,虽然在客户端路由器(用于家庭联网)中故障的硬件也许是不可修复的,但对于该路由器中的固件则可通过按压重置按钮将之恢复到其出厂配置。我们之所以研究不可维修的产品的可靠性效能标准和指标其原因如下。

(1) 要利用可靠性效能标准和指标描述一些系统的任务成功概率,这些系统可以是可维修的,但在使用时则不能对其进行维修(见 4.3.4 节)。

(2) 由组成一个系统的不可维修组分的较为简单的可靠性模型可构建起一个可维修系统的可靠性模型。

当然,与之相比,当一个可维修的对象故障时,则要经过一些工作程序使其恢复到正常运行;在此种情况中,同一对象反复故障也是可能的。系统维修方案要说明系统的哪些零件是不可维修的、哪些是可维修的,并且要针对因该系统的不可维修的某零件故障(或就该事而论,任何其他类型的故障)导致的系统故障给出将其恢复到正常运行状态的指示。

用语提示:在 3.2 节中提出的概念适用于任何不可维修的对象,而无论其是简单的还是复杂的。即使"单元"或"组分"两词似乎意味着像一个电阻或球轴承这样简单的、单一整体的对象,且似乎不适用于像卫星这样的复杂对象,但我们还是用"单元"或"组分"的用语描述这类对象。但是,在 3.2 节中要描述的可靠性效能标准适合于所有这类对象(简单的或复杂的),只要它们被认定是不可维修的。

大部分实际的工程系统都是要进行维修的:当其故障时,要对它们进行修理并使之正常工作。当然,也有值得注意的例外(最显著的是卫星),对它们进行修理是根本不可能的①,而其他一些系统(如海底电缆通信系统),对它们进行修理是可能的但费用极高。所有系统都包含不可维修的组分在它们故障时予以替换。该被替换下的组分如果是不可修复的,就将其丢弃,像是表面贴装电感器。其他一些被替换下的"组分"是更复杂的子组件,如果有经济意义,就会对其进行修理并将之置入备件库存中。生成可维修系统的可靠性效能标准的那些可靠性模型是根据它们的不可维修的构成组分和子组件更为简单的可靠性模型构建

① 但即使是卫星也可以远程重启它的软件。

的，而在本章中我们研究的就是后一种模型。

是时候要探究零件或组分的故障与系统故障之间的关系了。一个系统故障就是未满足某些系统要求的情况。正如第 2 章中所讨论过的，没有满足某一系统要求并不一定意味着系统已完全终止运行。许多可靠性模型都是基于系统故障等同于系统运行的完全终止这一看法而被构建起来的。实际情况多多少少是更加复杂的。一些系统要求属于像流率、延迟、容差之类的性能特性，这些性能特性是可以在某一连续的尺度上予以测量的。在某些性能特性下降到超出了要求中指定范围的系统运行情况即可构成系统故障，即使该系统可能仍在运行（也许是以某种降低了的能力）。这样的故障当然处于可靠性建模的范围之内，而组分的故障就可能促成了这些事件的发生。这点提升了将有效的系统功能分解（见 3.4.1 节）作为针对每一系统故障模式建立可靠性模型和制定维修计划的第一步的重要性。显然，任何实际系统都会具有太多的故障模式，以至于针对每一种故障模式为之建立一个可靠性模型是不可行的，需要以某种方法决定出哪些故障模式是要予以重点关注的，一个有效的系统可靠性分析要求将此作为第一步。

不可维修的产品的主要运行特性是当其故障时不试图去修理它，而是将其弃置（虽然可能被回收，但是不论它受到什么处置，它也不再被用在原来的系统中）。关于任何特定组分应被认定为可维修的还是不可维修在很大程度上是个经济性的决策，而且是与整个系统的维修方案密切相关的（见第 10 章）。总被引用的不可维修单元的经典案例是白炽灯泡（那么，我们就将不可维修的任何东西都归为单元；这可能涵盖了诸如电阻、轴承、软管等单个的组分，或者是由若干组分组成的各种子组件，它们都是一个更大系统的一部分，或者在某些情况下是不可维修一个完整的系统）。当一个灯泡烧毁并停止发光时，就将它丢掉而将另一个灯泡（通常是新的）补充进灯座。

修复或更换决策是系统维修方案的一部分。除了在第 10 章中讲到的如可达性、人员训练等其他因素外，这个决策含有相当大的经济成分。例如，可以认为修理一个灯泡在技术上是有可能的。从基座上小心地移除玻璃外壳，重新安装完好灯丝，然后重新封装并且重新将灯泡抽真空，这些操作以当代的技术能力上是能容易实现的。然而，从来没有这样做过，因为从经济的观点看，那会是一件极度愚蠢的事情（然而，要注意到一些昂贵的陶瓷/金属类大功率真空管有时会通过与此处所描述的非常相似的过程予以修理[31]）。此时此刻，白炽灯泡的原材料是便宜且充足的，而制造一个新灯泡的成本是以分币计的。实施所提及的修理操作的成本要比生产一个新灯泡的成本高过几个数量级，所以目前从来没有这么做过（某些重要单元有可能除外）。也许将来有那么一天（而这将可能是一个不幸的时刻)，当这些原材料变得稀缺和/或昂贵，而由之引起的制造一个新灯泡的成本提高了，会有可能改变丢弃相对于修理的关系状态。① 但眼下，在将一个组分、单元、组件或系统表征为不可维修的决策中，经济性起着主要作用。这一论断对于系统工程师应是非常熟悉的。

再次强调，一个不可维修单元的关键运行特性就是当其故障时，就将其丢弃。因此，它可以经受最多一次故障。为了定量描述这一情况，考虑一下一个新单元从开始运行直至该单元故障时刻(假设是连续、不间断的运行)的时间是有益的。将这个时间区间称为该单元的寿命，可以用大写字母 L 代表(尽管这不是强制性的)，而且在大多数情况下将它视为一个随机变量。

要求提示：我们已经意识到，一项健全的可靠性要求必须包括对持续时间的明确说明，在这个时期内要实现该项要求。在写出这些要求并进行建模研究以支持这些要求时，要牢记在何种情况下指的是运行时间、何种情况下指的是日历时间是重要的。日历时间是指用普通时钟测量的消逝的时间而且始终是大于或者等于运行时间的，所讨论的对象在该时期内是在使用中。有些系统是要连续使用的(大多数的网络服务器和电信基础设施设备就具有这一性质)，而其他一些系统仅是断断续续使用(如汽车)。清楚你要研发的系统是打算连续使用还是断断续续使用，然后陈述相应地可靠性要求。这事关紧要，因为通常认为当装备在不运行时是不老化的(即故障前累计的时间)。② 通常，要求一个模型要将使用时间与日历时间相关联，这样用户就可以基于日历时间来预测其维修和更换需求，出于运行规划的目的一般是要用到日历时间的。在文献[33,46,47]中可以找到有关将运行时间与日历时间相关联的软件产品的一些材料。

3.3.2 寿命分布与生存函数

3.3.2.1 寿命分布的定义

关于将寿命当作随机变量的选择已进行过众多的讨论。只要说到最令人满意的解释就是影响一个单元寿命的因素有许多，但不是对所有因素都充分了解，而且有时还是不可控的。在某种意义上，把寿命描述为随机的这一选择是对这个(逃避不了的)无知的掩盖[17,61]。在某些少有的情况下，也许有可能大体上精确地确定某一特定组分的寿命。这要涉及对物理的、化学的、机械的和热力学的

① 是的，技术已经改变了，白炽灯泡现在正朝着无线发射方向发展，但这并没有改变这个例子的教训。

② 也有例外。例如，继电器上的腐蚀作用，在继电器不工作时发生的速度可能比它工作的时候快。

诸因素在组分运行中所起作用的深入了解,也涉及要对该组分的几何、结构、电学特性等的极其精确的测量。即使有可能在大体上得到这种了解,实践起来也是十分昂贵的,而且我们所获得的关于组分 A 的寿命的知识是不可转换为关于来自同一母体的组分 B 的寿命的任何知识的,因为组分 A 与组分 B 不大可能完全相同到能足以证明对组分 B 不再必须进行所有的同样测量所需要的程度。显然,这是一种难以对付的局面。

我们所能做的就是尝试描述“相似”组分的某个总体的寿命分布(在概率的意义上)。例如,设想有一批由 C 公司在 2011 年 7 月制造的封装在环氧树脂中的 8μF,35V 钽电解电容器。假设在 2011 年 7 月间公司 C 的制造过程没有改变,则可以合理地认为它们是“相似的”组分,从而就能像统计学家要做的那样将它们称为一个“总体”。该总体的每一个分子都具有一个(不同的)寿命,在规定的运行条件下,该寿命是不变的,但却是未知的。可以将寿命上的差异解释为原材料、制造过程控制、工厂中变化着的环境条件等方面的差异。与其尝试以一种确定性的方式确定出每一个体的寿命,我们还不如代之以考虑众相似组分的总体并给出每一总体中的各寿命(在规定的运行条件下)的分布。将一个总体的各寿命的分布称为该总体的寿命分布。寿命分布在其用于概率论中的情况下是一个累积分布函数(cdf),将此函数应用于概率论中,并且经常是(虽然这不是必须的)以 F 予以标示(或者有时如果有必要明确地点出切题的寿命随机变量,则以 F_L 予以标示)。于是,从总体中随机抽取的一个组分的寿命以 L 予以标示,即

$$F(x)=P\{L\leqslant x\}\ (\text{适用于 } x\geqslant 0)\ \text{或}\ F_L(x)=P\{L\leqslant x\}\ (\text{适用于 } x\geqslant 0)$$

式中:x 为你所处理的一个变量(我们将称为自由变量)。给定一个 x 值,则在 x 处的寿命分布值是从总体中随机选取的一个单元具有不大于 x 的寿命的概率;或者换个说法,是在时刻 x 或时刻 x 之前故障的概率。例如,假设各组分的一个总体对于 $x\geqslant 0$ 具有由 $F(x)=1-\exp(-x/1000)$ 给出的以小时计的寿命分布。那么,从该母体中随机选取的一个组分在 1 年或不到 1 年时故障的概率是 $F(8766)=1-\exp(-8.766)=0.999844$,这几乎是肯定无疑的事。稍后我们将会回到这个例子探索它要说明的其他一些事情,但在此之前先看一张图(图 3.1)。

该曲线末端的短线是用来表明这条曲线可进而向右延续。一个寿命分布无须是连续的(如图所画)并可能有拐点(图上没有示出),但它总是非递减的和自右侧延续下去的(见 3.3.2.3 节)。

例:假设之前所说的钽电容器总体具有的寿命分布为

$$F(x)=1-\exp\left(-\left(\frac{x}{10000}\right)^{1.1}\right)\quad (\text{适用于 } x\geqslant 0,\text{单位为 h})$$

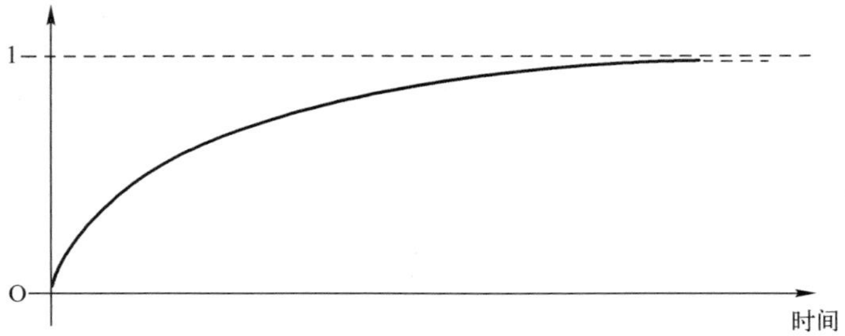

图 3.1　一般性寿命分布

当在 20℃运行时,假定在同一时刻从总体中取 100 个电容器投入运行,将该时刻记为 0。在经过了 1000h 的不间断运行后,仍然还在工作的电容器数目的期望值和标准差是多少?

解:在时刻 x 仍然在工作的电容器数目具有参数为 100(在该试验中的试用次数)的二项式分布和一个电容器超过了时刻 x 的生存概率。对于 $x=1000$,这一概率为

$$P\{L>1000\}=1-P\{L\leqslant 1000\}=\exp(-(0.1)^{1.1})=0.92364$$

由于具有参数 n 和 p 的二项随机变量的期望值为 np,因而,1000h 后仍在工作的电容器的期望数目为 $100\times0.92364=92.364$。具有参数 n 和 p 的二项式分布的方差为 $np(1-p)$,在本例中该方差等于 7.05292。所以,1000h 后仍在工作的电容器数目的标准差等于 2.65573。

要求提示:在这一例子中我们计算到 5 位小数,它在几乎任何的系统工程应用场合中都是远远超出了令人满意的结果,这纯粹是出于举例说明计算方法的目的。每当在要求中具体指定了一个数量就都要选择合适的小数位数目。该选择经常受到经济因素、实际测量因素,亦或根据应用场合考虑的判断性因素的支配。例如,用英尺将一个足球场的长度具体规定到两位小数就是太过精确了,而具体规定一个表面安装组分的尺寸(用英寸)则可能要求多于两位的小数。要注意所选用的单位也对这一决定有影响。

3.3.2.2　生存函数的定义

上述例子显示出在不可维修的单元的可靠性建模中另一个有用的量,那就是生存函数或可靠度函数。生存函数就是从总体中随机选取的一个单元在时刻 x 仍然在工作的概率,即

$$S(x)=P\{L>x\}=1-P\{L\leqslant x\}=1-F(x)$$

因而,它也就是 1 减去在 x 处的寿命分布(寿命分布的补集(余))。再次强调,如果有必要避免歧义,有时要用下标 L。

要注意到我们始终在指出自由变量 x 在寿命应用场合中是非负的。这是因为出于明显的物理原因，一个寿命分布不能聚集到零的左侧。也就是说，具有一个负寿命的概率为零。寿命总是非负的，所以当 L 是一个寿命随机变量时，对于 $x<0$ 求解 $P\{L\leqslant x\}$ 是没有意义的，因为每当 $x<0$ 时就有 $P\{L\leqslant x\}=0$。

3.3.2.3　寿命分布函数和生存函数的属性

上述讨论自然地引向对寿命分布的其他有用属性的讨论。我们考虑其中的 4 个。

(1) 当 $x<0$ 时，寿命分布为零。

(2) 当 $x\geqslant 0$ 时，寿命分布是一个 x 的非递减函数。

(3) $F(0^-)=0$ 且 $F(+\infty)=1$。

(4) 在 $[0,\infty)$ 区间中的每一点上是自右侧延续而左侧是有界的。

返回到图 3.1 研究图中所示的一般(连续的)寿命分布是怎样具有这些属性的。在 3.3.2.1 节中，我们已经指出了第一个属性是怎样出现的。对于第二个属性，考虑到 $F(x)$ 是一个单元[①]在时刻 x 前故障的概率，即 $F(x)$ 是该单元在时间间隔期 $[0,x]$ 内故障的概率。取 x_1 和 x_2 且有 $x_1<x_2$，再细想 $F(x_1)$ 和 $F(x_2)$。区间 $[0,x_2]$ 大于(而事实上包含了)区间 $[0,x_1]$，故对于该单元，存在更多的机会在从 x_1 到 x_2 的外加的时间内故障。[②] 从而，$F(x_2)$ 一定至少要与 $F(x_1)$ 一样大，这就是属性(2)。根据属性(3)，$F(0^-)=0$ 表明，当从左侧(即经由负值)$x\to 0$ 时，一个单元一旦投入运行就立刻故障的概率极限为零。$F(+\infty)=1$ 表明，在该母体中的每个单元最终都会故障。在有些情况下，我们会希望假设 $F(0)>0$(一个开关在需要其运行时不能运行就是一例)或 $F(+\infty)<1$(一个例子是某些组分在使用它的系统达到了使用寿命(过期了)之前肯定不会故障)。但在大多数情况中，属性(3)是如上所述的那样去运用的。最后，在寿命分布的累积分布函数定义中，寿命分布的自右侧延续性是选用了“≤”而不是“<”的结果。选用“<”也可以建立同样令人满意的概率论(实际上，许多著名的概率论教科书都是这么做的)，但是我们选择了如前所述的应予遵循的惯例，而在这一情况中累积分布函数是自右侧起连续的(在其他情况中，它是自左侧连续的)。

用语(和记号)提示：对于在可靠性系统工程中日常使用的大多数寿命分布而言，选用符号“<”还是符号“≤”是不重要的，因为这些寿命分布是连续的。然

---

① 此后，我们期望为读者提供一个短语“从集合中随机抽取”。

② 概率模型假设 $\{\omega\in\Omega:0\leqslant L(\omega)\leqslant x_2\}=\{\omega\in\Omega:0\leqslant L(\omega)\leqslant x_1\}\cup\{\omega\in\Omega:x_1\leqslant L(\omega)\leqslant x_2\}$，也就是说，样本空间元素寿命期满在 x_2 之前比在 x_1 之前多。大多数系统工程师的研究不会达到这一深度，但至少要看一次，如果有必要讲解寿命随机变量，可以按照这样的方式来做，读者会发现它是有帮助的。

而，一旦做出了选择，为了前后一致性而从始至终以同一选择继续进行当前的分析是重要的。唯一要注意的是，出现了寿命分布具有不连续性（例如，在3.4.5.1节的例子中使用的开关寿命分布，它含有一个非零的打开故障概率）的情况。即使在一项研究中所有的寿命分布都是连续的而且对结果不造成任何差异时，在“<”与“≤”之间任意地转换也是非常没有条理的。当与其他人的分析相协同时，要做出努力确定出进行了何种选择以及该选择是否一直被应用。

由于生存函数 S 是寿命分布 F 的补集（即 $S=1-F$），故生存函数相应的4个属性如下。

（1）当 $x<0$ 时，生存函数为1。

（2）当 $x\geq 0$ 时，生存函数是 x 的一个非递增函数。

（3）$S(0^-)=1$ 且 $S(+\infty)=0$。

（4）生存函数在区间 $[0,\infty)$ 中的每一点处是左侧连续和右侧有界的。

用语提示：生存函数有时也称为可靠度函数。回想一下在前言和第2章中所做的讨论，我们已经遇到过的同一单词“reliability”的不同用法这一事实应增强了你要控制住这一用语中固有的潜在混乱状态的决心并准备好向你的团队伙伴、客户和管理人员澄清在可靠性工程中大量存在的其他众多不适宜的用语不一致的情况。

3.3.2.4 寿命分布和生存函数的诠释

保持对寿命分布和生存函数具有前后一致的诠释的最容易的方式就是将下述两点直观化。

（1）所应用的组分的总体。

（2）从该总体中随机地选择一件产品的“实验”。①

当你在某一确定的时刻（称它为 t，意味着你已经选择了某个时刻启动一个计时器，而该计时器现在测量到随后的 t 时间单位）做出了选择时，所选的该件产品在那一时刻仍在起作用（“工作”）的概率为该总体的生存函数 $S(t)$ 的值。由于无放回的随机选择的性质，故在总体中在时刻 t 仍然起作用的产品数目是一个具有二项式分布的随机变量。如果该总体的初始容量为 $A<\infty$ 且 $N(t)$ 表示在时刻 t 仍然起作用的产品的（随机）数目，则

$$P\{N(t)=k\}=\binom{A}{k}S(t)^k[1-S(t)]^{A-k}=\binom{A}{k}S(t)^kF(t)^{A-k}\quad(k=0,1,\cdots,A)$$

这是一个具有参数 A 和 $S(t)$ 的二项式分布。它的均值为 $AS(t)$，标准差为 $\sqrt{AS(t)[1-S(t)]}=\sqrt{AS(t)F(t)}$，故在时刻 t 仍然起作用的该总体的期望比例

① 随机选择意味着每个成员都有平等的选择机会。

为 $AS(t)/A=S(t)$。当经过了更多时间(t 增加了)后,这一比例并不增加。

类似地,到时刻 t 已故障的产品的(随机)数目(或换另一种方式说,在时间区间 $[0,t]$ 内已经故障的产品的数目)具有参数为 A 和 $F(t)=1-S(t)$ 的二项式分布。

用语提示:注意在本节中我们交替地使用了 t 和 x 表示具有时间维度的任意变量。不必为此担心,若定义是清楚的且在每一运用全过程中自始至终都使用同一字母,它就通常是可以接受的。

3.3.3　与寿命分布和生存函数相关的其他量

如同概率论中的累积分布函数一样,其他相关的量值增进了我们建立可靠性模型的能力。本节我们将要研究的是密度和危险率。

3.3.3.1　密度

如果碰巧出现了寿命分布是完全地连续的(即能将之写成某个可积函数的不定积分),则将该可积函数称为寿命随机变量的密度。那么,如果能将某些可积函数 f 写成

$$F(x)=\int_0^x f(u)\,\mathrm{d}u$$

则将 f 称为 F 的密度。如果是这样,那么 F 在等式包含的每一 x 处必然是连续的。更简单地说,如果 F 在区间 (a,b) 上是可微的,那它在此区间它是完全连续的且对于 $x\in(a,b)$ 存在 $f(x)=F'(x)=\mathrm{d}F/\mathrm{d}x$。根据寿命分布的属性(1)和(2),对于 $x<0$ 可有 $f(x)=0$,而对于 $x\geqslant 0$ 可有 $f(x)\geqslant 0$。在可靠性建模中常用的大多数寿命分布都具有密度(见 3.3.4 节中的示例)(图 3.2)。

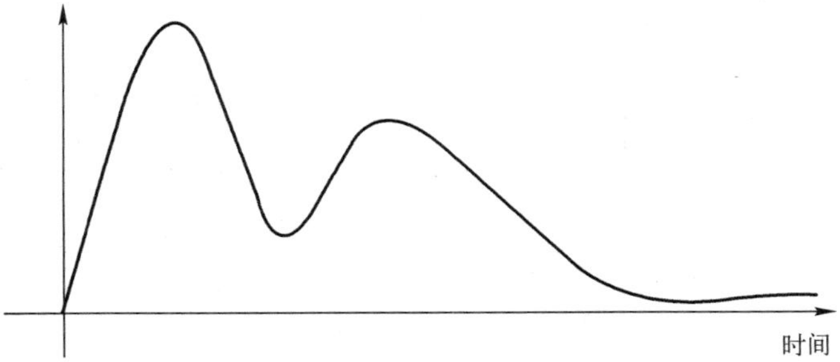

图 3.2　一般的密度函数

例:假设当 $t\geqslant 0$ 时 $F(t)=t/(1+t)$,而当 $t<0$ 时 $F(t)=0$。那么,属性(1)、(3)和(4)(见 3.3.2.3 节)就很容易得到验证。而且,F 在区间 $[0,\infty)$ 上是可微

的且在该区间存在 $F'(t)=1/(1+t)^2>0$,故 F 是递增的(属性(2)),$f(t)=1/(1+t)^2$是它的密度。因此,F 是一个具有密度的寿命分布。

3.3.3.2 密度的诠释

当寿命 L 具有一分布 F,该分布在一个点 t 的邻域具有一密度时,可写出

$$P\{t<L\leqslant t+\varepsilon\}=F(t+\varepsilon)-F(t)=\varepsilon f(t)+o(\varepsilon)\quad(\varepsilon\to0^+)$$

这就是说,对于一个微小的正增量 ε,从总体中随机抽取的一个产品在时间区间$[t,t+\varepsilon]$内故障的概率近似为 t 时刻的密度值的 ε 倍。要注意这一产品在时刻 t 之前可能已经故障了——没有要求在此区间的起始点处该产品是在起作用的。可将此与在 3.3.3.5 节中关于危险率的诠释加以对比。

3.3.3.3 折回到应力—强度模型

在 2.2.7 节中介绍了应力-应变模型,并且讲解了由于单一的环境应力引起的一个单个互补金属氧化物半导体集成电路(CMOS)破坏的例子,即在设备中施加了超过氧化物强度的电压应力。在此我们研究在一个设备总体中和在能提供一系列应力的环境中的应力-应变模型。

设想一个设备总体具有以强度密度描述的强度变化幅度。也就是说,对于表示“强度”(如氧化物熔断电压)的某个设备特性 V,就有一个密度 f_V 表征该总体的强度变量或特性。那就意味着,我们用具有密度 f_V 的随机变量 V 描述一个从该总体中随机抽取的产品的强度,而当此产品承受一个大于 V 的应力时,它就故障了。进一步假定以具有密度 g_S 的随机变量 S 描述环境所呈现的应力(在相同的标度上)。图 3.3 表示出了这一关系。在同一坐标轴上示出了环境呈现的应力密度 g_S 和在设备总体中的强度密度 f_V。图 3.3 描绘出的情形表明,除两个密度重叠的小面积外,大多数的总体强度都是大于大多数环境应力的。在此小面积内,对于一个处于该面积内的应力(以水平轴上的×表示某个值),其强度位于此应力的左侧(较此应力弱)的设备将故障。在此图中,这一小面积表示在总体中很少有其强度小于(位于左侧)此应力值的设备。位于所选应力值的右侧的应力密度之下的面积也是小的,而这表明如此之大的应力是不常呈现的(大多数应力是小于这一值的,或几乎所有的应力密度都位于这一值的左侧)。

故障概率 $P\{S>V\}$ 是从应力总体(以密度 g_S 描述)中随机选取的一个应力超过了从具有强度密度 f_V 的设备总体中随机选取的一个设备的强度的概率。如果设定了环境应力是随机地独立于总体强度的,则从该总体中随机抽取的一个设备在经受到从该环境中随机抽取的一个应力时的故障概率为

$$P\{S>V\}=\int_0^\infty P\{S>V\mid V=v\}f_V(v)\,\mathrm{d}v=\int_0^\infty P\{S>V\}f_V(v)\,\mathrm{d}v$$

$$= \int_0^{\infty} [1 - G_S(v)] f_V(v) \mathrm{d}v = 1 - \int_0^{\infty} G_S(v) f_V(v) \mathrm{d}v$$

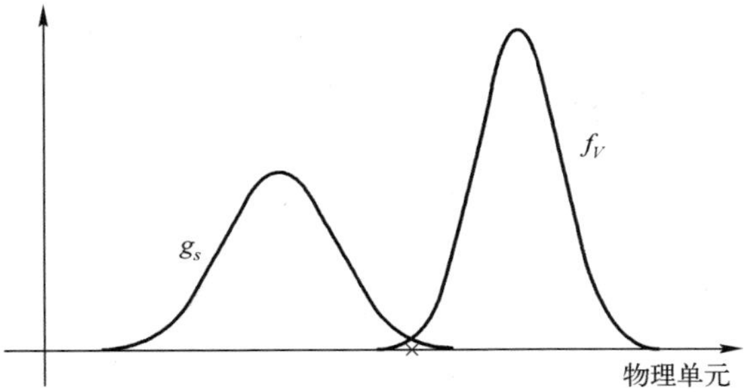

图 3.3　在一个总体中的应力-应变关系

要注意到,这些都与故障前的(经历的)时间无关。此处的分布(密度)都是具有某个物理属性(如伏特)的标度的。为进一步开发模型,使之建立一个寿命分布,需要描述环境应力在给定大小时出现的次数。例如,可以用复合泊松过程做到,在该过程中的每一个(随机)时刻都有一个事件发生,并被施加以一个随机大小的应力。关于此模型的一些细节可在参考文献[1]中找到。在参考文献[38]中可找到关于应力-强度模型的更深入的讨论。

3.3.3.4　危险率或死亡率(影响)力

第二个相关的量就是被广泛地应用于为不可维修单元的可靠性建模的危险率。危险率通常以 h 表示,且危险率的定义为

$$h(x) = \lim_{\varepsilon \to 0^+} \frac{1}{\varepsilon} P\{L \leqslant x+\varepsilon \mid L > x\}$$

该式在极限存在时成立。这就是寿命随机变量 L 的危险率,有时也将它称为寿命分布的危险率。注意:这一定义含有一个条件概率,而且它不像我们迄今为止已经研究过的那些无量纲的量值,危险率具有的量纲是 1/time(概率是无纲量的,而 ε 有时间的量纲)。

如果 F 在 x 处是完全连续的,则危险率为

$$h(x) = \lim_{\varepsilon \to 0^+} \frac{1}{\varepsilon} P\{L \leqslant x + \varepsilon \mid L > x\} = \lim_{\varepsilon \to 0^+} \frac{1}{\varepsilon} \frac{F(x+\varepsilon) - F(x)}{1 - F(x)}$$

$$= \frac{1}{1 - F(x)} \lim_{\varepsilon \to 0^+} \frac{F(x+\varepsilon) - F(x)}{\varepsilon} = \frac{1}{1 - F(x)} \lim_{\varepsilon \to 0^+} \frac{1}{\varepsilon} \int_x^{x+\varepsilon} f(u) \mathrm{d}u = \frac{f(x)}{1 - F(x)}$$

如果进一步假设 F 是可微的,则微分方程为

$$\frac{F'(x)}{1-F(x)} = h(x)$$

以初始条件 $F(0)=\alpha$,可求解得出

$$F(x)=1-(1-\alpha)\exp\left(-\int_0^x h(u)\,\mathrm{d}u\right)$$

因此,当寿命分布为可微时,在寿命分布与其危险率之间是一一对应的。知道其中的一个就可以求得另一个。在大多数情况下,α 将为 0,但即使当 $\alpha>0$ 时,根据危险率就可知道寿命分布的表达式还是有用处的。一个开关的寿命分布就是一个组分寿命分布的例子,当需要它运行时,其故障概率为 $\alpha>0$。

3.3.3.5 危险率的诠释

返回到上述定义来看,当 $\varepsilon\to0^+$ 时,有

$$P\{L\leqslant x+\varepsilon \mid L>x\}=\varepsilon h(x)+o(\varepsilon)$$

设想当时间以秒计并考虑 $\varepsilon=1\text{s}$ 时这一公式的情况,则在 x 处的危险率近似等于该单元在当前起作用(以时刻 x 代表当前时刻)但在下一秒(即在时刻 $x+1$ 之前)故障的条件概率。故危险率有些像在当前起作用的情况下即将故障的趋势。事实上,危险率的概念是直接取自对人群的寿命做研究的人口统计学的,在人口统计学中将它称为死亡率(影响)力。这一描述是很恰当的:该危险率或死亡率力描述了自然力是如何猛力地把你从活着快速推向死亡的。

例:令 $F(x)=1-\exp((-x/\alpha)^{\beta})$(对于 $x\geqslant0$)和 $F(x)=0$(对于 $x<0$),其中 α 和 β 是正的常量。可容易地验证它是一个寿命分布(练习 2)。它的特定属性取决于对参数常量 α 和 β 的选择。为了纪念瑞典工程师、科学家和数学家 Ernst Hjalmar Wallodi Weibull(1887—1979),这一寿命分布称为威布尔(Weibull)分布,对此还可参见 3.3.4.3 节。这一分布的密度为

$$f(x)=\frac{\beta}{\alpha}\left(\frac{x}{\alpha}\right)^{\beta-1}\exp\left(-\left(\frac{x}{\alpha}\right)^{\beta}\right)\quad(x\geqslant0)$$

因此,威布尔分布的危险率为

$$h(x)=\frac{\beta}{\alpha^{\beta}}x^{\beta-1}\quad(x\geqslant0)$$ ①

由该表达式可见,威布尔分布的危险率可以是递增的、递减的或恒定的,这要取决于对 β 的选择:如果 $\beta<1$,危险率就是递减的;如果 $\beta>1$,危险率就是递增的;如果 $\beta=1$,则危险率是恒定的。特例 $\beta=1$ 在可靠性建模中得到了长久而广泛的使用:它就是指数型寿命分布 $F(x)=1-\exp((-x/\alpha))$(见 3.3.4.1 节)。我们已经看到了,指数分布的危险率是恒定的;业已表明,这是唯一其危险率为常

① 现在是读者能够为本书所讨论的寿命分布提供取值区间的时候。此后,需要防止在所有寿命分布定义中出现"0,$x<0$",读者应该意识到,他/她的责任是补充这个细节。

数且在连续时间上的寿命分布[34]（当 $x=0,1,2,\cdots$ 且 $0<\alpha<1$ 时，几何概率质量函数 $p(x)=(1-\alpha)\alpha^{x-1}$ 在离散时间标度上的寿命分布具有恒定的危险率，而它是在离散时间上唯一的寿命分布，这真值得庆幸[35]）。当在 3.3.4 节中讨论更多的例子时，我们将会研究指数分布的另外的属性。

最后，将危险率的诠释与 3.3.3.2 节中给出的密度的诠释做一对比，即

$$P\{t<L\leqslant t+\varepsilon\}=F(t+\varepsilon)-F(t)=\varepsilon f(t)+o(\varepsilon)\quad(\varepsilon\to0^+)$$

这表明，ε 乘以在 t 时刻的密度近似等于寿命处在 $t\sim t+\varepsilon$ 的概率，也就是 $L>t$ 且 $L\leqslant t+\varepsilon$ 的概率。在此，我们要随机地从总体中选择一个单元并考察它的寿命是否处在 $t\sim t+\varepsilon$。另一方面，危险率满足

$$P\{L\leqslant t+\varepsilon\mid L>t\}=\varepsilon h(t)+o(\varepsilon)\quad(\varepsilon\to0^+)$$

这表明，ε 乘以时刻 t 处的危险率近似地等于寿命在 $t+\varepsilon$ 之前终止的条件概率（此处假设该寿命是大于 t 的）。在此，我们是从总体的一个限定部分做的选择，即从寿命大于 t 的单元集合中（那些在时刻 t 仍然起作用的单元）做的选择。从其中随机选取一个单元，我们要问该单元的寿命不超过 $t+\varepsilon$ 的概率为何。以更为数学上的术语表述，这就是 $P(A\cap B)$ 与 $P(A\mid B)$ 之间的区别。

用语提示：危险率或死亡率力也称为相关寿命分布的故障率。这种用法越是广泛就越不合适。因为“率”使工程师们想到了“每单位时间的数目”，但此处的情况却不符合。（即使危险率的大小始终都是 1）。能够将“危险率”诠释为率的最贴切的一个情况如下例所述。假设最初考虑的各单元总体包含 N 个单元，在标以“零”的任意时刻开始所有单元的运行。在随后时刻 x，故障了的单元的期望数为 $NF(x)$（F 是该总体的寿命分布），而仍在工作的单元的期望数为 $NS(x)=N(1-F(x))$。这些仍在起作用的单元中的一个单元以大约等于 $h(x)$ 的概率在时刻 $x+1$ 之前故障了。① 因此，该危险率就像是即将迅即故障的、剩下的（仍起作用的）总体比率。当将其视为该总体剩下的（仍在起作用或处境危险）单元数目时，这看起来像是一个“率”。在文献[2]中可见到对这一情况的延伸讨论，还可参见 4.4.2 节中的“用语提示”。

要求提示：当仔细考虑提出一个关于“故障率”的要求时要极为谨慎。因为在可靠性工程中能用（至少 3 种）不同的方式诠释该术语，故具体指明在该项要求中意欲指哪一种含义是十分重要的。鉴于此，也许最好是在要求中完全避开“故障率”。作为替代，要阐明预期的具体可靠性效能标准。例如，“在给定的条件下，在 25 年的运行过程中，系统故障数应不超过 3 次”，比“当在给定的条件下运行时要好，在系统的使用寿命期内，系统故障率应不超过 1.37×10^{-5}/h”。确

① 如果用 ns（纳秒）这么短的时间单位来测量是最好的。

实,后一种表述倾向于引导人们认为系统故障始终是均匀一致地发生的,而前一种表述则将迟早要出现的故障的任意模式都考虑了进去,而只要在 25 年中故障总数不超过 3 个即可。

在随后的某些可维修的系统模型的研究中(见 4.4.2 节),累积危险函数的概念将是有用的。累积危险函数 H 只不过就是危险率在时间标度上的积分,即

$$H(t)=\int_0^t h(u)\,\mathrm{d}u$$

显而易见,$H(t)$ 也可以写作

$$H(t)=-\lg S(t)=-\lg[1-F(t)]$$

3.3.4 常用的寿命分布函数

3.3.4.1 指数分布

如果当 $x\geqslant 0$ 且 $\alpha>0$ 时,有 $P\{L\leqslant x\}=1-\exp(-x/\alpha)$,则寿命 L 具有一指数分布。α 称为该分布的(分布)参数。由于 x 具有时间的量纲,故 α 也如是,因为指数必须是无纲量的。事实上,α 就是平均寿命,即

$$\mathrm{E}L=\int_0^\infty t\mathrm{d}P\{L\leqslant t\}=\int_0^\infty t\exp\left(-\frac{t}{\alpha}\right)\mathrm{d}t=\alpha$$

指数分布的密度为 $(1/\alpha)\exp(-x/\alpha)$。因此,指数分布的危险率是恒定的并等于 $1/\alpha$。注意:它当然具有 1/时间的单位。指数分布的方差为

$$\mathrm{Var}(L)=\mathrm{E}L^2-\alpha^2=\int_0^\infty t^2\exp\left(-\frac{t}{\alpha}\right)\mathrm{d}t-\alpha^2=2\alpha^2-\alpha^2=\alpha^2$$

故它的标准差是 α。指数分布的中值为对应于 $P\{L\leqslant m\}=0.5$ 时的值 m,求解 $\exp(-m/\alpha)=0.5$ 时的 m 得到 $m=\alpha\ln^2$。经常见到,对于 $\lambda>0$ 的参数化指数分布 $1-\exp(-\lambda x)$。这是完全可接受的,在所有早前的陈述中都是径直以 $1/\lambda$ 代替 α。

指数分布也具有一个称为无记忆性的独特属性。作为下面计算的推论

$$P\{L>x+a\mid L>x\}=\frac{\exp(-(x+a)/\alpha)}{\exp(-x/\alpha)}=\exp(-a/\alpha)=P\{L>a\}$$

我们看到,如果一个产品的寿命 L 具有指数分布,则该产品经过 a 个(另外的)时间单位后将故障的概率是相同的,而不管该产品是多么的老旧。也就是说,如果该产品当前老旧到 x 时间单位,那么,该产品生存到时刻 $x+a$ 的概率与一个新产品生存到时刻 a 的概率是相同的,并不管 x 可能是多少。为了抓住这

个属性的一些特有含义,现考虑对一用过的平板电视的采购情况。如果可靠性是你唯一关心的,且平板电视(的总体)的寿命分布为指数型的,那么,你会愿意在任何需要换新时,以同样价格购买一台用过的平板电视。当然,此处还有其他因素在起作用,而可靠性并不是你的唯一关切,但当你打算对寿命或一个不可维修产品运用指数分布时,这个示例起了告诫你应记住有些问题的作用。指数分布是唯一具有这个属性的寿命分布(在连续的时间的场合)[34]。

指数分布在可靠性建模中流行的一个原因:它是具有"本质上相似"的组分的串联系统的极限寿命分布[15]。关于这一点,"本质相似"具有一个精确的学术含义,我们将推迟到3.4.4.3节和4.4.5节对其进行讨论,到那时将看到与可维修的和不可维修的系统都密切相关的一个相似结果(Grigelionis定理[53])。关于外场可靠性数据收集和分析的内容将在第5章中予以讨论。

3.3.4.2　均匀分布

一个随机变量L在区间$[a,b]$($a<b$)具有均匀分布的条件为

$$P\{L\leqslant x\}=\frac{x-a}{b-a}\quad(-\infty<a\leqslant x\leqslant b<\infty)$$

如果$a\geqslant0$,即可将该均匀分布用作一个寿命分布。在此模型中,各个寿命以概率1处于$[a,b]$,且该分布具有"均匀"的名称,因为一个寿命位于总测度τ的$[a,b]$任何子集内的概率就是$\tau/(b-a)$,无论这一子集可能位于$[a,b]$内的何处(只要它是全部在$[a,b]$内)都是这样。均匀分布的密度在区间$[a,b]$上为$1/(b-a)$,而在别处为0。一个均匀分布的寿命期望值为$(a+b)/2$,其方差为$(b-a)^2/12$。在均匀分布的其他应用中,a可以是负的,但用作一个寿命分布则a必须是非负的。关于均匀分布的危险率可参见练习6。

3.3.4.3　威布尔分布式

如果对于$x\geqslant0$和$\alpha>0,\beta>0$存在$P\{L\leqslant x\}=1-\exp(-(x/\alpha)^{\beta})$,则寿命$\boldsymbol{L}$具有威布尔分布。$\alpha$和$\beta$是该分布的参数。正如在3.3.3.4节示例中所见,威布尔分布具有的密度为

$$\frac{\beta}{\alpha}\left(\frac{x}{\alpha}\right)^{\beta-1}\exp\left(-\left(\frac{x}{\alpha}\right)^{\beta}\right)$$

且它的危险率为

$$\frac{\beta}{\alpha^{\beta}}x^{\beta-1},\quad x\geqslant0$$

正如先前注意到的,威布尔分布的危险率可以是递增的、递减的或恒定的,这取决于β的值(表3.1)。

表 3.1　威布尔分布的危险率

β 取值	威布尔危险率
>1	递增
=1	恒定
<1	递减

当 $\beta=1$ 时,威布尔分布简化为指数分布(3.3.4.1 节)。经常将具有 $\beta>1$ 的威布尔分布用来描述在一个可能遭受机械磨损的产品总体中的产品寿命。

例如,随着球轴承持续运行,它们通常要呈现出磨损(直径减小)。① 当持续运行时,一个以同一材料制造且尺寸完全相同的球轴承总体将随着时间的增加因磨损而积累起越来越多的故障次数。亦即,该总体持续运行的时间越长,其故障次数将开始累积得越快。在可靠性工程中,将这个现象称为“耗损”,该术语受到了像在本例中所说明的机械磨损这一概念的启发。要注意这个例子将其视为一个不可修的产品。任何单个的球轴承会遭遇到至多一次故障;“故障次数的累积”适用于在一个含有众多轴承的总体中发生的多个故障的情况,其中每个轴承故障至多一次。关于这个概念另外的情况发展见 3.3.4.8 节。

最后,威布尔分布是独立且具有完全相同分布的随机变量的一个集合的最小极值(即极小的)的极限分布[27]。在竞争风险模型(见 2.2.8 节)情况下的一个组分的寿命是一个最小极值。这也许说明了威布尔分布作为单个组分寿命的合理描述而频繁出现原因。

3.3.4.4　具有“浴盆形状”危险率的寿命分布

人口学家已经确定了在人群中死亡率力遵循一个宽阔的 U 形或“浴盆形状”的曲线(图 3.4)。对于这个形状普遍接受的解释是,设想在早期寿命阶段中下降的死亡率力源自婴儿大量死亡和折磨年轻人的疾病,过一段时期后就不再是这种情况并随之对人群几乎没有影响。在后期寿命中增多的死亡率力大部分是由于人类的有限的寿命(见练习 6),但也由于诸如动脉粥样硬化、染色体端粒丧失以及其他原因促成的早期死亡等所谓的“耗损机制”。在中年(近似地)恒定的死亡率力主要归因于在随机时刻发生的不幸事件和在中年时期过早地突然降临的很少发生的疾病所导致的死亡。在可靠性工程中得到公认的一个相似的诠释是:在一个组分总体中,在其寿命的早期阶段死亡率力的下降可用具有制造缺陷(见 3.3.6 节)的总体中一些组分的早期故障予以解释,这些制造缺陷导致它们过早地故障(经常将这样的故障称为“早期故障”)。在寿命的后期阶段中,

① 这个过程中润滑大大减缓,但不停止

死亡率力的增加可用机械磨损、反应物耗尽、非辐射复合的增加、氧化物针孔数目和/或尺寸的增加等物理和化学的耗损机理予以解释。实际上，经常把一个在增长的危险率的存在当作是一个起作用的耗损故障模式存在的征兆，即使还没能辨明物理、化学或机械方面的损耗说明。在“使用寿命”期间的恒定的死亡率力主要归因于超出组分强度的冲击在随机时刻的发生（见 3.3.3.3 节和练习 1）。

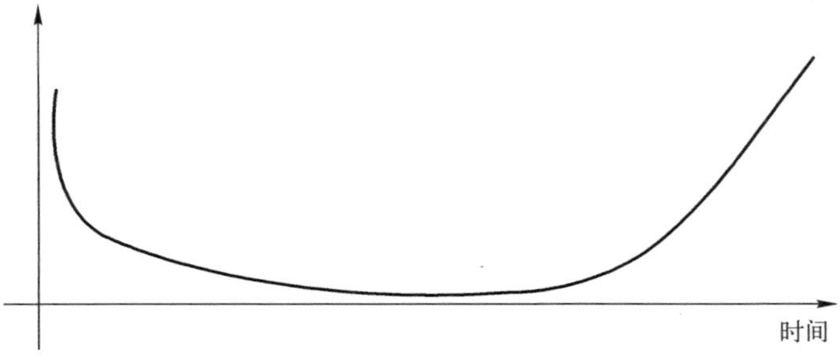

图 3.4　人群的死亡率力

在本节所探讨的寿命分布中，没有一个具有这一形状的死亡率力。为了建立这样的寿命分布，我们需要采用 3.3.3.4 节中所介绍的方法，在此方法中用所示的积分公式根据危险率建立了一个寿命分布。

在推广这样一个寿命分布的一种实用描述方面，已经做了至少一项尝试。Holcomb 和 North[30] 提出过适合于电子元器件的此类型寿命分布。它们的模型是一个描述在所谓的转换时刻之前的元器件可靠性的威布尔分布，在该转换时刻可靠性变成了在那之后适用的指数分布。亦即，在转换时刻前盖总体寿命分布一直用一个威布尔分布描述，而生存到超过转换时刻的该总体子集的（条件）寿命分布则是一个指数分布。除在 t_c 处外，这个分布是处处连续并处处具有密度的。其危险率模型为

$$h(t)=\begin{cases}\lambda_1 t^{-\alpha} & (0\leqslant t\leqslant t_c)\\ \lambda_L & (t\geqslant t_c)\end{cases}$$

这个模型含有 4 个参数 λ_1、λ_L、t_c 和 α。$\lambda_1>0$ 是早期寿命危险率系数且代表了在 $t=1$ 时寿命分布的危险率（按惯例，此模型中的时间单位是 h）。$\alpha>0$ 是早期寿命危险率的形状参数，它代表 t_c 之前危险率递减的速率。在时刻 t_c，危险率变为一个常量 $\lambda_L>0$。此模型进一步施加了危险率为连续的这一条件，故这 4 个参数不是独立的，它们是被关系式 $\lambda_1=\lambda_L t_c^{\alpha}$ 联系起来的。

注意：虽然此危险率模型考虑了一个在早期寿命阶段有递减而在中期寿命

阶段有恒定的危险率,但是没有表现出耗损的递增危险率特性。这是因为经缜密推断,在发生设备或系统的有用寿命已终结之前,电子元器件中耗损机理要用很的长时间才能显现出来。① 最后,要注意到在此模型中,如果元器件生存到超过 t_c,其条件寿命分布为具有参数 $1/\lambda_L$ 的指数分布。

与这一危险率模型相对应的寿命分布与密度,可参见练习 7。

3.3.4.5 正态(高斯)分布:一个特例

一个随机变量 Z 具有一标准正态(高斯)分布,如果满足

$$P\{Z \leqslant z\} = \frac{1}{\sqrt{2\pi}} \int_{-\infty}^{Z} \exp\left(-\frac{x^2}{2}\right) \mathrm{d}x = \Phi_{(0,1)}(z) \quad (-\infty < z < \infty)$$

这个分布的均值为 0,而其方差为 1(这是正态分布的“标准”的定义和对 Φ 的下标的解释)。这一分布的密度为

$$\Phi_{(0,1)}(z) = \frac{1}{\sqrt{2\pi}} \mathrm{e}^{-z^2/2} \quad (-\infty < z < \infty)$$

显然,正态分布的求值不是一项容易的工作。传统方法是利用标准的正态分布百分数表,此方法出现在所有基础统计学教材中;表格通常用数值积分或多项式逼近构建[1]。当今,所有的统计软件和许多科学计算器都含有一个标准正态分布的求值例行程序,同时,许多正规的软件程序也含有这个能力,如 Microsoft Excel®。

如果 Z 是一个标准正态随机变量,则随机变量 $\sigma Z+\mu$ 具有均值 μ 和方差 σ^2,其中 $-\infty<\mu<\infty$(可以为负的)且 $\sigma>0$;如果据上下文 μ 和 σ 是明确的,则按惯例将 $\sigma Z+\mu$ 的分布记为 $\Phi_{(\mu,\sigma)}$ 或仅为 Φ。相应地,如果 Z 是一个具有均值为 μ、标准差为 σ 的呈正态分布的随机变量,则 $(Z-\mu)/\sigma$ 具有标准的正态分布。为了纪念伟大的数学家 Carl Friedrich Gauss(1777—1855)首次在统计观察中使用正态分布描述误差的分布,也将正态分布称为高斯分布。

正态分布不是一个寿命分布,因为它在 0 的左侧有质量,即它对负的寿命给出了正的概率。不过,有些研究报告使用一个具有大的正 μ 和小的 σ 的正态分布作为近似的寿命分布,因为当 μ 为大的正值而 σ 为小值时,寿命为负值的概率是十分小的,对于某些用途(如计算矩量)可将其忽略。然而,正态分布对于具有许多重要模式的可修系统的可靠性是不适合的。例如,更新论(见 4.4.1 节)的方程组对于正态分布就失灵(即使 μ 为大的正值且 σ 为小值)。

有些研究报告使用一个截尾的正态分布避开负的寿命带来的困难。一个具

---

① 如果考虑使用这种寿命分布,磨损机制不活跃的条件在系统的使用寿命结束之前应该被验证。

有参数 μ 和 σ 的正态分布的截尾是随机变量 Y 的条件分布，此变量是以均值 μ 和方差 σ^2 呈正态分布的，Y 存在的条件属于某个区间。用截尾正态分布作为一个寿命分布，该区间可以是[0，∞]，或条件为 $Y\geqslant 0$。如果我们用 W 表示用此截尾分布描述的寿命随机变量，则

$$P\{W\leqslant w\}=P\{Y\leqslant w \mid Y>0\}=\frac{\Phi_{(\mu,\sigma)}(w)-\Phi_{(\mu,\sigma)}(0)}{1-\Phi_{(\mu,\sigma)}(0)} \quad (w\geqslant 0)$$

且对于 $w\leqslant 0$ 有 $P\{W\leqslant w\}=0$，所以截尾正态分布是一个真正的寿命分布。要注意截尾正态分布的均值和方差不再是 μ 和 σ^2。关于截尾正态分布的更多细节参见文献[28]。

3.3.4.6　对数正态分布

如果寿命的对数为正态分布，则称寿命 L 具有一个对数正态分布，即

$$P\{L\leqslant x\}=P(\lg L\leqslant \lg x)=\Phi_{(\mu,\sigma)}(\lg x) \quad (x\geqslant 0)$$

注意：当 $L\geqslant 0$ 时，$\lg L$ 可具有任何正负号，因为介于 0～1 的数的对数为负值。如果 Y 为正态分布，则 $Y=e^Y$ 为指数正态分布。如果 μ 和 σ 为基础正态分布的参数，那么，该对数正态分布的均值为 $e^{\mu+\sigma^2/2}$，而其方差为 $(e^{\sigma^2}-1)e^{2\mu+\sigma^2}$。

对数正态分布已被成功地用于复杂设备的修理时间的建模[37,51]。它的危险率随着 $t\to\infty$ 而递减，由此引向这样的诠释：当装备复杂时，修理工作常常是复杂的，而修理工作持续时间越长就越不大可能快速完成。例如，将需要一艘维修船到达故障地点进行修理的海底通信电缆的修复时间设定为服从对数正态分布，但是难于找到在文献中有所引用。①

3.3.4.7　伽马分布

寿命 L 具有一个伽马分布，如果满足

$$P\{L\leqslant x\}=\frac{1}{\alpha^k\Gamma(v)}\int_0^x u^{k-1}e^{-u/\alpha}du \quad (0\leqslant x<\infty)$$

式中：$\alpha>0$ 和 $k>0$ 分别为该分布的位置参数和形状参数，且 Γ 是欧拉(Leonhard Euler，1707—1783)著名的伽马函数，定义为

$$\Gamma(x)=\int_0^\infty u^{x-1}e^{-u}du \quad (x>0)$$

伽马函数作为一个插入了阶乘函数 $\Gamma(n+1)=n!$（每当 n 为一个正整数时）的解析函数也许是最为出名的。α 是位置参数，k 是形状参数（α 有时间单位而 k 是无纲量的）；当 $k=1$ 时，伽马分布即化为具有参数 α 的指数分布（见

① 大多数商业组织不愿意在公众场合分享具体的运行时间、维修时间等数据，宣称这些数据等同于商业机密。

3.3.4.1 节)。在可靠性建模中,伽马函数的重要性主要在于它的属性,即具有参数 α 和 n(n 为整数)的伽马分布是 n 个独立指数随机变量之和的分布①,其中的每个变量都具有均值 α。实际上,不仅如此,两个具有参数(α_1,ν)和(α_2,ν)的独立的伽马分布随机变量之和再次为一个具有参数$(\alpha_1+\alpha_2,\nu)$的伽马分布,而且只要每一变量的形状参数 ν 是相同的,就可以扩展到被加项的任何有限数目。冷备份冗余系统的寿命分布与之有天然的联系(更多细节见 3.4.5.2 节)。

伽马分布的密度为

$$\frac{1}{\alpha^k\Gamma(k)}x^{k-1}\mathrm{e}^{-x/\alpha}\quad(x>0)$$

因此,伽马分布的危险率为

$$\frac{x^{k-1}\mathrm{e}^{-x/\alpha}}{\int_x^\infty u^{k-1}\mathrm{e}^{-u/\alpha}\mathrm{d}u}\quad(x>0)$$

当 $k=1$ 时,它当然地就化为 $1/\alpha$(一个常数),因为对于 $k=1$,该伽马分布就是指数分布。对于 $k>1$,危险率显然是递增的;当 $0<k<1$ 时,危险率为递减的(这是练习 3 的内容)。所以,依照形状参数(表 3.2),伽马分布的性态是类似于威布尔分布的性态。

表 3.2　伽马分布危险率

k 取值	伽马危险率
>1	递增
=1	恒定
<1	递减

伽马分布的均值为 $k\alpha$,而其方差为 $k\alpha^2$。

伽马分布在别处的基本重要性源自在统计学中它与普遍使用的各种量的关系,我们在第 2 章、第 5 章、第 10 章和第 12 章中就使用了该分布。取自于具有正态分布的总体的样本方差具有一伽马分布。形式上,如果 $X_1,X_2,\cdots,X_n$ 是具有均值 0 和方差 σ^2 的正态分布随机变量,则 $X_1^2+X_2^2+\cdots+X_n^2$ 为具有参数 $1/\sigma^2$ 和 $n/2$ 的一个伽马分布。由于历史原因,当 $\sigma=1$ 时,该分布也称为具有 n 自由度的 χ^2 分布(chi-squared)(Karl Pearson,1857—1936)。在统计学中,具有关联到伽马分布的各种分布的其他量包括:学生的 t 统计量(学生是 William Sealy

① 在排队论中,这些分布称为厄兰分布(*Agner Krarup Erlang*,1878—1929,一位开创长途电话业务的工程师)。

Gosset(1876—1937)采用的化名,使他能够越过他的雇主(Guinness 酿造公司)的反对得以出版他的著作)、斯奈迪克的 F 统计量(George W. Snedecor, 1871—1974)和费希尔的 Z 统计量(Sir Ronald A. Fisher, 1890—1962)都具有能以伽马函数及分布表达的分布。更多细节可参见文献[21]。

3.3.4.8　机械耗损和统计耗损

在可靠性工程中,以两种含义使用"耗损"一词。机械耗损是在材料彼此相对滑动、滚动或做其他运动的过程中材料丧失的物理现象。统计上的耗损是当所描述的危险率递增时期之后,该危险率不会递减时的一个寿命分布的递增危险率的数学属性。因第一个诠释就引起了第二个诠释:一个经受(物理)耗损的器件总体在其寿命后期将会表现出具有递增的危险率的寿命分布。下面的例子有助于说明这个现象。

例:在额定条件下运行的一个 5/8''球轴承总体,它们的直径每小时减少万分之 X 英寸,其中 X 是一个在区间[1,4]上具有均匀分布的随机变量(见 3.3.4.2 节)。当其直径减小了 0.010"时,就将一个球轴承断定为故障。在此球轴承总体中的寿命 L 的分布是什么?对于一个标以 ω 的球轴承,其直径的递减率为 $X(\omega)$,而该球轴承减少了 0.010"(即 100‱)所用的总时间(以小时计)为 $100/X(\omega)$h。那么,当 X 具有所说的均匀分布时,我们的任务是求得 $100/X$ 的分布。已知

$$P\{X\leqslant x\}=\begin{cases}0 & (x\leqslant 1)\\(x-1)/3 & (1\leqslant x\leqslant 4)\\1 & (x\geqslant 4)\end{cases}$$

则

$$P\{L\leqslant y\}=P\{100/X\leqslant y\}=P\{X\geqslant 100/y\}=\begin{cases}1 & (y\geqslant 100)\\\dfrac{4}{3}-\dfrac{100}{3y} & (25\leqslant y\leqslant 100)\\0 & (y\leqslant 25)\end{cases}$$

对于 $25\leqslant y\leqslant 100$,这一分布的密度为 $100/3y^2$,而其他处则为 0。因此,对于 $25\leqslant y\leqslant 100$,该分布的危险率为 $100/y(100-y)$,而其他处则为 0。当 $y\to 100^-$ 时(即当 y 从左侧趋近 100 时,或越过了某些较小的数值时,那正是上标负号想要传递的意思),可以清楚地看出这是个 y 的递增函数。这个例子虽然不具普遍性,但的确说明了在危险率随时间的增长而递增时物理耗损与耗损的数学诠释之间的联系。还可参见练习 6、20 和 21,进一步的讨论可见于文献[24]。

理解这个现象的另一种方式是设想所有的球轴承都以完全相同的(常数)速率磨损,如每小时为 2.5‱英寸。那么,每个球轴承就都在恰为 40h 的时候故

障。则磨损率的一个微小变化（即 0.00025"/h±微量将会转化为故障时间上的一些变化（40h±微量①）。直到在 40h 前不久（即直到 40 减去该微量），故障时间密度将一直为零，而后它将快速增加到一个接近 40h 的最大值并继而又快速地降到 0（在 40h+微量时）。直到 40h 前不久，寿命的生存函数将一直为零并继而在 40h 后不久快速地降到零。思考一下这两个量的商（危险率）：自 40h 前不久直到至少 40h，其分子在快速增加而其分母则在减小。因而，该商数至少在达到密度峰值之前是增加的。更为深入的分析会揭示出危险率要一直继续增加到“40h 后不久”，但是这不是本例的要点。本例的要点是：在极为一般的情况下，物理耗损（即使在随机速率下）会导致有递加危险率的寿命分布，这是统计（或数学）意义上的耗损特性。

3.3.5 环境应力的定量引入

在第 2 章中，我们强调过在一个准确的可靠性要求中必须提出 3 个要点：对于某些可靠性效能标准的界定明确说明，适用一项要求的时段以及适用该项要求的条件（环境的或其他的）。在早前寿命分布的讨论中，没有述及各种条件。在本节中，将讨论一些限定，使我们能将一些主要的条件和作用引入到寿命分布模型中。

3.3.5.1 加速寿命模型

将一组在给定环境条件下与不同环境条件下运行物体的总体寿命分布联系起来，加速寿命模型是最简单的。在本书中，我们陈述两个寿命模型，即强加速寿命模型与弱加速寿命模型两个寿命模型及比例危险模型，以类似的术语可将比例危险模型称为加速危险模型。

强加速寿命模型以处在不同条件下的各单个寿命之间存在一个线性关系作为公设。如果 L_1 和 L_2 是一个物体的寿命，当其分别在条件 C_1 和 C_2 下运行时，则强加速寿命模型断言 $L_2=A(C_1,C_2)L_1$，其中 A 是一个取决于两个条件 C_1 和 C_2 的常量。② 如果从一个应用场合到另一个应用场合，许多条件有变化，则 C_1 和 C_2 有可能是向量。如果条件是动态的（可随时间发生改变），则 C_1 和 C_2 会是时间的函数。

我们以这两个条件是常量的最为简单的例子开始研究。例如，条件 C_1 可以是 10℃的一个恒定温度，而条件 C_2 可以是 40℃的一个恒定温度。典型地，这些条件之一如 C_1 代表一个“标称”的运行条件，即在该条件下的总体寿命分布的估计是已知的（或当收集到这些估计的数据时该条件占优势），而另一条件 C_2

① 通常，在磨损率变量中存在不同的“微量”。

② 注意：当 $C_1=C_2=C$ 时，$A(C,C)=1$。

代表一个在客户使用中所期望的系统运行条件。在工程系统中,通常遇到的环境条件类型包括:

(1) 温度;

(2) 湿度;

(3) 振动 ;

(4) 冲击;

(5) 机械载荷。

这个清单远非包含一切。它仅仅包含了那些通常所遇到的条件。其他更为专门的条件可包括海洋环境中的盐雾和盐浸、汽车环境中的粉尘和油雾等。

如果一个总体服从强加速寿命模型,则在不同环境条件下其寿命分布只是比例因子不同。事实上,适合于 F_1 的 $\boldsymbol{L}_1$ 的寿命分布及适合于 F_2 的 $\boldsymbol{L}_2$ 的寿命分布,有

$$F_2(t)=P\{L_2\leqslant t\}=P\{A(C_1,C_2)L_1\leqslant t\}=P\{L_1\leqslant t/A(C_1,C_2)\}$$
$$=F_1(t/A(C_1,C_2))$$

显示出该比例因子为 $1/A(C_1,C_2)$。对于密度,有

$$f_2(t)=f_1(t/A(C_1,C_2))/A(C_1,C_2)$$

同时,对于危险率,有

$$h_2(t)=A(C_1,C_2)h_1(t/A(C_1,C_2))$$

例:假设在额定条件下,一个器件的总体具有参数 $\alpha=20,000$ 和 $\beta=1.4$ 的威布尔寿命分布(见 3.3.4.3 节)。在强加速寿命模型下,当该总体在加速因子为 8 的条件下运行时,其寿命分布的新参数是什么? 用下标 1 表示额定条件并以下标 2 表示运行条件(其加速因子为 8),则

$$F_2(t)=F_1(t/8)=1-\exp(-(t/8\times 20000)^{1.4})=1-\exp(-(t/160,000)^{1.4})$$

因此,在运行条件下的寿命分布参数是 $\alpha=160,000$ 和 $\beta=1.4$。

通过上例可推测出,如果在额定条件下寿命分布具有某一参数形式,那么,当运用强加速寿命模型时,在任何改变了的条件下其寿命分布仍维持具有相同的参数形式(见练习 8)。

表 3.3 对强加速寿命模型作了归纳。

表 3.3　强加速寿命模型

性　质	公　式
寿命(或故障时间)	$L_2=A(C_1,C_2)L_1$
寿命分布	$F_2(t)=F_1(t/A(C_1,C_2))$
密度	$f_2(t)=f_1(t/A(C_1,C_2))/A(C_1,C_2)$
危险率	$h_2(t)=h_1(t/A(C_1,C_2))/A(C_1,C_2)$

在强加速寿命模型中，其定义方程 $L_2=A(C_1,C_2)L_1$ 表明了在该两种条件下的个体寿命是成比例的。实际上，运用概率论的人可将其写为 $L_2(\omega)=A(C_1,C_2)L_1(\omega)$，以强调该比例关系适用于每一个体寿命（在样本空间中的样本点 ω 或是该总体中的个体）。这是一个非常有说服力的假设，又是极为常用的一个假设。加速寿命模型的较弱的形式也是可用的。该类模型之一就是弱加速寿命模型，它假定了寿命分布关系 $F_2(t)=F_1(t/A(C_1,C_2))$，没有假定生命周期与个体成比例。对于这个弱化模型，在表 3.3 中除了第一行以外的所有关系都是适用的。在实践中，弱加速寿命模型对于加速寿命模型概念的实用是完全需要的。

要求提示：在一项可靠性要求中，虽然确实列出了在客户操作过程中主要的环境条件以及在该条件下要达到的业已规定的可靠性，但当预计在该运行条件下的可靠性时（然而，基本可靠性的估计值是适用于某些其他的“标称”条件下的）所要用的模型通常并非是该项要求的一部分。当预计可能的系统寿命分布时或当分析外场可靠性数据时所用的模型通常是由熟悉该系统、它的组分以及运行环境的可靠性工程师做出选择的。系统工程适虽然不必亲自完成所涉及的计算工作，但需要知道可用的选项并且能够弄清楚可靠性工程师的选择是否在给定的各主要条件下是适用的。

如何确定一个加速寿命模型是否是合适的？如果具有在两种不同运行条件下收集到的寿命数据，那么，对强加速寿命假设是易于做检验的。由强加速寿命模型的定义方程，有

$$\lg L_2=\lg L_1+\lg A(C_1,C_2)$$

因此，如果强加速寿命模型适用，寿命的对数分位数-分位数图（Q-Q 图）[45]应具有斜率 1 和纵截距 $\lg A$。Q-Q 图是用于决定在何种情况下强加速寿命模型有可能适用的图解辅助工具并提供了一种在 A 值处做出初始推测的方法。

前面展开的内容没有解决函数 A 的结构问题。在实践中，不同的函数 A 是与不同的应力类型（温度、电压、振动等）相关联的。在可靠性建模中最普遍用到的一个是针对温度的阿累尼乌斯关系（Svante August Arrhenius，1859—1927），即

$$A(C_1,C_2)=e^{\frac{E}{k}\left(\frac{1}{C}-\frac{1}{C_0}\right)}$$

式中：C 和 C_0 表示两个开氏温度；E 是指材料特有的用电子伏特（eV）度量的激活能。k 是玻耳兹曼常数 8.62×10^{-5} eV/°K。该方程首次用于描述在加热时化学反应的增速并在可靠性工程中作为经验性的加速因子广泛应用，即使对于不涉及热度的现象也是如此。

例：假设当运行在10℃时，一个器件总体具有参数为$\alpha=20000$和$\beta=1.4$的威布尔寿命分布（见3.3.4.3节）。在强加速寿命模型情况下，当该总体运行在35℃时，其寿命分布的新参数是什么？假设弱加速寿命模型和阿列纽斯关系式适用于这些具有1.2eV的激活能的器件。

解：10℃和35℃对应的开氏温度分别为283.15K和308.15K，则加速因子为

$$\exp\left(\frac{120000}{8.62}\left(\frac{1}{308.15}-\frac{1}{283.15}\right)\right)=0.019$$

所以在35℃时该总体的寿命分布为

$$F_2(t)=F_1(t/0.019)=1-\exp(-(t/380)^{1.4})=1-\exp(-(t/0.019\times20000)^{1.4})$$

许多其他的参数加速函数用于应力建模，这些包括：

（1）艾林方程$A(C_1,C_2)=C_1/C_2\exp[\beta(1/C_1-1/C_2)]$，具有单一参数$\beta$，用于温度、湿度和其他应力[16]；

（2）反幂定律模型$A(C_1,C_2)=(C_1/C_2)^n$，具有单一参数n，通常用于电压；

（3）Coffin-Manson方程[18]，类似于反幂定律模型，用于热循环下的疲劳建模和钎焊焊缝可靠性建模。

运行中的环境条件会随时间变化。在这种情况下，C_1和C_2会是时间的函数。可设想出加速寿命模型的推广办法以包含这种情况。一种这样的推广就是微分加速寿命模型。该模型假设一个单元的寿命期内的特有变化与作用于该单元上的应力现值是成比例的。从关于强加速寿命模型的方程开始，即

$$L(C)=A(C_0,C)L(C_0)$$

再包括进C的时间相关性，即

$$L(C(t))=A(C_0,C(t))L(C_0)$$

如果在条件C_0时该总体的寿命分布是F_0，则在经过了t时间单位后该总体的寿命分布为

$$F_0\left(\int_0^t A(C_0,C(u))\mathrm{d}u\right)$$

具体内容见文献[41]的6.4.3节。将这个模型用于得自加速寿命试验的数据的分析，该试验使用了随时间变化的应力，如其应力采取形式$C(t)=a+bt$的斜坡应力。

有许多其他模型适用于将运行在某些环境条件集合下的一个总体的寿命分布与运行在不同的环境条件集合下的同一总体的寿命分布关联起来。也许，它们中间最具有灵活性的就是LuValle等人[42]提出的加速变换模型。具体还可参见文献[20,43]。

3.3.5.2 比例危险模型

比例危险模型类似于加速寿命模型,它也假设了某些量是成比例的:在这种情况下,危险率是成比例的,而寿命分布不是。即该模型假设

$$h_2(t)=A(C_0,C)h_1(t)$$

式中:$h_1(t)$(或相应的 $h_2(t)$)为当总体在以 C_1(或相应的 C_2)描述的条件下运行时该总体的危险率。请注意它与加速寿命模型(表 4.1)的区别。COX[130] 首次描述了比例危险模型,该模型被广泛地用于生物医学研究,$h_1(t)$ 称为基线危险率且通常是与一些条件的标称集合相关联的,如在何种条件下收集的表征该总体的数据(即有如见于 3.3.5.1 节的加速寿命模型中的同样的理念),参见练习 22。

3.3.6 生产过程质量的定量引入

对于所谓的早期寿命故障的一个普遍被接受的解释是总体中包含带有制造缺陷的产品(见 3.3.4.4 节)。换言之,在系统中所用的零件或子装配件是带着缺陷(这些缺陷通过制造商的过程控制未被检测出来和未予以纠正)从它们的制造商处接收来的。该模型就表示某个缺陷在某一后续时刻将会激活或“启动”并在该时刻导致故障。运用这个推理,可以谋求建立一个关于零件或子系统的早期寿命可靠性模型,其中包含某些与制造商的过程质量相关的因素。虽然通常涉及到的大量制造过程会使模型更为复杂化,但这个模型也可用于整个的系统,用以描述制造过程对其可靠性的影响。在文献[56]中陈述了建立这样一个模型的尝试。本节中给出了一个简要概括。

当一项产品(此处被宽泛地诠释为包括了零件、子装配件及整个系统)被设计出来时,它具有一定的可靠性,那是面向该产品的可靠性进行设计(见第 6 章)的成功程度的表现,从这个意义上讲我们会将进行制造视为将缺陷添加到产品上的一种机会。在自然场合中这个设计的任何实现化的可靠性从不可能比设计本身更好,因为这一实现过程会引入另外的故障模式,而一些故障模式并非是在面向可靠性进行设计的过程中所预料到的。在文献[56]中所采用的对此情况进行建模的方法是考虑到一项产品的寿命分布还取决于代表了该产品制造过程质量的一个参数。

假设产品制造过程①的规定下限和上限分别为 a_L 和 a_U,且 $a_L<a_U$。该过程的规格窗口的中心为 $a^0=(a_L+a_U)/2$,我们也可假设其为过程输出的目标。最

① 当然,可能存在许多生产过程需要变卖产品。这里所介绍的方法可以直接推广到其他过程中,同时也是练习 3 的主要问题。

后,假设真正的过程输出是一个具有均值μ和方差σ^2的正态分布的随机变量A(图3.5)。如果有一个$m(4.5<m<7.5)$且满足下式,则该过程满足“6σ”目标[29],即

$$a_L \leq \mu - m\sigma = \mu + (12-m)\sigma \leq a_U$$

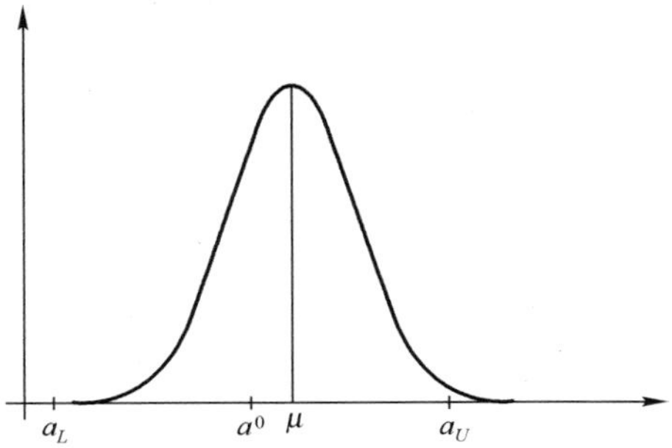

图3.5 规定界限和过程输出

如果$m=6$,则该过程是中心化(居中)而有缺陷的过程输出的预期的小部分(分数)(那些处于规格窗口之外的小部分)近似为9.87×10^{-10},或约等于十亿分之一(ppb)。当该过程中心极远地远离a^0时,有缺陷的输出的预期分数是最大的。6σ方法所允许的最大偏差为1.5倍标准偏差,即对应于$m=4.5$(中心左侧)或$m=7.5$(中心右侧)。

在最大偏差处,有缺陷的过程输出的预期分数近似为3.4×10^{-6},或约3.4‱00(PPM)。

为了把这个理解引入产品的可靠性模型中,假设当过程输出为a时,一个缺陷会被引入到产品中并在一个稍后(随机)时刻$X(a)$导致故障。用$F(x,a)$表示引起这个缺陷的故障模式的寿命分布,即

$$F(x,a) = P\{X(a) \leq x \mid A = a\}$$

则产品故障(源自于这个故障模式)时刻的时间分布为

$$\int_{-\infty}^{\infty} F(x,a)\,\mathrm{d}P\{A \leq a\}$$

再进一步,需要做出关于$F(x,a)$如何取决于a的某个假设。目前,这样的假设是合理的,就是一个过程输出越远离过程中心,则其相应的引发缺陷的可能性就越小。在形式上,可将此表示为每当$|a-a^0| \leq |a'-a^0|$时就存在$F(x,a) \leq F(x,a')$,或每当$|a-a^0| \leq |a'-a^0|$时$X(a)$就随机地大于$X(a')$。

现在假定对于该产品有$M \geq 1$个下游制造过程和其他的产品实现过程,并且过程$j(j=1,2,\cdots,M)$具有分别为a_j^L和a_j^U的下规定界限和上规定界限、中心

a_j^0 以及均值和标准差分别为 μ_j^* 和 σ_j 的输出 $A_j, j=1,2,\cdots,M$。按照质量工程研究中的惯例,假设所有的过程输出都是正态分布的。从产品总体中随机抽取的一个产品的故障时刻为

$$Z=\min\{X(A_1),\cdots,X(A_M)\}$$

如果各次引发的(故障)时间是随机独立的,则其具有的生存函数为

$$\overline{G}(z)=P\{Z>z\}=\prod_{j=1}^{M}\overline{G}_j(z)=\prod_{j=1}^{M}P\{X(A_j)>u\}$$

$$=\prod_{j=1}^{M}\left[1-\int_{-\infty}^{\infty}F(u,a)\varphi\left(\frac{a-\mu_j^*}{\sigma_j}\right)\mathrm{d}a\right]$$

式中:φ 表示标准正态密度。它遵从

$$\lg[1-G(z)]=\sum_{j}^{M}\lg\left[1-\int_{-\infty}^{\infty}F(u,a)\varphi\left(\frac{a-\mu_j^*}{\sigma_j}\right)\mathrm{d}a\right]$$

使用练习 24 的结果 $y=\int_{-\infty}^{\infty}F(u,a)\varphi((a-\mu_j^*)/\sigma_j)\mathrm{d}a$,可得

$$\exp\left\{-\frac{1}{2}\sum_{j=1}^{M}\left[\int_{-\infty}^{\infty}F(z,a)\varphi\left(\frac{a-\mu_j^*}{\sigma_j}\right)\mathrm{d}a\right]^2\right\}$$

$$\leqslant\frac{P\{Z>z\}}{\exp\left\{-\frac{1}{2}\sum_{j=1}^{M}\left[\int_{-\infty}^{\infty}F(z,a)\varphi\left(\frac{a-\mu_j^*}{\sigma_j}\right)\mathrm{d}a\right]\right\}}\leqslant 1$$

以中项中的分母去乘所有各项即可给出该产品(仅考虑这些故障模式)生存函数的下界和上界。

3.3.7 运行时间和日历时间

贯穿于整个这一节中,我们用来叙述可靠性的各函数都使用“时间”作为自变量。当这样使用时,“时间”几乎总是意味着运行时间或系统处于开机和在运行的时间总量。当系统是停机或未在运行时,累积的运行时间不会增加。当写出一项可靠性要求时,该项要求的“时间”要素旨在凸显系统的年龄的任何增加,其中“年龄”是指该系统直到故障时的任何时钟测量时间的累进。通常,这是运行时间,所以,当你需要了解该要求如何以日历时间展现时(如保单通常是以日历时间写明的),就有必要明白运行时间和日历时间之间的关系。这是由于客户如何使用系统的不同情况造成的。有些系统,如服务器、广播发射机、空中交通管制雷达等都是要被连续使用的,对于这样的系统,其运行时间和日历时间是相等的。其他的系统,像冰箱就不是连续运行的,而仅在运行时(如仅当其压缩机在运行时)才积累其年龄,所以对于这样的系统其运行时间少于日历时间。

如果运行时间与日历时间之间的关系是已知的，例如，要通过一个给出了日历时间 ξ 的函数 $\xi(t)$ 得出运行时间 t 的总量，就能利用这一关系将描述可靠性的各函数从一个转换到另一个。这个函数是非减的，满足 $\xi(t) \geqslant t$，且可以是确定性的或随机的。例如，如果冰箱的压缩机一天只运行 8h，那么，对于这个冰箱的运行时间 t 和日历时间 s 之间的关系可以用 $s=\xi(t)=3t$ 描述，其中 t 以小时计。

词组“工作循环”也可用于描述系统处于使用状态的（日历）时间所占的分数。在这个冰箱例子中，其工作循环为 1/3 或 33%。

如果 L 是一个寿命随机变量，其按运行时间 t 计的分布是已知的，如 $P\{L \leqslant t\}=F(t)$，则它相对于日历时间的分布 s 可由 $P\{L \leqslant s\}=P\{L \leqslant \xi(t)\}=F(\xi(t))$ 给出，其中 t 是满足 $\xi(t)=s$ 的任何值。例如，如果该冰箱寿命 R 具有一个由下式给出的按小时计的运行时间分布，即

$$P\{R \leqslant t\}=1-\exp[-(t/27000)^{1.22}]$$

则在 s 个日历小时前该冰箱故障的概率为

$$P\{R \leqslant s\}=1-\exp[-(s/3 \times 27000)^{1.22}]=1-\exp[-(s/81000)^{1.22}]$$

因为对于这个冰箱有 $s=3t$。

除了以运行时间或日历时间计时之外，某些系统会以某个其他的计时累计年龄。即除时间外，会以某个其他的机制推进故障的接续。一个极为常见的例子就是汽车，其年龄仅可用时间度量，也可用里程度量。除了用时间计龄外，还可用运行次数对机电继电器计龄。看待这个问题的另一种方式是将系统看作具有两个故障机理：一个以经过的时间推进；另一个以像运行次数、里程等第二个“计时”推进。[①] 令 L_1 和 L_2 分别表示以第一个计时和第二个计时度量的寿命，且令 s 和 t 表示第一和第二计时，则物体故障的时间为 $\min\{L_1, L_2\}$。

3.3.8　总结

3.3 节提出了以定量的术语描述一个不可维修的系统的可靠性的几种不同方式：寿命、寿命分布、密度以及危险率。最常见的情况是，可靠性工程师要以危险率（死亡率力）作为他们的首选词（主题词），而该词组又被他们（几乎普遍而又不恰当地）称为“故障率”。极其重要的是，要谨记当处理不可修理或不可维修的产品时，对词语“故障率”的使用不应导致你想到同一产品的反复故障的概率（即每单位时间的故障次数）；其结果是会产生有害的混淆。对于这个概念，最好是（虽然还不是普遍的做法）保留“危险率”或“死亡率力”以便不会产生

① 虽然这部分是根据两种不同故障机制介绍的，适用于类似的条件时，需要考虑多于两个故障机制发挥作用的情况。

混淆。

如果一个组分所处的环境条件不同于收集估计其寿命分布用的数据时的环境条件,则该组分的寿命分布会有所变化。3.3.5 节也讨论了 3 种形式的加速寿命模型,可将这些模型用于定量地描述这样的变化。我们还讲到了加速转换的概念,其对于完成这项工作是一个更加通用的方法。

当需要对制造过程如何影响产品可靠性有清楚的了解时,3.3.6 节提供了一个将产品可靠性与该产品的制造过程质量联系起来的模型。该模型提供了一个关于"早期"故障现象的定量解释,即假设故障是由超出了制造过程规格界限之外的过程输出引入到产品中的潜在缺陷造成的。可以构建出更精细的这类模型获得有关下游产品实现过程的更为具体的知识。

最后,我们评述了在本章中我们引入的可靠性描述是运行时间的函数。考虑到要了解这些是如何与日历时间相关联的是很重要的,我们就为将一个运行时间描述容易地转换到一个日历时间描述并转换回来提供了一种方法。我们也讨论了这是如何与竞争风险模型相关联的(见 3.4.4.2 节)。

3.4 不可维修组件系统

3.4.1 系统功能分解

3.4.1.1 有形产品和系统的系统功能分解

经常,不可维修的产品不是作为个体孤立运行的。当然也有例外情况(著名的灯泡就是值得注意的一个),但实际的工程系统几乎总是包含许多在一起运行的不可维修的产品和(有可能)可维修的产品以及子组件,共同实现系统所需要的功能。所以,我们想要知道这样的不可维修的产品总体的寿命是如何与单个产品自身的寿命相关联的。系统功能分解是关于单个组分和子组件如何一起运行以使系统能完成其所需要的功能的一个系统性描述。对于每一项系统要求都具有一个系统功能分解(当然,也可能同一功能分解可适用于不止一项的要求)。要将系统功能分解进行到得以了解或能估计该分解的最后层次中所含组分或子组件的寿命分布所必要的详细程度。在着手讲系统可靠性的演算法(即用于由更高层次子组件的构成组分计算其寿命分布的方法)之前,我们先看几个系统功能分解的例子。

3.4.1.2 技术服务的功能分解

世界经济的技术服务份额是巨大的,也是在增长的。我们针对可持续性的系统工程的研究包括可靠性、维修性以及服务的可保障性。此处将技术服务理解为不仅包括了传统上所理解的诸如电信服务、汽车修理服务、燃油供给服务等类作为“服务”的各项活动，而且也包括了像个人电脑和智能手机应用程序、云计算服务等基于计算机的服务的新兴类型活动。所有这些都具有的特性为它们都是无形的且在用户和提供服务者之间交易发生的环境之外并不存在。针对技术服务推行成功的可持续性工程的关键是要认识到所有这些服务都是由一些系统和人的某些有形基础设施的元素提供的，这些元素必须以具体规定的方式一起运行以便提交该技术服务中的一项交易。

因此，对于面向技术服务的可靠性工程所需的功能分解就需要翻开一个另外的层次。为正确理解技术服务的可靠性需要采用该服务的用户的观点，而该项技术服务的功能分解则包括如何提供该服务的逐步的详细描述。也就是说，技术服务功能分解在服务提供者用来提供服务的基础设施与用户对技术服务交易组成部分的理解之间起到一个桥梁作用。因此，凡涉及每一步的成功完成的该技术服务交付基础设施的各组成部分都是与每一步相关联的。以这样的方式，技术服务的可靠性（服务的可达性、服务的持续性和服务的解除）[57]就以那些基础设施组分[58]的可靠性特性表述了出来。

3.4.2 系统和服务功能分解实例

3.4.2.1 汽车动力传动系统

一辆汽车上的动力传动系统由汽车向前运动所需的那些部件组成。在适合于本例的详细程度上，我们可将这些部件列为发动机、传动装置、驱动轴、差动器和4个车轮①（一个车轮包括一个轮辋和一个轮胎）。列出的每个部件都是为前向运动所需要的。如果任何部件停止起作用，则汽车就不能被驱动（出于这个简单例子的目的，我们忽略了部分的故障可能性，如在传动装置中单个齿轮的损毁），因为对汽车的各项要求之一就是能够向前驱动。如果一个部件故障，系统即故障，从这个意义上讲每个部件都是一个“单一的故障点”。在3.4.4节中讨论了这类型的系统。

这个例子提供了进一步的指导价值。大部分汽车都携带备用车轮，以便在工作着的一个车轮故障（通常源于爆胎）时可将该车轮拆除并以备用车轮替换。这是一个具有“内部冗余”的系统的例子。冗余是指将额外的部件或子系统装到系统中，当该系统的某些部件故障时，就可以用它们将系统恢复到能起作用的状态（当然，该冗余的部件必须是与故障了的部件属同一类型的）。在这个例子中，备用车轮是一个“冷备份”冗余单元。这个术语来自于

① 这些元素中的每一个又可以分解为其他更简单元素的集合，但不是本实例的目的。

备用单元直到其开始服务之前不运行和不累积寿命。在 3.4.5 节中论述了含有冗余单元的系统。

3.4.2.2 电信电路转换器

自动电路转换技术在电信工业中具有悠久的历史,始于 20 世纪 20 年代的小组办公室,历经了步进、交叉转换和存储程序控制各类电子系统,后者是最后剩下的一代电路转换器。通过“完全复制”,将许多电子转换系统设计为具有高可靠性,就是该系统包含同时运行的两个独立且完全相同的呼叫处理单元,每次接入的呼叫要由两个处理单元同时进行处理并将其转到下一个目的地。其概念就是如果呼叫处理单元中有一个故障了,另一个不管怎样都会照样运行并成功地按规定发送该呼叫。这是一个“热储备”冗余系统的例子,当主要的或首要的单元在提供服务时,该系统中的储备或冗余单元也一直在运行(和在老化)。在每个呼叫处理单元中,存在许多外场可更换单元,它们对于每一单个的呼叫处理单元来说(但不是对整个系统来说)都是单一的故障点。这样的结构虽然是昂贵的,但能使之具有极高的可用性:在 Bell 系统服务公司中,对这样的系统可用性目标应大于 0.9999943,相当于在 40 年的运行中期望的运行中断时间不超过 2h。关于冗余系统的论述还可参见 3.4.5 节。

3.4.2.3 应用会话发起协议服务器的 IP 语音服务

此处为一个技术服务功能分解的例子。互联网语音协议(VoIP)服务是一个在数据包网络上传播的语音电信服务的例子。会话发起协议(SIP)是建立从一个用户到另一个用户的 VoIP 呼叫的各种方式之一。有若干种不同的 SIP 实现,但所有的 SIP VoIP 呼叫安排都涉及用户(一个“用户代理客户机”(UAC),它是用户的本地 VoIP 受话器或计算机)与一个服务器(“用户代理服务器”(UAS),它是服务提供者的基础设施的一部分)之间的互动。为了成功地建立和传递一个 SIP VoIP 呼叫,在 UAC 与 UAS 之间必须交换一定的信息;这些信息由一个应用服务器(AS)进行传递。在呼叫建立和传递过程中各个时刻的 UAC、UAS 或应用服务器的故障都将导致用户能感觉到不同类型的服务故障。在这个示例中,技术服务功能分解包含有按时间顺序列出的这些信息(称为一个“呼叫流”)并伴随有关于应用服务器中的各次故障会怎样破坏呼叫流的描述。图 3.6 有助于各项信息的列出。

在图 3.6 中,时间以垂直向下的方向增加。在从开始到第一条水平虚线这一期间,UAC、AS 或 UAS 的故障导致呼叫建立拒绝,用户所感受到的是一次没有成功的呼叫尝试(一次服务可达性故障)。在第一和第三水平虚线之间任何时刻的故障都会导致中断已在进行中的呼叫,而用户感受到的是中止呼叫(一个服务连续性故障)。第三水平虚线之后的故障会导致呼叫“被延误”,而用户

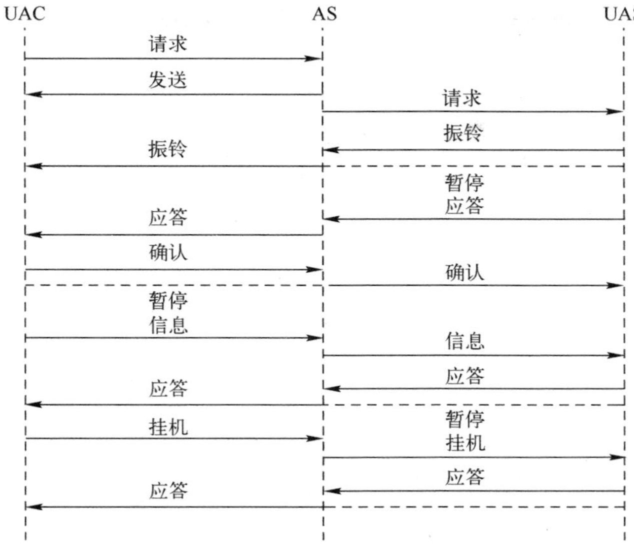

图 3.6　UAC-UAS 呼叫流

感觉到不能再一次使他/她的受话器处于空闲状态(一个服务解除故障)。在 8.3 节中可以看到关于技术服务功能分解的另外的讨论。

3.4.3　可靠性框图

可靠性框图是系统的可靠性推理的一种形象化表达。系统功能分解也是系统的可靠性推理的一种表达,所以可靠性框图仅仅是功能分解的一个以可靠性为中心的体现。它表达了在系统功能分解中所引出的组分或子组件的故障导致系统故障的方式。可靠性框图是用代表各组分或子组件的方框和连接各方框的线条绘制的。图 3.7 和图 3.8 给出了两个例子。对于可靠性框图有个相当好的比喻,即将它们想象为管道设备系统,其中的线条是管路而方框是能打开(该方框所代表的单元在工作)或关闭(该方框所代表的单元故障了)的阀门,可认为连接的各线条是不相干的(总是通过流体)。如果流体能够从图的一端流到另一端,则系统是工作的。出于要更为精确地表述的意向,也可以将可靠性框图看作是一个图表,其中方框是节点(顶点)而线条是连接线(边)。在图表中,一个节点的出现意味着由该节点所代表单元在工作。当该单元故障时,就将该节点从图表中移除。在此种表征方法中,如果图表是连通的,则系统工作。关于可靠性框图的诠释的另外信息可见于文献[60]。

在本节的其余部分中,我们将使用图表描述。在可靠性框图中,一个割集是那些从图中移除后(即故障)会使该图表断开连接的各节点的集合。例如,在图3.7中,由图中的5个方框形成的每一个(非空)子集就是一个割集。在该图中有 $2^5-1=31$ 个割集。但能看出,在该集合中有许多冗余信息:移除其中一个方框就足以导致该图被断开连接。最小割集是如果从割集中移除其中一个元素后它就不再是割集的一个割集。在图3.7的框图中,有5个最小割集,每个都由一个元素组成。在3.4.7节和6.6.1.3节中,我们将会返回到割集和路径分析(还可参见练习12)。

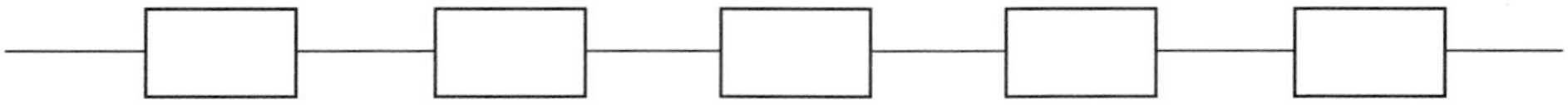

图3.7　5个单点故障组分的总体

3.4.4　各单点故障单元的系统——串联系统

3.4.4.1　寿命分布

在许多案例中,一个单一产品的故障导致了系统故障。例如,细想一下在一个单一单边带发射机中一个四二极管桥式平衡调制器中一个单一的二极管的故障。当该二极管故障时,平衡调制器就不再起到混频器的作用,而发射机也就不能发射正确形成的单一单边信号。如果正确形成的单一单边信号的发射是对该发射机的一项要求,那么,当二极管故障时发报机也就故障了。在这个情况中,将该二极管称为该系统的单一的故障点或一个单点故障组分。一个单一故障点是一个系统的组分,其故障造成了系统的故障(提醒:对一项或多项系统要求的违背)。一个单点故障组分可以是一个不可维修的产品,也可以是含有许多产品的一个总成,而且该总成可以是可维修的或不可维修的(取决于系统维修方案)。

一个串联系统的可靠性框图不过是若干(有多少单一故障点就算多少)元素的线性构型的图示。在图3.7中展示了一个具有5个单一故障点的例子。因为在图3.7中的可靠性框图的明显特质,可靠性工程师将单点故障组分的总成称为串联系统。

为了引入定量地描述此种总成的寿命分布的方法,首先考虑一个由两个(且只有两个)单一故障点组成的总成。令 L 表示该总成的寿命,L_1 和 L_2 分别表示第一个和第二个单一故障点的寿命,我们能够写出

$$L=\min\{L_1,L_2\}$$

这是因为最先到期的寿命决定了该总成的寿命。也就是说,总成仅具有与构成它的两个单一故障点中寿命较短的那个一样长的生存期("一个链条仅与

它的最弱的链环一样强”)，则可以直接写出

$$P\{L>t\}=P\{\min\{L_1,L_2\}>t\}=P\{L_1>t,L_2>t\}$$

如果我们愿意假设该两个寿命 L_1 和 L_2 是随机独立的，则可写出

$$P\{L>t\}=P\{L_1>t\}P\{L_2>t\}$$

如果我们知道 L_1 和 L_2 的生存函数，由此就能得出最终结果。鉴于这个练习的目的，可假定确实知道这些生存函数，因为我们在努力做的是根据 L_1 和 L_2 的寿命分布写出 L 的寿命分布，而我们已经这样做了(至少对于生存函数是这样)。就寿命分布而言，有

$$P\{L\leqslant t\}=1-(1-P\{L_1\leqslant t\})(1-P\{L_2\leqslant t\})$$

或

$$F_L(t)=1-(1-F_{L_1}(t))(1-F_{L_2}(t))$$

式中符号是不言自明的。当然，缺少独立性就不能走到这一步。我们所能做的就是根据早先已示出的 L_1 和 L_2 的联合分布表示出 L 的分布。与分别获得 L_1 和 L_2 的寿命分布相比，为了获得 L_1 和 L_2 的联合寿命分布通常需要多得多的更多资源，因为需要以一个更为复杂的实验设计去收集适用的数据。这超出了本书的论述范围。关于这一尝试的更多概念，有兴趣的读者可以参阅文献[45]。

这个论证推广到许多(多于两个，比方说 n 个)单一故障点的总体。其公式为

$$P\{L>t\}=\prod_{k=1}^{n}P\{L_k>t\}$$

以及

$$F_L(t)=1-\prod_{k=1}^{n}(1-F_{L_k}(t))$$

其条件是可假设各个寿命是随机独立的。当以生存函数写出时，这个原理具有其最简单的形式，即

$$S_L(t)=\prod_{k=1}^{n}S_{L_k}(t)$$

建模提示：几乎所有常规的可靠性建模都是根据各组成部分的寿命的随机独立性(今后简称独立性)去进行的。这是因为对于独立随机变量或事件的概率演算是简单的，而要考虑到非独立的随机变量或事件时则需应对联合分布问题。一般来说，确定两个或更多的随机变量或事件的联合分布是更为困难的，因为随着维数增加要使数据收集和分布估计变得更加复杂。我们在此处提到这个是因为它经常被忘记，而在现实的可靠性工程情况中不能想当然地认为其是具有独立性的[44]。

3.4.4.2 竞争风险模型

在单个组分中可以有不止一个起作用的故障机理并非是不寻常的。例如，CMOS 半导体就容易受到氧化物分解、热载子损毁以及电子迁移的影响而故障。串联系统模型可方便地适合于为竞争风险情况所用。组分的寿命是竞争的各故障机理的寿命中的最小者，即该组分在最快的故障机理进展到故障的时刻就故障。在宏观的层次上，每个串联系统都是一个竞争风险模型：系统在其各元素中的任一个首先故障的第一时刻即故障。

3.4.4.3 大规模串联系统的近似寿命分布

许多实际工程系统都含有大量组分。例如，在防务和电信系统中的印制电路板通常含有成千的元器件。面对这样的情况，概率论工作者会查究是否有一些令人满意的极限定理可以简化应用方法。对此，Drenick 定理[15]提供了有益的指导。Drenick 定理实质上是说，以极限的角度看来，随着串联系统内组分数目的无限增加，其寿命分布趋向于指数分布，而不管单个组分的寿命分布会是什么样的。但是要有两个重要条件。首先是各组分的寿命是随机独立的；我们在可靠性建模工作（3.4.4.1 节）中已经讨论了这个假设的使用。其次是更为重要的条件：要求所有的组分都具有“相似的”老化（文中的老化是指“一直推进到故障”）属性，即在串联系统中没有一个（或有限的多个）组分的故障速度高出其他组分的故障速度。这就是说（这个条件在 Drenick 的论文中是以技术表述的，此刻我们无需涉及），没有一个组分（或有限多个组分）的寿命如此之短，以至于几乎总是它导致串联系统的故障。这是有道理的，如果这一组分几乎总是最早故障，则该总体的寿命分布将差不多就是那个组分的寿命分布。

Drenick 定理类似于不变性原理。串联总体的极限寿命分布是指数型的，而无论其个体的寿命分布会如何（只要该定理的条件得到满足）。该极限寿命的均值是每个组成组分的平均寿命的调和平均值，即

$$\mu = \left(\frac{1}{\mu_1} + \cdots + \frac{1}{\mu_n}\right)^{-1}$$

参考 3.4.4.1 节中的公式，可以看到各独立组分（即各组分的寿命是随机独立的）组成的一个串联系统的寿命分布将不会是指数型的，除非是所有组成部分的寿命分布各个都是指数型的。然而，在许多实际的可靠性建模实践中，经常将复杂设备的寿命分布假设为指数型的，即使对于不是单一故障点的总体的设备也是如此。这样做的原因之一是：对于指数分布特别易于以笔和纸（手工）的方式进行研究（尽管随着基于计算机的方法（参阅文献[60]以及许多其他的方法）普遍可用，这已不再是真正的吸引力所在了，还可参见 4.6 节）。另一个原因是：可能缺乏足够的数据估算多于一个的参数，而指数分布除了简单之外还是

一个单参数族。这些充其量不过是相当无力的辩解。但是 Drenick 定理对此提供了一个更为实质性的理由,即只要相关条件得到满足,它就是做出这一选择的充分的理论依据。特别是,指数寿命分布还经常应用于不是串联系统的总体(易用性论据)。严格来讲,这不受 Drenick 定理的支持。然而,对于分开进行维修的子组件(参见 4.4.4 节),可采用点过程的叠加理论[25,53]为一个复杂可修系统的故障时间建立起泊松过程模型,当该泊松过程是齐次时,该模型就具有按指数分布的故障间隔时间[36]。尤其是依照这个模型,首次事件(故障)发生前经历的时间具有一指数分布。另外,叠加定理是一种不变性原理,无论以点过程建立的单个子组件的故障时间模型是什么样的,它都适用(再次服从像 Drenick 定理中那样的非主导性条件)。在 4.4.5 节中我们将折回到这个讨论。

最后,用 Drenick 定理所代表的不变性原理支持了下述的推论:如果无论原来的组分寿命分布是何种分布,一个串联系统的极限分布都是指数型的,而且如果一个由各指数分布的组分寿命组成的串联系统的寿命分布还是指数型的(无论是哪个),那么同样可以假设原来的组分寿命分布也是指数型的。

(1) 在两种情况下,对于串联系统都可得出相同的寿命分布。

(2) 假设组分寿命分布是指数型的将可简化各组分的任何数据收集和参数估计。

只要不遮掩掉任何组分中的独特的特性,这就不一定是个不适当的方法。面向可靠性的设计的关键观念是故障的预知和预防,为了有效地做到这一点通常需要更多的细节。特别是组分寿命对各种不同环境应力的响应以及该组分的应力-强度关系可能因所涉及的各自寿命分布不同而相异。在 4.4.5 节中,我们将看到如何将相似的推论应用于可修系统中的。

1. 串联系统的死亡率(影响)力

我们知道了一个串联系统的寿命分布和生存函数(参见 3.4.4.1 节),由之导出该串联系统寿命分布的危险率或死亡率力(参见 3.3.3.4 节)就是一件简单的事了。我们将首先以一个两组分的串联系统为例加以说明,然后在练习 11 中要求做出充分的论证。

考虑一个两组分的串联系统,其寿命为 L_1 和 L_2,具有生存函数 S_1 和 S_2 及危险率 h_1 和 h_2。回忆起单元 i 的累积危险函数为 $H_i(t)=-\lg S_i(t)$, $i=1,2$,则该串联系统的累积危险函数为 $H(t)=-\lg S_1(t)S_2(t)=-\lg S_1(t)-\lg S_2(t)=H_1(t)+H_2(t)$。因此,当危险率存在且各寿命为独立时,该串联系统的危险率为 $h(t)=h_1(t)+h_2(t)$。这个可扩展到任何有限数目的组分,见练习 11。

这一属性是许多可靠性建模软件程序的基础。当各组分具有一个参数为 $\lambda_i(i=1,2,\cdots,n)$ 的指数型寿命分布时,则这些组分构成的串联系统具有一个死

亡率力为 $\lambda_1+\cdots+\lambda_n$ 的指数分布。在实践中,参数 λ_i 通常是根据某些数据或检验条件随机估计的,所以是不能准确得知的。每个估计值都有某些相关联的标准误差,因其含有这些组分的串联系统的风险率也将具有某些可变性,因为它是各个组分估计出来的危险率的总和。在下节中给出了有关逼近这一可变性的一些概念。

2. 串联系统寿命分布的各参数置信限

在实践中,系统的子组件和现场可更换单元(LRU)经常是其组成组分构成的串联系统。这些组分的可靠性估计值不是从寿命试验中得到的就是从系统运行过程中收集到的故障前运行时间数据导出的。在任何一种情况中,组分的各可靠性估计值都是统计数值或随机变量,因为它们是观测数据的一个应变量。正因为如此,它们具有分布(参见 3.3.2 节)。当使用 3.4.4.1 节的公式将它们组合起来时,其结果是另一个随机变量(因为该结果是描述组分可靠性的各随机变量的函数)。正因为如此,它也具有一个分布。在本节中,我们将叙述一项技术,适用于当有一定的关于组分寿命分布的信息可用时,以之获取这一分布的信息。这个技术是以 Baxter 的工作成果[6]为依据的,而该项工作成果又是以 Grubbs[26]、Myhre 和 Saunders[48]以及其他人提出的方法为依据的(有关文献综述见文献[6])。

在这个导论性的材料中,我们将论述限定在串联系统含有的全部组分的寿命分布皆为指数型的情况。令该系统包含 n 个组分,且这些组分的参数(危险率)为 $\lambda_1,\cdots,\lambda_n$。还假设每一参数都已根据某些数据被估计了出来并具有 90%的置信上限(UCL),以 u_i 表示组分 i 的置信上限。为找到该串联系统的危险率 $\lambda=\lambda_1+\cdots+\lambda_n$ 的近似 90%的 UCL(单边),首先产生各个量 $s_i=(u_i-\lambda_i)/1.282$、$S=s_1^2+\cdots+s_n^2$ 以及 $\delta=2\lambda^2/S$,则 λ 的一个近似 90%的置信上限(UCL)为

$$\frac{S}{2\lambda}\chi^2_{\delta,0.9}=\frac{\lambda}{\delta}\chi^2_{\delta,0.9}$$

式中:$\chi^2_{\delta,0.9}$是关于 δ 自由度的 x^2 分布的第 90 百分位数。在大部分情况中,δ 不是一个整数,故要在最相近的整数之间进行插值。如果希望 UCL 不是 90%而是其他的数值,则要将 1.282 改换为可见于表 3.4 中的适当的置信系数。

我们也可考虑使用 λ 的双边置信限。当 u_i 与 λ_i 紧密联系在一起时,我们对 λ_i 的深入了解是有用的。λ 的双边置信度为 90%的置信区间则为

$$\left[\frac{S}{2\lambda}\chi^2_{\delta,0.05},\frac{S}{2\lambda}\chi^2_{\delta,0.95}\right]$$

与单边的情况相类似,如果希望置信水平不是 90%,可依据表 3.4 调整 s_i 的计算。有关这些方法的细节可查阅文献[6]。

表 3.4　用于 UCL 计算的置信系数

置信水平/%	置信系数
90	1.282
95	1.645
99	2.326

针对具有非指数型寿命分布的组分的协调(关联)系统的置信区间,已经尝试过开发出更为普遍适用的方法,但迄今仍然没有令人满意的可充分适用且易于使用的方法。利用此处给出的方法将为关于串联系统可靠性预计的知识质(量)提供重要的深入理解。尤其是当使用这类可靠性预计评估所进行的设计(据该设计做的预计)满足其可靠性要求的似然(可能性)时,这样的知识质(量)信息是重要的。

3.4.5　含有冗余成分的系统——并联系统

如果系统仅由各单一故障点构成,则许多要求高可靠性的实际系统将是不可能完成工作任务的。不具有一个可靠性提高策略,卫星、飞机、海底电缆电信系统以及我们已将之认可为日常生活的正常部分的许多其他系统将会是不大有效的。或许,大多数人首先想到的可靠性提高策略就是备用单元的预备(措施),当另外一个单元故障时,该备用单元将接替运行。恰当地去做可以是非常有效的,但这样做也是高成本的,而且当专业可靠性工程师想提高可靠性时这也不是首要的。这可以说是关于可靠性经济学的令人关注和极其重要方面的一个导言,但是超出了本章的讨论范围。本节主要讨论关于冗余系统的可靠性建模问题。

示例:(3.4.2.1 节的延续)一辆汽车要求 4 个轮子要满足其最重要的各要求中的一项要求,即在其发动机提供动力的条件下它能向前运动。如果一个轮子故障了(如因为爆胎并因而气压降低),车辆也就故障了,因为它要能在发动机提供动力的情况下运动的要求受到了违背。像这样,每一个轮子都构成了该车辆的一个单一故障点。但大部分汽车都携带一个备用轮,当一个轮子故障时,可用备用轮替换它。因此,我们可认为备用轮是一个冗余单元,从而在执行任务期间(驱车出行)可补救某个轮子的故障。用稍后要采用的用语表述,车辆上的车轮子系统是个五中取四的冷储备冗余系统。在一个车轮出现故障并用备件替换故障了的车轮的事件中,该车辆在备用轮被放回到车上之前一直以濒临故障的状态在运行。在练习 13 中仍要延续这个示例。

用语提示:当一个没有备用单元的冗余总体运行时(如所有备件都已被用

于补偿故障了的主要单元),我们称该总体运行在濒临故障的状态。该术语来源于这一事实,即在此情景中,下一个单元出现故障将导致该总体故障。应提供可探测一个总体是否运行于濒临故障状态的手段,因为如果像这样的运行是“默不做声的”或未被探测到的,则该总体的故障会突然出现。濒临故障探测器的准备是预防性维修规程的一个例子,在第 11 章中将更为详尽地论及这样的规程。

我们考察三类冗余情况。

(1) 热储备冗余。

(2) 冷储备冗余。

(3) n 中取 k 冗余。

存在许多的更多冗余度的方案,关于冗余系统的可靠性工程文献是浩瀚而粗放的。特别是有许多“暖储备”冗余形式,其中的备用单元被看作是处于运行和完全闲置之间的种种中间状态。此外,实现冗余意图的转换结构的可靠性是极为重要的,但它并没有被包含在任何所讨论的基本模型中。我们将举出一个例子,对一个含有转换结构可靠性问题的两单元并联系统(热储备)作详细的分析,但是各种转换结构的样式太多了以致不能完全地涉及所有的转换结构。希望通过领会下例中说明的概念,当有需要时你将能够建立合适的模型将转换结构的可靠性包含进去。在本书中我们也没有考虑任何暖储备模型;不过,在此所学的基本原理将帮助你有效地使用文献并且在必要时去建立其他冗余方案的模型并对其进行分析。

此处所研究的 3 个冗余方案的可靠性框图被画成了一个各单元的并联总体。图 3.8 给出了一个具有 4 个单元的示例。

仅根据框图实际上是没有办法区分开各个方案的。即不存在被普遍接受的图示能描画并联系统的可靠性框图并仅根据该图区分出冗余的不同类型。图 3.8中的图示有可能代表早前所罗列的 3 种类型的冗余系统的任何一种,甚至也可代表其他的类型(即一个暖储备方案)。当存在需要予以消除的歧义时,标示或颜色编码可能会有帮助,但迄今一直没有实现一个能够普遍被接受的图示。

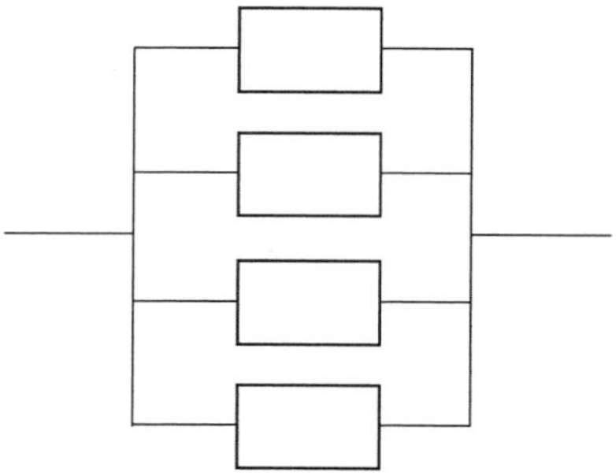

图 3.8　四单元并联冗余系统

3.4.5.1　热储备冗余

最简单的冗余方案是热储备冗余,在其中用一个或多个“冗余单元”(或备用单元)支持一个单一的单元(基本单元),所有的备用单元都随基本单元一起运转并老化。当基本单元故障时,某种转换结构就起作用使故障了的单元脱机而使冗余单元中的一个联机去接管基本单元在其故障前所执行的操作(假定该转换运作未故障)。因此,只有当所有单元(基本单元和所有的冗余单元)都故障时,该总体才故障。在热储备(或工作的)冗余情况中,再次假设转换结构未故障,则根据其各组成单元的寿命 $L_1,\cdots,L_n$,该总体的寿命 $\boldsymbol{L}$ 为

$$L=\max\{L_1,\cdots,L_n\}$$

由此获得 L 的分布就是一件例行的事,即

$$P\{L\leqslant x\}=P\{\max\{L_1,\cdots,L_k\}\leqslant x\}=P\left(\bigcap_{k=1}^{n}\{L_k\leqslant x\}\right)=\prod_{k=1}^{n}\{L_k\leqslant x\}$$

其中,只有各单个的寿命是随机独立的,其最后一个等式才是有效的。我们也可写出

$$F_L(x)=\prod_{k=1}^{n}F_{L_k}(x)$$

就生存函数而言,有

$$S_L(x)=1-\prod_{k=1}^{n}(1-S_{L_k}(x))$$

要注意到在 3.4.4 节中所讨论的串联系统与在此处讨论的热储备并联系统之间的对偶性:在串联系统中,寿命分布的表达式看起来像一个热储备并联系统的生存函数的表达式,反之亦然。

示例:一个具有不可靠的转换器的两单元热储备冗余安排。

考虑在图 3.9 中描述的热储备安排。

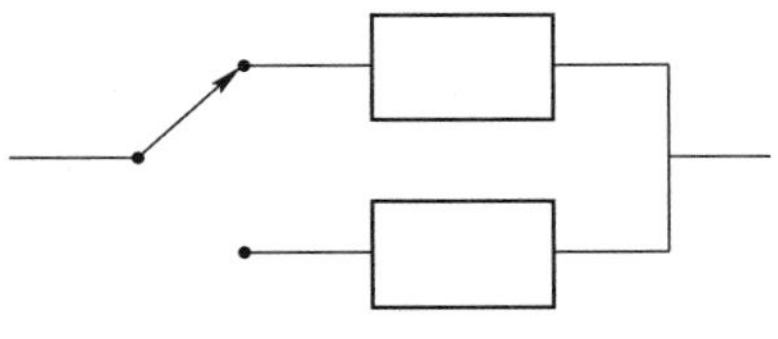

图 3.9　具有转换器的两单元热储备总体

以 L_1 和 L_2 分别表示第一(在图中的最上面)和第二个单元的寿命,令 S_1 和 S_2 表示相应的生存函数,并以 L 表示整个总体的寿命。令 $W(t)$ 表示在时刻 t 要求该转换器运转时它能正确地做到这一事件的指示函数,令 $p(t)=P\{W(t)=1\}$,并令 Z_t 表示假定转换器在时刻 t 能正确运转时它的寿命(如果在需要时该转换器未能正确运转,则 $L=L_1$ 且 Z_t 的值是不相关的)。此外,我们还假设如果当需要时该转换器故障它就不再"恢复活力":一旦故障出现,则该总体就故障

了。令 G_t 表示 Z_t 的寿命分布。如果没有转换器牵涉进来(在工程意义上通常是不可行的),则 L 将等于 $\max\{L_1,L_2\}$,且该总体在时刻 t 的寿命分布将为 $F_1(t)F_2(t)$。如果转换器的运转是全然可靠的(即对所有的 t 有 $p(t)\equiv 1$),则 L 将等于 L_1、L_2 和 $\min\{L_1,L_2\}\min\{Z_T,\max\{L_1,L_2\}\}$ 的最大值,因为在时刻 $T=\min\{L_1,L_2\}$ 将需要转换器运转。在此案例中,L 的生存函数为

$$\begin{aligned}P\{L>x\} &= P\{\max\{L_1,L_2,\min\{L_1,L_2\}+\min\{Z_T,\max\{L_1,L_2\}\}\}>x\}\\ &= P\{\max\{L_1,L_2,L_1+\min\{Z_{L_1},L_2\}\}>x \mid \min\{L_1,L_2\}=L_1\}\\ &\quad P\{\min\{L_1,L_2\}=L_1\}\\ &\quad +P\{\max\{L_1,L_2,L_2+\min\{Z_{L_2},L_1\}\}>x \mid \min\{L_1,L_2\}=L_2\}\\ &\quad P\{\min\{L_1,L_2\}=L_2\}\\ &= P\{\max\{L_2,L_1+\min\{Z_{L_1},L_2\}\}>x \mid L_1\leqslant L_2\}P\{L_1\leqslant L_2\}\\ &\quad +P\{\max\{L_1,L_2+\min\{Z_{L_2},L_1\}\}>x \mid L_1>L_2\}P\{L_1>L_2\}\end{aligned}$$

既然假设了 $\boldsymbol{L}_1$ 和 $\boldsymbol{L}_2$ 是独立的就有 $P\{L_1\leqslant L_2\}=\int_0^\infty F_1(y)\,\mathrm{d}F_2(y)$,而假设了对于所有的时刻 t 都存在 $\boldsymbol{L}_1$ 和 $\boldsymbol{L}_2$ 为有条件地独立于 $\boldsymbol{Z}_t$,则 Z_{L_i} 的分布就等于 $P\{Z_{L_i}\leqslant t\}=\int_0^\infty G_y(t)\,\mathrm{d}F_i(y)$ $(i=1,2)$。现在可将这些代入到上述 $P\{L>x\}$ 的表达式中以完成该展开(见练习 16)。在此案例中转换动作可能是不可靠的(即至少在一个时刻 t 有 $p(t)<1$),则 L 的生存函数为

$$\begin{aligned}P\{L>x\} &= P\{\max\{L_1,L_2,\min\{L_1,L_2\}+\min\{Z_T,\max\{L_1,L_2\}\}\}>x\}\\ &\quad P\{W(T)=1\}+P\{L_1>x\}P\{W(T)=0\}\end{aligned}$$

此处再一次假设了必要的独立性(在这个案例中,$W(T)$ 独立于所涉及的其他一切)。

要求提示:从这个示例可以清楚地看到,包括不稳定开关的冗余系统的可靠性模型比忽略不稳定开关影响因素的要复杂得多。系统工程师需要意识到在利用冗余度增加系统整体可靠性的情况下,转换结构的不可靠性对整个系统的不可靠性是一个重要的影响因素。要确保从事项目工作的可靠性工程师对这些情况提供出实际的可靠性预测,因为一个相对低成本的不大可靠的转换结构能使高成本冗余成为无用之物。

3.4.5.2 冷储备冗余

冷储备冗余(或被动冗余)不同于热储备冗余之处在于当基本单元处于工作状态时,各冗余单元是不起作用的。这个模式认为只要储备单元是不运行的那么它们就不老化,即在这些单元运转起来之前它们的"寿命时钟"不会启动。当基本单元故障时,转换操作激活了第一个冗余单元并使故障了的单元脱机,而

使刚才起作用的冗余单元联机，从而该总体可继续完成它的功能。在此情况中，总体的寿命是其所有构成单元的寿命的总和（再次假设所有的转换操作是完美的），即

$$L=L_1+\cdots+L_n$$

如果寿命 $L_1,\cdots,L_n$ 是独立的，为了获得 L 的分布我们引入分布函数的卷积的概念。假定 X 和 Y 分别为具有分布 F 和 G 的独立的寿命，则 $X+Y$ 的分布为

$$\begin{aligned}P\{X+Y\leqslant t\} &= \int_0^\infty P\{X+Y\leqslant t \mid Y=y\}\,\mathrm{d}P\{Y\leqslant y\}\\ &= \int_0^\infty P\{X\leqslant t-y\}\,\mathrm{d}G(y)=\int_0^t F(t-y)\,\mathrm{d}G(y)\end{aligned}$$

最后一个积分称为 F 和 G 的卷积并以 $F^*G(t)$ 表示。那么，如果 $F_1,\cdots,F_n$ 分别代表 $L_1,\cdots,L_n$ 的寿命分布，则该冷储备总体的寿命分布为 $F_1{}^*\cdots{}^*F_n$。Γ 分布族在卷积下是闭合的。正如在 3.3.4.7 节中所指出的，具有参数 $(\alpha_1,\boldsymbol{v})$ 和 $(\alpha_2,\boldsymbol{v})$ 的 $\boldsymbol{\Gamma}$ 分布的两个独立随机变量之和再次是一个具有参数 $(\alpha_1+\alpha_2,\boldsymbol{v})$ 的 Γ 分布。故一个冷储备冗余系统的第一个单元的寿命具有参数为 $(\alpha_1,\boldsymbol{v})$ 的 Γ 分布，而第二个单元的寿命分布具有参数为 $(\alpha_2,\boldsymbol{v})$ 的 Γ 分布，它就具有一个参数为 $(\alpha_1+\alpha_2,\boldsymbol{v})$ 的 Γ 寿命分布。在大多数其他情况中，不大可能计算闭型卷积积分。已经开发出了各种数值方法，可用在出现冷储备冗余时进行系统可靠性的计算。最简单的一种是可见于参考文献[54]中的牛顿-科特斯（Newton-Cotes）法则。

适合于含有不完美转换的冷储备冗余方案的可靠性模型的数目和种类至少与大量此类方案的数目一样多。我们将只考虑一个简单的示例说明某些可能性。假定在一个有 n 个单元的冷储备冗余方案中有一转换结构，它的作用是当目前在工作的单元故障时即转换到下一个单元，还假定在时刻 t 当提出要求时该转换器正确地起到它的作用的指标事件为 $W(t)$ 且独立于其他一切事物，$P\{W(t)=1\}=p(t)$，而如果 $W(t_0)=0$，则对于所有的 $t\geqslant t_0$ 有 $W(t)=0$。进一步假定，转换器的寿命是无限的（即一旦转换操作成功地完成，该转换器就不会故障——转换器唯一可能的故障发生在进行转换的瞬间）。那么，该总成的寿命分布为

$$P\{L_1+W(L_1)L_2+W(L_1+L_2)L_3+W(L_1+\cdots+L_{n-1})L_n\leqslant t\}$$

参见练习 17 以完成这个例子。

3.4.5.3　n 中取 k 冗余

本章中我们要研究的冗余的最后类型是 n 中取 k 方案。在这个方案中，有

n 个单元。如果只要这 n 个单元中有 k 个单元处于运行状态，则该总体就运行。可将其想象为一个系统需要 k 个单元做到正确地运行并且还具有另外的 $n-k$ 个备用单元。这个方案可以热储备或冷储备的方式实现(此处未将其他类型的暖储备包括进来)。在一个热储备安排中，总体的寿命就是 n 个单元寿命中第 k 个(寿命)最短的(那个寿命)。这是一个顺序统计量的例子。热储备 n 中取 k 总体的寿命分布是这个顺序统计量的累积分布，可见于文献[14]。

在一个冷储备 n 中取 k 方案中，其寿命是通过对在给定时间发生的单元故障总数进行计数确定的。达到 $n-k+1$ 的首个时刻即是总体故障的时间。令 $N(t)$ 代表在时间区间 $[0,t]$ 中的单元故障的数目，并令 L 代表系统寿命，则“计数论证”即为，如果有且仅有不多于 $n-k$ 个的单元直到时刻 t 且包括时刻 t 时才故障，系统故障要发生在时刻 t 之后，即

$$\{L>t\}=\{N(t)\leqslant n-k\}=\bigcup_{i=0}^{n-k}\{N(t)=i\}$$

我们的任务是获取 L 的寿命分布，如

$$P\{L\leqslant t\}=1-P\{L>t\}=1-\sum_{i=0}^{n-k}P\{N(t)=i\}=\sum_{i=n-k+1}^{n}P\{N(t)=n-i\}$$

现在要假设所有的基本单元都具有相同的可靠性特性，所有的储备单元都具有相同的可靠性特性(尽管会不同于基本单元)，且所有的单元都是相互随机独立的。我们从定义“位置”的概念着手，考虑那些在零时刻开始运行的各基本单元，这些单元中的每一个所占有的地点或“位置”称为一个“位置”。在一个基本单元故障时，一个备用单元就立即被安置在该位置上运行(各备件的集合最初含有 $n-k$ 个单元；如果这是在基本位置上的第 $n-k+1$ 次故障，则在该时刻总体就故障而且没有备用单元余留在备件集合中)。因此，我们分别记录每一个“位置”中的故障，或者换句话说，将每个“位置”想象为具有它自己的一个故障过程。为了举例说明这个想法，我们首先完成一个简单案例($n=2,k=1$)中的推导。在此案例中，以 $N_1(t)$ 表示在 $[0,t]$ 期间位置 1 处发生的故障的次数，则有 $P\{L>t\}=P\{N_1(t)\leqslant 1\}$，因为当位置 1 处发生了第二次故障时，该系统就故障。定义 $T=\inf\{t:N(t)=1\}$ 和 $T+S=\inf\{t:N(t)=2\}$，因此 $P\{N(t)\leqslant 1\}=P\{T+S>t\}=1-F^{*}G(t)$。显然，在此案例中有 $L=T+S$，故实际上不需要完成计数论证，但先察看一下它的工作原理还是有价值的。在一般情况下，令 $N_i(t)$ 表示在位置 i 处以备用单元进行替换的次数($i=1,2,\cdots,k$)，则有 $N(t)=\sum_{i=1}^{k}N_i(t)$，因为备用单元只在基本(前 k 个)位置运行(和故障)。这给了我们获得 $N(t)$ 分布的机会。定义

$W_0(t)=0$和 $W_i(t)=\sum_{r=1}^{i} N_r(t)$，则 $W_1(t)=N_1(t)$和 $W_k(t)=N(t)$。利用关系式 $W_i(t)=W_{i-1}(t)+N_i(t)\,(i=1,2,\cdots,k)$和 $N_1(t),\cdots,N_i(t)$的相互独立性，我们就能通过逐次的离散卷积得到每个 $W_i(t)$的分布，即

$$P\{W_i(t)=j\}=\sum_{r=0}^{j} P\{W_{i-1}(t)=r\}P\{N_i(t)=j-r\}$$
$$(i=1,2,\cdots,k;j=0,1,\cdots,n-k)$$

为了建立 k 基本位置处的故障计数过程 $N_i(t)\,(i=1,2,\cdots,k)$的模型，假设各基本单元是完全相同的且都具有寿命分布 F，同时假设各备用单元是完全相同的且都具有寿命分布 G。那么，我们就有 $P\{N_i(t)=0\}=1-F(t)\,(i=1,2,\cdots,k)$
且

$$P\{N_i(t)=j\}=P\{N_1(t)=j\}=(G_{j-1}-G_j)*F(t)\quad(i=1,2,\cdots,k;j=0,1,\cdots,n-k)$$

式中：G_{j-1}代表 G 与其自身的 $j-1$ 次的卷积，且 G_0 是在原点处的单位阶跃函数。逆向作业到 $P\{L\leq t\}$ 的方程就完成了推导。

3.4.6 结构函数

在3.4.3节中，我们领会到如何应用可靠性框图形象地表述一个系统的“可靠性逻辑”。我们也可应用称为结构函数①的概念概括一个系统的可靠性逻辑。系统的可靠性逻辑是关于一个组分的故障如何导致系统故障的记载。例如，在单一故障点的总体中（串联系统），无论何时一个组分故障则系统即故障。结构函数是这个逻辑的一个数学表示。它是个布尔函数（它的自变量和值仅来自于$\{0,1\}$）；在这个形式体系中，1 用来表示组分或系统是处于某个运行状态，而 0 则用来表示系统处于某个故障状态。如果 C_i 是组分 i 在工作中的指示函数（即如果组分 i 正在工作 $C_i=1$，否则为 0），则系统结构函数为 $\varphi_R(C_1,\cdots,C_n)$，其中 $C_1,\cdots,C_n$ 是该系统各组分的（指示函数）列表。φ_R 是系统正在工作的指示函数；以 $C_1,\cdots,C_n$ 表示的函数形式表明了当系统的构成组分在工作或故障时该系统是否工作。有时，将向量$(C_1,\cdots,C_n)$称为组分状态的向量或状态向量。

例如，一个单一故障点总体（一个串联系统）的结构函数是 $\varphi_R(C_1,\cdots,C_n)=C_1,\cdots,C_n$，因为当且仅当所有的 C_i 都是 1 时 $\varphi_R(C_1,\cdots,C_n)$才是 1。一旦 C_i 中的一个为 0，该结构函数就为 0。这是以数学术语表示的该串联系统（当且仅当至少有一个它的组分故障时该系统即故障）的逻辑。一个并联（热储备）系统的

① 当需要进行区分时，称为“可靠性结构函数”，因为在第10章中，将引入一个“维修性结构函数”辅助维修性建模。

结构函数为 $\varphi_R(C_1,\cdots,C_n)=1-[(1-C_1)\cdots(1-C_n)]$。含有嵌套式串联和并联构型的组分的总体结构函数是可以很容易地表示的,参见练习 18。

如果现在我们考虑该结构函数和它的自变量在[0,1]中取值,即能得到作为每一组分运行概率的应变量的系统运行概率的简单表达式[9]。我们能够应用这个想法根据其各组分的生存函数写出该系统生存函数的表达式。令 $S_1,\cdots,S_n$ 分别表示各组分 $C_1,\cdots,C_n$ 的生存函数并令 S 表示系统的生存函数,则对于每个时刻 t,有

$$S(t)=\varphi_R(S_1(t),\cdots,S_n(t))$$

结构函数方法的缺点是不大可能将暖储备和冷储备冗余体现到结构函数模式中。另外,对于未使用过这些方法的系统,结构函数方法提供了一种简洁和数学上方便的处理复杂结构的方式。在文献[5,19]中详细探讨了结构函数的其他性质。

3.4.7 路径集和割集法

在 3.4.3 节中介绍了可靠性框图的图示象征。在 3.4.4 节和 3.4.5 节中评述了确定单一故障点总体的可靠性与具有冗余的总体的可靠性的方法。虽然能以“串联”或“并联”形式表现出来,但这些方法要在很大程度上依仗可靠性框图图示的简明性。在此,我们讨论当可靠性框图图示更为复杂时(不是以“串联”或“并联”的形式),用以确定作为其各构成组分可靠性的一个应变量的该框图的可靠性的某些方法。这些材料的大部分起初出现在文献[59]中,经允许在此予以翻印。本节在分析一个系统可靠性框图(将之表述为加标随机图)的背景下回顾了连通性、路径、(分)割、路集以及割集的概念。所讨论的方法还有助于系统可靠性约束的形成,也可将这些材料更为普遍性的诠释用于定义和确定受限网络的可靠性[50]。

图示是各集合的有序对 $(N,L):=G$,其中 $L\subset N\times N$。N 称为该图示的结点集合,L 称为该图示的连接集合。通常,将图示绘制为一种图样,在该图样中以平面的各个点代表各结点并以所画出的连接两个点的连线代表各连接。在其他通常使用的术语中,结点也称为顶点且连接也称为弧或边。一个加标图是一个结点和连接都具有名称的图示,即该图示的各结点与 $|N|$ 对象(结点标号)集之间和/或图示的各连接与 $|L|$ 对象(连接标号)集之间具有一一对应关系。有向图是在图示中对每一连接都为其指定一个定向或方向。在有向图中,连接 (i,j) 与 (j,i) 是不同的,而在一个普通的图示(无向的)中它们是完全相同的。“从 i 到 j 的连接”的概念在有向图中有意义;在无向图中,恰当的说法会是“i 与 j 之间的连接”。

如果$(i,j)\in L$,则两个结点 i 和 j 是相邻的。图示中的路径是相邻各结点和连接它们的各连接的一个序列,以结点开始和结束。如果一个路径具有以 i 为其初始结点并以 j 为其终止结点,则将两个结点 i 和 j 称为连通的。即路径对于某些 $v_1,\cdots,v_k\in N$ 和 $(i,v_1),(v_1,v_2),\cdots,(v_k,j)\in L$ 具有形式 $\{i,(i,v_1),v_1,(v_1,v_2),\cdots,v_k,(v_k,j),j\}$,也可将其缩写为 $\{i,v_1,v_2,\cdots,v_k,j\}$。当有必要或值得明确地标示所要连通的各结点时,该路径可称为一个(i,j)-路径。显然,相邻结点是连通的,但是连通的结点无需是相邻的。如果图示是有向的,对路径中的连接就必须考虑到其固有的定向。如果一个路径不包含有固有的子集,则将连接两个给定结点的该路径称为最小的,该子集也是连通两个结点的一个路径。

两个给定结点的(分)割是一个各结点或/和连接的集合,将其从图示中移除就断开了这两个结点的连通。为明确地标示被断开的结点,可将该(分)割称为一个(i,j)-(分)割。如果它不含固有的子集,则将两个给定结点的(分)割称为最小的,该子集也是断开那些结点连通的一个(分)割。

可为华盛顿哥伦比亚特区的大都会地铁系统[32]建立起一个以各站点作为结点的图示模型。在此图示中,Pentagon(五角大楼)和 College Park-University of Maryland(马里兰大学帕克分校)两站之间是连通但并不相邻的。DuPont Circle(杜邦环岛)和 Farragut North(法拉格特北)是既连通又相邻的。对于 Silver Spring(银泉)和 Judiciary Square(司法广场)结点,该(塔科马,联合车站)路径是一个(分)割。它不是一个最小(分)割,因为它的子集(Brookland-CUA(布鲁克兰-CUA),Rhode Island Avenue(罗得岛大道))也是 Silver Spring 和 Judiciary Square 结点的一个(分)割,参见练习 26。

随机图示是一个加标图示,在该图示中的标号是随机标示符变量。当该变量为零时,它标示了结点或连接在图示中是不存在的。当它为 1 时,它标示了结点或连接在图示中是存在的。对这些标示符变量值的每一次选择(无论什么样的随机机制在起作用)就会生成一个不同的图示(该选择不是完全地不受限的;如果一个结点的标示符是零,则发源于该结点的所有连接的标示符也必须是零)。在可靠性建模的应用场合,一个连接或结点的标示符变量描述了该连接或结点在起作用或未在起作用。通常的约定是当连接或结点起作用时,该标示符变量为 1,而当其未起作用时则为 0。

系统可靠性框图是一个加标的随机图示,它的各结点代表了其可靠性描述已知或已提供的组分或子系统。各连接仅仅是连接体且对于这些作用而言是可以不予理会的。① 系统可靠性框图从它展现了当构成组分或子系统故障时系统

① 在可靠性框图中,假定链路无故障。然而,链路故障是网络可靠性的图形模型的重要组成部分。

如何故障的意义上讲是体现了一个系统的可靠性逻辑，它是系统结构函数的形象化表示。要提出两个特殊结点：一个是源节点或起源结点，另一个是终端结点或目的节点。当且仅当随机图示中存在连通源结点与终端结点的路径时系统才起作用。

在许多案例中，系统可靠性框图是一个串-并联结构。在这样的案例中，系统运转的概率可据串联系统和并联系统的可靠性标准公式的嵌套容易予以断定（参见 3.4.4 节和 3.4.5 节）。诸如 n 中取 k 热储备和 n 中取 k 冷储备之类的其他结构也是经得起如较早所见类似的概率分析的检验的。有如图 3.10 所示的桥接结构等的一些其他的结构则不那么易于适合这种类型的分析。在这种案例中，使用此处所述的路集或割集方法会是合适的。

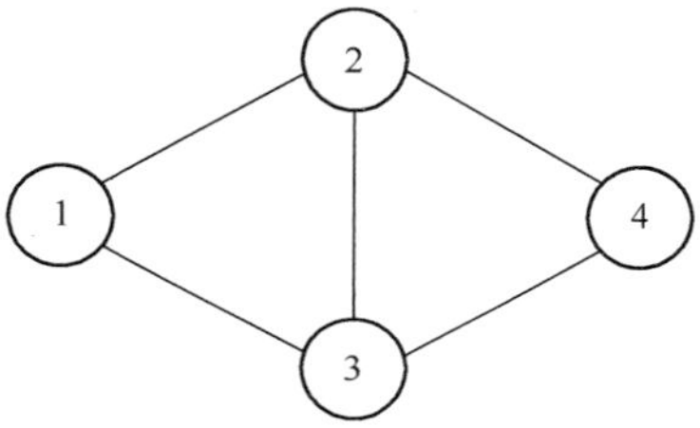

图 3.10　桥接网络

在桥接网络中，源点是结点 1，而终端是结点 4。(1,4)路径是{1,2,4}、{1,3,4}、{1,2,3,4}和{1,3,2,4}，而最小路径是{1,2,4}和{1,3,4}。(1,4)(分)割是{1}、{4}、{1,2}、{1,3}、{2,4}、{3,4}、{2,3}、{1,2,3}、{2,3,4}和{1,2,3,4}。最小(分)割是{1}、{4}和{2,3}。

举出一个图示中的两个结点，则该两结点的路集（有时称为结集）是连通这两个结点的所有路径的集合。两结点的割集是这两个结点的所有（分）割的集合。结点对的最小路集是该结点对的所有最小路径的集合。结点对的最小割集是该结点对的所有最小（分）割的集合。可靠性建模的关键观念是：

(1) 当且仅当至少有一个最小路径其组分全部处于工作状态时系统才工作；

(2) 当且仅当至少一个最小（分）割其组分全部处于一种故障状态（不工作）时系统才不工作。

随机图示模型为基于这些观念计算系统工作和故障（不工作）的概率提供了一个框架。

示例：考虑图 3.11 所示的可靠性框图。将代表了在系统中会单独故障的各子系统的各个结点标以字母 A、B、C 和 D。要注意到，就像图 3.10 的桥接结构那样，这不是一个串–并联图示，所以 3.4.3 节的各种方法不适用。在这个模型中，如果在该图示左边的结点 s 和该图示右边的结点 t 是连通的，则系统工作。这个陈述表明，如果集合 $\{A,B\}$、$\{A,D\}$、$\{C,B\}$、$\{C,D\}$、$\{A,B,C\}$、$\{A,C,D\}$、$\{B,C,D\}$、$\{A,B,D\}$ 或 $\{A,B,C,D\}$ 中的任何一个完全包含了在工作的各单元，则系统就工作。每一个这样的集合都是一个 (s,t)–路径。这 9 个路径的并集构成了结点对 (s,t) 的路集。要注意到并不是所有的这些路径都是最小的。例如，可将 C 从 $\{A,B,C\}$ 中移除，而其结果 $\{A,B\}$ 仍是一个 (s,t)–路径。最小路径是 $\{A,B\}$、$\{A,D\}$、$\{C,B\}$ 和 $\{C,D\}$，故 $\{\{A,B\},\{A,D\},\{C,B\},\{C,D\}\}$ 是最小路集。类似地，如果集合 $\{A,C\}$、$\{B,D\}$、$\{A,C,B\}$、$\{A,B,D\}$、$\{A,C,D\}$ 或 $\{A,B,C,D\}$ 中的任何一个完全包含了不工作的或故障了的各单元，则系统即故障。这些中的任何一个都是 (s,t)–(分)割。最小 (s,t)–(分)割是 $\{A,C\}$ 和 $\{B,D\}$。(s,t) 的最小割集是 $\{\{A,C\},\{B,D\}\}$。

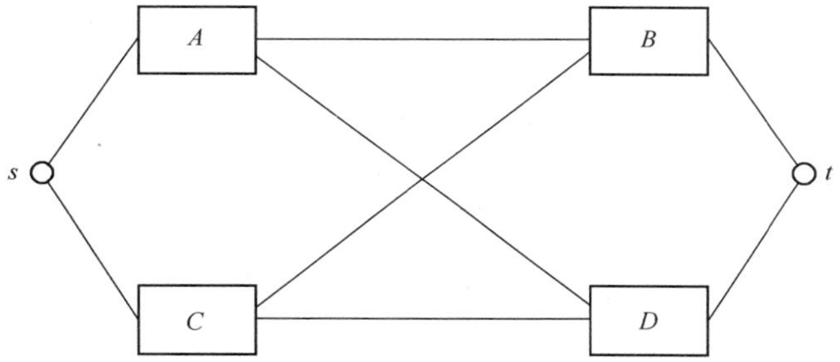

图 3.11　系统可靠性框图示例

因为路集包含连通 s 到 t 的所有路径，所以为使运行工作，它要满足至少有一个路径是由完全在工作的各单元构成的。因此，系统工作的概率是代表了可靠性框图的加标随机图示中路集的概率所赋予的。然而，仅仅需要考虑最小路径，因为如果一个路径不是最小路集，那么它就会具有一个相当的子集，该子集仍是一个路径并且是该最小路集的一分子。换而言之，所有各 (s,t)–路径的并集等于所有 (s,t)–最小–路径的并集。因此，系统工作的概率是系统的最小路集的概率所赋予的。通常，最小路集不会是不相交的，所以不得不利用容斥公式的某些形式计算这个概率。

示例：再次考虑图 3.11 所示的系统。令 $p_A=P\{A=1\}$（此处用一下记号，以单元的标号标识标示函数随机变量的字母）并且类似地对于 B、C 和 D 也是如此，则系统工作的概率为

$$P(\{A=1,B=1\}\cup\{A=1,D=1\}\cup\{C=1,B=1\}\cup\{C=1,D=1\})$$

这个方程说明了路集方法的长处和弱点。它的长处是一旦最小路集是已知的,写出系统工作概率的表达式就是完全直截了当的和固定不变的。它的弱点是:枚举出连通 s 和 t 的各个路径是冗长枯燥的,尽管是各图示中的最为简单的;表达式的结果通常是不可分离事件大联合的概率。然而,这些弱点主要是从属于手工演算情况的;其(演算)过程算法的性质意味着用于路集可靠性分析的软件是触手可及的,而且实际上已有一段时间是可利用的了[23,40,63]。

关于使用最小路集的系统可靠性的一般性表示法,令 $\boldsymbol{x}=(x_1,\cdots,x_c)$ 表示系统的 c 组分在工作的指示函数向量。枚举该系统的各最小路径:假设有 m 个称为 $\boldsymbol{\pi}_1,\cdots,\boldsymbol{\pi}_m$ 的最小路径。假设各单元具有独立性,以最小路径 $\boldsymbol{\pi}_k$ 表示的该串联系统在工作的概率为

$$\varphi_k(x)=\prod_{i\in\pi_k}x_i$$

式中:$k=1,2,\cdots,m$。当且仅当至少各最小路径之一完全包含了在工作的各单元时该系统即工作,由此可见,可将系统可靠性写为

$$\varphi(x)=1-\prod_{k=1}^{m}[1-\varphi_k(x)]=1-\prod_{k=1}^{m}\left[1-\prod_{i\in\pi_k}x_i\right]$$

这个方程式说明了以系统各最小路径的结构函数表示出系统结构函数的方法。

因为割集包含了所有的(s,t)-(分)割,所以至少一个(分)割是完全由各不工作的单元构成的是系统故障的充分与必要的条件。然而,仅需要考虑最小(分)割,因为如果一个(分)割不是最小(分)割,那么,它就有一个相当的子集,而该子集仍然是一个(分)割并且是该最小割集的一分子。换言之,所有(s,t)-(分)割的并等于所有(s,t)-最小 -(分)割的并。因此,系统未能工作的概率是在代表了该系统可靠性框图的加标随机图示中的最小割集的概率所赋予的。因而,系统故障的概率是该系统的最小割集的概率所赋予的。

示例(续前):再次考虑图 3.11 所示的系统,该系统未能工作的概率为

$$P(\{A=0,C=0\}\cup\{B=0,D=0\})$$

虽然因该并集内的两个事件是不相交的而使这一表达式快速简化,但通常由最小割集分析生成的表达式会含有并非不相交的事件以致使计算变得冗长。在文献[19]中有一个利用割集进行可靠性评价的算法。

为了凭借最小割集分析得出系统可靠性的一般性陈述,就要枚举系统的最小(分)割$\chi_1,\cdots,\chi_n$。以最小路径χ_k 表示的串联系统完全包含了各非工作单元的概率为

$$\psi_k(x)=\prod_{i\in\chi_k}(1-x_i)$$

其中：$k=1,2,\cdots,n$。当且仅当最少一个最小(分)割完全包含了各非工作单元时系统即故障,故而可将该系统的故障概率写为

$$\psi(\boldsymbol{X}) = 1 - \prod_{k=1}^{n}[1-\psi_k(\boldsymbol{X})] = 1 - \prod_{k=1}^{n}\left[1-\prod_{i\in\chi_k}(1-x_i)\right]$$

在文献[3,49]中可找到适合于系统可靠性建模和计算的关于应用路集和割集的另外信息。

关于系统可靠性的最小路集和最小割集的陈述使它们能容易地为系统可靠性定出(边)界。Esary 和 Proschan 提出了第一个这样的(边)界[19]。令 C(或是 W)表示系统的最小割(或是最小路)集,亦即关于结点(s,t)的,Esary 和 Proschan 的系统可靠性 R 的(边)界为

$$\prod_{\pi\in C}\left[1-\prod_{i\in\pi}(1-x_i)\right] \leqslant R \leqslant 1-\prod_{\chi\in W}(1-\prod_{i\in\chi}x_i)$$

该下界给出了高度可靠的系统有效逼近,而上界则对于其组分具有低可靠性的系统更为有效。本书对此已提出了多种改进意见(关于进一步的进展可参见文献[22,39])。

3.4.8 可靠性的重要性

当面向可靠性进行设计时,将资源用到其改进能促使系统可靠性有最大改进的系统的零件(元器件)上是有益的。可靠性重要性的理念使这个见解得以定形。Birnbaum 最早给出了可靠性重要性的定义[8]。在一个结构函数为 $\varphi_R(x_1,\cdots,x_n)$的系统中,组分 i 的可靠性重要性是在 $x_1,\cdots,x_n$ 处求值的相对于 x_i 的 ϕ_R的偏导数,例如,对于含有 n 个具有可靠性 $x_1,\cdots,x_n$ 的组分的一个串联系统,其组分 i 的可靠性重要性为

$$\prod_{\substack{j=1\\ j\neq i}}^{n} x_j = \frac{1}{x_i}\prod_{j=1}^{n} x_j$$

从公式中可以看出,最不可靠的组分是最重要的,即其改进会导致系统可靠性的最大改进。

已经提出了许多适用于其他应用场合的关于可靠性重要性的其他定义[11]。有关可靠性重要性的更深入的讨论超出了本章的论述范围。有兴趣进一步探索这个主题的读者可以参见文献[11]作为开始进一步跟踪这一主题。

3.4.9 不影响服务的零部件

一个系统的某些组分有可能与系统的故障不相关,即这些组分中的一个的故障对系统的运行没有影响。该组分的故障在发生时不仅是难以觉察的,

而且也不增加其他组分的工作负荷。显然,这是一种稀有的情况,仅限于诸如装潢性修饰、序列号标签等类的产品。显而易见的是,这类组分不是系统功能性特征的一部分,而且也不属于系统可靠性框图或系统结构函数的一部分。在可靠性的数学理论中[4],将含有不相关的零件的系统称为非相干系统。① 也将这样的组分称为不影响服务的零件。这类零件的可靠性重要性(参见3.4.8节)为零。

除非对于装潢性修饰的连续使用有要求,这完全不是开玩笑的。例如,许多电子系统含有电源旁路电容,如果其中之一未能启动(即以故障了的电容看起来像一个开路的方式),通常没有能在运行中被辨别出来的明显差别,因此可将单个的旁路电容视为一个不影响服务的零件。该故障可在电源总线上引起噪声增加,而如果(例如)有足够的旁路电容未能启动,则噪声水平可能增加到违背了系统比特误差率(误码率)要求的程度。在噪声对于其他的要求成为一个问题之前可能需要仔细分析以确定可容忍的这类故障数目。当这个数量确定后,即可将各旁路电容作为一个 n 中取 k 的总体纳入到一个系统可靠性框图中与该框图的其余部分串联起来,其中 n 是系统中的此类旁路电容的总数,而 $n-k$ 是在故障数变得显著之前需要发生的(开路)故障数。当然,电容有其他的故障模式,那就是未能短路(即以故障了的电容看起来像一个短路的方式)。一个短路故障将导致熔断器熔断;或者如果电源不是恰当地装了熔断器,一个短路故障能导致其他电源组分的故障,甚至引起电源起火。

3.5 系统工程师的可靠性建模最佳实践

我们将这个讨论推迟到第4章的末尾,那时,我们也已经讨论了经维修的系统的可靠性建模。

3.6 本章小结

本章提供了关于可靠性建模的背景材料,是系统工程师为了在研发过程中成为优秀的客户和供应商所需要的。有可能以本章作为对可靠性建模进行深入研究的框架,但它的主要意图是训练系统工程师,使之能在处理产品和业务发展的可靠性工程各个方面的问题时是有成效的。

---

① 其他奇怪的行为可能使系统不连续,其中之一是系统组件的故障使得系统更可靠。这种系统在现实产品或服务中很少遇到。

本章涵盖了适用于不可修系统的可靠性效能标准和可靠性指标系数。最为普遍应用的那些是不可修系统的任务生存性和寿命。我们提醒要格外关注“故障率”。该术语用于陈述几种不同的概率，其个别需要结合使用条件，因此你需要知道在任何特殊情况下它所指的含义。

3.7　练　　习

1. 假定一个设备总体的强度是用一个具有密度 f_V 的随机变量 S 表征的。假定在时刻 $T_i, i=1,2,\cdots$ 其所在环境向这一设备总体施加了应力 Σ_i，其中 $\{T_1, T_2,\cdots\}$ 是一个具有速率 τ 的齐次泊松过程，而 Σ_i 是独立的且具有密度为 g_V 的恒等分布随机变量。试确定从承受这些应力的总体中随机选取的一个设备的故障前(经历的)时间的分布。

2. 令 $F(x)=1-\exp((-x/\alpha)^{\beta})(x\geqslant 0)$ 和 $F(x)=0(x<0)$，其中 α 和 β 是正的常数。试说明 F 具有在 3.3.2.3 节中所列的关于一个寿命分布的 4 个属性。

3. 试说明当 $0<\nu<1$ 时伽马分布具有一个递减的危险率。

4. 试讨论分布 $F(x)=1-\exp(-\alpha x^{\beta})$，其中 $x\geqslant 0$ 且 α 和 β 是正的常数。与练习 2 做出比较。

5. 考虑一个有 3 个单一故障点的各组分整体。第一个组分的寿命具有参数为 0.001 次故障/h 的一个指数分布，第二个组分的寿命具有参数为 0.001 和 1.7 的一个威布尔分布，第三个组分的寿命具有参数为 0.005 和 2.3 的一个对数正态分布。如果将各组分看做是随机独立的，该整体生存至少 40000h 的概率是什么？如果不将各组分看做是随机独立的，为了解这个问题将会需要什么信息？

6. 试导出在区间 $[a,b]$ 均匀分布的死亡率力并说明当 $x\to a^{+}$ 和 $x\to b^{-}$ 时它将变为无穷的。对于具有有限支集 $[a,b]$ $(0<a<b<\infty)$ 和具有一危险率的一个寿命分布，试确定当 $x\to b^{-}$ 时危险率变为无穷的充分条件。

7. 试写出对应于 3.3.4.4 节中所述的 Holocmb 和 North 危险率模型的寿命分布和密度的表达式。

8. 试说明在强的或弱的加速寿命模型下，如果在标定条件下的寿命分布具有某一参数(形)式，则该寿命分布在任何改变了的条件下继续具有相同的参数(形)式。

9. 假定一个供电电源阻流电感器具有的寿命分布为 $F(x)=1-\exp(-(t/18,000)^{0.9})$，其中 t 以小时计，当时的周围温度为 15℃。当运行的环境温度为 20℃ 且其每日的变差为 ±6℃ 时，试使用微分加速寿命模型确定该电感器的寿命分布(提示:将环境温度表示为 $T(t)=20+6\sin(\pi t/12)$)。

10. 假定图 3.9 所示的系统是一个冷储备系统。试给出下述情况下该系统的寿命分布:

(a) 转换器完好;

(b) 转换器故障。

11. 试证明对于一个由任意数量(有限的)的组分构成的串联系统其寿命分布的死亡率力是每一组分寿命分布的各个死亡率力之和。独立性是必要条件吗?同分布是必要条件吗?

12. 试找出图 3.10 中可靠性框图的割集和最小割集。

13. 试进一步拓展 3.4.1 节中给出的例子。将备用单元看作一个冷储备单元是否合适?更换时间(即以备件替换故障了的轮子所用的时间)在该设想中起到什么作用?该备件被不恰当充气的后果是什么?

14. 考虑一个两单元热储备冗余系统。当转换机制可能有缺陷时(即当需要其工作时会故障),试以其各构成组分的寿命写出这一系统的寿命表达式。

15. 试求出一个 3 中取 2 的热储备整体的寿命分布。同样地,求出一个 3 中取 2 冷储备整体的寿命分布。将你的结果与 4 中取 2 和 4 中取 3 的案例做比较。

16. 试完成 3.4.5.1 节中给出的具有一个不可靠的转换器的两单元热储备冗余安排示例中的生存函数的推导。

17. 试完成 3.4.5.2 节中给出的具有不完善转换的冷储备整体的寿命分布示例的扩展。

18. 试写出由一个组分构成的整体与一个三组分并联的系统串联起来的结构函数。

19. 光纤电信系统的再生器经常被置于偏远和难以接近的地域。因此,对于每一起作用的再生器都要提供一个可以自动予以转换的备用再生器,从而当起作用的再生器故障时,就没必要付出费用派送技术人员去修理或替换该故障的再生器了。该转换机构含有一个检测电路(用来确定起作用的再生器已故障)、一个以备用再生器替代故障的再生器的转换机构和一个用以告知(远方的)工作人员在起作用的再生器故障时转换动作是成功还是失败情况的通信机构。

(a) 试问这应该是一个热储备还是冷储备方案?论述每一方案的优点和缺点。你将如何做出决策?

(b) 试建立转换机构的一个可靠性模型。

(c) 试建立两个再生器和转换器整体的一个可靠性模型,要与你为(a)项定出的解法是一致的。

(d) 试进行有关该整体的可靠性(作为你关于转换机构各组分的可靠性的假设的应变量)的敏感性研究。

(e) 试写出该整体(各再生器和各转换组分)的各主要组分的可靠性要求。如果尚未具有整个系统的可靠性要求(即关于这一整体是其一个组成部分的整个光纤线路的可靠性要求),是否有合情合理的方式去做这件事？你为(d)项提出的解法如何有助于对整体可靠性经济情况的了解,并且有助于系统工程师对整个线路的可靠性要求进行协商？

20. 假定各设备的总体具有参数为 $\alpha=10,000$ 和 $\beta=2$ 的威布尔寿命分布。试在时间区间 $[500k,5000(k+1)]$ $(k=1,2,\cdots,10)$ 中求出设备故障次数的期望数。假定在该区间起始处某个设备是仍在起作用的,那么,它在每一间隔中故障的概率是什么？在每一间隔中,在各自间隔的起始处仍在起作用的各个设备中间设备故障次数的期望数为何？

21. 在 3.3.4.8 节的示例中,假定材料损失服从一个具有均值为 2.5 和标准差为 1.5 的正态分布,替代该示例中所示的均匀分布。试重复该示例中的步骤以说明由球轴承的总体得出的寿命分布具有一个递增的危险率。所做出正态分布假设在此处是否有意义？试论述之。

22. 针对 Cox 比例危险模型(参见 3.3.5.2 节),试确定在标定条件下与运行条件下的密度之间的关联以及在标定条件下与运行条件下的分布之间的关联。

23. 试建立在 3.3.6 节中给出的一个需要两个制造过程的产品的模型。如何将你的解法推广到两个以上的过程？

24. 试利用关于 $\lg(1-y)$ 的 Maclaurin 级数展示对于 $0\leqslant y\leqslant 1$ 有 $-y^2/2\leqslant y+\log(1-y)\leqslant 0$。

25. 考虑以波峰焊接工艺制造的许多个 200 电路板(每个电路板均含有 10000 个焊接连接点),其下规格限和上规格限分别为 a^L 和 a^U。假定当 $a^L\leqslant a\leqslant a^U$ 时 $F(x,a)=0$,而当 $a\notin[a^L,a^U]$ 时 $F(x,a)=1-\exp(-\lambda x)$(独立于 a)。进一步假定波峰焊接过程正好满足六 σ 准则(即 3.3.6 节中的 $m=4.5$ 或 7.5)。试为在这 200 电路板总体中焊接点的生存函数提供出下界和上界。你会如何建立起这个过程的一个更为实际的数学模型？它会对结果造成大量的差异吗？

26. 试识别出华盛顿特区大都会地铁系统中 Metro Central(新城中心) 和 Fort Totten(托顿堡)结点的割集和最小割集。

参考文献

[1] Abramowitz M, Stegun IA. *A Handbook of Mathematical Functions with Formulas, Graphs, and Mathematical Tables*. Washington: National Bureau of Standards; 1964.

[2] Ascher H, Feingold H. *Repairable Systems Reliability: Modeling, Inference, Misconceptions, and their Causes*. New York: Marcel Dekker; 1984.

[3] Barlow RE, Proschan F. *Statistical Theory of Reliability and Life Testing: Probability Models*. New York: Holt, Rinehart, and Winston; 1975.

[4] Barlow RE, Proschan F. *Mathematical Theory of Reliability*. Philadelphia: SIAM Press; 1996.

[5] Baxter LA. Availability measures for a two-state system. J Appl Prob 1981;18:227–235.

[6] Baxter LA. Towards a theory of confidence intervals for system reliability. Stat Probab Lett 1993;16 (1):29–38.

[7] Baxter LA, Tortorella M. Dealing with real field reliability data: circumventing incompleteness by modeling and iteration. Proceedings of the 1994 Reliability and Maintainability Symposium; 1994. p 255–262.

[8] Birnbaum ZW. On the importance of different components in a multicomponent system. Technical report TR-54, Washington University (Seattle) Laboratory of Statistical Research; 1968.

[9] Birnbaum ZW, Esary JD, Saunders SC. Multi-component systems and structures and their reliabilities. Technometrics 1961;3:55–77.

[10] Bogdanoff JL, Kozin F. *Probabilistic Models of Cumulative Damage*. New York: John Wiley & Sons; 1985.

[11] Boland PJ, El-Neweihi E. Measures of component importance in reliability theory. Comput Oper Res 1995;22 (4):455–463.

[12] Chung K-L. *A First Course in Probability*. New York: Academic Press; 2001.

[13] Cox DR. *Analysis of Survival Data*. London: Chapman and Hall; 1984.

[14] David HA. *Order Statistics*. New York: John Wiley & Sons, Inc; 1970.

[15] Drenick RF. The failure law of complex equipment. J Soc Indust Appl Math 1960;8 (4):680–690.

[16] Elsayed EA. *Reliability Engineering*. 2nd ed. Hoboken: John Wiley & Sons, Inc; 2012.

[17] Engel E. *A Road to Randomness in Physical Systems*. Volume 71, New York: Springer-Verlag; 1992.

[18] Engelmaier W. 2008. Solder joints in electronics: design for reliability. Available at https://www.analysistech.com%2Fdownloads%2FSolderJointDesignForReliability.PDF. Accessed November 12, 2014.

[19] Esary JD, Proschan F. Coherent structures of non-identical components. Technometrics 1963;5:191–209.

[20] Escobar LA, Meeker WQ. A review of accelerated test models. Stat Sci 2006;21 (4):552–577.

[21] Feller W. *An Introduction to Probability Theory and its Applications*. 2nd ed. Volume II, New York: John Wiley & Sons, Inc; 1971.

[22] Fu JC, Koutras MV. Reliability bounds for coherent structures with independent components. Stat Probab Lett 1995;22:137–148.

[23] Gebre BA, Ramirez-Marquez J. Element substitution algorithm for general two-terminal network reliability analyses. IIE Trans 2007;39:265–275.
[24] Gertsbakh I, Kordonskiy K. *Models of Failure*. Berlin: Springer-Verlag; 1969.
[25] Grigelionis B. On the convergence of sums of random step processes to a Poisson process. Theory Probab Appl 1963;8 (2):177–182.
[26] Grubbs FE. Approximate fiducial bounds for the failure rate of a series system. Technometrics 1971;13:865–871.
[27] Gumbel EJ. *Statistics of Extremes*. Mineola: Dover Books; 2004.
[28] Gupta R, Goel R. The truncated normal lifetime model. Microelectron Reliab 1994;34 (5):935–937.
[29] Harry MJ. *The Nature of Six-Sigma Quality*. Rolling Meadows: Motorola University Press; 1988.
[30] Holcomb D, North JR. An infant mortality and long-term failure rate model for electronic equipment. AT&T Tech J 1985;64 (1):15–38.
[31] http://www.cpii.com/division.cfm/11. Accessed November 12, 2014.
[32] http://www.wmata.com/rail/maps/map.cfm.. Accessed November 12, 2014.
[33] Jeong K-Y, Phillips DT. Operational efficiency and effectiveness measurement. Int J Oper Prod. Manag 2001;21 (11):1404–1416.
[34] Johnson NL, Kotz S, Balakrishnan N. *Continuous Univariate Distributions*. Volume 1, New York: John Wiley & Sons, Inc; 1994.
[35] Johnson NL, Kemp AW, Kotz S. *Univariate Discrete Distributions*. Hoboken: John Wiley & Sons, Inc; 2005.
[36] Karlin S, Taylor HM. *A First Course in Stochastic Processes*. 2nd ed. New York: Academic Press; 1975.
[37] Kline MB. Suitability of the lognormal distribution for corrective maintenance repair times. Reliab Eng 1984;9:65–80.
[38] Kotz S, Lumelskii Y, Pensky M. *The Stress-Strength Model and its Generalizations: Theory and Applications*. Singapore: World Scientific; 2003.
[39] Koutras MV, Papastavridis SG. Application of the Stein-Chen method for bounds and limit theorems in the reliability of coherent structures. Naval Res Logist 1993;40:617–631.
[40] Kuo S, Lu S, Yeh F. Determining terminal pair reliability based on edge expansion diagrams using OBDD. IEEE Trans Reliab 1999;48 (3):234–246.
[41] Lawless JF. *Statistical Models and Methods for Lifetime Data*. New York: John Wiley & Sons, Inc; 1982.
[42] LuValle MJ, Welsher T, Svoboda K. Acceleration transforms and statistical kinetic models. J Stat Phys 1988;52 (1–2):311–330.
[43] LuValle MJ, LeFevre BG, Kannan S. *Design and Analysis of Accelerated Tests for Mission-Critical Reliability*. Boca Raton: Chapman and Hall/CRC Press; 2004.
[44] Marshall AW, Olkin I. A multivariate exponential distribution. J Am Stat Assoc 1967;62 (317):30–44.
[45] Meeker WQ, Escobar LA. *Statistical Models and Methods for Lifetime Data*. New York: John Wiley & Sons, Inc; 1998.
[46] Musa JD. Validity of execution-time theory of software reliability. IEEE Trans Reliab 1979;R-28 (3):181–191.
[47] Musa JD, Okumoto K. A logarithmic Poisson execution time model for software reliability measurement. ICSE84, Proceedings of the 7th International Conference on Software Engineering. Piscataway, NJ: IEEE Press; 1984. p 230–238.

[48] Myhre JM, Saunders SC. Comparison of two methods of obtaining approximate confidence intervals for system reliability. Technometrics 1968;10 (1):37–49.

[49] Pages A, Gondran M. *System Reliability Evaluation and Prediction in Engineering*. New York: Springer-Verlag; 1986.

[50] Ramirez-Marquez JE, Coit D, Tortorella M. A generalized multistate based path vector approach for multistate two-terminal reliability. IIE Trans 2007;38 (6):477–488.

[51] Rice RE. Maintainability specifications and the unique properties of the lognormal distribution. Phalanx 2004;37 (3):14ff.

[52] Shaked M, Shanthikumar JG. *Stochastic Orders*. New York: Springer; 2007.

[53] Snyder DL. *Random Point Processes*. New York: John Wiley & Sons, Inc; 1975.

[54] Tortorella M. Closed Newton-Cotes quadrature rules for Stieltjes integrals and numerical convolution of life distributions. SIAM J Sci Comput 1990;11 (4):732–748.

[55] Tortorella M. Life estimation from pooled discrete renewal counts. In: Jewell NP *et al.*, editors. *Lifetime Data: Models in Reliability and Survival Analysis*. Dordrecht: Kluwer Academic Publishers; 1996. p 331–338.

[56] Tortorella M. A simple model for the effect of manufacturing process quality on product reliability. In: Rahim MA, Ben-Daya M, editors. *Integrated Models in Production Planning, Inventory, Quality, and Maintenance*. Dordrecht: Kluwer Academic Publishers; 2001. p 277–288.

[57] Tortorella M. Service reliability theory and engineering, I: foundations. Qual Technol Quant Manag 2005;2 (1):1–16.

[58] Tortorella M. Service reliability theory and engineering, II: models and examples. Qual Technol Quant Manag 2005;2 (1):17–37.

[59] Tortorella M. System reliability modeling using cut sets and path sets. In: Ruggeri F, editor. *Encyclopedia of Statistics in Quality and Reliability*. Hoboken: John Wiley & Sons, Inc; 2008.

[60] Tortorella M, Frakes WB. A computer implementation of the separate maintenance model for complex-system reliability. Qual Reliab Eng Int 2006;22 (7):757–770.

[61] Tsokos CP, Padgett WJ. *Random Integral Equations with Applications in Life Sciences and Engineering*. Volume 108, New York: Academic Press; 1974. Mathematics in Science and Engineering.

[62] Viertl R. *Statistical Methods in Accelerated Life Testing*. Göttingen: Vandenhoeck and Rupprecht; 1988.

[63] Willie RR. *Computer-Aided Fault Tree Analysis*. Defense Technical Information Center AD-A066567: Ft. Belvoir; 1978.

第4章 可维修系统的可靠性建模

4.1 本章内容

本章继续阐述始于第3章(不可维修系统)的可靠性建模。适用于可维修系统的可靠性模型是用其各可更换单元的可靠性模型建立起来的。相应地,各可更换单元的可靠性模型是用各构成组分的可靠性模型建立起来的,而这些构成组分则是不可维修的。本章包括了相关细节。

关于一个可维修的系统可靠性建模的关键要点是它会经历反复多次的故障。即一个可修系统会运行、故障、修复、再次运行、再次故障、再次修复等。适用于这一运转状态的可靠性模型聚焦于描述运行时间、故障发生时刻和停机时间的随机过程。本章引入了与这个描述相关的基本概念和一些常用的具体模型。它将有助于你熟悉可维修系统的可靠性要求中通常用到的术语,如故障间隔时间、故障率、停机持续时间、运行时间等。所作的陈述突出了分离式维修模型,因为它符合了替换和修理的维修概念,该概念在防务、电信和其他工业界中是极为常见的,而用于可维修的系统的状态图可靠性模型则在其他书籍和论文中已是远为充分地论述过了。

本章以关于可维修的系统的可靠性效能标准和指标的讨论作为开端,进而描述两个最经常用到的可维修的系统的可靠性模型、更新过程和恢复过程。更进一步推进到包括用于可维修的系统的状态图可靠性建模的简介和关于为何从大量的系统收集到的数据看似服从泊松过程的讨论等内容。

4.2 引　　言

可靠性工程师使用寿命和相关的随机变量描述不可维修组分的可靠性并用于可维修系统(但并非在使用的系统)的任务时间的研究(参见4.3.4节)。在可维修系统的运行中,一个关键的概念是随时间的流逝而反复故障(及修理)的概率。可靠性工程师使用随机过程的形式体系捕捉这个现象。一个随机过程仅仅是以某些参数集加标的各随机变量的一个汇集。在这个应用场合中,该参数集是时间。一个用以描述可维修系统可靠性的随机过程具有隶属于每一时间点的一个或更多的随机变量。可维修系统的可靠性建模意味着创建关于这个过程的描述，这对于了解有关该系统的运行时间、故障发生时刻和停机时间等的定量属性是实用的，以便能构建适当的可靠性要求并在运行期间通过数据收集进行验证。为此目的所使用的随机过程就是系统可靠性过程（参见4.3.2节）。它汇总了关于运行时间、故障发生时刻和停机时间的所有信息，我们需要用这些信息描述系统的可靠性随时间的推进的比变化情况。可维修系统的大多数系统可靠性建模都是针对根据已知的关于系统的组分和可更换单元的可靠性及系统运行的方式方面的信息构建起对这个过程的描述的。

4.3 可维修系统的可靠性效能标准和指标

4.3.1 概述

一个可维修的或可修理的系统会以也许是各种各样的故障模式经历许多次故障。即当一个可维修的系统故障时，它要被予以修理并被恢复到能服役，而这一情况会反复发生。一个不可修理的对象的情况则与之截然不同，它会最多经历一次故障。当一个不可修理的对象故障时，它就被丢弃。一个新对象会被安装在它的位置上，我们将在4.4.2节中考虑到这个情况。但是所有的可维修系统都是由一系列交替的工作时期和停机时期（运行时间和停工时间（或停机时间））予以表征的。理解了可维修系统的可靠性就相当于可以去掌握描述固有的运行与停机的交替期间的随机过程了。本节讨论的各模型都试图以某种形式去描述这个序列的属性。文献中含有许多这类的描述，我们限定于在实践中最常用到的两个模型上，即更新模型（参见4.4.2节）和再生模型（参见4.4.3节）。在4.4.4节中给出了对其他可用模型的简介，主要是以之作为加强可觉察到更新模型和再生模型都不再适用的能力与提供能够在各参考文献中做进一步探索的某些其他可用模型的一个途径。通常，最好由可靠性工程师做出选择另一个模型的决定，该工程师具有应用若干类型的可修系统模型的经验。

用语提示：迄今为止，我们已经使用了词语“可维修系统”和“进行维修的系统”，尽管它们是同义的。然而，有一个充分的理由去对二者做出区分。可维修系统的某些应用场合排除了其在使用期间要被修理的情况，故从现在起，我们约定“可维修系统”包括了所有会经历到反复故障和修理的任何类型的系统，而“进行维修的系统”将用于排除在执行任务期间是不可能进行修理的情况（参见

4.3.4节)。

4.3.2　系统可靠性过程

我们以一个可修系统可靠性的最简单的表征作为开始。除了系统在运行期间和停机期间之间交替外,在此没有做出其他假设。将表示这种情况的一般性图(式)称为"系统履历图(式)",且在本章中以及在书中的其他地方我们要广泛利用到系统履历图。图4.1是系统履历图的一个示例。

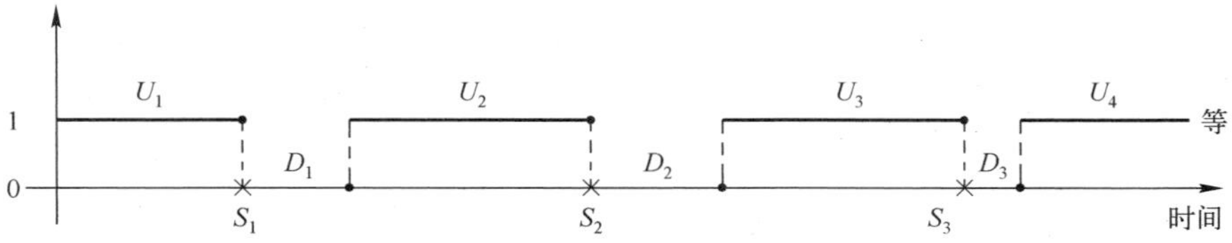

图4.1　系统履历图

图4.1中,水平线"1"处的水平线表示系统在正常运行的时间间隔,即在运行中没有违反要求。水平线"0"处的水平线表示系统未在正常运行的时间间隔,即在这些时间区间的运行中违反了一项或多项要求。该图表明了系统在这两个状态之间的交替。更为复杂的系统运行情况(如在完全运行和完全停机之间具有多个中间状态)也能利用类似的图与之相对应,但在本章中我们不研究这些。

图4.1还引入了一些在本章的所有其余部分都要用到的记号。运行区间的长度以 $U_1,U_2,U_3,\cdots$ 表示,停机区间的长度以 $D_1,D_2,D_3,\cdots$ 表示。每当在图中有一个1→0的转换故障就会发生;这些是以在时间轴上的×符号予以表示的,并被标为 $S_1,S_2,S_3,\cdots$。显然,$S_1=U_1,S_2=S_1+D_1+U_2$,一般而言,对于 $k=2,3,\cdots$ 有 $S_k=S_{k-1}+D_{k-1}+U_k$。在本书所研究的模型中,将运行时间和停机时间说成是随机变量,故系统履历是一个随机过程,称其为系统可靠性过程。图4.1表示了出自该过程的一个样本轨道。

4.3.3　与系统可靠性过程相联系的系统效能标准和指标

用于可维修系统的可靠性效能标准不同于迄今研究过的适用于不可维修系统的那些标准,其中许多都能够容易地与针对系统履历图(图4.1)提出的概念联系起来。针对每一项可靠性效能标准:

(1) 建立一个可靠性模型,由之能够对与效能标准(均值、方差、分布等)相关的重要优值做出预测;

(2) 考虑到数据(来自在工作的系统的观测值),计算出可利用数据(来自在工作的系统的观测值)估计与效能标准相关联的指标的度量值;

(3) 将实现了的性能与对效能标准或相关指标的要求相比较(以确定对客户的承诺是否得到了保持)并与预测的效能标准值或指标相比较(从而建模过程可得到改进);

(4) 比较不同的体系结构以预测它们可能的可靠性;

(5) 将实现了的性能与可靠性建模的结果作比较,以便改进可靠性建模过程。

第一项活动是在设计和研发过程中进行的,而该项活动支持了效能标准和相应的可靠性要求。后面的各项活动是在系统被部署之后进行的,并用作反馈以确定可靠性要求得到满足的程度。不仅对于改善产品或服务,也对于改进建立可靠性要求的过程和为系统可靠性建模的过程,该反馈还都是一个关键的学习机会(参见第5章)。

4.3.3.1 每单位时间的故障数、故障率和故障强度

令 $N(t)$ 表示在时刻0到时刻 t 之间,即在时间区间 $[0,t]$ 内发生的故障的数目。$N(t)=\max\{n:S_n\leqslant t\}$,即在 t 之前或在 t 时刻发生的故障数是在 t 之前或在 t 时刻发生的最大故障时间的指标(数)。$N(t)$ 是一个取决于 t 的随机变量,因为系统履历是一个随机过程(即可靠性过程),故 $N(t)$ 也是一个随机过程。它是一个点过程的例子,是具有一个连续参数空间(在可靠性应用场合,这通常是代表时间的正半线 $[0,\infty)$)和一个离散状态空间(在这个场合中是非负整数)的随机过程[7]。图4.1展示了关于所有点过程的一个基本事实,即对于所有的正整数 k,有

$$\{N(t)>k\}=\{S_k<t\}$$

也就是说,当且仅当第 k 个事件在时刻 t 之前发生时至少有 k 个事件(在我们的模型中指系统的各次故障)在时刻 t 之前发生。这是一个基本工具,它将点过程的计数描述(上述方程的左侧)和该过程的时间描述(上述方程的右侧)联系了起来。

为了与对于“率”的通常工程诠释相一致,我们想要定义一个点过程 $\{N(t)\}$ 的故障率①,使之类似于每单位时间的故障次数。令 $0\leqslant t_1<t$ 表示时间轴上的两个点,则在区间 $[t_1,t_2]$ 内该过程的故障率为

$$\frac{N(t_2)-N(t_1)}{t_1-t_2}$$

① 这里所举的例子是一种点过程,可以简单地用“比例”代替“故障率”。不过,此处一般是应用于可靠性建模,所以使用“故障率”作为首选项。

注意:这是一个随机变量,因为$\{N(t)\}$是一个随机过程。因此,故障率是一个可靠性效能标准。对于下文中讨论的作为一个可修系统的可靠性模型的每一点过程模型,我们将列举出如此处所定义的故障率的属性。

虽然上述公式是故障率的最为通用的定义,但它是一个随机量,而许多应用场合还是以指标表述好过以效能标准表述的方式。下面还有几种合情合理的可用度量。

(1) 每单位时间的故障数。无论度量时间的单位是什么,区间$[t,t+1]$都是单位时间长短的一个时间区间。发生在这个区间内的故障数为$N(t+1)-N(t)$,而且这也是一个随机过程(与在上述公式中设定$t_2=t_1+1$是相同的)。$N(t+1)-N(t)$是在时刻t时每单位时间的故障数;注意,这不一定是一个常数,因为它会随时间t变化。还可以考虑期望的每单位时间的故障数,$E[N(t+1)-N(t)]=EN(t+1)-EN(t)$。

(2) 总的故障率。如果$t_1=0$,则故障率的表述形式$N(t)/t$也是一个随机量。这是在系统运行的全部时间内的故障总数除以该时间总数的商。当以这种方式使用时,$N(t)/t$将称为总的故障率。我们还可考虑这个度量的期望值$EN(t)/t$,正式地将其称为期望的总的故障率。

要求提示:系统工程师和可靠性工程师经常说到故障率。除了在谈及一个不可修产品总体的寿命分布的危险率时对“故障率”的混乱使用外(见3.3.3.5节中的“用语提示”),人们还会期望故障率能与单位时间内故障发生或累积的频率相关联。当以这种方式使用时,短语“故障率”似乎意味着无论指的是什么都是一个常数,因为在这种用法中没有提及(绝对的)时间。由于$N(t)$的随机性,我们不能指望$N(t+1)-N(t)$是常数,所以出于众多的需要,具有一个“故障率”的定义是有帮助的,其至少在某些场合中是恒定的。为此,首先考虑在$[0,t]$区间中故障率的期望值,即$EN(t)$。在本书中所研究的所有模型中,t的函数都是光滑的和良态的(即可微的)。这样一来,对于故障率的定义有两种合理的可能性。

(1) 定义$r(t)=(\mathrm{d}/\mathrm{d}t)[EN(t)]$,即函数$EN(t)$的时间导数。如果该导数是常数(不取决与$t$),则称$r$为系统可靠性过程的故障率。在一些(而非所有的)系统可靠性过程常用的模型中,$(\mathrm{d}/\mathrm{d}t)[EN(t)]$是常数,而短语“系统故障率”无需进一步解释即可理解。要注意$N(t)$是非减的,$EN(t)$和$r(t)\geqslant 0$也如是(即使它不是常数)。

(2) 定义$r_\infty=\lim\limits_{t\to\infty}(\mathrm{d}/\mathrm{d}t)[EN(t)]$,如果极限存在(而在本书中研究的所有模型中极限都存在)且当r_∞仅是一个数时,我们称它为系统可靠性过程的渐近故障率。此外,$r_\infty\geqslant 0$。

对于有关“故障率”的要求,要确保所有的利益相关方都以相同的方式诠释该短语。特别是可靠性工程师应当建议系统工程师始终保持用于系统可靠性过程的任何模型中的“故障率”的一致性。

用语提示:对于一个点过程,在第1项中所定义的“故障率”也称为“故障强度”,这在软件可靠性领域尤其流行。始终一致地针对第1项中所定义的概念使用“故障强度”就避免了在可靠性工程或建模的任何方面中全部使用“故障率”。有些人会认为这是可取的,但并不意味着它可作为一个惯例普遍地被接受,即使因为它避免了困扰这个领域的关于“故障率”的不同诠释的任何混淆而成为将它作为最佳惯例的一个强有力的理由。

建模提示:可靠性工程业界的许多人对我们在3.3.4节中标以“危险率”或“死亡率(影响)力”的概念使用“故障率”一词。注意:在事实上,我们是在处理一个完全不同的情况,即处理一个可修系统的系统可靠性过程模型,而不是像在第3章中所处理的一个不可修系统会出现的单一故障。因在不同环境中对术语的重复使用而存在众多混淆的场所,这也许是最令人烦恼的。Ascher 和 Feigold[1]通过完全避开“时效率”巧妙地处理了这个问题;对于不可维修系统,他们如我们所做的那样使用“危险率”和“死亡率力”,而对于可维修的系统他们则对本节中所定义的“故障强度”使用了“故障发生率”(ROCOF)。或许,保持所有一切都清楚的最好方式就是向工程师们做出提醒,“(比)率”通常意味着“以单位时间计数”,而那是早前的列举各项中给出的各定义的概括(导数的使用意味着我们事实上是在审视“瞬时”(比)率,就有如基础微积分学所说明的那样,但正如通常理解的那样,它是(比)率的一个真正的工程诠释)。无论何时遇到“故障率”一词,都要留神这一潜在的混淆。在本书中,无论何时使用“故障率”,它总是从属于一个可维修系统的,并且如上述列举各项中的第1项中所述的那样于以定义。第2项则总是归属于“渐近故障率”。

当使用图4.1的符号时,系统故障率指的是 S_k 如何快速地累积而形成平均值的。如果故障率是小的,故障次数趋向发生得不那么频繁;如果故障率是大的,故障次数则在时间轴上趋向于更为密集。

有许多系统模型中的故障率(如在上述列举的第1项中所定义的)不是常数。极为普遍使用的是4.4.3节中所述的再生模型。在该再生模型中,系统故障率(系统故障强度)可以是递减的、递增的或可变的。如果系统故障率是递减的,则平均而言故障将不是那么频繁地发生且停机间隔时间趋于增加。如果系统故障率是递增的,则平均而言故障将更为经常地发生且停机间隔时间趋于减少。Ascher 和 Feigold[1]将前者称为“快乐系统”,而将后者称为“悲伤系统”。系统故障率有可能是波动的,即始终既非递增也非递减;呈现出这种状态的模型在实践中是异常的,但没有理论上的推理说明为什么它们不能被使用。

4.3.3.2　运行时间、停机间隔时间和故障间隔时间

在图 4.1 中,运行时间是区间 $U_1, U_2, \cdots$;在这些时间区间中,系统不违背任何要求地在运行(即没有任何故障)。运行时间随机变量的序列 $U_1, U_2, \cdots$ 构成了一个随机过程。

用语提示:运行时间随机变量有时(通常)称为故障间隔时间。如果我们认为"故障"指的是一个完全停机的区间而不是发生了违背系统要求的瞬间,这会是恰当的。这是常见的流行诠释,即使它是对术语的不一致的使用,因为"故障"是在一个特定瞬间发生的(在系统时间序列图中的 S_n),而"停机"是继一次时效之后的时期,在此期间该故障状态(对要求的违背)在持续。故障间隔时间实际上是 $S_2-S_1, S_3-S_2, \cdots$,它存在着有悖常理的推论,即可通过增加停机时间来增加故障间隔时间而同时又置运行时间于不顾。当需要谈及系统正常地运行的时间间隔期时,最好使用 $U_1, U_2, \cdots$ 作为"运行时间"或"停机间隔时间",可参见练习 1。

由于它们是随机变量,我们可认为它们的期望值序列为 $EU_1, EU_2, \cdots$。在一些可靠性模型中(特别要参见 4.4.2 节),这些期望值完全是相同的。在这样的情况中,规定以平均停机间隔时间作为此公共值才讲得通。这就是经常(通常)所说的"平均故障间隔时间"。可参考早前的"用语提示"以清除歧义。此外,对于"平均停机间隔时间"的一个单数特指则意味着是单一的平均停机间隔时间,亦即它是一个常数。要意识到许多关于可修系统的研究并不尽力确保平均停机间隔时间(MTBO)是一个常数,即使只是引用了单一个的数也如此。对系统工程师来说,这是具有一些重要性的,因为对于面向可靠性的有效设计,需要对潜在的系统运行状态有深刻的理解。

4.3.3.3　停机时间

在系统时间序列图(图 4.1)中,停机时间是区间 $D_1, D_2, \cdots$;在这些时间区间中,一项或多项系统要求未得到满足(即发生了一次或多次系统故障而尚未纠正)。停机时间随机变量的序列 $D_1, D_2, \cdots$ 构成了一个随机过程。由于它们是随机变量,我们可认为它们的期望值序列为 $ED_1, ED_2, \cdots$。在一些可靠性模型中,这些期望值是完全相同的。在这样的情况中,规定该平均停机时间作为此公共值才有意义。

4.3.3.4　可用度

以 $A(t)$ 标示的可用度是一个重要的概念,并且在各项要求中广泛用作一项可靠性指标(优良指数)。$A(t)$ 被定义为在时刻 t 系统可靠性过程处于正常状态的概率。如果当系统处于正常状态时令 $Z(t)=1$,而当系统处于停机状态时令

$Z(t)=0$,则随机过程$\{Z(t):t\geqslant 0\}$就是该系统可靠性过程。在每一时刻 t,$Z(t)$值是一个可靠性效能标准而它的期望值$A(t)=EZ(t)$称为系统可用度或仅称为可用度。当系统可靠性过程始于正常运行状态时,$A(0)=1$且$A(t)$自该处开始下降。照例,在对系统工程师有实际意义的大多数系统中,可用度短时间内将上下变化但最后停留于一个有限值($t\to\infty$)(在4.4.2节和4.4.3节中作进一步讨论),还可参见文献[12,22]。在4.4.2节和4.4.3节中讨论了计算可用度的各方法。在考虑维修性和保障性时,通过排除对起源于预防性维修、后勤延误和其他与故障的纠正无关的行动的各项停机时间定义了特殊类型的"可用度"类型,可参见10.6.4节。

这表现出在区间$[0,t]$内,系统处在"正常运行"状态所消耗的总时间为

$$U(t)=\int_0^t Z(u)\,\mathrm{d}u$$

在区间$[0,t]$内,系统处在"停机"状态所消耗的总时间为

$$D(t)=\int_0^t [1-Z(u)]\,\mathrm{d}u=t-U(t)$$

由此断定,在区间$[0,t]$内的期望的系统停机时间为

$$ED(t)=\int_0^t [1-A(u)]\,\mathrm{d}u$$

在3.4.2.2节的示例中使用了这个极其重要的关联关系。

按惯例区分了3种不同可用度指标固有的、使用的以及已达的可用度。它们的不同之处在于将停机时间的什么组成部分计入了每一类型的停机时间之中。详情可见10.6.4节(我们尚未论及引入这些定以中的修复性与预防性维修及保障时间)。

4.3.4 可维修系统的确立

截至目前,我们已经交替使用了"进行维修的""可维修的"以及"可修的"几个词。有一个重要的情况需要我们对其做出区分,即一个可维修系统会具有在其处于被使用状态时不能被纠正的故障模式。考虑一架军用飞机,该飞机被用于以一定的持续时间执行"任务",且指挥官必须要关注任务成功完成(根据许多观点看,但至少包括在执行任务期间没有飞机系统故障)。要点是在执行任务期间没有机会去修理某些类型的故障(特别是硬件故障),并且虽然飞机停在地面上时是可修的,但当在飞行时某些类型的修复性维修是不能被实施的。这并不排除某些故障是可以被恢复原状的可能性。例如,受到影响的子系统的重启就有可能纠正一个软件的故障,而且如果在系统维修方案中提供了这种能力,就有可能在飞行过程中做到这点。

对于这样的系统,一个关键的可靠性优良指数是系统在整个执行任务期间持续正常地运行的概率。从这个意义上讲,适用于不可修系统的手法是用来表明有关任务完成而无故障的概率的事,因为只要关系到该项任务,则该系统在执行任务的过程中就不是可修的。当然,在大多数情况中,涉及任务的系统在任务开始时并不是新的,而是已经累积了一些存在期并能被形容为在任务开始时已有若干小时的工龄。那么,感兴趣的关键变量不是一个全新系统的首次故障前时间,而是一个系统的下一次故障前时间(该系统可能已经经历了许多次故障和修理),那就是在任务开始时的工龄小时数。这是自所述的存在期算起的向前返回时间,将在 4.4.2 节和 4.4.3 节中进一步予以讨论。

4.4　可维修系统的可靠性模型

最常用的可维修系统可靠性模型是更新模型和再生模型。该词语叙述进行了何种修理以将系统恢复到正常工作的状态。在本节中详细地讨论了这些内容。

在本书中可见到许多其他可维修的系统可靠性模型。当需要进行具有特殊条件、更为详细的建模时,这些都是有用的。例如,更新模型和再生模型不考虑修理人员在故障的纠正过程中会引入另外的故障的可能性(这称为“笨拙的修理工问题”)。在文献[4]中给出了属于这类的一个通用模型的示例。如果你知道存在并非是标准的更新或再生协议的一部分的特殊条件,最好去咨询一名可靠性工程专家。

4.4.1　修理类型和服务恢复模型

每当需要修理一个故障了的系统时,都是要花费一些时间的。更多的描述性系统可靠性模型都明确地说明了这些时间,亦即在该系统时间序列图中所见的各区间 $D_1, D_2, \cdots$ 是正数。需要提及这点是因为使用了一些近似的系统可靠性模型,在其中假设了停机时间为零。事实上,这是一种逼近,与运行时间(停机间隔时间)相比,该停机时间是如此短暂,可以建立一个停机时间皆为零的模型,为特定目的提供一个合理的逼近。(参见 4.4.2.1 节和 4.4.3.1 节)。

建模提示:在一个所有停机时间都为零的模型中,系统可用度总是 1(因为 $Z(t)=1$,各 t 值的有限集除外),故这样的模型对于需要计及可用度和停机时间的研究来说是不适合的。

4.4.2 更新修理系统

当依据一个“更新”协议修理一个系统时,在其故障后就将它变回到“正常如新”的状态并继续运行[2]。在大多数情况下,这意味着该系统是完全由一个新的系统替换了。对于大型系统来说,这是一个代价高的策略,但并非是前所未闻的。例如,对在战斗中损坏了的武器就会用新的予以替换。另外,对于外场可更换单元(LRU)、模块化系统,当它们故障时也是经常以新的予以替换(关于这种情况的涉及范围可参见 4.4.5.1 节)。

4.4.2.1 即刻修理的更新模型

在假设以新单元进行替换不消耗时间的各模型中,在该系统的时间序列图中所有的停机时间均为零。其作为结果的系统可靠性过程 $\{U_1,U_2,\cdots\}$ 包含了一系列的(必须为非负的)随机独立的、恒同分布的各个运行时间。该独立性来自于认识到一个系统自其最近故障以来已经运行的时间长短对于进行一次更换会用掉的时间长短没有影响:即使似乎会有某些关联,但不能看出有一个因果关系(当然,如果不是这样,我们就需要采用其他的建模条件)。该恒同分布来自于替换单元和原始单元的相似性:用一个相同类型的单元去替换故障了的单元。这些假设产生了一个称为更新过程的系统可靠性过程:一系列非负的、独立的且恒同分布的随机变量[11]。以 F 表示 U_i 的常见分布并令 $\mu<\infty$ 表示它的均值①。更新过程是一个简单、被充分了解的过程,系统工程师们感兴趣的许多关于该过程的结果都是已知的。② 其中的一些如下。

(1) 在时间区间 $[t,t+h]$ 中的更新(在可靠性模型中是故障)期望数随着 $t\to\infty$ 而渐近于 h/μ。

(2) 在 $[0,t]$ 中更新的期望数除以 t 随 $t\to\infty$ 而接近 $1/\mu$。在可靠性用语中,更新过程的渐近故障率(参见 4.3.3.1 节)为 $1/\mu$。

(3) 自时刻 x 开始,当 $x\to\infty$ 时的向前递归的渐近分布为

$$\frac{1}{\mu}\int_0^t[1-F(u)]\mathrm{d}u$$

如果将 x 设想为当前时刻,则在 x 之后到下一次故障时的时间渐进分布就描绘了一个已运行了长时间的系统自给定时间点(x)开始的向前递归时间。在实用的术语中,一般可将“长时间”稳妥地诠释为大约 5μ 或更大。

(4) 令 $N(t)=\max\{n:S_n\leqslant t\}$ 表示在 $[0,t]$ 区间中的更新数。在 $[0,t]$ 中的更

---

① 该理论确实允许具有无限平均($\mu=\infty$)的更新过程,但是在可靠性建模中通常遇不到这些过程。

② 这可能在某种程度上解释了它作为可靠性模型的流行性。

新期望数(表示为 $EN(t)=M(t)$)以积分方程的解给出为

$$M(t)=F(t)+\int_0^t M(t-u)\mathrm{d}F(u)$$

当 F 是指数函数时,$F(t)=1-\exp(-t/\mu)$,则对于所有的 t 有 $M(t)=t/\mu$。令人遗憾的是,这个方程仅对很少的其他寿命分布具有闭形式解,但它是相对易于进行数值求解[22]。其更新间隔时间为指数分布的更新过程是一个具有(比)率 $1/\mu$ 的齐次泊松过程[11]。

(5) 对于更新过程,正如在 4.3.3.1 节中所定义的,在时间区间 $[t,t+h]$ 内的故障率为

$$\frac{N(t+h)-N(t)}{h}$$

它的期望值是 $h^{-1}[M(t+h)-M(t)]$,适用于一个其更新间隔时间分布具有均值 μ 的更新过程,该期望值当 $x\to\infty$ 时收敛于 $1/\mu$。由于对术语的滥用,经常是说"一个更新过程的故障率为 $1/\mu$"。正确的表述是一个更新过程的期望的渐近故障率为 $1/\mu$(对于齐次泊松过程以及对于一个平稳更新过程该等式 $h^{-1}[M(t+h)-M(t)]=1/\mu$ 成立[11],但对任何其他更新过程当 $t<\infty$ 时等式并不成立)。因此,你需要去核实"故障率"是在这种情况下被使用的。

4.4.2.2　耗时修理的更新模型

如果考虑到修理(或停机)时间是非零的,就可得到一个更为逼真的模型。在这个情况下,$\{D_i\}$ 成为该模型的一个有效部分。遵循更新的范例,我们假设 $D_1,D_2,\cdots$ 是独立分布和恒同分布,具有其均值为 $v<\infty$ 的公共分布 G。其独立性来自于一种看法,即没有或找不到理由怀疑存在一种机理,该机理会导致某个停机时间将受到在它之前的停机时间的任何方式的影响。其恒同分布来自于这样的观念,即每一次故障的都是相同的系统,故将它的停机时间说成是源自一个单一的总体是合理的。当然,这些是理想化的并且经常忽略了一些我们可能知道或怀疑是有关联的事实,故模型提供了对实际情况的逼近,该逼近或多或少都是可接受的,这取决所忽略的事实的力度。关于一些另外的信息可参见 4.5 节。

序列 $\{U_1,D_1,U_2,D_2,\cdots\}$ 称作交替更新过程[11],因为它含有两个交错的更新过程[12]。该系统可靠性过程是 0-1 过程 $Z(t)=I\{t$ 属于某 U-区间 $\}$。进行耗时更新修理的系统的可靠性模型含有能够从这些假设导出的信息。

(1) 系统可用度(参见 4.3.3.4 节)为该系统在时刻 t 时在运行的概率 $A(t)=\{Z(t)=1\}$。系统可用度是一个可靠性的指标。在交替更新过程模型中,假设系统从在 0 时刻开始运行而处于运行状态,即可写出关于系统可用度的一个如下的积分方程,即

$$A(t) = 1 - F(t) + \int_0^t [1 - F(t-u)] \mathrm{d}H(u)$$

式中：$\boldsymbol{H}=\boldsymbol{F}^*\boldsymbol{G}$ 是 $\boldsymbol{F}$ 和 $\boldsymbol{G}$ 的卷积(参见 3.4.5.2 节)。该方程的解为

$$A(t) = 1 - F(t) + \int_0^t [1 - F(t-u)] \mathrm{d}M_H(u)$$

式中：M_H 是 $\boldsymbol{H}$ 的更新函数(参见 4.4.2.1 节)。不过，闭形式解是罕见的，但数值评价则是易做的[22]。其渐进可用度为

$$\lim_{t\to\infty} A(t) = \frac{\mu}{\mu+\nu}$$

它是平均停机间隔时间(平均运行时间)除以平均周转时间(自一次故障到下一次故障)。

(2) 在 $[0,t]$ 区间中系统故障数为 $N(t)=\max\{n:S_n+U_{n+1}\leqslant t\}$，此处约定 $S_0=0$ 且再次假设系统在 0 时刻开始运行而处于运行状态。当系统在 0 时刻开始处于运行状态时，在 $[0,t]$ 区间内该系统故障的期望数为 $1-F(t)+M_H(t)$。

(3) 系统在时间区间 $[t,t+h]$ 内的故障率为 $h^{-1}[N(t+h)-N(t)]$，它的期望值为 $h^{-1}[M_H(t+h)-M_H(t)]$。当 $t\to\infty$ 时，它收敛于平均周转时间的倒数 $1/(\mu+\nu)$，参见关于更新过程故障率的论述参见 4.4.2.1 节。

示例：一个荧光灯管具有寿命分布 $F(t)=1-\exp[-(t/24780)^{1.2}]$，式中 t 是按每小时计的。当该灯管故障时，即用一个新的去替换它且该替换时间在区间 $[2,6]$ 内具有均匀分布 $U_{2,6}$，而且时间是以小时计的。在 20 年的运行中，每个灯座上灯管替换的期望数是什么？

解：该问题的条件使它适合于用一个交替更新过程模型来描述系统的动态状况(此处“系统”的意思是包含有灯管的灯座，而“动态状况”的意思是在该灯座中灯管替换的模式)。在该交替更新过程模型中，在 20 年中替换的期望数为对 $F^*U_{2,6}$ 的更新函数在 175320h(20 年)处求值。此更新函数的数值计算[21,22]表明 $F^*U_{2,6}(175320)=7.367$。没有能力去实施这个数值计算，我们可能会推断平均替换时间(4h)与平均灯管寿命(23305h)相比是如此之短，以至于用一个更新过程模型(零持续时间的替换时间)给与逼近将会是适合的。在该模型中，其解为对 F 的更新函数在 175320h 处求值。数值计算得出了 $F(175320)=7.368$。在这个示例中，使用非零的修理时间模型仅在第三个小数位上改变了结果，在这种情况下，这是一个无意义的改变①。不用数值计算，我们就可以推论出因为 20 年要大于 5 倍的平均灯管寿命，所以在 4.4.2.1 节中所示的渐近逼近是可用的。

① 也许，在一个高后果系统中这可能是重要的。每种情况都应该根据它们的优点判断。

那么,在 20 年中灯管替换的期望数约为 175320/23305.6 = 7.52,这是真值的稍微高估值。该系统在 20 年时的可用度为 0.999828728。数值计算表明在 12 年时就达到了这个值且自此之后保持定常(至许多小数位)。

4.4.3　再生修理系统

适用于可修系统的另一个最常用的可靠性模型是 BAO 模型[1]。该模型假设了以将其恢复到运行状态而不是另外改变其工龄的方式完成一个系统的修理。即在经过一次修理后系统就立即进行工作,但是它的工龄与其故障时的工龄是相同的。BAO 意在与将系统"修如新"的更新修理形成对比。BAO 模型为常见的情况提供了一种合适的逼近,在该常见的情况中大型、复杂系统的修理是通过替换仅构成该系统的一个小部分的某些零件或子组件予以实现的。该系统的那小部分可能是新的(如果修理用件是新的)或有了一些另外的工龄(如果修理用件来自于某个修理过的产品的备件库);但因为它仅构成了该系统的一个小部分,所以该系统的总工龄(即以时钟测量的下一次故障前时间的累积量)没有太大的改变。我们在模型中将其概括为工龄的改变为零。

示例:大多数汽车的修理都是通过以新件(如电压调节器)或重新组装件(如交流发电机)去替换一个问题件完成的。不论是哪种情况,被替换掉的件都仅仅是汽车中大量的易受故障影响件中的一件。在被替换的件的故障时刻,所有没有被替换的各件仍保持它们的工龄,因为这样的件是如此之多,所以下一次的故障极有可能源自未被替换掉的各件中的一件。如此,下一次故障前时间多半不受该替换工作的影响,这就是 BAO 或更新模型的基本原理,参见练习 3。

为了进一步推进,我们需要将被认为是即刻修理的情况与修理是耗时的情况区分开。

4.4.3.1　即刻修理的再生模型

在数学上,BAO 模型表明,给定了故障的发生时间,则下一次故障前时间的分布与首次故障前时间的分布是相同的。从系统老龄化的观点看,这就好像所有的故障(直到包括在 S_n 时刻发生的各次故障)从来没有发生过。也就是说,将这一论断应用于发生在时刻 S_n 的第 n 个故障,该模型将时刻 U_{n+1} 到下一次故障的条件分布理所当然地视为对所有的 $n=1,2,\cdots$ 满足

$$P\{U_{n+1}\leqslant t \mid S_n=s_n, S_{n-1}=s_{n-1},\cdots,S_1=s_1\}=\frac{F(t+s)-F(s)}{1-F(s)}, t\geqslant 0$$

式中:F 为 U_1 的分布。汤普森[21]指出这个性质必然使故障时间的序列 $\{S_1,S_2,\cdots\}$ 形成为一个泊松过程,其强度函数是由 U_1 分布的危险率给出的。也就是

说，如果 $U_1 \sim F$ 且 F 的危险率为 h，则在$[0,t]$区间内的故障数具有一个泊松分布

$$P\{N(t)=k\}=\frac{H(t)^k}{k!}e^{-H(t)},t\geqslant 0,k=0,1,2,\cdots$$

式中：H 为累积危险函数 $H(t)=\int_0^t h(u)\mathrm{d}u$。还可以表明，当 $t\geqslant 0$ 时，有 $H(t)=-\lg[1-F(t)]$。由此可以看出，如果 $F(t)=1-\exp(-\lambda t)$，则 $H(t)=\lambda t$ 且该过程是具有恒定强度函数 λ 的齐次过程。对于其他的寿命分布 F，该过程是非齐次的。

用语提示（可能是本书中最重要的一个）：首次故障前时间为指数分布的再生过程是一个齐次泊松过程，因为 $h(t)=\lambda$ 和 $H(t)=\lambda t$。在可靠性工程的用语和建模中，这是大量混淆的源头。最重要的是，该过程的故障率（故障强度）λ 等于首次故障前时间分布的危险率（通常称为“故障率”，参见 3.3.3.5 节）。最简单的系统可靠性模型是一个具有指数寿命分布的单个单元并且在故障后立即被另一个同类单元予以替换。在这种情况中，该替换时期（经历的）过程既是一个更新过程又是一个具有恒定故障率的齐次泊松过程。很容易将这个简单的模型过分地应用到它不适用的情况中。许多工程师错误地认为这个模型是可靠性建模的开始和完结。即使是对本章做一个粗略的审查也能发现这是完全错误的。迄今为止，由这个观点引起的用语和建模错误依然存在：所有的故障率都是常数、所有的停机间隔时间都具有相同的均值、可用度总是等于它的渐近值以及许多其他的这类看法都是常见的。幸亏，不断增加的可靠性建模软件使复杂的可靠性建模得以容易的实现，而这些错误观点也会减少。作为一个系统工程师，要意识到在可靠性建模中错误和过度简化是常有的，并要准备好在需要时要求做出澄清，还可参见 4.4.6 节。

示例：一个声纳系统含有 16 个单个可修的波束生成器单元。当一个波束生成器故障时，该系统即成为不起作用的。波束生成器的寿命具有位置参数为 44350h 和形状参数为 2 的 $\boldsymbol{\Gamma}$ 分布（参见 3.3.4.7 节）。系统的其余部分包括有电源、显示器、信号处理单元、天线以及其他必要的装置。当一个波束形成器故障时，它就被一个来自备件库的工作单元所替换，该替换过程需要大约 1h。在该系统运行的头 5 年中，波束形成其故障的期望数为何？

解：对于波束生成器的故障时间序列，可采用一个更新过程模型，因为当替换一个故障了的波束生成器时，我们仅影响该整体的 1/16。因为平均运行时间要比替换时间大过 4 个数量级还多，所以通过假设替换时间相比于平均运行时间是可忽略的，得出的逼近是有效的，故而可以将进行即刻修理的更新模型用于

这一情况。我们所考虑的该系统首次故障前时间(16 个波束生成器整体中的每一个波束生成器都是一个单一故障点)具有的生存函数为

$$\left[1+\frac{t}{\alpha}\right]^{16}\mathrm{e}^{-16t/\alpha}$$

平均的波束生成器寿命为 88700h = 10.12 年。对于这个生存函数，累积危险率为 $H(t)=(16t/\alpha)-16\lg(1+(t/\alpha))$。因此，波束生成器的各故障时间序列近似为一个具有强度函数 $H'(t)$ 的(非齐次)泊松过程。当 $t=5$ 年 = 43830h 时，$H(t)=4.82$。这是在 5 年中 16 个波束生成器群体中的各个波束生成器故障的期望数，参见练习 4。

4.4.3.2　耗时修理的再生模型

迄今为止，我们已经讨论了仅具有零修理时间的再生模型。我们也要出于同样的原因去考虑适用于该再生情况的更新模型中的耗时修理。然而，这个方面的理论还没有完全形成。在此，我们将回顾已知的内容。基本模型以描述被研究单元的运行时间 $\{U_1,U_2,\cdots\}$ 的非齐次泊松过程作为开始，从而即可按再生规约进行该单元的修理。每一次发生故障，就进行一次修理，而修理时间 $\{D_1, D_2,\cdots\}$ 就形成了一个 $\mathrm{E}D_1=D$ 且 $0<D<\infty$ 的更新过程。当没有理由认为修理时间取决于纠正的故障指数时即使用这个模型。这通常是一个合理的假设，我们假设运行时间和修理时间的序列是独立的，这反映了一个看法，即完成一次修理所耗费的时间长短与该单元故障前的运行时间长短无关。

以 F 表示首次故障前时间 U_1 的分布，且假设 F 具有一个连续密度 f 和累积危险函数 $H=-\lg(1-F)$。进一步假设 $\lim\limits_{t\to\infty}(H(t)/t)=\eta(0<\eta<\infty)$。当 $S_n=U_1+\cdots+U_n$ 和 $N_U(t)=\min\{n:S_n\leqslant t\}$ 时，在文献[24]中证明了 $\lim\limits_{t\to\infty}(ES_n/n)=1/\eta$ 和 $\lim\limits_{t\to\infty}(\mathrm{E}N_U(t)/t)=\eta$，所以过程 $\{S_1,S_2,\cdots\}$ 是顺序的[12]。

现在令 $N(t)$ 表示具有非零修理时间 $\{U_1,D_1,U_2,D_2,\cdots\}$ 的再生过程中的故障数。作为这些预备性考虑的结果，关于该具有非零修理时间的再生过程的突出事实如下。

(1) 渐近总故障率为

$$\lim_{t\to\infty}\frac{N(t)}{t}=\frac{\eta}{1+\eta D}\text{(几乎是无疑的)}$$

(2) 渐近平均可用度为

$$\lim_{t\to\infty}\frac{1}{t}\int_0^t A(u)\,\mathrm{d}u=\frac{1}{1+\eta D}$$

注意：这个表达式仅适用于渐近平均可用度，这是弱于交替更新过程的对应结果的。迄今还不知道对于具有非零修理时间的再生过程是否能够建立起更强

的结果。

在文献[12]中也证明了在进行耗时修理的再生过程中的可用度可通过积分求值予以计算

$$A(t) = 1 - \int_0^t [1 - G(t - x)] \mathrm{d}\,\overline{N}(x)$$

式中：$\overline{N}(x) = \mathrm{E}N(x)$ 而 G 为停机时间的常用分布。遗憾地，这还是没有多少实际帮助的，因为迄今还不知道一个关于 $\mathrm{E}N(x)$ 的令人满意的表达式。

要求提示：如果系统有一个可用性要求，利用进行耗时修理的再生过程能够合理地为该系统建模，则在得以提出一个可用度表达式而非仅是给出整个长时间区间的平均可用度之前要证明与该可用度要求相符将是困难的。通常，当给定了一项如“系统可用度应不少于 0.98……”之类的可用度要求时，评估与该要求的相符程度的可靠性建模利用了在一个交替更新过程中的渐近可用度公式（参见 4.4.2.2 节）去与该要求做比较。即使这样做也不能完全覆盖该要求，因为在并非不常见的条件下该系统可用度有可能降至低于它的渐进值，而且甚至上下振动。该渐进值独自地并不能揭示可用度的瞬时性态。倘若某个交替更新模型是适用的，通过数值化求解可用度积分方程（可见于 4.4.2.2 节）就能解出瞬时可用度。这在耗时修理的再生模型中不那么容易完成：虽然前述方程讲了在这一模型中如何计算瞬时可用度，但难点是在这一模型中映射到 $\mathrm{E}N(x)$ 的计算上，这还不是一个常规可解决的问题，参见练习 5。

示例：考虑在 4.4.3.1 节中的声呐系统示例，但现在该修理时间是独立的并且是以 2 周（336h）的均值恒同分布的。该波束形成器总体的渐近总故障率和渐近平均可用度是什么？

解：我们继续对波束生成器的替换使用再生模型，但是现在我们将该修理时间视为不可忽略的。当假设即刻替换时，在 5 年中波束生成器替换次数的期望数为 4.82。计及非零的修理时间，得到 $\eta = 16/\alpha = 0.000361$，$D = 336$，并且渐近总故障率为 0.000322。渐近平均可用度为 0.89。

4.4.3.3 逼近

适用于可维修的系统的可靠性建模中所用的最突出的逼近是在 4.4.2.1 节和 4.4.3.1 节中已经讨论论过的逼近，那就是在大部分情况中，典型的运行时间与典型的修理时间相比是如此之长，以致至少出于计算故障率的目的可将修理时间取为零。如果需要可用度估计值，这样做就不行，而必须使用明确地将非零修理时间包含进来的模型。

其他逼近已经被提了出来，包括阶段-型分布方法[13,15]，它以一个特殊分布逼近一个任意的寿命分布，该特殊分布是在一个具有吸收状态的马尔可夫过程中直到吸收之前的时间的分布。这个逼近使得有可能使用矩阵方法和众所周知的线性代数技术获得若干有用的可靠性模型的数值结果[14]。在应用概率数值计算方面在增长的能力已使这些方法受到较之实用性关注更多的理论性关注，而这个趋势很可能持续下去。

4.4.4 一般修理模型

事实上，到目前为止，已经叙述了的各修理模型很少能完全抓取到关于某个维修情况中我们所知的一切。用BAO或再生模型去描述在一个总体(具有未被替换的许多组分或子组件)中一个单一故障的组分或子组件的替换活动并不是十分准确的，然而，在实践中的大多数情况下，它还是提供了相当好的结果。但除了模型稳定性问题之外，对某些修理情况也需要进行更为明细的处理。一个例子就是笨拙的维修人员的情况。当修理一件产品时，即使作为对象的故障已被纠正，但有可能随后导致故障的其他错误又会被随意地引进来。这一现象在软件项目中是很普遍的，在软件工程界已广泛地对其进行了研究[8,9]，软件工程界已经提出了一个一般性的框架[4]，但它有可能引入了类如不完整或不完全等的其他重要现象。当然，解决这个问题的恰当方法是培训工作人员以避开不正确的修理。该模型可帮助应对不可避免的偶然错误，即使高度地受过培训的员工也会发生这样的偶然错误。

照例，采用像这样的更为复杂的模型的决策是以在研究中所需的精确度为导向的。在除了最为至关重要的情况之外的所有去情况中，通常用到的早先说过的模型所提供的逼近能给出可接受的结果。对于高价值或要害性系统，其额外的精度需求会成为(需要)额外的预防成本的根据，这将招致要获得或提出更为专门的模型。使用更高精度的模型就有必要使用更加精确的信息作为输入(寿命分布估计等)。大多数常规的可靠性建模都可用常用的近似值予以处理，因为通常可用的输入信息的质量并不能成为使用极其精确的模型的理由。实际上，除了对具有单一故障点的总体(串联系统)之外，迄今也还不了解组分的各可靠性估计值误差是如何组合起来在更高层次的单元和组件的可靠性估计值("预计值")中产生误差的，参见关于"串联系统寿命分布参数的置信限"一节。

4.4.5 分散(独立)维修模型

在防务系统、电信系统和其他具有高度复杂技术的系统中极为常见的是可以看到系统维修方案包含有通过以取自备件库的能工作的子组件替换故障了的子组件以纠正故障。在第10章中要对此作进一步的讨论。分散维修模型对于建立一个与这一维修方案相一致的可靠性模型是实用的。

用语提示:要当心在术语中可能的混淆:分散维修模型是一个可靠性模型,意在描述利用早前所述的计划进行维修的一个系统的可靠性。在第 11 章中,我们将考虑一个基于相同的维修计划的维修性模型。该维修性模型的目的是描述在某些所述的时间区间中发生的维修性动的数目。

为了实现分散维修模型,要将系统的可靠性框图安排得使在该系统维修方案(参见第 10 章)中和在该框图的各单元框中被指定为可更换的各单元(子组件或子系统)之间是一对一地对应的。然后,写出与这个可靠性框图相关联的结构函数(参见 3.4.6 节)$\varphi_R(X_1,\cdots,X_n)$。以 $Z_1(t),\cdots,Z_n(t)$ 表示该系统的可更换单元或子组件①的可靠性过程(参见 4.3.3.4 节)。分散维修模型是各可更换单元的总体的可靠性过程 $Z(t)=\varphi_R(Z_1(t),\cdots,Z_n(t))$。当对各个 LRU 可靠性过程 $Z_1(t),\cdots,Z_n(t)$ 的不同描述已确定时,即可得到不同的分散维修模型(所有的模型都遵从相同的总体安排。

示例:考虑在一个服务器场(群)中的单一服务器机柜。该机柜含有 12 个服务器、1 个两单元热储备冗余电源、1 个冷却风扇组件、1 个电缆束和 1 个底板。12 个服务器、每一个电源、冷却风扇组件以及底板都是各自地可更换的或可检修的。底板会发生故障,因为它们经常含有被动(无源)器件及连接器因电路卡的反复插入而磨损。机柜的所有其他元素(机柜框架和电缆束)是永久性装置而它们的故障将需要进行机柜的重新建造,在这个模型中将不包含这些故障。将机柜故障定义为任何服务器的故障,冗余电源对的故障,冷却风扇组件的故障或底板的故障。以该热储备电源安排的方式,每一个电源都是各自可更换的。为了使该电源对故障,一个电源就需要先故障,而另一个则需要在替换第一个电源期间故障。一个电源的故障使得机柜处于一种濒临故障的状态。具有各自地可更换单元的热储备系统在正常环境条件下很少故障。如果要用一定量的时间从一个故障了的电源转换到它的冗余单元,则必须将该时间计入总的机柜停机时间。如果将电源配置成热储备均分负载式的安排,则没有转换过渡时间。底板通常不是可更换的,但是可通过移除和替换单个组分在原位予以修理。这一般是耗时间的活动:Telcordia 公司的文献 GR-418[20] 为底板规定了 48h 的平均修复时间。

将服务器标记为 1~12,将两个电源标记为 13 和 14,将风扇组件标记为 15,将底板标记为 16,则这个机柜的可靠性框图如图 4.2 所示。

与这个框图相关联的结构函数为

① 事实上,这是对包含可替换单元的套接字的操作和中断时间的描述。

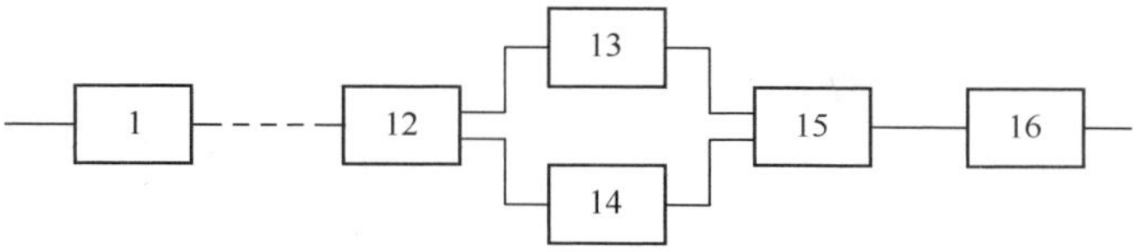

图 4.2　服务器机柜示例可靠性框图

$$\varphi_R(X_1,\cdots,X_{16}) = [1-(1-X_{13})(1-X_{14})]X_{15}X_{16}\prod_{i=1}^{12}X_i$$

记服务器的可靠性过程为 $R(t)$,记电源为 $P(t)$,记风扇组件为 $F(t)$,记底板为 $B(t)$,则机柜的可靠性过程为

$$R(t)^{12}F(t)B(t)[1-(1-P(t))^2]$$

在此,假设了所有的服务器具有相同的可靠性特性且两个电源也均具有相同的可靠性特性。如果不是如此,则各标记将必须相应地予以重新定义。根据在 4.4.2 节和 4.4.3 节中或其他资料来源中所述的内容,通过为每一 $\boldsymbol{R}$、$\boldsymbol{F}$、$\boldsymbol{B}$ 和 $\boldsymbol{P}$ 选择一个可修系统模型继续进行建模,参见 4.4.5.1 节和 4.4.5.2 节。

对于分散维修模型中的可用度,令 $A_1(t),\cdots,A_n(t)$ 表示每个可靠性过程 $Z_1(t),\cdots,Z_n(t)$ 的各个可用度,则系统可用度为 $A(t)=\varphi_R(Z_1(t),\cdots,Z_n(t))$[3]。计算分散维修模型的故障数或故障率是更为麻烦的。相关细节可见文献[23]。

4.4.5.1　进行更新的 LRU 替换的分散维修

分散维修模型能够与其各组分中每一组分的任何可靠性过程(参见 4.3.2 节)描述一起被使用。不是所有组分都需要有相同的可靠性过程描述。在本节中,我们研究当各个组分的可靠性过程是更新过程或交替更新过程时的分散维修模型。

考虑其结构函数为 $\varphi_R(x_1,\cdots,x_k)$ 的一个系统。其各个组分的可靠性过程是交替更新过程(参见 4.4.2.2 节)$Z_1(t),\cdots,Z_k(t)$,其可用度分别以 $A_1(t),\cdots,A_k(t)$ 表示,则该系统的可用度为 $\varphi_R(A_1(t),\cdots,A_k(t))$[3]。如果组分 i 的平均运行时间和平均停机时间分别是 μ_i 和 $\nu_i(i=1,2,\cdots,k)$,则其渐进的系统可用度为

$$\varphi_R\left(\frac{\mu_1}{\mu_1+\nu_1},\cdots,\frac{\mu_k}{\mu_k+\nu_k}\right)$$

如果整个系统仅含有单一故障点,则系统故障数为 $N_1(t),\cdots,N_k(t)$,其中 $N_i(t)$ 是在交替更新过程 $i(i=1,2,\cdots,k)$ 中时刻 t 时的故障数。每一单独组分的可靠性过程的期望故障数和可用度可利用 4.4.2.2 节中给出的表达式予以计算。如果系统不是一个串联系统,其系统可用度仍然由 $\varphi_R(A_1(t),\cdots,$

$A_k(t)$)给出,但系统故障数的计算是更为麻烦的。在参考文献[23]中概述了相应的方法。对于一个含有 m 个单元的并联(热储备)系统,其各单元的结构函数为 $\varphi_R(x_1,\cdots,x_m)=1-(1-x_1)\cdots(1-x_m)$,在区间[0,$t$]中系统的期望故障数为

$$\sum_{i=1}^{m}\int_{0}^{t}A_i(u)\,\frac{1-A(u)}{1-A_i(u)}\mathrm{d}(F_i*(1+M_{H_i}))(u)$$

式中:$A(t)=1-(1-A_1(t))\cdots((1-A_m(t)))$;$F_i$ 和 G_i 是单元 i 的运行时间分布和停机时间分布,$H_i=F_i*G_i$;M_{H_i} 是 $H_i(i=1,2,\cdots,m)$ 的更新函数(参见 4.2.2.1 节)(文献[23]中的式(4.10))。

当可靠性过程描述是更新过程(零停机时间)时,系统的可用度总是 1。对系统故障数的计数还是用文献[23]中概述的方法完成的,但现在 $H_i=F_i$。

示例:返回到图 4.2 中所示的服务器机柜示例。我们将确定机柜在进行更新修理的分散维修模型条件下的首次机柜故障前时间的均值和标准差以及维修活动的期望数、可用度和累积的期望停机时间。为此,我们需要知道每一机柜部的组分的运行时间分布和停机时间分布。将这些在表 4.1 中给出。

平均首次机柜故障前时间为 2481.9h,而其标准差为 1345.1h。在头 40000h 的运行(大约 5 年)期内,机柜故障的累积期望数如图 4.3 所示,可用度如图 4.4 所示,累积的期望停机时间如图 4.5 所示。

表 4.1　服务器机柜示例

机柜组分	运行时间分布	停机时间分布
服务器	Γ,均值 40000h,标准差 15000h	对数正态,中值 6h,形状因子 2
电源	威布尔,$\alpha=2000$,$\beta=1.4$	对数正态,中值 6h,形状因子 2
风扇	指数型,均值 $=10^5$h	对数正态,中值 6h,形状因子 2
电缆束	指数型,均值 $=10^6$h	对数正态,中值 6h,形状因子 2
底板	指数型,均值 $=5\times10^5$h	对数正态,中值 168h,形状因子 1.8

在所研究的时期的末尾,即 40000h 时,累积的期望故障数为 15.76,可用度为 0.97695,累积的期望停机时间为 496.42h。似乎在所研究的时期的末尾可用度的极限值还未得以达到。在所研究的时期内的最小可用度为 0.9766(注意在图 4.4 中被扩大了的垂直标度)。为了满足一项可用度要求,表明了可用度的最小值是大于要求值的也许就足够了。同时,数值计算法还是来自文献[22,25]。

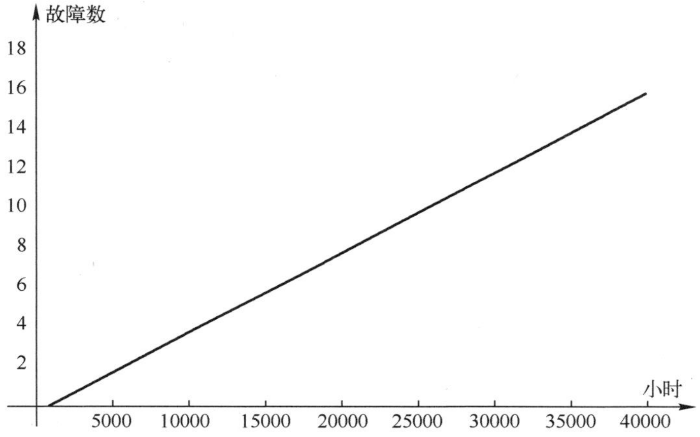

图 4.3　服务器机柜示例——故障数

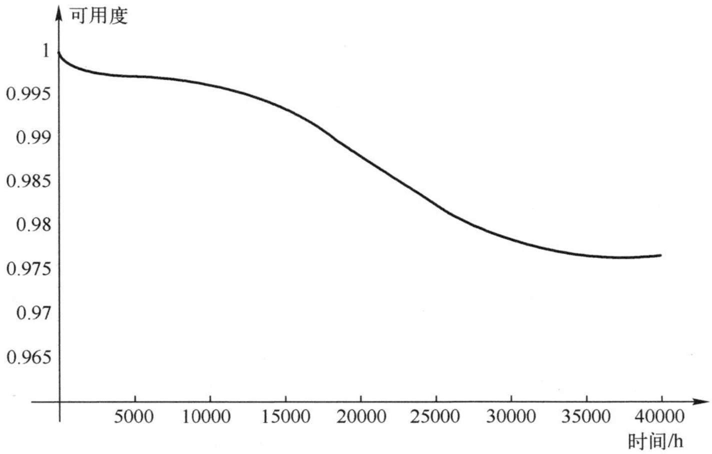

图 4.4　服务器机柜示例——可用度

4.4.5.2　进行再生的 LRU 替换的分散维修

我们现在考虑 $Z_1(t),\cdots,Z_k(t)$ 是具有零修理时间的再生过程或具有非零修理时间的再生过程的情况。如果修理是即刻完成的，则系统可用度总是 1 而对于串联系统的系统故障期望数为

$$-\sum_{i=1}^{m}\lg(1-F_i(t))$$

式中：F_i 是组分 $i(i=1,\cdots,m)$ 的首次故障前时间的分布。此时此刻，除了串联系统之外的各系统的故障期望数表达式是未知的。

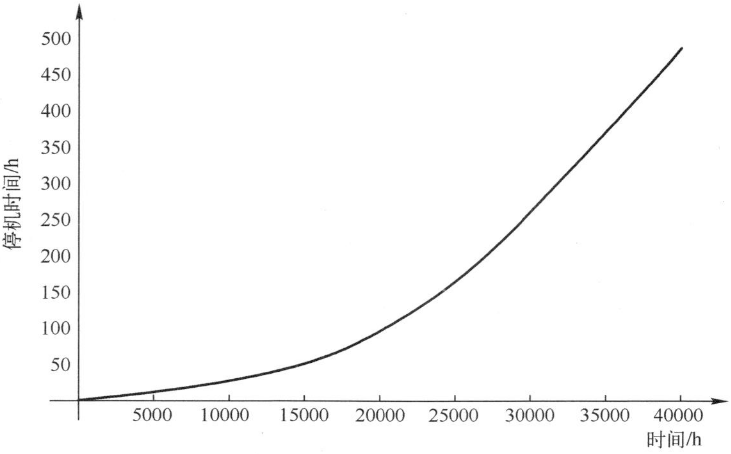

图 4.5　服务器机柜示例—停机时间

当修理时间为非零时,能讲出的内容还很少,因为将系统的渐进平均故障率和渐进平均可用度与其各组分的渐近平均故障率和渐近平均可用度关联起来的结果还有待产生。

4.4.5.3　经修理的 LRUs 备件库的分散维修

在一个对故障的 LRUs 进行修理的移除和替换维修方案中,上述两个模型都不十分正确,因为替代用的 LRU 来自于一个不仅含有新的 LRUs 还含有之前故障并已被修理过的 LRU 的备件库。如果我们假设一个 LRU 的修理是通过更新步骤予以完成的,这相当于假设所有的 LRU 都是新的,于是,4.4.5.1 节中的模型适用。然而,一个 LRU 的实际修理工作通常是通过替换在该 **LRU** 上的一个或少量已故障的组分来完成的,而这个用一个再生模型(参见 4.4.3 节)予以描述是更为恰当的。在运行过一段时期后,(备件)库中的备件或许业已故障并被修理了若干次了,从而随机地从该库中抽取的备件具有的寿命分布对于一些(未知的)i 而言将会是与一个非齐次泊松过程中第 i 个时间间隔的分布相同的。一个 LRU 之前已经被使用过的次数应当不会随时间的推移而减少,除了这点之外,它是一个该维修方案的动态的复杂函数。当采用移除并替换的维修方案时,这个具有挑战性的研究难题的解答对于扩展对系统可靠性的更多了解将会是有益的。

4.4.6　单点故障的点过程与系统的叠加

考虑含有 N 个可更换单元的一个系统,每一个可更换单元都是一个单一故障点。在这个系统中,没有冗余单元(或可以是一个维修性框图(参见 11.3.1

节),通过它对维修行动计数)。与每一单独的可更换单元相关联的是一个该单元发生的各次故障的时间序列。这个序列是一个点过程的示例,是个具有连续参数空间(此处为时间)和离散状态空间(此处为故障数)的随机过程。因为每一个可更换单元都是系统中的一个单一故障点,每次这些单元之一故障了,该系统即故障。那么,该系统的各次故障时间序列就是各个可更换单元的各次故障时间的 N 序列的合并或叠加。我们可以画出点过程的叠加如下。

在图 4.6 中,该合并或叠加过程在所描绘的时间区间含有 9 个点。有 3 个点源自单元 1,2 个点源自单元 2,1 个点源自单元 N,还有 3 个点源自在图中示出的未经指明的单元(介于 $3\sim N-1$)。注意:每当单元故障时间点过程中的一个点显现出来,同一时间点就在其合并中显现出来。该叠加也是一个点过程,其强度(参见 4.3.3.1 节)为该合并的组成成分各过程的强度之和。

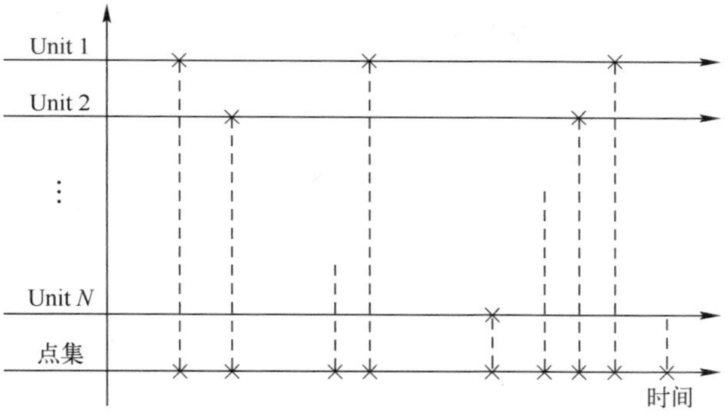

图 4.6　点过程的一般叠加

叠加在可靠性建模中是实用的,因为它具有两个相关作用和一个不变性质。叠加会出现的一种状况就是作为系统各次故障发生的时间集合仅含有各单一的故障点,亦即串联系统(的情况)。每当系统的组成成分各单元中的一个故障,该系统即故障,而各个单元故障时间序列的叠加即是该系统的故障时间序列。叠加会出现的另一种状况是作为各系统的总体中各次故障发生事件的(汇)集(作为数据采集与分析的一部分正在被跟踪)。每当在该总体中的各系统中的一个系统出现故障,描述整个总体的成员的各次故障时间的叠加过程中的计数就增加 1。不变性质是通常在实践中能得到满足的那些条件下,随着各组成成分过程的数目无限制地增加,大量的(独立的和均匀稀疏的)点过程的叠加近似地成为一个泊松过程。它称为不变(性)原理,因为各构成部分点过程的特性是什么并没有关系——只要是没有一个(或有限数目的)过程快速到该叠加中的几乎所有的点都源自那些(快速)过程而且它们是相互随机独立的。

这个不变性质的正式陈述称为 Grigelionis 定理[10]。它是关于有限数目的独立泊松过程(同类的或非同类的)的叠加还是一个泊松过程[11](参见练习 6)这一易于论证的性质的推广。所以叠加较易于处理,因为在大部分应用场合中可将其当作一个泊松 n 过程对待①。这个事实可以说明处理一个大型系统的停机间隔时间或处理在被跟踪的各系统的大总体中各次故障发生时间时采用惯常做法的原因,就好像它们具有指数分布那样。也就是说,一些系统的可靠性建模的结果可展示出它具有某种寿命分布。不变性原理宣称,如果那些在跟进系统的体量足够大,则无论各个系统的寿命分布是什么,各次故障将近似为泊松分布。运用这个论断,可以认为虽然你能让系统寿命分布尽量简化为指数型,但是从这些大体量系统获得数据并不合适,它可能混淆了所需的信息,如个别系统的可用度。

4.4.7 状态图可靠性模型

我们迄今为止已经讨论了所谓的基于可靠性框图和框图各元素的寿命分布的结构可靠性模型。这些模型特别适合于在防务、电信和其他大规模系统中经常遇到的一类系统维修方案,即将系统的某些子组件选定为可更换的并通过替换这些子组件中的一件或多件完成对系统故障的纠正(即“移除并替换”的维修方案)。分散维修模型很好地适应了这个运作。然而,还有一些分散维修模型对它们并不那么适合的其他类型的系统维修计划和系统运行情况。对这些系统,一种另类的基于状态图的可靠性建模策略会是实用的。

状态图是一种图形,在该图中各结点代表系统的状态而各连接代表从状态到状态的转移。如果对各状态给以从 1 到 N 的编号并令 $X(t)$ 表示在时刻 t 系统是处于该状态的,则可以设定条件使 $\{X(t):t\geqslant 0\}$ 成为一个马尔可夫过程。除了别的以外,这将意味着在每一状态中的逗留时间(即系统在每一状态中度过的时间)将具有一指数分布,且从状态到状态的转移是被一种机理支配的,即转移到另一个状态的概率仅取决于系统当前所处状态而不以任何方式取决于之前所逗留过的状态。这种类型的马尔可夫过程是一个连续时间马尔可夫链(CTMC)的例子,即具有连续统参数空间(时间)和离散状态空间的马尔可夫过程。

示例:让我们以状态图描述三单元的热储备冗余系统。将各单元标记为 1、2 和 3。在图 4.7 中,含有某些数字的气泡表明了一种系统状态,即在该气泡中

① 在一般的可靠性工程实践中,很少会遇到 Grigelionis 定理故障的条件,但较好的应用实践会检查它们。

被编了号的各单元是在运行的。在该气泡中没有显现其编号的单元是故障了的（处于该系统状态）。在状态图下端以空的气泡表示的状态则是没有单元是在运行的，而这是该系统（三单元热储备总体）是故障了的状态。在所有其他状态中，至少有一个单元是在运行的，因此，当系统处于那些状态中的任何一个状态时，它就是在运行的。也可以将同一的图用于描述一个三单元串联系统的可靠性。各状态和各转移都是相同的，但仅有的系统未故障的状态是在图的顶端一个标记为“1,2,3”的状态。

三单元热储备安排的这一可靠性建模方法要比 3.3.4.5 节中讨论过的结构方法更复杂，且它还具有逗留时间（处于某种状态的时间）分布必须全为指数型的缺点，所以对于该三单元热储备总体的可靠性建模来说这不是一个适合的选择。同样，显而易见的是，任何大规模系统的一个状态图模型所需的状态数是极其（也许难处理地）巨大的。然而，对于更加复杂的系统（如涉及排队等待修理、排队网络等的系统运行）采用结构方法也是太复杂以致不能有效地使用，状态图方法则提供了一个更合适的（即使不是唯一的）替代办法。当选择针对可靠性是使用分散维修模型还是状态图模型时，关于所要考虑的各因素的更为全面的考查可见于文献[25]。有许多关于在可靠性建模中利用状态图的论述都是可以找得到的（参见文献[16,26]及其他）。

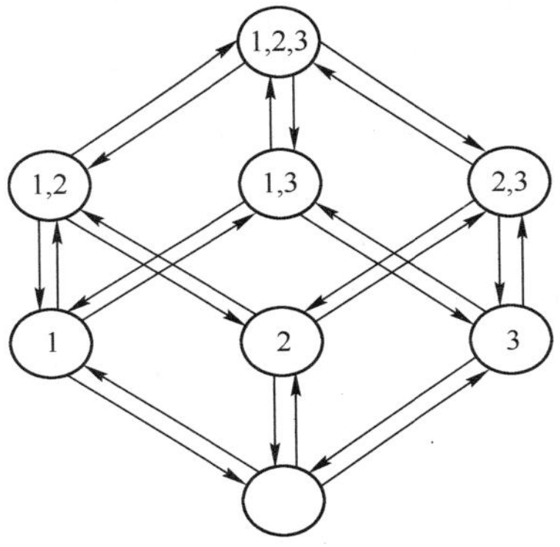

图 4.7　三单元热储备冗余系统的状态图

还有其他一些可靠性建模方法也是可用的。虽然将随机彼得里网模型[19]列举出来作为另一种特别适用于系统运行的顺序（编时定序）影响其可靠性的情况的方法，但我们在此并不自以为充分述评了所有可能的模型。一篇虽然较为年代久但是有助益的综述是文献[17]。

4.5 可靠性模型的稳定性

George Box 说过“所有的模型都是错误的,但有些是有用的”[6]。这个观念提醒了建模者要把所有已知的在起作用的因素都包含到一个模型中是不可能的。一般来讲,建模者的判断对于要将哪种因素包括进来和要将哪种因素予以忽略的决定是最重要的决定因素。因此,在本章中所讨论的每一类型的模型充其量是一个逼近而在最坏的情况下则是错误的、误导性的和危险的。系统工程师借由锻炼和经验也许是最适合在时间短促和信息缺乏的情况下区分出哪个是哪个的。然而,有一些数学结果可给出使模型具有某种理想性能的充分条件,如对该问题的初始条件的连续依赖性。在一个涉及任务的关键性、经济上的成败情况或关系生死的安全性情况的要害系统中对可靠性模型进行正式研究,付出资源代价是值得的,可以确保得自该模型的结论与一些严重的情况在认知程度上保持一致。对这些观念做全面的论述超出了本书的范围,但对属于这个一般领域中的一个重点还是值得提及的。虽然采用更为详尽的可靠性模型的决策在很大程度上取决于用户对精度的需求,但也取决于作为模型的输入的可用信息的精确性。① 这包括了构成该系统的各组分和各子组件的可靠度估计值。

正如在关于“串联系统的寿命分布的参数置信限”一节中所论述过的,自各组分聚集准确信息以生成串联系统的准确信息是可能的,但针对其他结构如何做到这一点仍然是一个未解决的问题。尽管如此,公平地说,各组分可靠度估计值中更大的标准误差将导致含有那些组分的任何相关结构的可靠度估计值具有更大的标准误差。所以,如果各组分的可靠性估计值是十分不确定的,则使用一个非常详细的系统可靠性模型就不是合理的。

当不时有针对性地处理各可靠性模型时,关于各随机模型中稳定性的权威论述见于参考文献[18]。

4.6 软件资源

过去,在本章中所叙述的这类可靠性模型类型必须针对每一新的应用场合从头以手工予以建立。最近大量的这类知识已经商品化了,有些供应商为分散维修模型或状态圆模型方法提供了系统可靠性建模软件。推荐任何占优势的软

① 这个论断是可靠性数学理论中的一个定理,至今仍未被证明,但如果它不是真的,这将是一个有悖常理的世界。

件产品或供应商不是本书的目的。相反地,你对软件的选择应当由在本章所学到的知识予以引导。当选择软件时要考虑到的一些问题包括以下几方面。

(1) 该软件是否提供了多种寿命分布选项?

(2) 该软件是否包含关于环境应力的适当的调节?

(3) 你是否需要查看串联系统模型的置信区间信息?

(4) 分散维修模型或状态图模型的各项假设与你对系统运行情况的了解是否相匹配?

(5) 该软件是否具有灵敏度分析能力和/或可靠性重要性计算,你可以看到组件可靠性规范中的错误受系统可靠性模型影响的可能性有多大。

(6) 该软件提供了对于可靠性预算编制会是实用的任何可靠性优化模型吗?

适用于其他可靠性工程工作任务的软件也是可以得到的,包括故障树分析和故障模式、影响及危害性分析(第 6 章)、可靠性数据分析(包含来自寿命试验的数据和来自已就位的系统的运行数据)(第 5 章)。此外,在复杂情况中,仿真对于可靠性建模会是一项极为有效工具。

4.7　系统工程师的可靠性建模最佳实践

迄今,第 3 章和第 4 章已经介绍了一些可靠性建模工具,它们作为确立与评价过程的一部分对于系统工程师了解可靠性要求的适当性是实用的。应如何在系统工程过程中将这些工具投入使用?或者,为了产品或服务具有最大的增加值,系统工程师应如何指引可靠性工程职能?在本节中,我们提供了关于这些问题的 4 个看法。

4.7.1　生成和使用可靠性模型

可靠性建模的主要目的如下。

(1) 在任何阶段评估设计的潜在可靠性和比较候选设计方案的可靠性。

(2) 核查面向可靠性的设计活动是否是成功的,即各项活动是否已致使一系统具有了满足其可靠性要求的潜力。

(3) 为在确定各系统在运行中是否确实满足了它们的可靠性要求时所需的数据分析提供指导。

在第 5 章中叙述了为(进行)这些活动所需的统计分析。在任何情况下,我们都是要以在数据分析中将被用到的相同术语表达可靠性建模的结果。也就是说,如果要收集的数据是停机持续时间、停机(运行时间)间隔时间、每规定的时间区间的故障数等,则应予选择的可靠性模型就要生成关于停机持续时间、停机(运行时间)间隔时间、每规定的时间区间的故障数等的一些信息作为它的输出。这些是可靠性效能标准且其本身也是随机变量,故可靠性模型的输出必将是可靠性效能标准的某种节略或概括,即可靠性的指标。当将一个可靠性模型与可靠性要求或可靠性数据相比较时,要将数据分析安排为使相同的可靠性标准呈现在相对照的两边。例如,如果一项可靠性要求涉及所期望的停机持续时间,则可靠性模型和数据分析二者都应给出所期望的停机持续时间。关于可靠性效能标准和可靠性指标二者的数据分析的论述可见第 5 章以及其他各章中的一些示例。

4.7.2 生成可靠性-收益曲线

对于供应商来说的可靠性的成本包括:

(1) 预防费用;

(2) 鉴定费用;

(3) 外部故障费用。

预防费用包括供应商为了影响产品或服务的可靠性所作的每一件事。这些包括有拟订可靠性要求和各项可靠性工程活动(包括可靠性建模及面向可靠性的设计)。鉴定费用包含在研发期间会要进行的任何可靠性试验费用以及故障报告、分析和纠正行动系统或 FRACAS(参见 5.6 节)等可归属于产品的那部分的各项运作费用。外部故障费用包含一部分有形成分(要提供的为任何保修服务的费用)和一部分无形成分(因客户觉察到产品可靠性差而引发的潜在的滞销)。保修服务的费用是直接的,易于理解,可通过延长保修期的销售予以补偿,而且对于主管来说是立即可理解的。声誉的损失代价是更难于精确确定的,因为它代表了像来自潜在客户(该客户可能因为供应商的声誉因之前销售了可靠性差的产品而受损,从而不愿自该供应商处采购)的业务的流失之类的更为抽象的事项。

可将各正规的方法用于在可靠性费用与期望的收益之间确定出一种恰当的均衡,但是这是罕见的。当代质量工程原理支持将更多的资源投入预防方面,以将故障代价降至更大的程度为目标(即“1-10-100”规则)。即使可靠性-收益的均衡仅是非正规地被处理的,而且其结果也不是非常精确,但在运用中还是有意义的,因为针对于不同等级的产品的回报会是十分不同的。例如,对于具有长的有用寿命和高可靠性需求的一架飞机而言,其预防费用比起会快速地变得过时(被淘汰)的生活娱乐产品的预防费用很可能要占研发费用的一个更高的比例。

4.7.2.1　保修成本建模

供应商提供的一种典型的保修担保含有的条件,如供应商将在初始采购后的某一段时期内修理或替换一件客户在使用时故障的产品。预计各种各样的保修方案的可能成本是供应商为确定一项产品或服务可能的收益而必须要做的规划的一个重要的部分。对保修成本模型做详细的考查超出了本书的范围。可靠性工程文献包含许多这类的研究报告;Blischke 和 Murthy[5] 提供了一个充分的介绍。因为保修通常是以日历时间规定的,所以运行时间与日历时间之间的关系对于保修建模是重要的,参见 3.3.7 节和 9.3.3 节。

4.7.3　可靠性预算

一个复杂系统含有许多可能会“故障”的组分、子组件或子系统,即以这样的方式起到了致使系统故障(要求的违背)的作用。当为一个复杂系统确定其可靠性要求时,必须去确定如何安排组分、子组件和子系统的故障和停机的频度机持续时间,使系统的故障和停机的频度及持续时间满足该系统的可靠性要求。该将系统可靠性要求分配到各组分、子组件和子系统的过程称为可靠性预算。可靠性预算的目的是以如下的一种方式为每一组分、子组件和子系统分派可靠性特性——故障概率、寿命分布、可靠性过程等,即

(1) 满足该系统的可靠性要求;

(2) 使成本最小;

(3) 能将组分/子组件/子系统设计得满足该目标。

可靠性预算的形式体系是数学规划或优化。我们能寻求将可靠性分配到各组分、子组件和子系统以满足系统可靠性要求;或者,如果给出一个固定的预算,能在该预算所指明的费用约束下使系统可靠性达到最大。这二者中的任何一种都是系统可靠性预算的一种类型。对这些概念的介绍可参见 2.8.4 节。

对于在 2.8.4 节或 4.3 节中阐述的可通过形式体系描述的系统,其系统可靠性预算要以一个可靠性框图及其相关联的结构函数作为起始点。许多可靠性预算问题的表述都是可接受的,这要视系统可靠性要求而定。此处有几个示例,都是针对具有一个结构函数为 φ_R 的系统而言的,并且其各组分的可靠性指示函数为 $C_1,\cdots,C_n$,而其成本为 $a_1,\cdots,a_n$。

(1) 具有一项任务时间要求的一个不可修系统。在这种情况中,要求该系统的生存函数至少要与在一规定的时刻 T 的给定值 s 一样大。如果组分/子组件/子系统的生存函数为具有参数分别为 $\boldsymbol{\lambda}_1,\cdots,\boldsymbol{\lambda}_n$(这些可能是向量)的 $\boldsymbol{S}_1(t),\cdots,\boldsymbol{S}_n(t)$,则可将该系统的可靠性预算问题表述为

$$最小化 \quad \sum_{i=1}^{n} a_i(\lambda_i) \text{ 满足条件 } \varphi_R(S_1(t),\cdots,S_n(t)) \geqslant s$$

(2) 具有一向可用度要求的一个可修系统。在这个情况中,要求该系统的可用度至少要与在一规定的时间区间[0,T]的给定值 α 一样大。如果组分/子组件/子系统的可用度函数为 $A_1(t),\cdots,A_n(t)$,则可将该系统的可靠性预算问题表述为

$$最小化 \quad \sum_{i=1}^{n} a_i(A_i) \text{ 满足条件 } \min_{0\leqslant s\leqslant T}\varphi_R(A_1(s),\cdots,A_n(s)) \geqslant \alpha$$

将预算问题表述为一个优化问题是一回事,获得一个解则完全是另一回事。① 这不是因为数学运算是复杂的或是超出了当前的能力,而是因为在获取有关组分/子组件/子系统的成本(作为它们的可靠性或可用度的应变量)的可靠信息方面存在困难。一个相关的困难是:对于作为它们的可靠性或可用度的应变量的组分/子组件/子系统而言,通常那不是一个各项选择的连续集(连续统)。通常不可能通过付出额外的一点点费用以略微地增加一个组分的可靠性。对于一个组分可能仅有一个或两个选择。这不会不利地影响求解步骤——很容易写出这样一个组分的作为一个阶跃函数的费用函数——但是更大的实际困难在于,这个信息难于获取且通常是如此不精确以致正规地解决该预算问题的尝试并不能以所用的输入信息的品质证明其合理性。在许多情况中,预算是非正规计划出来的,但经常因为输入信息是如此的分散,这已是足够好了。无论如何,可靠性预算对于继续推进面向可靠性的设计和预算的建立是必要的(无论采用什么方式),这是一个最好的惯常做法。

4.7.4 可靠性设计

一旦知道了每一组分、子组件和/或子系统的可靠性要求,就可以着手运用于第 6 章中的面向可靠性的设计的理念了。最佳实践表明,面向可靠性进行设计比其他可靠性管理实践更可取,因为面向可靠性进行设计试图更为积极主动地去做,利用从先前经验中得到的教训,并且与当代的质量工程原则是一致的。

4.8 本章小结

本章提供了有关可维修系统的可靠性建模的背景材料,那是系统工程师要在研发过程中作为一名优秀的客户和供应商所需要的。可将本章用作更高深的

① 更多非正式的方法,请参见 6.6.1.4 节。

可靠性建模研究的框架，但其主要意图是使系统工程师有所准备能在处理产品和服务开发的可靠性工程各个方面是有效的。

本章覆盖了用于可维修系统的可靠性效能准则和可靠性指标。其中最为普遍使用的是停机间隔时间、故障强度（故障率）及可用度。本章也覆盖了几种类型的修理模型。

我们再次提醒要格外留意“故障率”。该短语被用作几种不同的概念，其中一些概念需要专门的条件，所以需要意识到在任何特定情况中意指的是哪种含义。

4.9 练　　习

1. 一个维修过的系统在运行中生成了下述数据：$U_1=28$，$D_1=3$，$U_2=50$，$D_2=8$，$U_3=17.6$，$D_3=2$，$U_4=33.9$，$D_4=4.5$，$U_5=71$，$D_5=2.7$，$U_6=108$，$D_6=11$，而在此刻数据收集中断了。

(a) 这些数据采集结果覆盖的总运行时间是多少？

(b) 估计在这一运行期内该系统的平均故障间隔时间。

(c) 估计在这一运行期内该系统的平均停机间隔时间。

(d) 解释你所发现的任何差异。

2. 说明具有一递增危险率的寿命分布并且是依据再生协议进行修理的系统是具有一个递增的故障率的。如果它是依据更新协议进行修理的，则对这个系统会有什么说法？

3. 假定一个系统含有 1000 件单一故障点组分，每一组分具有参数（平均寿命）为 $\lambda_1,\cdots,\lambda_{1000}$ 的指数寿命分布。

(a) 该系统的寿命分布是什么？

(b) 该系统的平均寿命是什么？

(c) 假设组分 1 在时刻 T 故障并且以一个同类型的组分即刻地进行了替换。自 T 之后的下一次故障前的时间分布是什么？它的均值是多少？

(d) 按各组分的寿命分布为具有参数 $(\lambda_1,\beta_1),\cdots,(\lambda_{1000},\beta_{1000})$ 的威布尔分布结算该同一问题。

4. 考虑 4.4.3.1 节中的示例。假定作为替代，当每一波束生成器故障时是以一个新单元进行替换的，而且该替换时间相比于一个波束生成器的期望寿命是可忽略的。讨论针对这一情况使用一个各更新过程的叠加模型的结果。（提示：你也许要查阅 4.4.6 节）

5. 根据 4.4.3.2 节，计算 $N(x)$ 的期望值，在时间区间 $[0,x]$ 中的故障数。

建立一个 $EN(x)$ 的表达式以便使可用度的积分公式变得实用。(提示:$N(x)=\max\{n:S_n+D_1+\cdots+D_{n-1}\leqslant x\}$ 及 $D_1+\cdots+D_{n-1}$ 的分布的条件。)

6. 令 $N_i(t)$ 为一个具有强度函数 $\lambda_i(t)$ $(i=1,2)$ 的泊松过程。假定该两个过程是相互随机独立的。说明 $N_1(t)$ 和 $N_2(t)$ 的叠加是一个具有强度函数 $\lambda_1(t)+\lambda_2(t)$ 的泊松过程。(提示:可将该叠加写为 $N_1(t)+N_2(t)$。)

7. 考虑一个由 3 个单元 A、B 和 C 构成的系统。A 和 B 是处于一种热储备冗余的安排状态,而 C 是处于与这个总体串联的状态。

(a) 画出这个系统的可靠性框图。

(b) 写出该图的结构函数。

(c) 假定运行概率为 p_A、p_B 和 p_C 且每一单元的费用是与 $(1/p)-1$ $(p=p_A,p_B,p_C)$ 成比例的。进一步假定该系统的可靠度最少为 0.99。确定以最低费用满足系统可靠性要求的 p_A、p_B 和 p_C 各值。

(d) 假定各单元具有生存函数 $S_i(t)=1-\exp(-\lambda_i t)$ $(i=A,B,C)$,且系统可靠性要求为至少以 0.99 的概率生存 10000h。确定以最低费用满足系统可靠性要求的 λ_A、λ_B 和 λ_C 各值。

(e) 现在假定 A、B 和 C 是可修的,全都具有在区间 $[1,4]$ 上是均匀的修理时间分布,且该系统的可用度要求为 0.99 或更好。确定以最低费用满足系统可靠性要求的 λ_A、λ_B 和 λ_C 各值。

(f) 假定 A 和 B 是一种冷储备安排而非热储备安排。你的解会如何变化?

8. 考虑在 4.4.5 节中的服务器机柜示例。如果电源处于冷储备构型状态,分析将如何改变?

参考文献

[1] Ascher H, Feingold H. *Repairable Systems Reliability: Modeling, Inference, Misconceptions, and their Causes*. New York: Marcel Dekker; 1984.

[2] Barlow RE, Proschan F. *Statistical Theory of Reliability and Life Testing: Probability Models*. New York: Holt, Rinehart, and Winston; 1975.

[3] Baxter LA. Availability measures for a two-state system. J Appl Probab 1981; 18:227–235.

[4] Baxter LA, Kijima M, Tortorella M. A point process model for the reliability of a maintained system subject to general repair. Commun Stat Stoch Models 1996;12 (1):12–19.

[5] Blischke WR, Murthy DNP. *Warranty Cost Analysis*. New York: John Wiley & Sons, Inc; 1994.

[6] Box GEP, Draper NR. *Model-Building and Response Surfaces*. New York: John Wiley & Sons, Inc; 1987.

[7] Cox DR, Isham V. *Point Processes*. Boca Raton: CRC Press; 1980.
[8] Fakhre-Zakeri I, Slud E. Mixture models for reliability of software with imperfect debugging: identifiability of parameters. IEEE Trans Reliab 1995;44 (1):104–113.
[9] Gokhale SS, Philip T, Marinos PN. A non-homogeneous Markov software reliability model with imperfect repair. Computer Performance and Dependability Symposium, 1996, Proceedings of IEEE International; 1996. p 262–270.
[10] Grigelionis B. On the convergence of sums of random step processes to a Poisson process. Theory Probab Appl 1963;8 (2):177–182.
[11] Karlin S, Taylor HM. *A First Course in Stochastic Processes*. 2nd ed. New York: Academic Press; 1975.
[12] Marlow NA, Tortorella M. Some general characteristics of two-state reliability models for maintained systems. J Appl Probab 1995;32:805–820.
[13] Neuts MF. Probability distributions of phase type. Liber Amicorum Prof Emeritus H. Florin 1975;173:206ff.
[14] Neuts MF, Meier KS. On the use of phase type distributions in reliability modelling of systems with two components. Oper Res Spectr 1981;2 (4):227–234.
[15] Neuts MF, Pérez-Ocón R, Torres-Castro I. Repairable models with operating and repair times governed by phase type distributions. Adv Appl Probab 2000;32: 468–479.
[16] Osaki S. *Stochastic System Reliability Modeling*. Singapore: World Scientific; 1985.
[17] Osaki S, Nakagawa T. Bibliography for reliability and availability of stochastic systems. IEEE Trans Reliab 1976;25 (4):284–287.
[18] Rachev ST. *Probability Metrics and the Stability of Stochastic Models*. New York: John Wiley & Sons, Inc; 1991.
[19] Sahner RA, Trivedi KS, Puliato A. *Performance and Reliability Analysis of Computer Systems*. Dordrecht: Kluwer Academic Publishers; 1996.
[20] Telcordia Technologies. Generic reliability assurance requirements for fiber optic transport systems. GR-418 Core Issue 2. 1999. Piscataway, NJ: Telcordia Technologies.
[21] Thompson WA. On the foundations of reliability. Technometrics 1981;23 (1):1–13.
[22] Tortorella M. Numerical solutions of renewal-type integral equations. INFORMS J Comput 2005;17 (1):66–74.
[23] Tortorella M. On cumulative jump random variables. Annal Oper Res 2013;206 (1):485–500.
[24] Tortorella M. Strong and weak minimal repair and the revival process model for maintained system reliability. 2014.
[25] Tortorella M, Frakes WB. A computer implementation of the separate maintenance model for complex-system reliability. Qual Reliab Eng Int 2006;22 (7):757–770.
[26] Trivedi KS. *Probability and Statistics with Reliability, Queueing, and Computer Science Applications*. Hoboken: John Wiley & Sons, Inc; 2008.

第 5 章　预计的和实际的可靠性要求的对比

5.1　本 章 内 容

一旦建立了可靠性要求,系统开始开发和部署,便可以通过要求是否得到满足获得可靠性方面的重要信息。为了解决这一问题,本章将为你提供一些思路和工具。两种类型的可靠性要求,即基于可靠性的效能标准和基于可靠性的指标的关键描述均已在第 2 章中进行了介绍。我们提供了适合每种情况下的一些统计方法,并且讨论了如何解释它们引出的结果。本章以故障报告和纠正措施系统(FRACAS)的一些概念结束。该系统能够系统化地收集、归档和分析数据,以获得关于配置系统可靠性的更加有效和高效的反馈。

5.2　引　　言

系统工程师可以适当的收集和分析相关可靠性数据,并通过客户对其产品和服务的可靠性体验获得至关重要的反馈。此反馈将得到系统实现可靠性与其可靠性要求的一致性程度。任何缺陷都有机会在以下过程中改进。

(1) 建立可靠性要求的过程。

(2) 建立可靠性设计的过程。

(3) 建立可靠性建模的过程。

普遍接受的方式是:从该方面系统收集可靠性数据,并且对照可靠性要求分析这些数据。在本章中,我们讨论了适合这种尝试的数据类型,几种收集和分析可靠性数据的技术,并对比所得结果。

5.3　效能标准、指标、度量和预计

5.3.1　回顾

这里介绍的材料已经在 2.4 节进行了简要回顾。效能标准是对感兴趣的工

程现象的定量表达。在大多数工程环境中，以及在特定的支撑性学科，效能标准被概念化为一个随机变量，在第 2 章中已说明原因。可靠性效能标准的一些例子包括系统修复中断时间、每单位时间内故障的次数、第一次故障的时间等。指标是效能标准的一种概括性描述，它运用了诸如分布、密度、危险率、均值、方差、百分比等概率的概念。指标的例子包括中断的平均时间、第一次故障时间分布的危险率、在运转的第一年故障次数的方差等。度量是对一些数据的计算，或者一些数据的函数。例如，10 个系统为一组，记录 35 次停电的持续时间样本均值就是一次度量。统计学家称度量是统计学的，但术语“度量”在工程上是较为常见的。值得注意的是，在常规系统的工程运用中，“样本”一词都不包含在任何度量或统计的概念中；在统计的理论中，“样本”几乎都是包括在这样的定义中的。因此，系统工程师需要了解抽样往往是目前的数据集合，并准备向其他利益相关者解释的定量指标的数据来源。

术语提示：纵观整个可持续性工程界，“效能标准”“指标”和“度量”并不总是以同样的方式使用。我们选择的定义有助于更容易地开发一个一致的框架用于解释可靠性要求，并且分析所需的数据，以确定是否符合这些要求。特别是“度量”有时用于这些概念中的任何一个，所以当使用“度量”一词时，要特别小心辨别它正确的意义和背景。

5.3.2　示例

接下来看一个关于伺服电机的可靠性要求的例子：“当电机在情况 A 的环境下运行，电机意外停机之间的平均时间不少于 11800h”。条件 A 列出所有有关操作伺服电机的环境参数，包括但不限于温度、湿度、振动、空气质量和润滑间隔这些参数，指定这些参数的取值范围，则伺服电机应当正常工作。伺服电机正常工作的定义包括电机移动到一个命令位置的最长时间、可允许的最大故障等，若可以明确地确定故障的定义，则伺服电机所有故障模式都可以列出。这个示例中的可靠性效能标准要求包括意外停机间隔，以及根据相关可靠性指标给出的意外停机之间的平均时间。仅限制平均停机间隔时间可能会允许停机值之间不恰当的短暂持续时间，对于伺服电机所服务的较大系统，系统工程师应该做出判定（可能通过与一个可靠性工程专家签订协议做出），限制平均停机间隔时间至少 11800h 是否与可接受的可靠性（客户满意度，盈利能力）相一致。这意味着，除其他事项外，系统工程师应了解停机间隔时间可能发生的变化，使得包含伺服电机的系统发生停机的时间在分布函数的左端（即较小的值）的情况足够少见，使得它仍然给客户提供可接受的可靠性。

要求提示：暂时假设我们正在处理一个系统在每种情况下停机间隔都正好

是 976h。很容易制定一个方案以保持系统在任何时候都在运行,在某种意义上说,它可以在无停机(计划外)服务情况下持续提供服务,可以每 975.9h 用一个新的替换。这个方案在现实中的困难是:我们很少精确地知道停机之间的时间,它们在整个装置中始终不同,或多或少依赖于存在多少噪声因素以及这些噪声的影响力。可靠性(维修性或保障性如适用)要求和建模就是我们用来应对这种变化的工具。当使用(或仅使用)一项可靠性效能标准分布的均值作为要求时,考虑以下最有意义的情况。

(1) 当预期整个装置的可靠性效能标准值的变化比较小时。

(2) 当客户拥有大量系统的装置时,并且合计成本或具有足够高的水平的操作措施使得平均值足以提供顾客需要的指导。

在第一个实例中,例如,考虑平均需要 1000h 的情况,可靠性效能标准的取值范围在 900~1150h 比 100~25000h 更为有效。我们能理解范围在 900~1150h 的系统比 100~25000h 的系统更好(有时,我们认为前者的质量认同比后者更好些,参见 5.4.1 节),客户能够做出更好的维护计划。第二个实例是可能会售出成百上千甚至上百万的防御系统。在这里,买方(如一个国家的国防机构)获得许多相同的系统,并负责对它们进行维护。这样的购买者可能会合计整个舰队系统的相关费用,这里平均值可以提供它所需要的所有的信息(因为强大数法则[5])。然而,即使在这种情况下,购买者还是需要为舰队的个别系统制定维护计划,并且更加个性化的信息将会大有裨益。

在本书的第二部分和第三部分,我们也将分别考察效能标准、指标、可维修性度量、保障性。我们用和探讨可靠性相同的方式探讨这些因素。

5.3.3 可靠性预计

当系统工程师达成了可靠性的要求,开发人员应该判断在开发中间阶段的系统是否能够满足这些可靠性要求。在项目开发的每个阶段都应该有规律地重复进行判断。开发人员使用可靠性建模(第 3 章和第 4 章)以协助确定这一判定。由建模工作所得的数据代表了对系统运行时潜在可靠性的预测或预期。认识到任何此类可靠性预测应当用于识别系统的设计是至关重要的,发现不足之处时,这部分的改进是最具成本效益的。将任何可靠性建模工作视作一个没有反馈到设计过程的"数字练习"是对时间和资源的浪费。此外,当与可靠性的技术集中设计 (第 6 章)一起使用时,可靠性建模是最有效的,因为获取补充信息在运行恰当时可以提高系统运行的可靠性。

因为许多在可靠性建模中使用的数据包括从试验或操作可靠性数据采取的组件和子系统可靠性统计估计,可靠性预测也是随机变量(见第 3 章"串联系统寿命分布的各参数置信限”)。要利用由开发团队的可靠性试验工程师所提供的可靠性预测的系统工程师需要使用本章所描述的统计方法做出必要的决定:我们是否可以持续目前的发展过程(我们认为,如果目前假设系统能继续发展,则该系统满足其可靠性要求的概率较高),或为提高系统的可靠性,是否需要改变(我们认为,该系统按照目前的设想继续发展,以后无法满足其可靠性要求的概率比较高)。这些问题的答案都有一定概率。本章所讨论的技术是为了帮助系统工程师做出这个决定。

5.4　统计比较概述

5.4.1　质量知识

在探讨任何的技术问题之前,我们强调的是,这一章中讨论的比较,事实上是统计,因为所涉及的量是随机变量。这意味着,关于所涉及数目的相对位置的任何判断只能是概率性的。我们只能说,在许多情况下,从当前数据集估计得到的运行可靠性表明,这种可靠性至少是优于 0.9 的要求概率(或其他值)。或者,我们会发现数据只支持一种情况,就是在统计上可靠性预计和可靠性要求差异并不显著的时候。这些例子表明其比较有助于支持系统工程过程的基于风险的看法。肯定地做出这种情况的定量判断是很罕见的,因为大部分的原始资料中包括数据以及从数据中得出的指标,即统计数值,是随机变量。系统工程师必须熟悉并习惯用这种方式获取关于他们工作中的系统知识。值得记住的是,系统每一步的开发构成该公司盈利的保障。除其他事项外,这意味着故障的直接和间接成本就太大了,严重损害利益。可靠性建模和设计可靠性的一个目的就是提高盈利保障的概率,以及从充分了解决定新设计还是继续当前设计的决策门限中得到的商业利益。基于风险的系统开发的认识由这个推理得出。本书就不再详述处理方法,有兴趣的读者可以参见文献[1]和文献[8]以了解更多详情。

应由系统工程师工程监控的统计数据是从系统工程的重要数据可以得出的认识。例如,可靠性工程师可能在所有安装的系统中开展每个月替换一个特定类型的可更换单元(LRU)平均次数的评估。这个估计值很可能是在所有调查的系统中每个类型的 LRU 的每月替换数目的数据集的样本均值。此统计数据受制于抽样误差[4,11],变化的来源是:样本是从群体中随机抽取的,而不是整个群体。也就是说,从同一个群体中抽出另一个样本,会得出不同的统计值。有了这样的统计数据,我们关注精确度和准确度统计信息的准确度由统计学家们通过偏差测量得来，偏差指的是统计的期望值和群体数量的真实值之间的差。大多数被用于系统工程的统计值，在应用于系统工程学的通常情况下都应该是不偏不倚的（当然，这种说法需要在任何特定的情况下都是精确的）。或许，更重要的是精密度。统计信息的精密度是由累积分布（也称为抽样分布）的发散程度测量的。反过来，它由统计学的标准差表示，也与方差相关。如果统计的标准差较小，则由统计值传递出的信息比标准差大的更加准确，则可以说关于统计描述的方差的知识质量很高。反之，如果标准偏差较大，由统计值得出的知识的相对质量较差，因为当标准差较大时，则相关值存在更多的不确定性。以这种方式，我们可以描述由统计值得出的质量知识，使得提高特定系统工程方差的质量知识的有关成本和采集数据的判断是公正的。有时，一个统计量的标准差过大，以至于不允许对下游风险进行置信评估，并且如果可观测的系统数目小，为了提高认识的质量，必须扩大额外资源，或者必须经过更多的时间，从而可以做出明智的决定。管理者总是在不确定的情况下做出决策，这个知识框架提供了一种方法了解提高质量认识（减少不确定性）的开销与价值，这一质量认识与决策者需要的特定量化变化的重要性相关联。

5.4.2 3个比较

我们现在考虑3个与系统可靠性相关的重要量。首先是系统需求，适用于开发商和业务经理的指导量。然后是会发生在开发过程的不同阶段的可靠性预测。最后还有一些来自系统运行过程中可靠性数据收集的可靠性估计。我们有充分的理由将这些中的每一个与其他相对比。这些原因将在本节中讨论，并涉及在5.5节用作比较的相关技术。

5.4.2.1 比较运行可靠性与可靠性要求

为什么系统工程师要去比较运行可靠性与系统的可靠性要求就非常明显了：了解一个系统是否满足其可靠性要求为洞察客户可能如何看待系统及其供应商提供重要的信息。无法满足可靠性要求的系统可以提供改进的机会。

（1）对客户如何使用产品的系统工程的认识。

（2）可靠性要求被创建的过程。

（3）为可靠性设计采取开发行动（第6章）。

由实际系统操作期间收集的可靠性数据创建的运行可靠性的任何估计都是一个统计量，并且是一个随机变量。可用于比较运行可靠性与要求的一些统计技术将在5.5节中讨论。

5.4.2.2 比较运行可靠性与可靠性模型

可靠性建模应该描述系统投入运行的场景。也就是说，系统投入运营后，工作人员负责确定系统或系统集合已实现的可靠性，收集并分析各种运行时可靠性相关数据。可靠性建模应该让工作人员明白其所期望的。特别是，在监控运行的可靠性时，可靠性模型应该用其中一个输出与预期收集到的数据形式相同的方式表示。例如，如果一个要求详细规定了停机之间的平均时间，建模应该包括关于平均停机时间的说明，并且数据集应该包括可用于做出系统平均停机时间的推论。

这种比较改进了可靠性建模过程。无论是可靠性模型输出还是估计域的可靠性，都是随机变量，并且有些不同的统计方法也需要做出适当的比较。实际上，除非在有限的情况下（见第 3 章“一系列系统的寿命分布参数置信限”），收集与可靠性预测有关的分散信息还是很难的。所以大多数可靠性工程师把可靠性预测按照确定性量处理，这样做可以使用相同的技术去比较运行可靠性需求。

我们研究的一个例外是，所有部件的寿命分布是指数分布的串联系统。在这种情况下，第 3 章“串联系统的寿命分布参数置信区间”描述了一种用于获得该系统的危险率的置信区间的方法（即该系统的指数寿命分布的参数）。使用这种置信上限，可以获得关于使该串联系统危险率的要求得到满足的概率的附加信息。下面的例子说明了总体思路。

示例：假设包含表 5.1 中列出的每个零件的一个小部件上的可靠性的要求是：部件的初次失败的平均时间应不小于 1000h，并且表 5.1 中列出的部件的零件合理地使用指数寿命分布进行建模。危险率是每 10^6h 单元故障的次数。部件要求相当于危险率为 1000（在相同的单位下），或更小。该部件满足这一要求的可能性有多大？

表 5.1　示例部件组件可靠性参数

零件编号	危险率	90% UCL
1	38	50
2	75	90
3	600	660
4	100	105
5	55	71
6	20	22
7	52	64

解答：该部件的危险率是每 10^6h 940 次的故障数（表中第二列的总和）。按照第 3 章“串联系统的寿命分布参数置信限”中的记法，$S=2676$ 且 $\delta=660.4$。

部件 90%的 UCL 的风险率①大约为 1006.3>1000,所以我们认为部件满足其危险率要求的可能性低(<90%)。部件的零件的危险率的总和为 940<1000,所以如果没有分布信息可用,我们会得出不同的结论,但附加了分布的分析会量化我们有关于这个结论的可信度。

5.4.2.3 比较可靠性模型与可靠性要求

可靠性要求的创建是用来满足客户关于成本效益和停机状态少的客户要求。因此,它们应被看作是系统设计的驱动力。设计者应采取行动去创建一个会满足可靠性要求的系统,完成创建的工具将在第 6 章中讨论。但设计师也需要一种方法知道目前的设计是否能够满足其可靠性要求,并且是否有改正或改进的必要。一个系统完成和运行之前,往往采用可靠性建模评估设计可靠性的当前状态,并且将结果称为可靠性预计(参见 4.7.1 节)。将可靠性预计与可靠性要求作比较的目的是要确定在其当前状态的设计是否可能满足可靠性的要求。可靠性预计是一个随机变量,不能肯定地做出决策。我们只要求该设计将满足其可靠性要求高到足以接受剩余风险的盈利能力(风险是指设计将不能满足可靠性要求,并且为挽救失败被迫使用更多的资源)和客户满意的概率足够小。

然而,正如 5.4.2.2 节指出的,在几乎所有情况下可靠性工程师把可靠性预计作为一个确定性的量,将可靠的预计与需求做比较通常可以减化成一个简单的是或否的决定。

5.4.3 从系统集合中计算数据

当从大量的系统(同一类型)收集计数数据(如在一项研究间隔替换的数目),所有系统聚集计数是从各个系统的计数叠加。如果它们独立操作,Grigelionis 定理[10]的条件得到满足,并且叠加近似是一个泊松过程(参见 4.4.6 节),其强度为有效系统计数的强度之和。如果大量②的系统将被投入使用,使用一个服从指数分布的简单的系统可靠性模型对于全部单点的故障零件或部件时比较恰当,因为在这个模型中故障发生次数形成一个泊松过程,而独立泊松过程的叠加(从每个单独的系统中的计数)又是一个泊松过程。用于由一个泊松过程中产生的数据分析技术数量众多且成熟[6],使得这些类型的数据的分析方便而有益。

---

① 需要注意的是,在第 3 章"串联系统的寿命分布参数置信限"给出的方法并不断言部件危险率大约有 660.4 自由度的 χ^2 分布。χ^2 近似描述只是出于计算 UCL 的目的。

② 一个实际的指导规则是,"大"是指每个系统在整个研究时间间隔的计数数量,再乘以系统的数量应该至少是 15,并且没有系统研究时间间隔内的计数低于 5。

5.4.4 环境条件

到目前为止,在本章中我们并没有透露太多的可靠性要求的重要组成部分,即要求得到满足的条件。在本章中,收集数据进行分析讨论是在各种情况下进行的,主要是未知的,这些情况不一定都是要求中提到的,这样的情况是常见的。通常的情况是,环境条件对可靠性(参见 3.3.5 节)会产生影响,因此,该数据将包含这些影响。然而,大多数时候,收集数据不包括对于数据来源单元的普遍条件的精确描述,并且这些条件也经常以一种未知的方式随时间的变化而变化。精确的统计分析需考虑到这些环境条件,但是当它们是未知时,分析时忽略它们并非完全没有益处。

这个问题的完整处理超出了本书的范围。此外,需求分析是专业的和资源密集型的,这意味着,它们是为这些罕见的情况预留的,这样,从经济学考虑精确的结论得以保全。文献[3]中介绍了这一分析方法。

5.5 统计比较技术

本书的主题之一是:系统工程师通过数据的收集和分析监测可靠性要求的成果是否重要。本节为这一主题提供了为收集数据的分析程序以便在本书中提到的不同可靠性要求下完成任务。在可持续性学科,感兴趣的量通常是必然事件的持续时间(停机、维护任务等)和必然事件的次数(故障、维修车间缓冲区溢出等)。表 5.2 指导你为数据的类型选择合适的分析过程。想获得关于数据收集和分析更多的背景知识,以及用于验证写在效能标准或度量方面的要求,参考 12.6 节将会是很有帮助的。

这里描述的在可靠性管理的背景下的许多技术也适用于有关的可维护性和保障性的变量比较。一些实例将在第 10 章和第 12 章中进行讨论。

表 5.2 数据分析决策树

需求	写作	适用于	数据	部分
持续时间	效能标准	整个群体	普查	适用于整个群体持续时间效能标准,普查数据
			抽样	适用于整个群体持续时间效能标准,样本数据
		部分群体	普查	适用于部分群体持续时间效能标准,普查数据
			抽样	适用于部分群体持续时间效能标准,样本数据
	度量	整个群体	普查	持续时间度量,适用于整个群体,普查数据
			抽样	持续时间度量,适用于整个群体,样本数据

（续）

需求	写作	适用于	数据	部分
持续时间	效能标准	整个群体	普查	适用于整个群体计数效能标准，普查数据
			抽样	适用于整个群体计数效能标准，样本数据
		部分群体	普查	适用于部分群体计数效能标准，普查数据
			抽样	适用于部分群体计数效能标准，样本数据
	度量	均值	普查	计数度量，均值，普查数据
			抽样	计数度量，均值，样本数据
		比例	普查	计数度量，比例，普查数据
			抽样	计数度量，比例，样本数据

5.5.1 时间要求

可靠性、维修性和保障工程包括持续时间和发生频率都是系统工程师与规划者所感兴趣的。这些事件的大部分要求对他们的持续时间和/或发生频率有所限制。在本节中，我们研究了适于确定满足持续时间要求的统计过程。5.5.2节涵盖了计数或发生频率的要求。

5.5.1.1 持续效能标准要求

持续效能标准要求通常被运用到整体（如停机之间的时间应该小于1880h）或者整体中的一部分（如98%的停机间隔时间都应该小于1880h）。在这一章节里，我们将讨论两个数据收集的案例，群体的统计调查或者是群体的抽样。

为了阐述对一段持续时间里的有效要求的分析，我们查看一个关于直升机旋翼传动装置的中断时间的可靠效能标准的要求。当一个要求按照一个效能标准设计时，此要求可能解释为适用于部署的产品、系统或服务的群体的每一个成员，或者它可能适用于群体的一部分（参见2.6.3节）。例如，对于直升机旋翼传动装置的可靠性要求，可以写为“意外中断间隔时间不得少于100h以上”，或者写为“95%的意外中断间隔时间应不小于100h”。在第一种情况下，该规定适用于在役直升机的整个群体。对于每架被收集中断间隔时间数据的直升机来说，很容易判断是否满足其要求（见章节“持续效能标准应用于整个群体，普查数据”和“持续效能标准应用于整个群体，抽样数据”）。在后一种情况下，有两种可能的合理解释。第一，对每个单独直升机，95%的中断间隔时间应不超过100h；第二，对于所有在役直升机，95%的中断间隔时间应不超过100h。让每个单独的直升机保持这个要求可能是不合理的；到累积在一架直升机身上足够的中断时，能够合理估计5%的中断间隔时间的分布，这架直升机也会被认为太老旧而不能再飞。对于这种情况的适当分析程序可以见“持续效能标准应用于部分群体，普查数据”和“持续效能标准应用于部分群体，抽样数据”小节。

1. 持续效能标准应用于整个群体，普查数据

如果在役直升机旋翼传动装置的整个群体的普查数据是可用的（即中断间隔时间对于群体中的每一个在役直升机都是记录的），它可以直白地告诉我们哪架直升机满足要求，哪架不满足。做一个关于直升机旋翼传动装置的简单意外的中断间隔时间的目录（表 5.3）观察是否有一些少于 100h。意外的中断时间超过 100h 的直升机满足要求。如果直升机的中断间隔时间少于 100h，那么，它不满足要求。在表 5.3 中，有 15 架直升机的数据，2 号、6 号、9 号和 11 号直升机不满足要求，其他符合。

表 5.3　意外中断之间的样本时间

部件编号	意外中断之间的小时数	部件编号	意外中断之间的小时数
1	151.4,108.7,211.5,185.5,110.1	9	126.1,69.6,109.8,79.0,65.4
2	98.6,141.4,173.2,314.1,100	10	107.4,198.1,118.1,198.4,126.5
3	318.4,400.9	11	116.0,67.1,181.4,92.1,150.7
4	255.0,221.6,160.4,284.7,252.8	12	181.1,186.8,111.4,168.7
5	135.4,223.8,260.3,256.2,169.0	13	133.7,118.3,137.7,111.8
6	186.7,192.8,83.6,130.4	14	131.1,166.0,110.1
7	202.0,176.5,122.2	15	155.0,121.6,260.4,154.7,131.8
8	172.9,177.3,138.2,146.7,101.3		

2. 持续效能标准应用于整个群体，抽样数据

如果只有一个样本（一个子集）的直升机的数据可得，我们仍然可以估计要求在群体中得到满足的概率①。这是一段稍微不同的资料，尽管在普查的情况下我们对于每个直升机可以做一个明确的、是或否的判断。在抽样的情况下，我们没有获得所有在役成员的数据。对于样品的成员，明确的是或否的判断仍然是可能的；但对于数据不可用的其他在役成员，这个判断是不可能的。估计要求整体被满足的概率过程是直截了当的，即通过直升机的样品中符合要求的比例（这称为“样本比例”）估计符合要求的整体比例（或者，等价地，要求得到满足的概率）。

① 这里所指的概率是抽样性过程的结果。群体是否满足要求没有随机性，不管满足或者不满足，我们根本不知道。该群体符合要求的概率的解释如下：如果抽样被重复很多次，该要求得到满足的概率近似等于那些时间过程的结果，即要求得到满足的比例。

例:在一个有120架在役直升机的集合中,15个(每架直升机一个)传动装置的中断间隔时间的数据如表5.3所列。满足要求的传动样本比例是11/15=0.733,一个满足要求的全部在役直升机比例的点估计(或群体满足要求的概率)对于这一比例为90%的置信区间近似由下式给出,即

$$\left[0.733-1.645\sqrt{\frac{0.733\times0.267}{15}},0.733+1.645\sqrt{\frac{0.733\times0.267}{15}}\right]=[0.545,0.921]$$

具体参见9.4节。基于表格5.3,我们可以得出,超过一半的在役直升机满足要求的置信度为90%。更大的样本将产生更紧密的置信区间(其他条件不变)。在置信区间的概率(即90%置信区间涵盖符合条件的真实总体比例的概率)来自抽样方案,而不是来自群体比例的任何随机概率(其中没有随机性,群体的每个成员要么满足要求,要么不满足)。换言之,如果我们花费大量时间进行重复抽样实验(从这一群体中抽取15个样本),然后90%的置信区间(每次都会出现不同的一个区间,因为数据是不同的)将会包括90%的真实群体的比例。

上面给定的置信区间是使用正态近似构成的。当样本很小,如10或者更小时,使用t分布来近似代替。同样参见9.4节的文献[4]。

关于分析的其他3个关键点需要注意:

(1) 第一,直升机的整个群体规模只有120,因此有限总体校正[4]是否被运用是值得研究的。有限总体校正$(N-n)/(N-1)$运用到样本方差,其中N是群体数量,n是样本数量。在这个案例中,修正是105/119=0.94,很接近1,不使用它不是错误的一个主要来源。

(2) 第二,标准的Wald置信区间公式(这是我们一直在用的)在样本大小小于100~150时不是相当准确,可以对此进行修正[17]。在这个例子中使用,它的置信区间是[0.50,0.89],这是稍微比前面给出的分析较为悲观的(但更准确)。

(3) 第三,通过统计的观察结果,它可能估算出使用参数或非参数模型的中断时间的分布,判断对于所有有着同样中断间隔时间分布的直升机的假设是否合理。① 这个话题已经超出了讨论范围,并需要熟悉统计问题,包括删失、截断、最大似然法,其他的可以在参考文献[12,14,16]中找到。

3. 持续效能标准应用于部分群体,普查数据

在这个案例中需求是不同的。它仍然是效能标准要求,但是被描述为适用于群体的一部分,如“95%的意外中断间隔时间不应该少于100h”。这可以解释为适用于以下几方面。

① x^2检验[4]可以用来试验这一说法。

（1）在群体中的每个单独个体（在直升机例子中，这意味着，对于每架直升机，不超过 5%的意外中断间隔时间小于 100h）。

（2）整个群体（编目包括所有在役直升机的调度外的时间，其中小于 100h 的时间不超过 5%）。

对于这两种情况，这个要求描述了至多 5%的意外的中断时间小于 100h（最多允许 5%小于 100h 的时间）。

第一种解释不常见到。描述样品中任何特定的直升机，对待来自其自身的分布样本的每架直升机的数据，是否满足要求。计算小于 100 的观察量通常应用于二项式比例估计方法。新的问题是一些直升机一直没有小于 100 的观察量，这表示我们通过对这些直升机 4～5 次的观察获得了 0“成功”。据统计，对于这些案例来说，还没有满意的解决方案。一个简单的方法是对比例 p 使用平滑先验做一个简单的贝叶斯分析。通过 n 次观察，观察次数都不少于 100，更新的 p 的分布是 beta$(1,n+2)$。正如你所想的，在这个案例里它不可能被确定。

例：在表 5.3 的 8 号装置完全满足要求，因为表 5.3 中它的所有数据（被记录的时间）都超过 100h，所以它的所有时间的 5%超过 100h。我们可能会问怎么保证在将来 8 号装置还会满足所有条件，对于这个问题，可以把观察数据 172.9、177.3、138.2、146.7 和 101.3 当作一个未知的分布，这个分布是关于（将来的）意外停机间隔时间，通过它估计从数据中得到的不少于 100h 的时间的比例。对于 8 号直升机的意外中断时间的样本平均值是 147.3h，样本标准差为 30.64。因为它只有 5 个数据点，我们运用 $t(4)$ 分布（t 分布有 4 个自由度）去估计将来意外的停机时间大于 100h 的概率。对于 8 号直升机这个概率是 0.987，所以我们能够确定 8 号直升机在将来只有很小的机会停机之间的时间小于 100h。在实际运用中，我们可以分析所有 15 个直升机的数据，并且对它们进行排序，决定哪一架直升机应该得到关注去纠正异常、较差的可靠性。

第二个解释更加普遍。这里有两个策略去回答这个问题：

（1）估计 5%的比例并与 100 比较。

（2）估计少于 100h 的比例并与 5%比较。

估计概率是很难的，而且结果经常有很大的不确定性。把这个问题当作是估计二项式比例会更简单；我们已经作了一些实验，其结果带有可以解释的不确定性。收集来自普查的所有数据，通过这些数据和运用上面一样的方法估计持续时间小于 100h 的比例。在表 5.3 中，65 个观测数据中的 7 个或者说 10.8%的数据小于 100h。本组 15 个装置在数据收集的这个时间点不符合要求。怎么判断这 15 个装置在未来是否满足要求，把表 5.3 中的 65 个观察当作一个未来的意外中断间隔时间的观察数据的比例抽样，从这些数据中估计小于 100h 的中断间隔时间的比例。这个是练习 2 的内容。

如果数据中包括一个右删失观察数据,那么,简单二项式方法将不能使用。可以使用估计生存函数(互补分布)的 Kaplan-Meyer 方法[12,14]。这提供了一个间接的对 5%持续时间的估计(首先估计分布,然后从分布估计值导出 5%),所以这里有一个信息的弥散,结果的置信区间可能大于我们直接的估计。这里包含一个折中的右删失观察数据:如果只有少量的右删失观察数据,①忽视它们并直接从非删失观测数据估算所需的比例可能更有效,然而,如果这里存在很多右删失观察数据,那么,首先估计生存函数,然后运用右删失观察数据可能会产生更好的结果。

4. 持续效能标准应用于部分群体,抽样数据

最后,我们考虑其中数据是从已安装系统的总体收集的案例的情况。这个案例就像我们对待表 5.3 中观察数据是来自于一连串将来的观察数据的抽样一样来对待。

5.5.1.2 持续度量要求

持续度量要求通常适用于整个总体(如中断间隔平均时间不应低于 1880h)。在本节中,我们将讨论收集的普查数据或者抽样数据的度量持续时间。

1. 持续度量应用于整个群体,普查数据

当持续要求根据可靠性度量来描述时,通常被认为应用于一个部署系统的集合(参见 2.6.4 节)。如果进行普查是可能的,然后将通过普查数据计算得到度量值与需求描述的值进行比较,由此我们可以做出明确的判断。

示例:假定直升机转子传动组件的可靠性要求为意外停机平均时间不应少于 100h,表 5.3 所列的数据来自一次普查(其中有 15 架直升机处于在役状态中)。表 5.3 中的数据点 65 的平均值是 167.3h,大于 100h,所以满足要求。

2. 持续度量应用于整个群体,抽样数据

如果无法进行普查,确切说明总体是否满足要求是不可能的,但是可以用样本估计总体满足要求的概率。

示例:假定直升机转子传动组件可靠性要求中断间隔平均时间不应少于 100h,表 5.3 所列的数据构成来自从更大的总体中抽取的样品。我们想要估计这一总体满足要求的概率。表 5.3 中记录了 65 次停机。这些样本故障的均值为 167.3h,样本标准差为 $65.76/\sqrt{65}=8.16$h。整体中停机间隔估计平均时间大致满足均值 167.3 和标准差 8.16 的正态分布,样本整体平均时间少于 100h 的

① 粗糙经验法则:观测总数的 5%~10%被删失。

概率是 $\Phi_{(0,1)}((100-167.3)/8.16)=\Phi_{(0,1)}(-8.25)=0$,因此,这个总体被满足的概率是 1。用相同的数据,可以构建双侧的总体均值置信区间。结果 95% 置信区间为

$$\left[167.3-1.96\frac{65.76}{\sqrt{65}},167.3+1.96\frac{65.76}{\sqrt{65}}\right]=[167.3-15.99,167.3+15.99]$$
$$=[151.3,183.3]$$

其他基于正态逼近的置信区间,可以使用表 5.4 的置信系数。如果数据点的数目很小,如少于 10,可以使用基于自由度为 $n-1$ 的(n 为样本容量)t 分布的置信系数。例如,当 $n=6$,基于 t 分布的双向置信系数分别为 2.01、2.57 和 4.03,分别对应于置信区间 90%、95%、99%。

表 5.4　正态置信系数

置信系数		
置信水平/%	单　向	双　向
68	0.75	1.0
90	1.28	1.645
95	1.645	1.96
99	2.33	2.58

参见 2.7.5 节,计算正态分布、t 分布及它们的逆可能需要使用微软 Excel™ 完成。

例如,早期在部署一个预期将大量销售的 10 个服务单元的新光纤传输系统。可靠性要求意外停机间隔时间平均值需小于 1900h。这 10 个单位,记录了以下意外停机间隔时间(时间单位为 h,时钟从 0 开始,所有的系统运行时间 0,更新修理(4.4.2)):1715,2128.5,1254.8,1634,2528,1830.1,1419,2030.5,857,1328,467,1335.7,3150,2530.8。那么,能满足要求的概率是多少?

解答:指定了更新修理,我们可以把数据集视作从意外停机间隔分布中得到的随机样本数据。显然,一个或多个系统的样品中至少有 2 次中断(有 10 个单元和 14 个观察点)。这些数据点的样本均值为 1729.2,样本标准差为 710.4。样本均值是指样本总体平均值的点估计,我们将这个值作为系统总体待建的表征。(假设它们是相同的样本)。如果我们知道所有的点估计,会说这是符合要求的。然而,这种推论没有考虑未来停机时间过程中发生的样本变化,那时的样本总体还未确定,样本中的成员是未知的,设置的 14 个观察点是该数据集的一个样本。估计概率的要求是一个正态分布的随机变量,并且其均值为 1729.2,

标准差为 $710.4/\sqrt{14}=189.9$，小于 1900 的概率约为 0.82。我们也可以尝试通过构建一个单侧的置信区间的样本总体均值来解决这个问题。基于这些数据，单侧置信区间为 90% 样本均值是 $[1729.2, 1729.2+1.28\times710.4/\sqrt{14}]=[1729.2, 1972.2]$。此间隔包含要求值 1900，所以这些数据支持一个结论的可能性较高，即该要求被满足。然而，使用置信区间这种方法并没有明确地给出达到要求的概率，除非要求值落在构造的区间外。在这种情况下，可以断言要求没有被满足的概率不大于该间隔构造的置信水平，不包括要求值的最大的单侧置信区间（对于总体平均）为 $[1729.2, 1729.2+170.8]=[1729.2, 1900]=[1729.2, 1729.2+0.90\times710.4/\sqrt{14}]$。置信系数为 0.90 的单侧置信水平是 82%，这与前面的分析相一致，需求得到满足的可能性较低。

最后，我们需要考虑数据被收集和记录的方式是否影响了对其进行分析。如果我们不知道这些数据是来自一个系统的更新修复，我们将不能通过一个单分布样本进行分析。如果没有这种假设，很难从这些数据中得出任何可靠的结论，至少我们没有一个对数据产生机制进行任何统计分析的先决条件。

这里补充一点，这些数据和更新修复模型满足使用 Kaplan - Meyer 过程[12,14,16]估计关于中断时间的生存函数（参见 3.3.2.2 节）。在采集数据时，很可能有一些但不是所有系统处于运行状态。从最近一次中断发生的时间到数据被采集的时间经过右删失观测[12]，这些采集数据来自同一个分布，并且不能忽视其中的重要信息。在这个例子中我们并不知道所给数据的观察值是多少（因为我们不知道记录这些数据的时间和系统当时的状态），尽管我们花了许多努力去收集这些包含了不容忽视的信息的数据，但我们不能用它们做分析。

5.5.2 计数要求

在这一节中，我们将研究符合计数要求或满足发生频率的统计程序。参见 5.5.1 节持续时间过程的相关要求。

5.5.2.1 计数效能标准要求

计数的效能标准要求通常是应用于整个群体（如 25 年内操作失败次数不得超过 3 次）或群体的一部分（如 98% 的安装系统 25 年内失败的次数不超过 3 次）。在这一节中，我们将讨论这两种情况下，普查或者抽样调查收集的数据。

1. 计数效能标准应用于整个群体，普查数据

如果一个计数效能标准要求被应用到普查中，并且普查是可以实现的，通过将每一个成员与要求进行比较就能判断其是否符合要求。群体中的每一个成员是否符合要求都能做出是或否的判断。因为这些都是普查得到的数据，没有必

要考虑抽样误差。

例如,假定某一船舶柴油机的可靠性要求是“10 年内不超过 10 次的故障”,16 台发动机被监控,并收集到以下数据(表 5.5):

表 5.5　船用柴油机故障计数

发动机编号	10 年内的故障数	发动机编号	10 年内的故障数
1	1	9	0
2	9	10	13
3	11	11	3
4	6	12	5
5	4	13	3
6	6	14	2
7	2	15	0
8	0	16	1
注:发动机 3 号和 10 号不符合要求,而其他 14 个发动机则满足要求			

2. 计数效能标准应用于整个群体,抽样数据

现在假设在表 5.5 中的数据代表了 16 个来自更大总体的发动机的样本。因为这些都不是普查数据,因此不能确切地得出总体是否符合要求。但我们可以估计总体符合要求的概率。发动机符合要求的样品比例为 7/8=0.875。标准差是 $[7/(64\times16)]^{1/2}=0.083$,所以双向 90%的置信区间下,符合要求的概率为

$$[0.875-1.96(0.083),0.875+1.96(0.083)]=[0.713,1.0]$$

右端点实际上是 1.03,因为它是一个概率在 1 处截断。这个问题的另一个部分是试验。这个方法需要花费 10 年时间来数据收集,显然,这种做法是不切实际的。是否有可能综合一些影响后只用一年的时间收集数据呢?练习题 5 提供了一个尝试一些想法的机会。

3. 计数效能标准应用于部分群体,普查数据

在这种情况下,需求会像“至少 95%系统在 10 年的服务期内不能有超过 5 次的失败”。确定普查数据满足要求是很简单的:如果 95%的观察数据是 5 或更少,那么,系统一定符合要求。在表 5.5 中,观测值为 5 或小于 5 的比例是 68.8%,小于 95%,所以要求不满足。

4. 计数效能标准应用于部分群体,抽样数据

在只有一个样本的采样数据的情况下,只能估计要求满足的概率。表 5.5 中满足要求的样本比例为 11/16=0.688,估计的标准差为 0.083。满足要求的概率近似等于一个均值为 0.688,标准差为 0.083 的正态随机变量超过 0.95 的概率,而这个概率约为 0.0008,所以要求几乎肯定不会满足。

5.5.2.2 计数度量要求

计数度量要求通常适用于整个总体(如在运行的第一年故障的平均数量不得超过2)。计数度量要求也可以表现为一个比例,如“有缺陷的交易每百万机会出现的平均数量不得超过4”。在本节中,将分别讨论当收集的数据代表了总体普查或总体的一个样本时,计数度量的均值和比例。

1. 计数度量,均值,普查数据

运用这些普查数据,可以简单地计算要求中所述的度量(在这种情况下,就是平均值),并且比较计算结果与要求中所述的值。这支持了是或否的判断。表5.6(练习5)列出了16台船用柴油机一年内的故障次数。如果在表5.6中的数据是正在工作的16台发动机的普查,有15/16的发动机第一年出现的平均故障次数少于2次,所以这组16台发动机是满足要求的。

表5.6 船用柴油机故障计数

发动机编号	第一年的故障数	发动机编号	第一年的故障数
1	0	9	0
2	2	10	5
3	3	11	1
4	1	12	1
5	0	13	0
6	1	14	0
7	0	15	0
8	0	16	1

2. 计数度量,均值,抽样数据

这里的过程将是从样本数据估计总体的平均值和确定它小于2的概率。从表5.6的数据可以得出样本均值为0.94,标准差为0.35。基于对16台发动机的观察结果分析,发现数据较好地符合正态分布,并且具有均值0.94,标准差为0.35的正态随机变量的概率为0.999,小于2,所以几乎可以肯定的是,该要求得到满足。

3. 计数度量,比例,普查数据

在第8章讨论的服务可靠性要求往往写成对在特定的方式失败记录的比例限制。在电信行业,这些比例通常表示为每百万产生缺陷(DPM)的次数。参见8.5.1.1节中更全面的讨论。在这里,我们讨论写成比例的要求的统计推断。

示例:每百万交易缺陷的平均次数不得超过3.4的服务可靠性要求是可以被采用。两周的忙时数据收集结果如下:0,0,4,2,0,54,1,1,3,1,0,5,0,1,数据表示为每百万交易失败次数。在14h内的缺陷记录的平均数为5.2。如果用这14h代表普查,也就是说,我们只对这14h感兴趣,则要求不能得到满足。在这组数据中,人们可能会怀疑,第 6 天发生一些不寻常的事情(一个“特殊原因”正在起作用)。消除第 6 天的数据,我们得到的平均值为 1.2,说明要求是满意的,如果真的有特殊原因,那么,数据的消除是有道理的,因为它可以补救。这种分析很容易适合于使用控制图的图形显示[18](见练习 5)。

4. 计数度量,比例,抽样数据

现在假设在“计数度量,比例,普查数据”给出的数据可以作为从该服务的长期可靠性表现里推断出的一个样本。换句话说,该数据是一个来源于已测的仅 14h 的忙时的更大的总体样品。在这种情况下,我们估计要求得到满足的概率。数据中显示的样本标准差为 14.2,所以样本均值近似于一个的正态分布,均值为 5.2,标准差为 $14.2/\sqrt{14}=3.8$。

该要求得到满足的概率,就是平均值为 5.2 和标准偏差为 3.8 的正态随机变量小于 3.4 的概率,它大约为 0.32。如果已经是一个特殊原因在起作用的基础上,我们从数据上消除第 6 天,这样的补救可以避免很多交易失败的发生,则观察剩余 13 天的样本均值为 1.38,样本标准差为 1.66。该要求得到满足的概率是 1~5 位小数。

5.6　故障报告和纠正措施系统

如果用系统的方法获取数据,即使用业务过程收集这些数据,则本章中所讨论的作为研究基础的数据可以有效地获得。在可靠性工程中,这个过程被称为 FRACAS。这个过程的细节将根据产品或服务和供应商业务的组织类型变化,但所有的 FRACAS 过程都基于一个简单的思想。系统维护计划的副作用,是会在供应商、制造商、顾客、维修中心(多个)等周围引出源源不断的材料(LRU 等)。FRACAS 将“传感器”放置在不同的点上,在这个流程上获取关于数字和时间的数据。数据可以由以下几点组成:

(1) 单位时间流过传感器的单元数量;

(2) 在各种状态下单元花费的时间(操作、维修、在备用池等);

(3) 在指定的时间某些位置的单位数量。

所收集的数据需要进行调整以适应分析,参见 5.4 节的相关分析和作为原料的数据类型。

本节的其余部分介绍一个系统供应商退出了生产的承包,但维持内部维修设施的 FRACAS 的例子。这是一个概念上的例子,不是从任何特定的行业中得到的,但它说明有关 FRACAS 的应用要点。

这里的例子表明 FRACAS 由可删除和替换类型的维护概念组成,在第 10 章中更全面地描述这一概念。它涉及一个系统,它的设计在这个意义上是模块化的,当系统故障时,通过识别故障组件,并从备件池提取另一个装配替换它修复系统。该计划通过诱导不同的地点在不同时间生命周期的系统组件的流动。需求一致性分析的数据可以在流程图中的不同点收集。图 5.1 有助于说明这些观点。

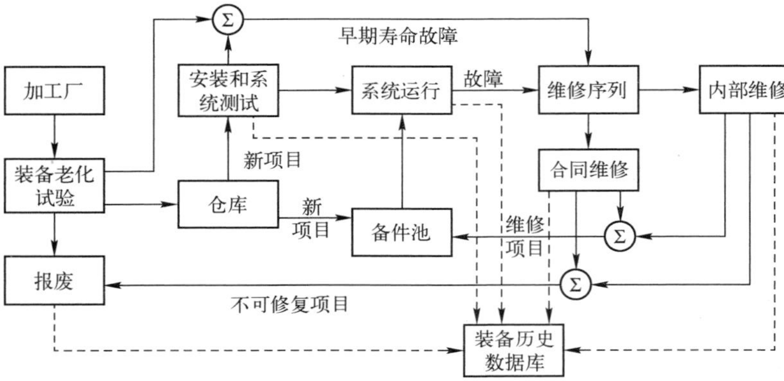

图 5.1　FRACAS 流程图的例子

图 5.1 中的实线表示材料的流动,虚线表示数据流。如本例所示,工厂生产出组件,组件在被存储于仓库位置之前进行去老化和试验。出现故障的部件收集在队列中等待维修,如果判断不可修复则报废。老化的部件一些安置在新系统中,一些存放在备件池中。使用中发生故障的部件将被撤下,由合同制造商或者内部提供商维修。一些组件可能是无法弥补的,将报废。那些修复的部件返回到备用池用于替代在服务中出现故障的部件。某些组件可以在维修过程的开始通过所有试验。这些有时称为"未发现故障"部件,不同行业用不同的方式处理。

数据从图中的各点流向组件的历史数据库时,保留根据由条形码或其他识别技术生成的装配的序列号的数据是最宝贵的。当组件安装到系统中,无论是作为一个新系统的组成部分或作为一个故障组件的替代品,它的安装时间都记录在数据库中。当部件发生故障时,出现故障的时间被发送到数据库;根据其最近安装的时间,可以计算出当前寿命。当组件修复时,修复期间更换的部件的列表也发送到数据库;将列表与组件序列号相关联可以计算部件的寿命。① 当组件报废时记录它的序列号,从它的逐次安装、故障次数以及部件更换记录,编写

① 根据组件在试验前是否单独或批量被取代,该数据可能包含需要说明的估算组件的寿命分布的分块删失。分块删失的详细信息参见文献[2]。

该组件的完整履历。

FRACAS 还应该支持基于事实的纠正措施。FRACAS 可以代表显著的费用,简单地收集数据可能不存在相称的投资回报。基于在部件试验、系统试验、维修时得到的信息,纠正措施的设计修改和升级应减少未来中断的故障数与持续时间。纠正措施可能包括:

(1) 部件的变化;

(2) 装配设计(如电路板设计可靠性,参见 6.5.1 节);

(3) 固件重新设计;

(4) 环境的变化(如添加一个风扇进行散热)。

当不低估数据收集和分析的价值,尤其是用于确定可靠性要求实现的程度,没有健全的纠正措施反馈到系统的设计和结构的 FRACAS 可被视为投资没有得到足够的回报。

这里显示的 FRACAS 例子不是规范性的,只是说明性的。一个成功的 FRACAS 只能根据产品或系统的特定属性的固有理解、供应商的商业计划维护计划,以及在分段装配配件时影响材料和数据流向的其他因素创立。正确的 FRACAS 设计也需包括由承包商(即非附属维修车间)提起的对所进行活动的要求,从而使 FRACAS 形成一个整体。

5.7　可靠性试验

在试验设计、数据收集和分析中,可靠性试验是大量感兴趣问题的来源。最突出的可靠性试验类型是:

(1) 组件寿命试验;

(2) 可靠性增长试验;

(3) 软件可靠性试验。

这些中任何一个详细的试验都超出了本书的范围,但简单的介绍对系统工程师来说是非常有用的。为感兴趣的试验进行深入研究提供参考。

5.7.1　组件寿命试验

部件寿命试验的目的是估计在各种环境条件下组件的总体的寿命分布。例如,如果一个电路采用 0.25μm 技术制造的半导体,该电路可靠性建模将需要在各种温度、湿度和/或其他环境条件下,0.25μm 技术制造的半导体的寿命分布信息。即使从第一原则(例如,当在给定的操作温度下给定电流时,在给定厚度和宽度的铜材料的电流出现电迁移空隙需要多长时间)描述这种技术的可靠性是可能的，集成电路（IC）含有大量的不同长度和不同的电流流过，足够复杂，导致开发用于从第一原则的整个集成电路的可靠性模型可能在时间和资源上很昂贵。完成对集成电路和它的基础技术的群体（使用试验结构（如电容器）研究的介电击穿、用导体图研究电迁移以及采用晶体管结构研究热载流损伤）的加速寿命试验更实用。重要的问题包括以下几方面。

（1）如何设计加速寿命试验？关于试验主体需要知道什么？从试验中能够得到什么信息？

（2）应在试验中收集哪些数据？

（3）应如何从试验数据进行分析？

设计和加速寿命试验分析已被广泛研究，并且仍然是一个需要积极探索的学科，参见文献[9,12-15]。

5.7.2 可靠性增长试验

在正常工作条件下，试验整个大系统的可靠性通常是不切实际的。如果在相对于预期可靠性的短时间内实现时，试验可能得到很少数据或没有数据。对于实际的系统，其可靠性可能要求很高，寿命试验将耗时很久。① 然而，加速寿命试验和高加速应力试验（HAST②）可以用于这些系统，试验、分析和修复（TAAF）过程是有效的。这个过程也称为可靠性增长试验。

在可靠性增长试验中，一个开发中的系统在一些阶段中频繁被试验。根本原因分析是：当可能发生一些故障并且启动纠错系统运行，创建了系统的新版本。再次试验新版本，重复该过程，直到获得满意的结果。从可靠性增长试验分析数据的常用方法包括 Duane 图[16]和 AMSAA 模型[7]。在可靠性增长试验中要记住的关键点是，处理不同系统的每一个可靠性增长试验阶段：从一个变化的系统的试验结果阶段出现故障的根本原因分析用于消除负责故障机制，所以该系统的后一个版本与前一个是不一样的。如果这点不明确，有时会导致混乱。

5.7.3 可靠性软件建模

针对软件的具体特点进行的可靠性软件建模最常用的方法是可靠性增长试验。在此试验期间出现的故障时间数据通常适合于非齐次泊松过程，试验过程强度的降低表示软件的可靠性提高。9.4.1 节将会更充分地讨论 TAAF 方法。

① 一个好的经验法则是：为了收集有意义的数据，寿命试验至少运行 5 个或更多的平均寿命时间。

② 试验系统超出其规定的环境限制，以故意刺激故障。

5.8 可靠性要求比较的最佳实践

5.8.1 跟踪可靠性要求达到情况

本章描述了几种对可靠性工程有意义的比较方法。对已取得的可靠性成果与可靠性比较需要持续跟踪,因为这是了解客户正在经历的和可能存在于设计的薄弱环节最好的方法。如果资源和/或商业计划许可,则可以添加其他的比较。

5.8.2 FRACAS 研究

最复杂的军事、电信和其他工业系统都有类似于图 5.1 所示的流程图,所以 FRACAS 是运行时的自然结果。数据流将四处移动,所以利用它提供的机遇是有意义的:通过其管理的业务流程,适当收集通过仪器的数据流,并使用维修操作的机会,收集和研究重新设计所需要的数据。

5.9 本 章 小 结

一旦可靠性要求到位,询问系统是否实现正常运行是有意义的。本章介绍了一些工具,帮助恰当地进行比较。

(1) 可靠性要求与可靠性的性能。

(2) 可靠性的性能与可靠性的建模。

(3) 可靠性建模与可靠性要求。

这些工具对于供应商的业务的不同方面都非常重要。本章还介绍了一个故障报告和纠正措施系统的例子。在示例中提出的想法可以用于其他系统操作和维护计划的其他 FRACAS 设计。

5.10 练 习

1. 本节中的 15 架直升机的每架直升机"持续效能标准应用于部分群体,采样数据",估计意外停机的次数比例不少于 100h。哪架或哪些直升机的可靠性不足?

2. 本节中的由 15 架直升机组成的小组"持续效能标准应用于部分群体,采样数据",估计意外停机的次数比例不少于 100h。这告诉你未来的观测将不少于 100h 的可能性是多少？或者说，这个小组将满足未来要求的概率是多少？

3. 完成分析本节中所述的，利用"持续效能标准应用于部分群体，采样数据"处理表 5.3 所列的 15 架直升机，没有被记录的意外停机之间的时间总体的样本。在从总体随机得到的直升机不少于 100h 的意外停机出现一次或更多次的概率是多少？

4. 对于"计数效能标准应用于整个群体，采样数据"一节的示例，找到最大的置信系数，其相应的置信区间右侧端点为 1（见本章第二个例子"持续度量应用于整个群体，采样数据"）相应的置信水平是什么？你会怎样告诉你的主管？

5. 表 5.5 列出了船用柴油机运行第一年的故障次数（见本节"计数效能应用于整个群体，采样数据"），"计数效能标准应用于整个群体，采样数据"一节所述的要求经过 10 年运行可以得到满足的可能性是多少？（提示：需要一些促进假设。根据泊松过程，强度可以从数据估算，尝试将每个发动机当成故障机处理。）

6. 制定本节示例中所描述的问题"计数度量应用于部分群体，采样数据"作为控制图有哪些好处？这种方法的成本是怎样的？你会如何解释给你的主管？

7. 完成本节中的示例"计数度量应用于部分群体，抽样数据"。

参 考 文 献

[1] Barlow RE, Clarotti CE, Spizzichino F. *Reliability and Decision Making*. New York: Chapman and Hall; 1993.

[2] Baxter LA. Estimation subject to block censoring. *IEEE Trans Reliab* 1995;44 (3):489–495.

[3] Baxter LA, Tortorella M. Dealing with real field reliability data: circumventing incompleteness by modeling and iteration. Proceedings Annual Reliability and Maintainability Symposium; Piscataway, NJ: IEEE; 1994. p 255–262.

[4] Berry DA, Lindgren BW. *Statistics: Theory and Methods*. 2nd ed. Belmont: Duxbury Press (Wadsworth); 1996.

[5] Chung KL. *A Course in Probability Theory*. 3rd ed. New York: Springer; 2001.

[6] Cox DR, Lewis PA. *The Statistical Analysis of Series of Events*. London: Chapman and Hall; 1966.

[7] Crow LH. An extended reliability growth model for managing and assessing corrective actions. 2004 Annual Reliability and Maintainability Symposium. Piscataway, NJ: IEEE; 2004. p 73–80.

[8] Cui L, Li H, Xu SH. Reliability and risk management. *Ann Oper Res* 2014;212 (1):1–2.

[9] Elsayed EA. *Reliability Engineering*. 2nd ed. Hoboken: John Wiley & Sons, Inc; 2012.

[10] Grigelionis B. On the convergence of sums of random step processes to a Poisson process. Theory Probab Appl 1963;8 (2):177–182.
[11] Hoel PG, Port SC, Stone CJ. *Introduction to Statistical Theory*. Boston: Houghton Mifflin; 1971.
[12] Lawless JF. *Statistical Models and Methods for Lifetime Data Analysis*. Hoboken: John Wiley & Sons, Inc.; 2011.
[13] LuValle MJ, LeFevre BG, Kannan S. *Design and Analysis of Accelerated Tests for Mission-Critical Reliability*. Boca Raton: Chapman and Hall/CRC Press; 2004.
[14] Meeker WQ, Escobar LA. *Statistical Methods for Reliability Data*. New York: John Wiley & Sons, Inc; 1998.
[15] Nelson WB. *Accelerated Testing: Statistical Models, Test Plans, and Data Analysis*. New York: John Wiley & Sons, Inc; 1990.
[16] Nelson WB. *Applied Life Data Analysis*. Hoboken: John Wiley & Sons, Inc; 2005.
[17] Sauro J. 2005. Measuring usability: quantitative usability statistics and six sigma. Available at http://www.measuringusability.com/wald.htm#wilson. Accessed November 9, 2014.
[18] Wadsworth HM, Stephens KS, Godfrey AB. *Modern Methods for Quality Control and Improvement*. New York: John Wiley & Sons, Inc; 2002.

第6章　可靠性设计

6.1　本章内容

目前,我们掌握了可靠性要求及一些为它们提供支持的定量模型,重点是如何进行设计以满足可靠性要求。开发团队需要深思熟虑地构建可靠性的产品或服务。缺少这种考虑,产品或服务虽然会有一些可靠性,但这只是偶然获得的。你需要控制系统的可靠性,采取积极措施驱动它向你想要的方向发展,不断总结可靠性要求。本章讨论了几个技术,可以使用它们构建可靠性的产品或服务,这个活动称为"可靠性设计"。这些包括:

(1) 对论证过程的全面了解是可靠性设计的基础;

(2) CAD 工具在印制电路板(PWB)可靠性设计的应用;

(3) 故障树分析(FTA);

(4) 故障模式、影响和危害性分析;

(5) 简要介绍可靠性设计软件,在第9章更详细地讨论;

(6) 作为增强可靠性的工具的鲁棒设计。

在这本书中存在许多方法,没有一个方法是绝对有效的,因为它们的使用针对了各自的场景特性。本书主要目的是展示这些方法如何有针对性地应用在可靠性工程中,以便提供正确的引导和启发。

(1) 你可以使用这些方法在系统工程实践上。

(2) 你可以在今后更深入地钻研某些你需要或感兴趣的内容。

6.2　引　　言

到目前为止我们一直关注如何恰当和有效地描述可靠性要求。当这个任务完成后,系统工程师仍与项目的成败密切相关,他们能通过有效地促进实现这些(和其他)要求增加项目价值。在可靠性工程中,最有效的工具就是设计的可靠性。可靠性设计贯穿产品或服务的设计、实现产品或使服务满足可靠性要求的开发过程中。总之,可靠性设计的这些行为在产品或服务的设计和开发中预测与管理故障。“管理故障”意味着：

（1）避免这些故障（failures），可以设计出经济合理的对策；

（2）计划，故障确实发生时如何应对。

可靠性设计是一个系统化的、可重复的和可控的过程，其目标是经济合理地满足可靠性要求。本章不仅涵盖了可靠性设计的基本知识，还包括其应用于的电子系统中印制电路板的特定领域的一些更深层次的方面。这本书的第二部分和第三部分讨论维修性和保障性，使故障发生时的中断时间最短。

可靠性设计针对早期发生在产品或服务发展中的故障是最有效的。因为此时产品或服务尚未完全实现，需要一种方法评估其可靠性要求能够被满足的可能性，可以引导产品或服务设计达到可靠性要求。因此，这一章的首个主题是概念产品或服务的可靠性评估，概念产品就是一个还没有真正开始，但已着手发展或部分完成的项目。可靠性评估是一种确认项目发展状态，并向开发团队提供反馈的途径。

可靠性设计不会消除所有可能的故障。可靠性设计是一种预测未来的特殊尝试，同样地，它本身通常存在遗漏误差和决策错误的可能。有很多这样的例子，它们执行了故障模型和影响分析（FMEAs），详细描述了许多潜在的故障模型，但完全忽略了某个故障模型，导致服务中的许多故障。一个例子是 2000 年一个国家公路交通安全管理案例中的 Saturn 座椅调角器故障[22]。由于这样遗漏的现象容易出现，因此维护一个稳健的、从过去经验中学习的程序是很重要的。现在我们回到可靠性设计过程描述这个主题。

可靠性设计自然地引入了维修性设计和保障性设计，因为向客户提供可能发生故障的应对措施是十分重要的。尽管可靠性设计提供了稳健的方法去预防故障，然而，“能够预防所有故障”只是被误导的想象。故障仍会发生，关键问题是供应商将如何为客户和用户提供方法最小化故障发生对业务的影响。这是维修性设计和保障性设计的内容，在第 11 章和第 13 章中描述。

6.3　可靠性评估技术

能够在整个生命周期中评估产品或服务的可靠性具有重要的意义。在设计和开发中，我们需要一个进行可靠性设计的基础：有获悉当前可靠性状态的能力，否则很难判断日后是否需要进一步改善。在产品生产或服务开展过程中，重要的是要确保相关流程不向产品或服务引入可能导致之后故障的潜在缺陷。在客户操作和使用中，各方都需要关注产品或服务是否满足可靠性要求。本节讨论定量可靠性建模和可靠性试验，用来评估在设计、开发和制造过程中的产品可靠性。服务可靠性设计在第 8 章中有介绍。利用客户使用产品过程中的统计数据评估可靠性是首要课题,这在第 5 章已经介绍过。

6.3.1 定量的可靠性建模

第 3 章和第 4 章都致力于为系统工程师探索定量可靠性建模。定量可靠性建模通常是可靠性工程专家的领域,这些章节的研究比一般系统工程师的需求更深入。第 3 章和第 4 章中提出以下几点要求。

(1) 帮助系统工程师成为可靠性工程专家、开发管理者和其他利益相关者的供应商与客户。

(2) 如果有必要,为可靠性建模的进一步探索提供一个坚实的基础。

(3) 促进正确使用语言和概念,这对明确目的和交流是非常重要的。

将客户-供应商模型引入系统工程过程对于可持续发展是卓有成效的。虽然这很少能明确体现,但是客户-供应商正在发生互动,甚至一个非正式的客户-供应商关系可能带来更有效的行为和结果。正如在第 1 章讲述的,系统工程师将可靠性要求提供给开发团队,同时,系统工程师也是可靠性工程技术人员提供可靠性评估和数据分析的客户。共同的理解和正确使用语言是能够成功的必要条件。开发管理者也是系统工程师的供应商和客户。他们提供了开发进度和财务目标,洞察客户需求和资助项目工作。反过来,他们需要最新和未经加工的信息,用以描述项目当前状态,包括可靠性、维修性以及保障性。其他利益相关者包括客户代表,与其开展各种关于要求和持续性参数的可能输出的谈判,此时,负责人就坐在桌子的两边。系统工程师擅长管理所有这些接口,他们对于这些重要因素的了解越多,系统或服务越有可能会成功:这是客户的希望之源、供应商的利益所在。

我们可以在产品概念阶段用定量可靠性建模。没有硬件或软件甚至原型需要存在,模型是数学表达式的集合体,能够估计或预测各组件的可靠性,并将它们通过一种系统化的方式结合,用以完成对系统及其子系统的可靠性评估。这种建模作为一个指标,系统工程师可以用它来帮助决定是否需要添加资源(或减少),以保证系统满足预期的可靠性要求。当系统存在难以满足可靠性要求的风险时,可靠性建模获得的信息可以为设计团队提供证明,哪些设计需要加强。

可靠性建模如果脱离设计团队对结果的分析使用,就是无用功。

6.3.2 可靠性试验

试验作为可靠性评估的一种方法有时很有帮助,然而,它很难在项目发展的早期阶段掌握系统的可靠性。这不是因为对系统的原型、早期版本或可以构成系统的元件和组件进行试验没有价值，而是因为可靠性试验需要试验大量的单元，并持续很长一段时间（通常是单元预期平均寿命的数倍），这在早期发展不实际。我们之所以要求系统工程师雇用可靠性工程师，并在系统开发过程的早期设计可靠性技术，这是其中一个主要原因。设计的细节和可靠性试验的描述（包括加速寿命试验）不在本书的讨论范围。许多优秀的方法可供参考，包括参考文献[2,14,25,29,35]等。

这个原则有一个明显的例外。在当代的实践中，试验是用于掌握软件产品或系统可靠性的主要（尽管不是唯一的）工具。第 9 章将深入讨论这种方法。软件故障机制的影响能够立即显现，这使得软件产品或系统的可靠性试验可行。软件故障标准模型的绝大多数错误都是因为代码引起的，当需求输入条件①向软件发出请求后，软件会调用相应的某个模块，若模块代码存在错误，则会输出不当的结果。“不当”的意思是“与根据需求预估的结果不一致”，所以不当的输出代表一个故障。这种现象的发生在本质上没有延迟，当提供同一个输入条件时，它会以同样的方式发生在每一个软件的副本上（阻止复制错误通常被认为是很稀有或不可能被避免的）。软件可靠性试验是可行的，具体原因如下。

（1）与硬件不同，当软件的故障机制被激活时，故障立即发生。

（2）软件的故障机制在某个特定输入条件下被激活，所以试验可能通过不断搜索输入条件进行。

（3）软件故障比硬件故障能够更快地被解决。

随着运行剖面的运用，这种试验得到发展。运行剖面是要求规则的编录，将服务中可能遇到的条件集中输入并评估概率。在第 9 章将给出更多细节，也可参见参考文献[13,36]。

6.4　可靠性过程设计

在可靠性设计中会用到抽象的、通用的思维过程，这一节将加以解释。这一过程使用类似于故障树分析的推理，便于通过树形图整理结果和流程。参考文献[8]对这一观点有更广泛的认识。

可以这样描述，一些方法能够通过预估和管理故障获取可靠性增长，可靠性设计（DFR）过程就是将这些方法系统化的过程。每个设计都会产生可靠性结果。换句话说，每个设计选择了一些在产品或服务中的潜在故障模型。DFR 流

① 对于软件需求是合法的。

程将这些故障模型整理成目录,每个故障模型决定了故障机理和根源,思考采取怎样的预防措施能够防止这些故障机理变得活跃,并将采取措施的结果或者关闭措施的操作记录下来。这个过程可以树形图的形式展示出来(图 6.1)。

图 6.1 必然是不完整的,因为受到空间缺乏的限制,图中所有故障模型、故障机理、预防措施乃至某个单一设计结果的显示都受到了影响。此外,在实际情况下,从某个给定的设计中开发的故障模型的数量可能会很小,而一个正式的、全面的研究可能是昂贵的,但也可能是设计的真正关键所在。

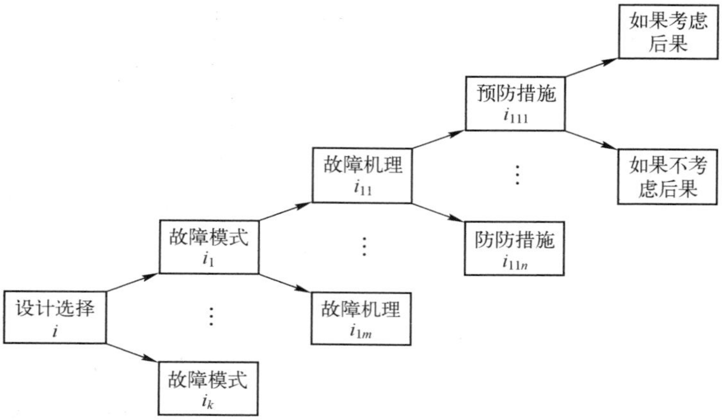

图 6.1　可靠性过程树设计

故障树分析流程按图中所示从左到右进行。第一步是选择每个设计引入到系统的故障模型。通过检查每个子系统需求,并以清单的方式将违反可靠性要求的设计整理出来,可以系统地完成这项工作。例如,低压电源设计师可以选择过滤铝电解或钽电解电容器。对于铝电解电容器,相关的故障模型包括开路故障、短路故障、电容的变化、泄漏电流增加、打开通风和电解液泄漏[23]。对于这些电容器右图 6.1 中 $k=6$。钽电解电容器的相关故障模型包括短路和热失控故障,在图 6.1 中,$k=2$[26]。设计选择(在本例中)依赖于电路中电压的选取,其中对钽电容电压的选择可能刺激或抑制电容器相关的故障模型。

程序的第二步是将第一步中列出的每个故障模型关联到相应的故障机理。通常,每个故障模型不止对应一个故障机理。故障机理应该补充足够的细节,这样故障的根本原因可能被确定。这意味着,每个故障机理的描述应该包含根本原因分析的结果,以便寻求适当的对策。参考文献[23]第 4 节中提到的铝电解电容器的例子显示,故障机理与前面列出的 6 个故障模型有关。例如,短路故障是介电薄膜的隔离故障或电极之间的短路问题所引起的。接下来,介电薄膜的隔离故障是由氧化膜的局部缺陷或电介质纸缺陷引起的。分析一直持续到对故障机理有足够的了解,以便找到对策。对于铝电解电容器的设计师,介电纸缺陷可能通过与介电纸供应商建立一个合适的供应商管理程序来解决。类似的解决方案适用于有缺陷的氧化膜故障机理。

然而,相较于电容器设计师,我们更关心的是系统开发人员或电路设计师,主要是为了展示系统开发人员怎样使用可靠性的设计过程。我们关心的不是电容器的制造商,而是在电路中电容器的用户。为高效使用,我们需要知道用户控制范围内的因素是如何影响系统开发人员设计出的可靠性,也就是本例中的电解电容器。设计师的控制范围包括:

(1) 电路设计,理解电容器的电路设计中电应力;

(2) 电路物理布局,理解电容器的物理设计中的力学(主要是热力)应力。

所以要想分析出根本原因就需要确定电应力和机械应力如何影响电容器的可靠性。也是在参考文献[23]第 4 节,列出可能导致铝电解电容器故障的电应力和机械应力,包括外加电压、过度的纹波电流、不当的机械应力、外加反向电压、卤素污染、过度充电或放电、随时间退化和密封材料的老化。一个系统中的电容器用户需要采取行动确保这些应力不在应用中出现,或者至少出现在足够低的程度,不会激活相关的故障机理(参见 2.2.7 节)。适当的电容器可靠性设计包括:选择一个电容器,其额定电压大约是两倍的峰值电压(交流)或电路中预估的稳定电压(直流),确保完全符合通孔或表面附件的规范;选择一个电容器,其密封退化时间远超过产品的使用寿命,否则将导致故障。

6.5 节描述了一种在 PWB 可靠性设计领域运用这些方法的系统研究法。6.8 节讨论相关属性随时间的漂移如何影响组件的可靠性。

6.4.1　信息来源

由以上讨论可以发现,设计可靠性依赖于知识积累。必要的知识包括以下几方面。

(1) 定量应力强度关系(参见 3.3.6 节),包括:

① 影响组件的应力;

② 计算应力值的函数,它影响组件寿命分布(参见 3.3.5 节);

③ 函数中的参数值。

(2) 组件中(电路、机械设计等)的应力值。

(3) 排布电路、机械设计以及组件选择的有效手段,这可能避免应力的有害影响。

许多研究已经致力于解决这些实实在在的问题,对于系统工程师来说,最重要的是能够为设计团队提供有效的信息,帮助他们迅速解决这些问题。

可靠性物理作为一种独特的学科,致力于从基本原则入手,确定各种各样的设备中应力和可靠性之间的关系,特别是离散半导体和集成半导体。对于大多数系统工程师来说,可靠性物理文献过于冗长,需要太多时间提炼日常应用所需的信息,但是,这些研究的知识有助于标准化工业、学术数据库以及软件的发展,这些领域都为可靠性工程师提供便利。

除了可靠性物理,用于创建这些数据库的其他信息来源包括对在客户操作系统环境中可靠性数据的分析。一个经过适当设计的 FRACAS(参见 5.6 节)可以将大量有效数据转换到组件级别。针对这些数据的分析技术已经达到了一个高级的发展阶段(参考文献[5,6,28,31,33]),其他方面也是如此。在第 5 章中,我们仅仅接触了对系统工程师最有用的基本技术。参考文献中列出的信息源提供了更强大的灵活性和分析能力,这些信息在可能需要专业的可靠性工程师和/或数据分析专家的帮助复制的情况下是很有用的。

数据库也依赖于可靠性试验提供的附加信息。需要指出的是,可靠性试验是耗时和昂贵的,通常是使用在一些新技术、特殊状态和要害系统(参见第 7 章)中,特殊状态是指组件能够对某种特殊应力有所响应的状态。可靠性试验技术的扩展讨论(加速寿命试验、实验设计、数据分析等)超出了本书的范围,这一领域的丰富资源可参见参考文献[14,17,29,31,38]。

可靠性数据库的一个极其重要的功能是可靠性经验的习得和归档,这些经验来源于团队先前设计的产品或服务①。没有人能预见到所有可能的故障模式和故障机理,它们有些可能属于一个新体系。如果没有一个关于以往的故障及根源分析的易于获取的信息源,即使只是传闻,这些宝贵的教训很容易被忘记。此外,对这个需求的高度关注能够提高设计机构整体的信息积累,这很重要,因为团队中的个人可能会离开机构。如果没有一个系统的方法储存他们的知识和经验,机构将再次经历由一个类似的故障场景带来的痛苦情况,这本可以避免。

最后,信息来源的一个重要特点是他们设计的可用性。一般原则是,在需要的时间和地点,信息能够以一种方便和符合设计过程的形式被设计师利用。通常,这意味着印刷文档并不足够,因为额外的步骤需要翻阅文档,在翻阅文档寻找确切信息过程中需要额外的时间,并且存在错误的可能性。在极端情况下,这种不便甚至可能阻止设计师使用资源。更富有成效的方法是通过设计工作流程

① 理想情况下,当然,这将是有效的信息获取来源,但许多组织不愿公开分享负面的经验。虽然竞争原因可以理解,这确实使更多的设计师的任务更加困难。

来整合数据库，比如当设计师在图形捕获或电路布局中需要电容器时，电容器的可靠性信息自动出现，也许出现在同一 CAD 工作站的另一个窗口。

6.5 硬件的可靠性设计

本节中，我们将介绍一种印制电路板可靠性设计的工具，该工具可以显示电路板受到的全部应力分量，通过应力强度的关系（参见 2.2.7 节）重新选择组件并重新安排电路板的物理布局。因此，可将故障部件的数量降为最少。之前我们假设应力强度的关系是当设备所受到的压力大于自身的强度时，设备就会损坏。因此，印制电路板可靠性设计主要目的是努力避免加载在电路板上的应力过大①。类似的想法同样应用在其他背景和材料体系中，本节的内容并非在于技术的完整目录。本节的想法是可以形成一种实用 DFR（可靠性设计）系统的基础，当面对不同材料体系时，它可以鼓励你去做类似的研究。我们也会讨论其他复杂系统中的可靠性设计。

6.5.1 印制电路板

现场可更换单元（LRUs）通常被装配成一些独立的印制电路板（PCB）或电路包，或几个 PWB 的组合。PWB 一般有一层或多层铜导线组成（孔或线），单个组件与铜线之间的焊接（无论是通孔或表面贴装）由 FR-4 环氧玻璃或类似于酚醛的绝缘材料隔离，一种典型的双面（在基板的两面布线）的 PWB 如图 6.2（a）、（b）所示。

对于 PWB 的可靠性设计，关键因素与以下的应力强度关系密切相关。

（1）电路板的材料。

（2）电子和机械元器件本身。

（3）焊接附属物。

其他因素包括机械附属物件，像紧固件，尤其是比较大的部件（转换器、背板连接器等）。如果在装配中机械器件的扭矩值②合适，那么，就不会导致故障。可靠性设计的意义在于这些扭矩值应该被设计装配人员所熟知，这再次表明需要充分的信息支持 DFR。

6.5.1.1 PWB 可靠性设计：电路板的材料

在通常的操作中，PWB 基板会受到扭转和弯曲应力的作用。相应的强度取

---

① 讨论中提到的超过设备应力强度的常见缩写。

② “特征值”取决于运行中出现的抗冲击和抗振动的需求。

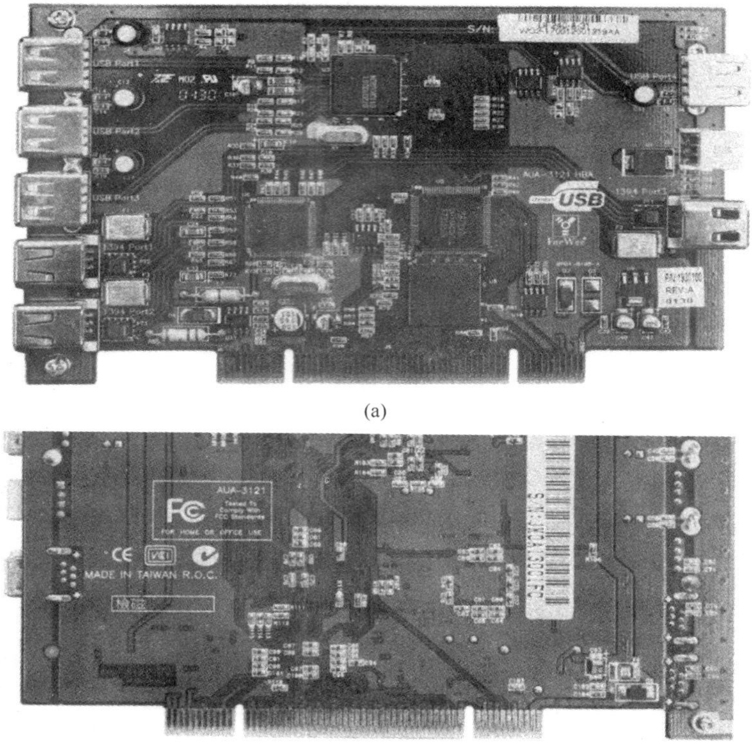

(a)

(b)

图 6.2　印制电路板

决于 PCB 基板材料和厚度，这些都应仔细选择，以免设备在预期的使用寿命中发生裂纹、损坏、线层分离和其他相关的故障。PWB 基板材料采购时应采用与其他部件相同的采购管理程序。请参阅“早期故障”章节。

6.5.1.2　PWB 可靠性设计：电子和机械部件的装配

以 3.3.4.4 节中讨论的部件可靠性模型为例，电子和机械部件在装配过程中为了达到可靠性设计，需要通过以下 3 个阶段。

（1）早期故障主要是生产过程部件的缺陷造成的。

（2）中期故障主要是其他正常部件（如根据设计意图制造且不含内在缺陷的部件）受到过大应力造成的。

（3）后期故障主要由损耗故障模型造成的。

1. 早期故障

在组件发生故障的“标准模型”中（参见 3.3.4.4 节），早期故障主要是在装配过程中部件的缺陷造成的。有缺陷的这些部件导致本身所承受的力少于那些在装配过程中没有缺陷的部件。如果我们在零时间点画出这些产品的强度密度曲线，会出现两个状态：产品中大部分部件围绕较大模型类，一些装配中有缺陷的产品会围绕较小模型类。例如，金属氧化物半导体（MOS）需要特定厚度的氧化物。如果特定的设备中氧化物薄于指定厚度，那么，当设备加载正常电压时就会发生故障，而具有指定厚度氧化物的设备就可以轻松承受正常电压值。如果这些有缺陷的设备脱离了生产制造程序的控制卖给用户，产品就会过早地出现故障。

这种模式下，假定在装配中具有缺陷的大部分部件最终会发生故障而无法使用。当机制如模型中所描述的，这些故障应该相对快速的产生，并且所有（或者大部分）缺陷设备应该在相对较短的时间内不再运行。考虑到这点，控制早期故障数量的关键是确保这些组件都来自那些对工艺控制进行系统质量工程检查的值得信赖的供应商。从经济的眼光分析，在组装前对老化的采购组件进行可靠性检测是不切实际的，除非是那些重要性高的系统，如核武器、核电站、卫星、海底电信光缆等①。对于供应商的组件可靠性检查项目的细节超出了本书的范围，可以通过美国质量学会的出版物很好地开始探索这些项目[7,30]。

2. 过应力故障

对于那些正常强度分布的部件，大部分故障是由于偶然施加的应力超过了它们自己的强度。因此，为了避免这个阶段的故障，可靠性准则的关键设计是在日常操作中，确保施加的应力不要超过部件的强度②。举例说明，某个特定电路选择的电容器的额定电压应该超过（一般至少是2倍）电路在这个点的电压。如果在整个PWB的所有部件上应用相似的推论，要求施加在每个部件上的应力是可识别的。表6.1列出了某些重要的电力和机械部件，包括很多PWB及其引起故障的原始应力。

表6.1　组件和应力

组　件	主要故障-造成应力
电容	电压
电阻	耗散功率
电感	电流
继电器	触点电流
半导体	反向电压、正向电压

① 请参见第7章，适用于高重要性系统中输入的可靠性检验的一些技巧。

② 在可靠性要求规定的环境限制内操作。

电路遇到临时很强的应力是可能的,因为一些外来的冲击,如雷击、功率骤增、宇宙射线等。从经济的角度考虑,系统工程师可能制定要求强迫设计对于已知的压力源具有抵抗性。屏蔽某种压力源是很常见的,确定采取何种等级的预防措施应对已知的压力源关系到为可靠性支付的预算和风险管理[3,11,34]。同时考虑到不可预期的压力源也是非常有意义的。可靠性设计是帮助预测未来性能的一个必要手段。系统的输出依赖于使用的工具和可用信息(参见 6.4.1 节),以及使用这些工具的人员的素质,这些都超出了已知压力源的标准目录范围,还包括由于未充分理解的新技术应用或者不可预期的客户环境导致的不可预期的压力源。处理未知压力源的常用办法是在应力分析时引入合理的更大的边界。这需要对于应力强度更多的了解,包括对于已知的应力强度设计的当前状态,供应商和客户愿意为了未知的压力冒多么大的风险。

在 PWB 中影响电子元器件的压力源的目录如下。

(1) 热量,包括热循环。

(2) 功率损耗。

(3) 电压。

(4) 静电放电。

(5) 电流。

(6)湿度。

(7) 冲击。

(8) 振动。

这些压力对于可靠性影响的定量模型可以参见 3.3.5 节。这些可靠性设计的点子是为了设计者更方便地使用这些模型,在原理图捕捉(PWB 电子设计)和 PWB 布局(PWB 物理设计)确保电路和物理设计不出现应力过度的部件。特别要指出的是,PWB 可靠性设计的流程要求必须得到当前 PWB 设计过程中部件上的应力,识别那些应力过度的部件,并且为设计者提供选项来减少或者去除超限器件。在这一部分,我们描述这些流程的基本轮廓,涵盖热应力和电应力。

要求的关键点:参考 3.3.4.4 节讨论的器件的可靠性模型。在 PWB 可靠性设计的步骤里隐含的关键点是 PWB 上的器件已经达到稳定的故障率时期,这可以解释我们假设故障率发生的情况下,随机发生的应力过度对系统造成的影响(见第 3 章的练习 1)。因此,高效地使用这个工具要求实现一个器件购置管理项目,从大量的输入器件中过滤那些有生产缺陷或者属于早期故障的器件。这个模型假设器件还没有到达使用终止期的阶段,当使用这个流程时,需要被重视。当设计可靠的 PWB 时,要时刻谨记构造这些可靠性要求。

这个技术的两个主要的基础如下。

（1）在分析中纳入电应力和热应力。

（2）把这个步骤和计算机辅助设计程序进行整合。

这些条件决定了需要什么样的分析和信息以及如何相互联系这些内容。电应力(电压、电流和功率损耗)可以通过仿真电路进行分辨。如果已知每个器件的功率损耗,就可以进行热学的分析来确定 PWB 板上热力的分布并且确定 PWB 板上每个器件的温度。一旦已知一个器件的热应力和点应力,就可以通过寿命损耗模型或者其他合适的压力–寿命模型(参见 3.3.5 节)估计器件的可靠度。图 6.3 展示了分析、数据和它们之间的交互(信息流)示意图,这可以用来设计 PWB 的可靠性流程。

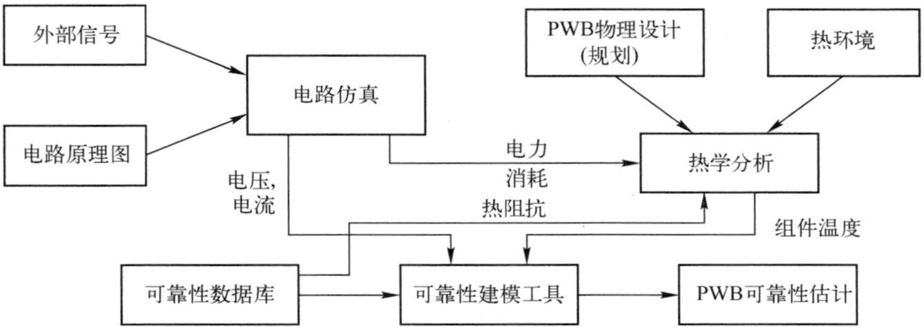

图 6.3　印制电路板可靠性过程设计

热学分析工具的每一个功率损耗器件的热阻抗参数需要保存在一个可靠性数据库或者其他可以访问热学分析项目的数据库。电路图绘制和物理布线分析是计算机辅助设计(CAD)系统的典型部分,因此,CAD 很容易就可以整合可靠性设计的流程,这使得我们可以早点洞察到潜在的可靠性问题。基于 PWB 板的可靠性估计输出,设计者应该选择其他器件,以保证在压力和承受力之间有更大的阈值,或者重新安排板子的布局来最小化可能发生故障的区域或者降低敏感器件的温度。这些举措可以改善 PWB 的可靠性性能。这种类型的可靠性过程设计的使用和在尽可能早的阶段将可靠性工程考虑加入到系统设计是一致的。

下面简单总结一下这个步骤的举措。一旦完成了电路图的绘制,就需要对系统任意的输入进行电路仿真。尽管电路仿真的最初目的是为了更好地理解电路的性能是否满足它的功能需求,为了实现这个目标,需要发现和每个器件相关的电压、电流、功率损耗的相关规律。电压、电流结合压力–寿命模型(参见 3.3.5 节)就可以得到这些器件的可靠性方面的估计。功率损耗结合环境温度和热阻抗参数决定单个器件的温度,这可以作为整个 PWB 板的热学分析的输入。通过使用器件的温度作为输入的热学分析是热方程在 PWB 板上一个典型的有限元近似解决方案,这给出了整个 PWB 板上对热的一个整体描述,使其可以用来发现一个可能过热的相邻器件然后通过重新安排 PWB 板上电路的布局来解决这个问题。通过这种分析给出器件的可靠性估计对于整个 PWB 板的可靠性模型是重要的,这个步骤一个同等重要的目的是发现由于电路设计、器件选择或者物理布线导致的可能应力过度的器件。这项工作的可靠性方面的设计是尽可能在设计的早期发现那些应力过度的器件,通过移除这些应力过度的器件减少中断。

3. 报废故障

避免报废故障是特别重要的。因为这些故障增加的风险率意味着很多故障随着成型系统使用频率的增加而累积。这是对不可修复部件群体的描述,一个寿命分布增加并且根据复原协议进行修复的系统将经历更频繁的故障(参见 4.4.3 节)(参考 Ascher and Feingold 的"sad System"[1];见练习 2 和习题 3)。

常用的选择电子器件策略是:在给定电路的应力的情况下,报废周期(增加的风险率)在系统的服务期结束之后才开始。这个策略是参考文献[21]中寿命分布模型的基石之一,同时可以参考 3.3.4.4 节。如果使用这个策略有效时应尽量使用该策略,但是有时在一个前沿系统里必须使用新的未被证明的技术,同时避免磨损故障模型的过早激活的风险是有必要的。AT&T 的 SL-280 海底光缆通信系统使用了光传输技术,包括激光二极管,而激光二极管有已知的磨损故障模型[32]。为了满足一个对可靠性要求特别高的系统,例如,在 25 年的运营中故障数不超过 3 次,提供冷备份的冗余是有必要的:这个系统的每一次激光发射,都有 3 个冷备份系统和一个冗余的先进的光继电器切换系统在需要时插入到光路中。这个例子解释了一个合理的冗余策略的价值,并且是处理已知磨损故障模型的一个有效手段,参考第 7 章。

对于机械器件,除了(或者代替)这两种方法,还有预防性维护的方式。关于这种方法的一个很好例子是内燃机。汽车制造商推荐定期更换机油预防两个磨损性故障:一是没有润滑或者润滑很差,活塞环和缸壁之间以及轴承之间的滑动摩擦将产生机械磨损;二是使用中机油会恶化,润滑的性质将降低。到目前为止,还没有人发明一种机油在交通工具的使用寿命(可能数千英里)结束之前,它们的磨损机制(物理/化学恶化)被激活,所以定期更新机油是唯一有效的预防维护措施。这样做同时可以避免在缸壁和轴承的滑动摩擦导致的磨损故障。

6.5.1.3 PWB 的可靠性设计:焊接附着

通孔或者表面贴装的器件通过焊接附着在 PCB 的铜电路上,通常使用的是波峰焊机器。因此,除了管理 PWB 上组件的可靠性之外,管理焊接的可靠性也是必要的。导致焊接故障的主要因素包括以下几方面。

（1）缺陷的焊接点（如冷焊接点）。

（2）热量循环。

（3）冲击和振动。

在生产中缺陷焊接接头的发生率可以通过合理的过程控制减少。焊接点对于热量循环、冲击和振动的敏感度取决于焊接的材料（通常是锡、铅、铋、锑等的合金）与焊接点的形状及大小。焊接的可靠性已经得到了广泛研究[15,16]，但是受《关于限制在电子电气设备中使用某些有害成分的指令》（RoHS）的影响，新材料还在持续研发中，对于 PWB 板可靠性研发过程的彻底设计需要加入对于使用过的焊接系统的最新的观点。

6.5.2　复杂系统的可靠性设计

在装配的更高阶段，除器件故障的其他因素会导致系统故障和中断。这包括不可预期的子装配系统、连接器、电缆故障、操作失误、软件问题等因素的相互作用（如数字电路的时序失配）。好的可靠性设计是在系统设计中，尽量把这些因素预先考虑进去。使得后来的故障最小化，并且在这些故障出现时，合理地处理它们。在这个任务里采用量化系统可靠性的模型是有用的，同时这个模型需要发现设计中薄弱的地方，通过增强这些地方（在经济条件允许的情况下）可以使系统的可靠性得到满足。

使用数学优化技术帮助设计复杂系统的可靠性是可能的，通过减少一个可靠性系统需要的花费（通过增加一个限制条件），或者通过在给定一个花费限制的情况下最大化系统的可靠性。关于这些技术可以在“可靠性优化”的主题下讨论，并且对其加以扩展。把可靠性优化作为出发点重点研究，包括但不局限于文献[10,27]的研究。在实际的可靠性工程应用中，这些方法可以提供量化的视角，特别是考虑到架构选择时（如冗余），但它们很少能提供特定的设计解决方案。使用这些方法需要费用以及所有可靠性选择的信息，如 LRU 架构设计。在器件或者所有的 LRU 里面，可靠性和花费的对比并不总是连续的。通常，对于某个特定的引用，可能只有一小部分器件是适合的，这意味着对于这些器件的可靠性/花费函数是离散的。举个例子，在过去的数十年里，商用的集成电路（ICs）在塑料盒里生产，而军用的在陶瓷密闭空间里生产。陶瓷包装的集成电路被认为比相应的塑料盒里生产的要昂贵得多，它们的可靠性也往往被认为比塑料包装的要好，后来人们渐渐明白其实不是这样，陶瓷包装的集成电路以后就不再生产了。然而，这个例子的关键点在于，对于设计者来说，集成电路只有两个选择，两种可靠性和两种对应的花费选择。对于这些部分可靠性和花费的连续性函数是不存在的，并且关于可靠性的研究变得简单（只有两个选择）或者不可能(因为缺少关于花费和可靠性的连续性函数)。

然而,这还不算全部。两个得到广泛应用且在许多类型的系统上取得成功的定性方法促进了复杂系统的可靠性设计,这些系统包括高风险性的系统,如核电厂(第 7 章)。下一部分将讨论 FTA 和故障模式,影响和危害性风险(FMECA)技术,这些技术可以应用在设计的任何阶段,但是一如既往地,推荐在设计概念建立之后尽可能快地使用。

6.6 可靠性技术的定性设计

在本节中,我们将介绍两种预测和管理故障的技术。FTA 和 FMECA 帮助系统工程师将系统或服务中可能的故障模式分类,了解用户如何使用或误用系统,以及这样的使用或误用如何导致系统故障,并评估提出的对策是否划算以及是否能有效地防止故障。

6.6.1 故障树分析

6.6.1.1 概述

FTA 是一个严谨的方法,用来发现与故障模式相关联的故障机理和故障原因,是一种在质量工程当中进行根本原因分析的方法。它经常称为“自上而下”的方法,因为 FTA 的出发点是系统故障,我们希望在系统或服务经济性的范围内,尽可能避免负面结果。这要求违背需求被描绘为一个树形图的根事件,并在树中被视为“顶事件”。通过图表从事件树中每个事件的原因所产生的分支进行分析,从顶事件开始一直往下分析。当一个事件有多种原因时,使用布尔运算符“与”“或”和“非”。当需要将图表划分成小块以便清楚或适应可用空间时,可以使用页面的连接器。

继续分析根本原因,直到有可能为该阶段的事件确定一个合理对策的阶段为止,以防止故障树的“底部”事件阻止故障树上不良事件的发生,包括表示系统故障最后的“顶事件”。通常,图中会采用一些代码或缩写,以确定在图表有限可用的空间内,写出它们无需占用空间的事件。因此,FTA 是对根本原因分析的演绎方法,由简单的图形表示原因的层次结构。其目的是对于研究的每个系统故障模式,发现可通过辨识行为预防的一个初始原因或众多原因。

如我们所描述的那样,故障树是面向消极结果或故障,以及它们之间因果关系的,顶层的事件违反了一些系统要求。可靠性分析的全面设计,可以通过循环所有的系统要求和为每一个可识别的问题建立一个故障树两种手段来进行。这很可能导致工作量增加但仅能得到很少的全面故障树分析结果。异常情况下,失败的后果是灾难性的，如在一个核电站；或者当需要很长使用寿命时无法进行修复，如卫星。人们也可以使用成功代替失败进行类似的分析。在此分析中，故障树得出积极的结果和它们的因果关系。每个要求，顶事件可以根据需要形成成功的操作，并且起作用的事件导致正确的操作，而不是故障。这样的分析称为“成功树分析”可能更恰当。成功树较少适用于设计的可靠性，因为你需要发现的事件，即那些涉及故障及其原因的事件，被隐藏在成功树中。因此，一个 FTA 和成功树分析之间的选择不仅是一个量的问题（如果有许多方式允许违反需求，但只有少数几个实现了。反过来，一个成功树分析可能是耗时更少的）。大多数可靠性工程专家使用 FTA，但你应该知道它存在替代品。

如果合理概率可以分配给每个原始或根原因，则 FTA 也可以定量地用于查找顶事件发生的概率。树中明确使用的布尔运算符，允许概率演算直接应用于从最低级的树的顶端事件积累出概率。通常，假设树中的事件需要独立且属性不相交，但这应该始终进行检查。有时，故障树将包含多个分支之间的联系，或同一事件可能会出现在树中的多个地方。在这些情况下，简单的概率演算不足以获得顶端事件的概率，可以用割集分析（参见 6.6.1.3 节）代替。

在对 FTA 进行更详细的说明前，我们考虑个小例子。

6.6.1.2　例子：乘客电梯故障树

对于乘客电梯，电梯轿厢自由坠落的发生伴随着人身伤害或生命损失，是一个严重事件。假定有一个安全要求：该电梯轿厢在任何时间任何条件下都不自由坠落。为了说明 FTA 是如何工作的，我们为顶事件建立了一棵故障树“电梯轿厢自由坠落”。要为这个事件构建一棵故障树，需要了解电梯是如何运行的，所以接下来的几个段落提供了一个简短的乘客电梯操作的描述。这种描述是粗略和不完整的，但提供了足够的信息，可以理解涉及建立故障树的原则。一步安装的真实乘客电梯的现实故障树，必将更加细化和全面。请不要误会，这个简单的故障树插图，用在真实安装的电梯上是不够的。

影响电梯运行的 3 个主要组件是控制单元、驱动和悬挂单元以及制动单元。控制单元包含微处理器，用于响应用户的信号以移动到所期望楼层。控制单元启动驱动单元，移动轿厢至期望楼层，当轿厢完全停止时，打开电梯门。控制单元还从电梯井中的开关接收信号，以便知道轿厢在任意时间的位置。驱动单元和悬挂单元保持轿厢悬挂在电梯井中，响应控制单元的信号移动轿厢。驱动和悬挂单元被认为是不活动的（即轿厢不应该移动），除非接收到从控制单元来的信号。当电机停电时，制动单元操作驱动和悬挂单元的电机，保持轿厢静止，并且在电力恢复时候启动电机。

我们认识到，有 3 种可能的原因导致轿厢自由坠落：系统支撑不住轿厢，悬挂电缆断裂,或悬挂电缆滑出其滑轮。标记顶事件为“1”,原因事件分别为“2”“3”和“4”,图 6.4 是故障树的开始。

在图 6.4 中,顶事件“1”和事件“2”被绘制为矩形,这表明它们将被进一步分析,以发现其更基本的原因。菱形框表示,将不作进一步分析的事件。这些被认为是可以采取有效对策的根本原因。一个“或”连接器表示,如果事件“2”“3”或“4”中任意事件发生,则顶事件发生。有可能进一步分解事件“2”和“3”至根本原因,但我们就不在这个简单的例子中做了。再次,决定寻求更深入的根本原因依赖于有效的对策是否可以被用于设计图表底部的事件。在这个例子中,在确定如何防止悬挂电缆断裂时,可能需要关于电缆断裂的其他信息。

现在,可以查找事件“2”中系统不能支撑轿厢的原因。当悬挂电缆不断裂或滑出滑轮时,有两件事情的发生会导致系统不能支撑轿厢,分别为制动失败(“5”)和电机自由转动(“6”)。我们找出了“制动失败”的 3 种原因:摩擦材料的损耗(“7”)、在“制动器关”位置的制动电磁棒(“8”)或控制单元错误地脱开制动器(“9”)。有两个原因使电机自由转动:要么没有向电机提供电力(“1”),要么电机出现故障(“11”)。这些事件及其原因如图 6.5 所示。

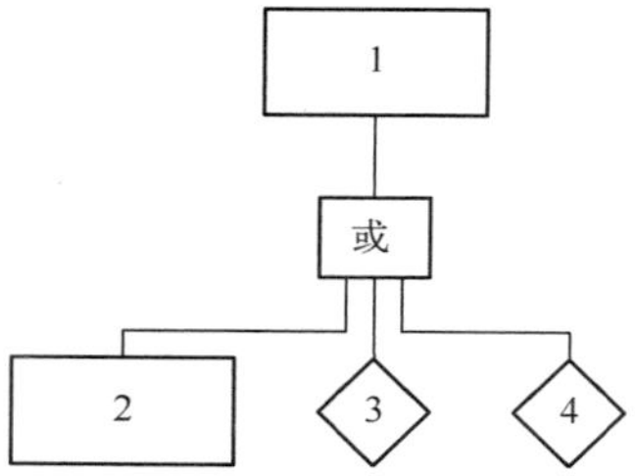

图 6.4　电梯乘客实例故障树启动

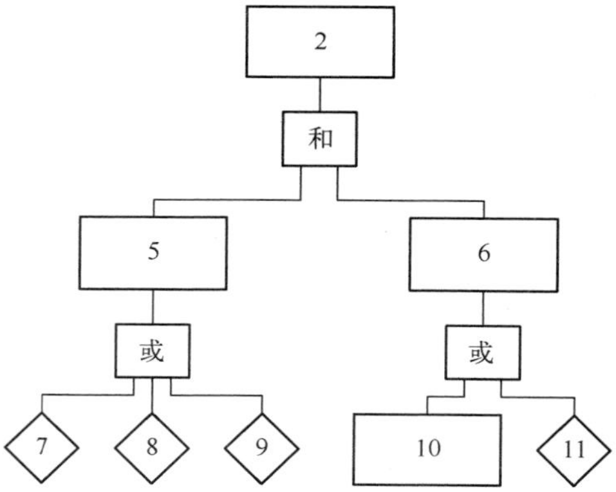

图 6.5　“系统不停车”事件的子故障树

注意:3 个制动缺乏原因中的每一个,都应该被充分地分析(至少对于这个简单例子的目的是这样),以便有应对措施可以合理地应用于它们。对该系统来说,真正的 FTA 方法中,进一步确定事件“7”的根本原因是必要的,例如,不正确的预防性维护将导致制动衬片磨损超过安全点。

电机的动力损失可能是由控制器误切断电机的电源引起的(“12”),或者由系统电源的总损耗引起的(“13”)。控制器的错误行为可能是由硬件故障(“14”)或软件故障(“15”)引起的。这些事件和它们的原因如图 6.6 所示。再有,在现实的 FTA 中,事件“14”和“15”最有可能被进一步分析,因为用“硬件故障”和“软件故障”发现合理的对策是不够具体的。

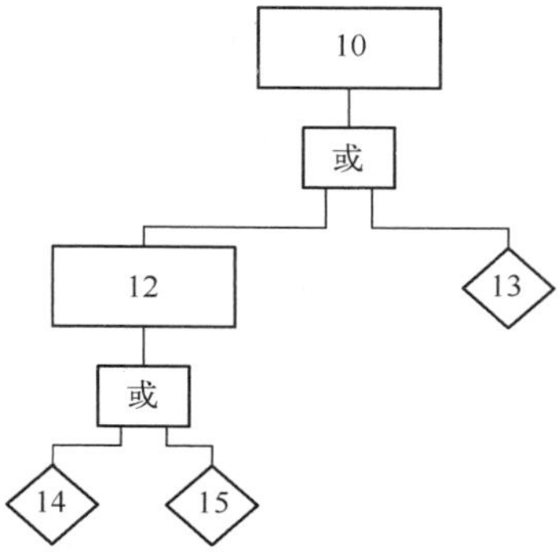

图 6.6　“电机切断电源”事件的子故障树

我们可以把概率估计列入每个基本事件(菱形框中),并使用概率计算,以获得顶事件概率的估计。基本事件是 3、4、7、8、9、11、13、14 和 15,设 p_i 表示在树中事件的概率,$i=1,2,\cdots,15$。然后树中事件的概率为

$$p_{12}=p_{14}p_{15}$$
$$p_{10}=p_{12}+p_{13}$$
$$p_6=p_{10}+p_{11}$$
$$p_5=p_7+p_8+p_9$$
$$p_2=p_5p_6$$
$$p_1=p_2+p_3+p_4$$

顶事件的概率,仅就基本事件的概率而言,$p_1=(p_7+p_8+p_9)(p_{14}p_{15}+p_{13}+p_{11})+p_3+p_4$。当然,用此方法写出顶事件(和中间事件)的概率,需要假定所有进入一个“与”门的事件是随机独立的,所有进入一个“或”门的事件是互斥的。一般情况下,这是不可能的,顶事件概率的评估不能用普通的概率演算完成。一个有用的替代方案是由割集方法提供的。

6.6.1.3　故障树的割集和最小割集

在故障树中,计算顶端事件的概率常常比前面的例子要复杂,因为相同的事件可能会出现在树的不同分支。这反映了一个事实,即同一事件可以是几种不同的影响结果的原因。例如,考虑故障树按图 6.6 修改。

在这里,顶层事件通过事件 A 或 B 引起。事件 C 和 D 一起作用导致事件 A,事件 C 和 E 一起作用导致事件 B。令这些事件的概率为 $P_A,\cdots,P_E$。然后,顶事件的概率为

$$
\begin{aligned}
P(A\cup B) &= P(A)+P(B)-P(A\cap B)=P(C\cap D)+P(C\cap E)-P(C\cap D\cap C\cap E)\\
&=P(C\cap D)+P(C\cap E)-P(C\cap D\cap E)\\
&=P_CP_D+P_CP_E-P_CP_DP_E\\
&=P_C(P_D+P_E-P_DP_E)\\
&=P(C)[P(D\cup E)]
\end{aligned}
$$

注意:重复出现的事件 C 是如何还原第二行的交叉项的。这种现象频繁地出现在真实的故障树中。最现实的故障树比本例子更复杂,因此,一个更简单的计算方法是很需要的。

3.4.7 节中引入了使用路径、最短路径、割集与最小割集的模型系统可靠性。关键思想是对可靠性框图,特别是那些不具有串并联结构,用一种用路径和割集的方法开发系统可靠性的表达式。割集技术很好地适应了故障树顶事件概率的计算。为了说明故障树利用割集的方法,我们将列出在 6.6.1.2 节中乘客电梯故障树例子的割集和最小割集。

回想一下,图形的割集是一组节点和链接,将这些从图中去除将导致图不连通。在故障树的情况下,这些链接只能充当连接器,并可能被忽略。在故障树中,割集的两个有用规则如下。

(1) 如果一些事件由一个"与"门与更高的事件连接,则这些事件中只有一个需要是包含更高级别的事件的割集的一部分。

(2) 如果一些事件由一个"或"门与更高的事件连接,所有这些事件需要是包含更高级别的事件的割集的一部分。

例如,图 6.7 中,割集为$\{A,C,B,C\}$,$\{A,C,B,E\}$,$\{A,D,B,C\}$,$\{A,D,B,E\}$,$\{A,C,E\}$,$\{A,D,E\}$,$\{B,C,D\}$,$\{B,D,E\}$,$\{C,D\}$,$\{C,E\}$,$\{D,E\}$和$\{C\}$。

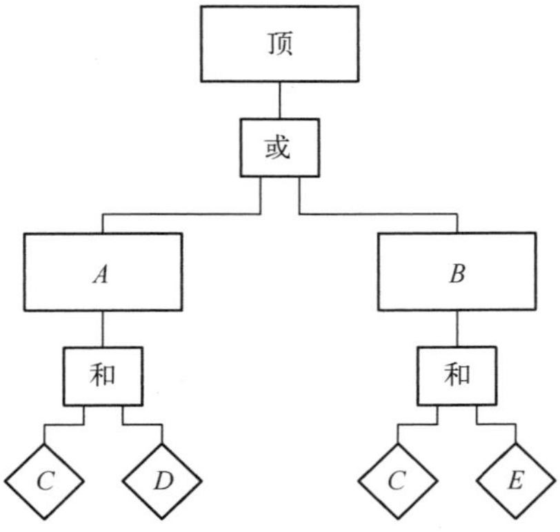

图 6.7　重复事件的故障树图解

最小割是{C}和{D,E},所以最小割集为{{C},{D,E}}。根据 3.4.7 节的推理,故障树无法正常使用(即不发生顶事件)的概率是由树的最小割集概率决定的。重复:在故障树的情况下,“系统(故障树)故障”的意思是“顶事件不会发生”,因为在这种情况下,“系统”就是“顶事件成功发生”。如第 3 章中,我们为事件和事件发生的指示器使用相同的字母,因此顶事件不发生的概率是 $P(\{C=0\}$ 或 $\{(D)=0$ 且 $E=0\})$。将 $p_C=1-P\{C=0\}=1-P(\sim C)$ 等代入,得到

$$P(\sim \text{Top})=P(\sim C\cup(\sim D\cap\sim E))=P(\sim C\cup\sim(D\cup E))=P\sim(C\cap(D\cup E))$$
$$=1-P(C\cap(D\cup E))=1-P_C(P_D+P_E-P_DP_E)$$

和图 6.7 中的表达式相同。注意:这里很容易出现混乱。顶事件是原始系统的故障模式之一,也就是系统故障。使用割集推论,我们的目标是顶事件没有发生,那就是“系统”通过故障树表示故障。换句话说,“故障树‘系统’的故障”是指“没有发生顶事件”,这相当于说:“(原始)系统①不会故障”。幸运的是,这些困难主要发生在手工构建故障树时,被许多用于故障树构造和分析的软件包的可用性排除(这些中最早的一个见参考文献[40],自那以后,许多专业的故障树包出现在商业市场)。

我们通过观察,发现最小割集是可以用来预防或阻止顶事件(这样定义时,也就是系统故障)发生的活动的目录。例如,图 6.7 中,如果能阻止 C 的发生,或者可以阻止 D 和 E 的发生,则顶事件不会发生。以这种方式,故障树结构的有用副产品是一个简单的程序编目对策。

6.6.1.4　应用:系统可靠性预计

我们在 4.7.3 节中讨论过可靠性预计,提出了一种基于数学优化的解决方案。有时,使用优化的想法制定正式的可靠性预算是不太可能或不合适的。但它仍然是建立一个可靠性预计的最佳做法,以便所有开发团队知道他们需要达到什么可靠性目标。可靠性预计更正规的方法中,FTA 是一个可行的办法。要建立可靠性预计,故障树的元素需要与将出现在可靠性预计的项目相对应。故障树方法提供了额外的灵活性,故障树中的元素不一定仅是子组件或子系统,也可以是对系统可靠性有意义的事件。使用这种方法,可以得到树的每个元素的分配概率(或寿命分布、可用性等,视情况而定),并使用标准的故障树计算,确定合适的可靠性效能标准或系统的指标。如果树足够小,可以很好地进行试错。对于大的树,可能需要将故障树构造软件的输出与预算优化例程的输入相连接。

---

① 故障树构建了该系统。

6.6.2 故障模式和影响及危害性分析

PTA 提供了发现系统故障原因的系统方法。其前提是:从系统故障模式列表开始,这些列表来自检查系统的属性要求和违背这些属性的不同方式的目录,推理可应用于辨别这些系统故障的原因。结果用树图表示,并以系统故障作为顶部(根)节点,中间原因和根本原因从顶部节点分出,伴随表示因果关系的链接。相比之下,FMEA 提供了一种发现系统部件故障后果的系统方法。此方法以通过假定系统部件的故障开始,确定那些按序故障的后果,该序列的终端是一个系统故障。因此,在某种意义上,FMEA 与 FTA 是相反或互补的推理过程。FMEA 结果最常见的显示方式,是在下一节示出的一个表或电子表格。

语言提示:请注意,FMEA 中"故障"的使用与 FTA 中不同。在 FTA 中,"故障"是指系统故障,不能满足系统的要求。相比之下,FMEA 关注系统组件的故障,以及这些故障的影响是如何通过系统传播,以至于引起(一个或多个)系统故障的。

用语提示:在这本书中,我们将使用首字母缩写 FMECA 表示携带危害性部件的 FMEA,FMEA 表示排除了危害性部件的故障模式和影响分析,FME(C)A 一般表示:要么是 FMEA,要么是 FMECA。

需求提示:要知道系统部件的"故障"是什么,需要知道对这些部件的要求。对于简单的部件,像电阻器、轴承等,这些要求通常限于部件在指定参数范围内的操作。例如,电阻器可能需要有 950Ω 和 1050Ω 之间的电阻值,有 0.25W 的耗散功率。如果这些值允许它在系统中执行电路功能,则这个电阻器就可以在系统中使用。通常情况下,对于孤立、单独的部件,没有额外的强加要求。如果电阻不再符合这些规范,FME(C)A 会问电路运行的后果是什么。更复杂的部件可以具有附加的或更多的功能要求;在 FME(C)A 环境中,一个部件的故障意味着违反一个或多个这些要求。

6.6.2.1 故障模式与影响分析

通过检查一个纯定性技术的 FMEA 开始,我们将讨论两种类型的 FMEA:概念 FMEA,其适用于在任何特定的硬件或软件被指定之前的系统设计的早期;设计 FMEA,其适用于在设计完成,其捕获附加细节对 FMEA 是有利的。6.6.2.2 节,通过合并临界概念,为 FMEA 增加了一个定量维度,此维度可作为已知故障重要性排名的一种方法。

1. 概念 FMEA

概念 FMEA 首次发挥作用是在设计阶段,设计中 FEMA 可以识别系统功能分解,是能完成识别功能的主要设计元素。系统功能分解是进行概念 FMEA 的一个好方法,因为系统的构成要素在功能分解时被识别,FMEA 推理过程可以用这些元素开始。FMEA 推理是一个询问故障结果以及这些影响结果的过程,一直持续到系统故障从系统的部件或子组件开始,被识别为故障链的最终结果。概念 FMEA 通过假定系统功能要素之一的故障开始,列出故障的结果,每个结果依次进行同样的推理。系统的一个元件故障的影响,可能是该系统的另一元件失败的原因等。当影响或故障链在一个系统故障中结束,这个过程停止。可靠性设计方面,要防止链中的第一元素故障而影响其他元素,以及随之而来的系统故障。

例如,家庭报警系统的概念 FMEA。一个家庭报警系统通常包括以下功能。

(1) 入侵检测。

(2) 一氧化碳检测。

(3) 烟雾探测。

(4) 当发生报警事件时(未经授权的访问,多余的 CO、烟/火等),中央监控设施会警报。

(5) 在交流电源故障期间,启用备份电池。

(6) 用户启动试验设备。

它包括可以访问地方的每个位置有一枚传感器(通常是门和第一层的窗户),一氧化碳和烟雾探测器,连接到电话线,一个本地 CPU 和一个控制面板。(通用)家庭报警系统的功能可以分解开发(图 6.8)。

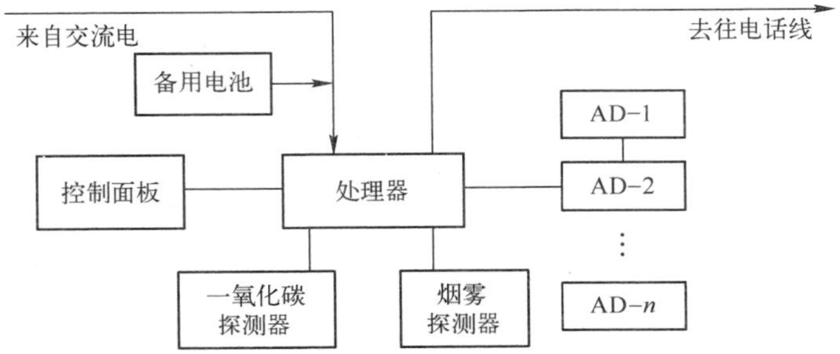

图 6.8　家庭报警系统功能分解

AD−1 至 AD−n 是接入检测开关。该系统可以在任何时候处于 3 种状态中的任何一个:布防、准备布防、故障。概念 FMEA 可以在功能分解中的块开始。表 6.2 在此例中帮助完成一个概念 FMEA。

表 6.2　概念 FMEA 列表

项目	功能用途	故障模式	故障原因	故障影响
1	处理器	印制电路板故障	元件故障	系统完全无效
			焊接故障	
			供电浪涌冲击	
2	电话拨号器	没有拨号音	电话断线或模糊	不能拨号报警
		不能产生双音多频信号	焊接故障	
			元件故障	
3	入口探测器	假阳性	开关错误(短接)	错误的入侵报警
		假阴性	开关错误或过脏(开路)	报警事件丢失
4	一氧化碳探测器	假阳性	元件错误,CO 传感器或焊接或其他电路故障	错误的 CO 报警
		假阴性		CO 报警事件丢失,可能导致生命危险
5	烟雾探测器	假阳性	元件错误,CO 传感器或焊接或其他电路故障	错误的火灾报警
		假阴性		火灾报警事件丢失,可能导致财产损失或生命危险
6	控制面板	对输入无反应	键盘错误	报警系统无效
		屏幕亮度异常	LED 故障	在黑暗中使用困难
7	电源	系统无供电	交流电和备份电池故障	系统完全无效

显然,这个例子远未完成。其他的故障模式不包括在内,一些故障原因并不具体等。本实例的目的不是为了提供用于家庭报警系统的一个完整或通用的概念 FMEA;相反,是为了说明用来完成表 6.2 的推理过程。系统功能分解的完整性,在很大程度上决定了概念 FMEA 的质量。概念 FMEA 中对系统功能分解的每个模块都进行考虑是一个很好的实践例子。

2. 设计 FMEA

概念 FMEA 和设计 FMEA 之间的区别在于设计 FMEA 由于提交了更多的设计可以更加细致,因此对于可靠性设计有更特别的帮助。特定的硬件和软件已经确定,将在系统中执行功能。换句话说,系统功能分解的功能模块,用特定的硬件和软件完成的功能充实。设计 FMEA 可以从更具体的系统组件信息开始,从而促进更有效的可靠性设计。可靠性的具体设计可以设计 FMEA 为基础。例如,对于一个家庭强制空气加热系统的功能分解,将包含一个"空气叶轮"模块。一个概念 FMEA 可以表示出空气叶轮故障的后果。当选择一个特定的鼓风机电机和风扇模型时,可以进行设计 FMEA;电机和风扇模型特有的故障,增加了对 FMEA 的理解,允许系统设计者决定此特定鼓风机电机模型是否适合在该系统中使用。

表 6.3 说明了在“概念 FMEA”一节，讨论的家庭报警系统中一氧化碳检测器的设计 FMEA。

表 6.3　设计 FMEA 的实例

项目	功能用途	故障模式	故障原因	故障影响
1	连接器	开路	腐蚀，装配错误，固定不正确	CO 超标而不报警，可能导致生命危险
		短路	装配错误	CPU 认为 CO 探测器错误
2	一氧化碳传感器	开路	由于装配错误导致损坏	不能探测超标 CO，可能导致生命危险
		短路	制造缺陷	错误的 CO 报警
		敏感度过高		
		敏感度过低	积累灰尘，腐蚀，制造缺陷	不能探测超标 CO，可能导致生命危险
3	一氧化碳探测器电路	假阳性	元件或焊接故障	错误的 CO 报警
		假阴性		不能探测超标 CO，可能导致生命危险
4	至处理器的布线	开路	初始装配不正确，害虫毁坏	丢失 CO 事件，可能导致生命危险
		短路	绝缘不良	CPU 认为 CO 探测器错误

同样，这样的设计 FMEA 是不完整的。它通常会被用于特定的一氧化碳检测电路，故障原因也因此更具体。电路仿真将指示，源元件值的分布和元件值随时间的漂移会如何影响新的以及老化过程中检测器的运行。然后，就可以进行具体对策设计和经济学评估。这就是可靠性设计中设计 FMEA 的价值。

设计 FMEA 与鲁棒性设计相关（参见 6.8 节），它们使用了一些相同的工具。例如，电路仿真不仅用来确定单个电路单元的需求，也帮助理解外部电路如何操作其特定限制而进一步导致设计层次故障。

6.6.2.2　故障模式、影响和危害性分析

FMECA 为 FMEA 增加了一个定量的成分，危害性。危害性是一个数字，依附于因果关系链的一个结果。危害性，也称为风险优先数（RPN），通过乘以 3 个数字得到。

（1）故障发生的概率。

（2）故障的严重程度。

（3）故障影响到客户/用户的概率。

除非存在系统的详细可靠性模型，否则，故障发生的概率是客观评估的。概率级别1~10通常依照表6.4使用。

表6.4提供了一个可能的FMECA概率级别的例子。显示的值和标准不具有普遍性,有时也会使用其他概率级别。概率级别有点随机,其他选择也有意义,因为FMECA旨在提供相对的故障排名,而不是故障影响的绝对量度。在通常使用FMECA的开发阶段,这些概率通常不可能非常精确。基于经验的大量的主观判断被使用,危害性或风险优先数的绝对值都不可靠。这些故障的相对排名用来评估哪些故障应该首先被关注。一个FMECA的输出显示为帕累托图(有序条形图)伴随着按降序从左至右的风险优先数,应该被处理的潜在故障的优先级一目了然。

表6.4 一个FME(C)A概率级别的例子

数量规模(等级)	定性标准	故障发生	
		每100000个单元	每年
1	发生的可能性极小 故障发生不合理	忽略	
2	发生的相对可能性低 故障极难发生	5	1/3
3		10	1(每年)
4	故障的可能性适中;偶然故障但数量不大	50	2(每半年)
5		100	4(每季度)
6		500	12(每个月)
7	故障的可能性很高;与之前产品/流程导致的问题可匹敌	1000	52(每周)
8		5000	365(每天)
9	故障的可能非常高,几乎可以肯定将发生许多故障	10000	10000(每小时)
10		50000	40000

风险优先数的第二组分是故障的严重程度。

首先,尺度利用一组定性标准,可以得出风险优先数。表6.5给出了一个可能的严重程度的例子。

表6.5 严重性级别的例子

等级	定性描述
1	轻微:故障不会造成严重伤害、财产损失或系统损失,但会导致计划外维护或修理
2	
3	

（续）

等级	定 性 描 述
4	临界：故障可能导致人身伤害、轻微财产损失或次要系统损坏，这将导致延迟或可用性损失或任务退化
5	
6	
7	关键：故障可能会导致严重的人身伤害、重大财产损失，或主要系统损坏，这将导致失去任务
8	
9	灾难性：故障可能导致死亡或完全丧失体系
10	

其次，示出的尺度是任意的，并且其他类似的有用尺度是通用的。

最后，第三部分的风险优先数是它影响系统用户或客户之前故障被检测到的概率。这里的理论依据是一个可被检测且未影响系统用户的缺陷比影响系统用户且不能被阻止的缺陷有更低的风险优先度。相应地，表 6.6 说明了一个样本用户的影响规模。

表 6.6　影响用户概率的样本级别

等级	定 性 描 述	影响用户的概率
1	遥远的可能性，发生之前缺陷不会被检测到，不会影响用户	0.05
2	低可能性，发生之前缺陷不会被检测，可能不会影响用户	0.06~0.15
3		0.16~0.25
4	中等可能性，发生之前缺陷不会被检测，可能影响用户	0.26~0.35
5		0.36~0.45
6		0.46~0.55
7	高可能性，发生之前缺陷不会被检测，可能影响用户	0.56~0.65
8		0.66~0.75
9	很高可能性，发生之前缺陷不会被检测，会影响用户	0.76~0.85
10		0.86~1

有时，从相反的方面思考尺度是有帮助的，即作为一个尺度测量如何无困难地防止影响。对于容易采取措施预防的影响给一个较低的评级。对于很难采取措施阻止或者花费巨大的影响给一个较高的评级。

从这些尺度的使用得出的风险优先数在 1~1000 的范围内，是 3 个因子的排名数的乘积。该 RPN 没有绝对的意义，但在 FMECA 中，RPNS 提供了一个在 FMECA 中考虑的缺陷的重要性的相对排名。帕累托图是显示 RPN 信息的有效途径,让用户一目了然地看出最关键的缺陷。

FMECA 的基本结构,使得很容易写入电子表格软件。FMEA 表增加了 4 个附加列,并在其中显示危害性信息。前 3 列包含由表 6.4~表 6.6 的排名信息,第 4 列包含 RPN-这 3 个数字的乘积。

其他 FME(C)A 的应用:

对于流程、服务和软件这样的无形对象做可靠性工具设计,FME(C)A 也是有效的。对于流程,用一个处理流程图去更换系统功能分解,使得任何处理步骤操作不当的下游影响可被确定。对于服务,该服务功能分解为了同一目的(3.4.2.3 节给出了一个例子,也参见 8.3 节)。软件的 FME(C)A 促进了数据流和控制流图[13]。

6.6.2.3 小结

FME(C)和 FTA 是可靠性设计工具的补充。在系统功能分解中的任何一块,只要该功能块的要求存在,都可以启动一个 FME(C)A 或 FTA。FTA 从一个特定的功能模块沿设计层次向下,进入支撑块,探究在对块的研究中,那些支持块中的故障如何引起故障。FME(C)A 将从一个特定的功能块沿设计层次向上,进入支持的块,探究在对块的研究中,故障是如何在支持的功能块中引起故障的。这两种观点都是有用的。由于缺少工作人员或时间执行两个过程,有时候需要被迫选择其中一个。影响选择的一个重要因素是:FTA 比 FME(C)A 需要更详细的设计信息。一个概念 FME(C)A 在设计过程中可以开始得更早,因为只需要系统功能分解。FTA 需要关于系统组件和子组件的更详细信息,以及它们如何操作,以便确定具体的因果关系术语,而不是一般的措辞。

有许多资源可以帮助可靠性工程师及相关工作人员开展 FME(C)的研究。标准包括用于国防工业的 MIL-STD-1629A、汽车行业的 SAE J-1739、电子行业的 IEC60812 等。尽管用简单电子表格软件的 FME(C)A 足够简单自动化,但在商业市场上依然提供了许多 FME(C)A 专用的软件资源。

6.7 软件产品的可靠性设计

几乎所有的现代技术体系都包含软件——很多软件。许多著名的故障是由软件问题造成的。过去,保证软件密集型产品可靠性的主要手段是通过一个试验、分析和修复(TAAF)周期,基于一个开发版本的序列,接受并清除在试验中发现的任何错误。此过程在参考文献[18]的第 6 部分用图示描绘,并且是许多在第 9 章回顾的软件故障强度模型的基础。近年来,人们已经认识到,可靠性设计是确保可靠性更有效的手段,甚至在软件密集型产品中也是如此[4,18]。因此,进行可靠性设计通常的程序，需要适应软件产品的特性，尤其需要理解故障模式和软件产品特有的故障机理。9.5 节讨论了软件的故障模式和故障机理。

大多数系统可靠性要求是根据可辨别用户行为制定的（参见 9.5.1 节）。因此，对于特定软件的水平，可靠性要求将是不寻常的。通常，在第二层或更下层的故障树中，软件会造成一个或多个诱发事件。当这些因果关系被辨别出时，系统可靠性要求被分配到软件中，参见 9.3.1 节。

最后，需要重点注意的是，安全和保障经常在软件产品的讨论中脱颖而出。这些虽然看起来不像可靠性问题，但这本书的观点是，如果系统存在一个要求，则违反了该要求就是故障。即使安全和保障要求不明确（仅仅把它们当作默认的要求是一个坏主意），大多数用户和客户会认为，导致人身伤害或生命损失的是故障。其核心思想是：像安全和保障问题，即使它们没有明确的要求，也可使用可靠性工程和可靠性技术设计进行处理——识别安全或安全故障模式，并使其服从可靠性过程设计（6.4 节），使用 FTA 和 FME（C）A（6.6 节）发现相关的故障机制，并制定针对这些故障机制的对策。我们重申在第 1 章中提出的观点，这就是：虽然安全（或安全性）故障的结果可能会比其他的系统故障更严重，它们仍然可以由相同的 DFR 和用在别的系统要求上的可靠性工程技术进行处理。在软件密集型产品中，构成材料可能有所不同，但基本的可靠性观点是相同的。

6.8　鲁棒性设计

在目标实现之前，所有设计元素（架构、原件等）是抽象的，从这个意义上说，设计过程产生了一个“理想”设计。随机因子与“理想”设计不同，如元件值与指定的不同、元件值随时间产生漂移、操作环境与预期不同等。当这些随机因素起作用时，所实现的设计性能（可能存在各种备份，至少硬件是这样的）在某种程度上不同于理想设计相应的性能，预先知道这些潜在差异是十分有意义的。鲁棒性设计学科的发展带来了许多好处，其中一种是为开发团队提供了一种手段，可以预计在理想设计中实现版本的变化，并在必要时采取纠正措施。鲁棒设计技术作为提高质量同时降低成本的一种手段，由 Taguchi[37] 提出。在本节中，我们将为提升保障性来讨论鲁棒设计技术，防止故障，同时避免过度设计并降低成本。

鲁棒设计的标志之一是因素的分类，这些因素影响该系统作为控制因子和噪声因子的操作。控制因子，是指系统的开发团队和系统用户能够操纵以一种确定（或者至少统计上可预测）的方式实现所期望的效果，这些包括设计参数的标称值、物质组成等。噪声因素，是指在其上开发团队和用户具有很少或没有控制，它们通常表示为来自环境、制造过程中及设计参数中实现变化，或从其他来源的随机影响。例如，虽然设计者可以为某一元件指定值的范围，但物理实现的元件可能仍然从那个范围中（之外）选择一个随机值。鲁棒设计旨在调整控制因子，以便使这样的设计对噪声因素的反应是最小的或者衰减。例如，当电路被物理实现为芯片或带有原件的 PWB 时，芯片制造过程的随机变化或 PWB 上元件的值，可能导致实现电路的性能不同于它的标称目标。

鲁棒设计是专用于质量改善的技术。这本书的目的不是全面介绍鲁棒设计技术。然而，问一个鲁棒的设计（对噪声因子很少或没有响应）是否可靠是很合理的，或者换一种方式，鲁棒设计是否能被用来做一种可靠性的提升技术？本节的目的是结合鲁棒设计和可靠性工程展示，设计属性在时间上的漂移的概念。在这些漂移上花适当的精力，是可靠性设计的一个重要方面。简言之，鲁棒设计作为一种可靠性技术设计，目标是通过在系统使用寿命的最后预测该漂移的总量，使之保持较小的来自规格界限之外漂移的原件故障数目，并确保该漂移的量可以被系统容忍[9,19,20,39]。

我们假设，某些系统的属性随着时间的推移偏离了它们的标称值。解决方法，可以考虑如一个 1000Ω 电阻的简单电子元件，这里两个重要思想在起作用。

（1）在 1000Ω 电阻的群体中（名义上），并不是每个电阻都是精确的 1000Ω，相反，电阻值是从群体分布中随机分布的，通常取近似标准的值，平均是 1000Ω 和一些标准差 $\sigma\Omega$[12]。

（2）随着时间的推移，群体中电阻的数值逐渐变化或偏离，从而使一些时间流逝后的群体分布可保留其原来的形式（即可能仍然近似正态），但均值和标准差的确不同了，其实此种形式是一个随时间变化的函数。

电子元件，如电阻器，通常也指定一个公差（1%、5%等）。这些公差值通常表示公差百分比范围内，原件的值至少有 6 个标准偏差。例如，对于一个 1000Ω、5%公差的电阻，这将表明 $6\sigma \leqslant 100(=1050-950)$，所以可以推断对于这个群体 $\sigma \leqslant 16.6\Omega$。对于更高的公差元件，如 0.1%，元件有时被特意选择以适应公差区间（对于 0.1%，电阻为 999～1001Ω），而且所得种类不再是正态分布，见练习 1。

根据这些想法，使用鲁棒设计进行可靠性行为设计的方法有双重作用。

（1）在制造时电路的响应（性能），应使用所有电路元件的值的分布进行评估。这将有助于确定当此电路为新的时，电路的噪声因子的响应是否（如电阻群体的变化的电阻值）可以令人满意地衰减。对于电子电路，这种评价可以用 SPICE 电路仿真程序完成。

(2) 未来时间电路的响应,应使用电阻值随时间漂移的知识进行评估,这会得出一个结论,当系统使用寿命结束时,有多少电路已经故障了。

例如,考虑一个如果电阻值在 950~1050Ω 且使用这种电阻的电路将令人满意地执行的情况。如果新电阻的群体是均值为 1000Ω、标准差为 30Ω 的正态分布,则大约 9.5%的电路将不能令人满意地执行(显然,这不是一个实际的例子)。这种情形如图 6.9 所示。

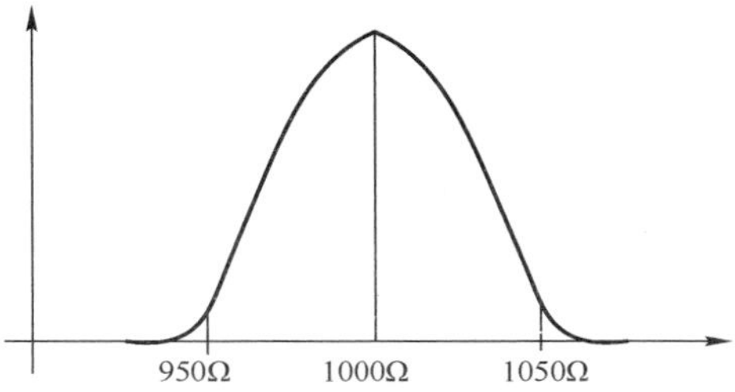

图 6.9　新群体中的正常电阻密度

为了说明漂移的概念,假定电阻平均值按每年 10Ω 的速率增长(线性),标准差按每年 2Ω 增长(线性)。t 年后,电阻群的均值为 $1000+10t$,标准差为 $30+2t$。10 年后,群体的平均值为 1100Ω,标准差为 50Ω。在那个时候,16%的电路不能令人满意地工作,电阻值的漂移造成额外电路的故障。

让我们回到一个用鲁棒设计方法解决可靠性问题设计的总体框架,关键的一点是,这项技术适用于处理由于设计特性随时间漂移至可接受范围之外的故障。为了促进术语使用一致,我们称群体中的对象为“项目”。这些可能是电子或机械元件,组件或整个系统。一个项目可以具有一个或多个故障模式,但它们中至少具有一个特征漂移的性质,即当特性发生足够大的变化,导致项目所在的系统发生故障。一个项目由一个或多个特性描述。例如,电阻是由它的阻力、功率耗散等级、物质含量、物理尺寸、安装(加铅或表面贴装)等描述的。设$\boldsymbol{X}(t,\omega)$表示项 ω 在时间 t 上的特性矢量,该矢量的漂移我们要重点关注。此符号明确允许这种矢量依赖于时间。用 $\boldsymbol{X}(t)$ 的累计分布函数(CDF)表示 $F(x,t)$,即 $F(x,t)=P\{\boldsymbol{X}(t)\leqslant x\}$,$f(x,t)$ 为相应的密度函数。假设 $\boldsymbol{X}$ 的维度为 d,并且 A 在 $A\in\mathbf{R}^d$范围内,范围表示这些项可接受操作的范围 。

范围 A 通常由外部的标准确定。例如,当泵不再能够泵送 60g/h 时,就可以被认为发生故障,其中 60g/h 的要求来自泵在一些较大的范围内的应用。那么,处于工作状态(不故障)的群体的比例用时间 t 表示为

$$\int_A^t f(x,t)\,\mathrm{d}x$$

特别是,如果设 $L(\omega)$ 表示 ω 的寿命,也就是 ω 的特性漂移出可接受运行区域之外所需的时间,则

$$P\{L > s\} = \eta\left(\int_A f(x,t)\mathrm{d}x\right)$$

式中:η 表示下包络函数,即

$$\eta(g(s))=\begin{cases} g(s), & g \text{ 在 } s \text{ 处递减} \\ g(\bar{s}), & g \text{ 在 } s \text{ 处递增} \end{cases}$$

式中:$\bar{s}$是 g 递减时 s 左侧最近的点①,或

$$\bar{s}=\max\{u:u\leqslant s \text{ 且 } g \text{ 在 } u \text{ 处递减}\}$$

另外,$\eta(g)=\max\{h:h$ 是升函数且 $h\leqslant g\}$。使用下包络函数意味着我们不允许特性漂移到 A 到“恢复”。或者一旦一个项已经在这种方式下故障,它仍然故障。这符合系统故障处理的方式:如果一个项的特性漂移导致系统故障,故障的修复通常会立即开始,而不是等待系统是否能凭借该项目的特点漂流并自动恢复到接受的区域。

例如,假设项群体具有(一维)特性 $R(t)$,对于每一个 t,$R(t)$ 服从均值为 $0.2\pm0.002t$、标准差为 $0.03+0.001t$ 的正态分布,其中 t 是几年的测量值。之后,可以得到 $R(t)=0.2+0.002t+(0.03+0.001t)Z$,其中 Z 是一个服从标准正态分布的随机变量。更明确地,考虑 $R(t)$ 作为数字集成电路群体的上升时间会更有帮助,该时间以纳秒测量。假设故障准则是:如果其上升时间超过 4ns,则一个项故障。然后,项目 ω 的寿命 $L(\omega)$ 为

$$L(\omega)=\min\{t:R(t,\omega)>0.4\}$$

L 的生存函数为

$$\begin{aligned}
P\{L>t\} &= P\{\sup_{0\leqslant s\leqslant t} R(s)\leqslant 0.4\} = P\{R(s)\leqslant 0.4, 0\leqslant s\leqslant t\} \\
&= P\{30Z+(2+Z)s\leqslant 200, 0\leqslant s\leqslant t\} \\
&= P\{30Z+(2+Z)s\leqslant 200, 0\leqslant s\leqslant t, 2+Z\leqslant 0\} \\
&\quad + P\{30Z+(2+Z)s\leqslant 200, 0\leqslant s\leqslant t, 2+Z>0\} \\
&= P\{Z\leqslant -2\} + P\{30Z+(2+Z)t\leqslant 200 \mid Z>-2\}P\{Z>-2\} \\
&= 0.023+0.977\Phi\left(\frac{200-2t}{30+t}\right)
\end{aligned}$$

这种表达使我们能够获得在任何时间 t(按年计算)下这种规模的项目群体的寿命分布值。例如,来自于这个群体中一项的寿命超过 20 年的概率为 $0.023+0.977\phi(3.2)=0.023+0.997(0.9993)=0.99932$。

① 全文,“减少”是指“非增长”,“增加”是指“不减少”。

虽然这个例子是人为的,但它确实提供了鲁棒设计技术应用方面的一些有益的思路设计可靠性。首先,随着时间的推移,群体特征分布可扩散(或缩小)和变化。其次,来源于形式主义的寿命分布是有缺陷的。例如,在这个例子中,当 $t\to\infty$ 时,4.5%的群体依然活着,并且 $P\{L=0\}=0.977[1-\phi(20/3)]$ 这是稍微积极的。

与只有参数漂移的场景相比,鲁棒设计技术,可以更广泛地应用在可靠性设计上。工程系统操作要求中常使用的某些性能参数,如射频放大器的功率输出或通过数字电路的传播延迟。在设计的任何物理实现中,性能参数的值受许多噪声因子的影响。对于工程技术来说,重要的包括以下几方面。

(1) 系统构造中单元对单元的变化。

(2) 一个系统组件和部件的性能单元到单元的变化。

(3) 物质的、电气的或化学特性随着时间的漂移。

(4) 在系统操作的环境条件的变化。

在这种技术中,假定符合要求的系统运行需要该系统的性能参数存在一些可接受值的集合,我们将继续称为 A。我们认为性能参数在本组之外的故障模式表示系统出现故障。此事件第一次出现的时间是故障时间,在开始操作系统和故障时间之间符合要求的操作阶段为寿命。我们现在介绍一种形式,它可以被用于解决可靠性设计和之前任意或全部 4 个因素性质的鲁棒设计问题。

当环境(所有外在噪声因子的集合影响系统性能)用时间的函数 $u(t)$ 描述时,令 $\boldsymbol{X}(t,u(t))$ 表示系统性能参数值在时间 t 时的矢量。u 可以被建模为一个确定性函数或者一个随机过程。为简单起见,我们将假定仅存在一个感兴趣的参数($d=1$),因此 $A\subset\mathbf{R}$ 参数,通常是一个区间 $[a,b]$ 上,$d>1$ 的情况类似。故障时间由 L 给出,$L=\inf\{t:\boldsymbol{X}(t,u(t))<a$ 或 $\boldsymbol{X}(t,u(t))>b\}$,环境可以是个矢量函数。例如,RF 放大器的输出功率受其环境温度和电源电压的影响。在这个例子中,$u(t)=(u_1(t),u_2(t))$,其中 $u_1(t)$ 是温度,$u_2(t)$ 是电压。这种形式是假设不存在"环境记忆",在任何特定时间的性能参数值只取决于当时的环境值,而不是取决于任何先前的环境值或环境变量达到当时值前经过何种路径。该模型的进一步发展依赖于包括在模型中的噪声因子分布(多个)的假设。例如,在本节中的早期开发所涉及的较早列表中的第 3 个项目,项目的物质、电气或化学特性随着时间的漂移。在许多现实的研究中,故障时间 L 的分布可能是难以解析的,在这种情况下,模拟可以是一种有效的方法。

6.9 系统工程师可靠性设计的最佳实践

系统工程师很少会负责可靠性设计本身。然而,系统工程师极为关注当产品开发完成时其可靠性要求是否得到满足。因此,他应该设定一个程序。

(1) 在整个设计和开发过程中允许对这种可能性的评估,这样可以为设计提供适当的反馈,也可以让开发人员在必要处指导改进。

(2) 在必要和合理的地方进行可靠性试验。

(3) 在开发周期的适当时间,为可靠性实践(FTA、FMEA 等)进行适当的设计。

6.9.1 可靠性要求

没有正确的可靠性要求,好的可靠性设计是无法进行的。系统工程师应审查所有可靠性要求,以确保它们符合既定第 2 章中建立的标准,所有相关的可靠性要求应明确说明。关于安全和保障的可靠性要求特别重要,以便故障在这些关键领域可被定位且不受忽视。

6.9.2 可靠性评估

一旦定义了一个定量的可靠性模型,系统的功能描述就可以被定义了。随着设计的发展不断更新模型,使用建模的结果去改进设计。

6.9.3 可靠性试验

对于那些使用了很多新的或未经证实的技术的系统保留可靠性试验,试验的成本或者由系统的危害性决定,或者由高销售利润(通过总量或边际或两者均有)的可能性决定。软件密集型产品的可靠性试验将在第 9 章讨论。

6.9.4 DFR 实践

使用 FTA 系统地完成所有的系统要求,提取相关的故障模式,为了提前部署措施查找根本原因。使用 FME(C)A 去发现用户操作的结果,环境的相互作用,并且潜在的系统滥用以便获得一个很好理解的全方位的操作。当电路由分立器件或集成器件建立起来的时候用 PWB DFR 过程。注意:只要应力可靠性关系是可用的,此过程也可以用于其他类型的电路,如那些点对点连接。

系统工程师总是在对从事的设计和可能的收益之间进行平衡。在许多情况下,对所有可能的故障模式来说,成本问题会妨碍全面执行 FTA 或 FME(C)技术。然而,即使是消费产品,在过时之前也有一个短暂的使用寿命,能够确认产品不能以不安全的方式使用,或者这种方式可能导致财产损失、受伤或生命损失是重要的。汽车制造商熟悉用车辆召回的成本修复设计缺陷,这种缺陷可能导致火灾、事故或其他不安全的状态。FTA 和 FME(C)专注的安全,应该始终是产品开发的一部分。

6.10　软件资源

从前,故障树分析和 FME(C)A 必须手写在大的纸张上,现在这不再是必要的,因为有许多商业化和开源的软件包可供使用来完成这项任务,大多数办公套件包含画因果(Ishikawa)图的工具。

6.11　本章小结

可靠性设计是期望和系统发展的经济约束下由预防措施应用管理失败的过程。在 6.4 节中描述的可靠性过程设计是基于应力强度模型,这需要用户通过由电子和机械设计创造的应力的系统考虑,并建议采取行动,以防止这些压力激活故障机制。在某些预防措施故意不采取的情况下,系统工程师根据将要采取预防措施的系统故障数量的增加,敦促定量地了解不作为的后果。支撑可靠性过程设计的原料是信息,因此维护一个鲁棒的信息储存库极其重要,不仅包括从外部资源获取知识,如供应商提供的材料和研究文献,而且也包括从内部产生的信息,如汲取类似系统以往的经验教训。

6.6 节介绍了可靠性技术两个具体的设计:FTA 和 FME(C)A。FTA 是一种演绎,自上而下的方法,确定了系统故障的根本原因,它由称为故障树的简单图形辅助支撑,描绘了因果关系,这使人们能够通过连接系统故障就很容易拿出对策应对简单事件和复杂事件。FTA 可以通过关联估计概率与树中的每个基本事件定量使用,并使用概率演算或割集分析推导系统故障概率的估计。FME(C)A 是一种归纳,自下而上的方法,确定某些设计选择的结果。当省略危害性分析时,该技术称为 FMEA。FMEA 是一个纯粹的定性工具,在促进用严格的方法揭示故障模式及其影响以及帮助组织对策上仍然有价值。

6.12　练　　习

1. 假设来自 10%公差群体的 1000Ω 电阻,被选中为 0.1%的公差。所选幸存者数值的分布是什么?有多少原始样本被丢弃?

2. 证明一个系统寿命分布危险率增加的系统,且根据更新模型被修复,其故障率增加。

3. 根据更新模型,如果练习2中的系统被修复,可以说明什么?

4. 考虑6.6.1.2节乘客电梯故障树的例子。

(1) 列出故障树中的割集。

(2) 什么是最小割集?

(3) 依据最小割集,写出顶事件的概率。

参考文献

[1] Ascher H, Feingold H. *Repairable Systems Reliability: Modeling, Inference, Misconceptions, and Their Causes*. New York: Marcel Dekker; 1984.

[2] L. J. Bain and M. Engelhardt (1991), *Statistical Analysis of Reliability and Life-Testing Models: Theory and Methods* (Vol. 115). Boca Raton, FL: CRC Press.

[3] Barlow RE, Clarotti CE, Spizzichino F. *Reliability and Decision Making*. New York: Chapman and Hall; 1993.

[4] Bauer E. *Design for Reliability: Information- and Computer-Based Systems*. New York: John Wiley & Sons, Inc./IEEE Press; 2011.

[5] Baxter LA. Estimation subject to block censoring. IEEE Trans Reliab 1995;44 (3):489–495.

[6] Baxter LA, Tortorella M. Dealing with real field reliability data: circumventing incompleteness by modeling and iteration. Proceedings of the Annual Reliability and Maintainability Symposium; January 24–27; Anaheim, CA; 1994. p 255–262.

[7] Bossert JL, editor. *The Supplier Management Handbook*. 6th ed. Milwaukee: American Society for Quality; 2004.

[8] Chan CK, Tortorella M. Design for reliability: processes, techniques, information systems. 2000 Annual Reliability and Maintainability Symposium, Tutorial Volume, 1–13; January 24–27; Los Angeles, CA; 2000.

[9] Chan CK, Mezhoudi M, Tortorella M. A theory unifying robust design and reliability engineering. Presented at Joint Research Conference on Statistics in Industry and Technology; New Brunswick, NJ; 1997.

[10] Coit DW, Smith AE. Reliability optimization of series-parallel systems using a genetic algorithm. IEEE Trans Reliab 1996;45 (2):254–260.

[11] Cui L, Li H, Xu SH. Reliability and risk management. Ann Oper Res 2014;212 (1):1–2.

[12] Davis PJ. Fidelity in mathematical discourse: is one and one really two? Am Math Mon 1972;79 (3):252–263.

[13] DeMarco T. *Concise Notes on Software Engineering*. New York: Yourdon Press; 1979.

[14] Elsayed EA. *Reliability Engineering*. 2nd ed. Hoboken: John Wiley & Sons, Inc; 2012.

[15] Engelmaier W. Surface mount solder joint long-term reliability: design, testing, prediction. Soldering Surf Mt Technol 1989;1 (1):14–22.

[16] Engelmaier W. solder attachment reliability, accelerated testing, and result evaluation. In *Solder Joint Reliability—Theory and Applications* (J. H. Lau, ed.). New York: Van Nostrand Reinhold; 1991. p 545–587.

[17] Escobar LA, Meeker WQ. A review of accelerated test models. Statist Sci 2006;21 (4):552–577.
[18] Everett WW, Tortorella M. stretching the paradigm for software reliability assurance. Softw Qual J 1994;3 (1):1–26.
[19] Field D, Meeker WQ. An analysis of failure-time distributions for product design optimization. Qual Reliab Eng Int 1996;12:429–438.
[20] Hamada M. Reliability improvement via taguchi's robust design. Qual Reliab Eng Int 1993;9:7–13.
[21] Holcomb D, North JR. An infant mortality and long-term failure rate model for electronic equipment. AT&T Tech J 1985;64 (1):15–38.
[22] http://www.autosafety.org/node/32435
[23] http://www.elna-america.com/tech_al_reliability.php
[24] Jawitz MW, Jawitz MJ. *Materials for Rigid and Flexible Printed Wiring Boards*. Boca Raton: CRC Press; 2006.
[25] D. Kececioglu (2002), *Reliability and Life Testing Handbook* (Vol. 2). Lancaster: DEStech Publications, Inc.
[26] Kemet Corporation Application Notes for Tantalum Capacitors. http://www.kemet.com/kemet/web/homepage/kechome.nsf/weben/08114D8D1402B2D6CA2570A500160901/$file/F3100_TaLdPerChar.pdf
[27] Kuo W, Prasad VR. An annotated overview of system-reliability optimization. IEEE Trans Reliab 2000;49 (2):176–187.
[28] Lawless JF. *Statistical Models and Methods for Lifetime Data Analysis*. Hoboken: John Wiley & Sons, Inc; 2011.
[29] LuValle MJ, LeFevre BJ, Kannan S. *Design and Analysis of Accelerated Tests for Mission Critical Reliability*. Boca Raton: CRC Press; 2004.
[30] Lynch GS. *Single Point of Failure: The Ten Essential Laws of Supply Chain Risk Management*. Milwaukee: American Society for Quality; 2009.
[31] Meeker WQ, Escobar LA. *Statistical Methods for Reliability Data*. New York: John Wiley & Sons, Inc; 1998.
[32] Nash FR, Joyce WB, Hartman RL, Gordon EI, Dixon RW. Selection of a laser reliability assurance strategy for a long-life application. AT&T Tech J 1985;64 (3): 671–716.
[33] Nelson WB. *Applied Life Data Analysis*. Hoboken: John Wiley & Sons, Inc; 2005.
[34] Samaniego F, Cohen M, editors. *Reliability Issues for DoD Systems: Report of a Workshop*. Washington: National Academies Press; 2002.
[35] Sinha SK. *Reliability and Life Testing*. New York: John Wiley & Sons, Inc; 1986.
[36] Smidts C, McGill J, Rodriguez M, Lakey P. Operational profile testing. In: Marciniak JJ, editor. *Encyclopedia of Software Engineering*. Abingdon: Taylor and Francis; 2010.
[37] Taguchi G. *Introduction to Quality Engineering*. Tokyo: Asian Productivity Organization; 1986.
[38] Viertl R. *Statistical Methods in Accelerated Life Testing*. Göttingen: Vandenhoeck and Rupprecht; 1988.
[39] Wasserman GS. A modeling framework for relating robustness measures with reliability. Qual Eng 1996;8 (4):681–692.
[40] R. R. Willie (1978), Computer-aided fault tree analysis. Defense Technical Information Center AD-A066567.

第 7 章　要害系统的可靠性工程

7.1　本 章 内 容

一个要害系统故障的后果是如此严重,以至于预防成本和外部损失成本之间的权衡几乎总是倾向于大力强调预防成本。这并不是说在要害系统中用于预防成本的金钱预算是没有限度的,只是系统中对预防的重视程度非常高,所以超乎寻常的措施也常常是十分合理的。本章讨论的可靠性工程实践,可能无法在普通情况下完全实现,但适用于要害系统。

7.2　要害系统的定义和案例

7.2.1　什么是要害系统

许多现代生活由系统的正常运行构成,这些系统的正常运行被业外人士视作理所当然,但其故障将产生严重的后果,可能的范围从相对良性的问题,如昂贵的修复费用,到非常恶性的事件,甚至可能包括社会崩溃。在这本书中,我们把这些系统称为要害系统。① 要害系统具有一个或多个如下属性。

(1) 该系统的故障对用户造成的极端后果:

① 多人受伤;

② 人员伤亡;

③ 社会动荡,破坏或崩溃。

(2) 该系统的故障对系统所有者造成的极端后果:

在一定程度上威胁到团体的生存盈利能力的丧失。

(3) 在故障时修复系统极为困难:

① 远程或难以定位;

② 需要专门的昂贵的维修设备。

---

① 一些作者将这类系统看成关键任务系统。

由于这些特性,要害系统成本通常非常高,往往只有少量被部署。

这些特性带来了额外的可靠性工程工作的必要性。在要害系统中,可以说,可靠性要求比所有其他的都重要,可靠性研究在于其他需求权衡时几乎总是占优。本章讨论了一些额外的策略,以满足要害系统的可靠性要求。这些策略通常不能在普通的系统中使用,因为对于常规使用来说,它们可能太昂贵或太耗时,但由于要害系统对可靠性的极高要求,这种额外的费用和时间可能是合理的。

7.2.2　要害系统案例

7.2.2.1　关键基础设施

先进的社会依赖于某些关键基础设施完成大型和对社会运行至关重要的任务。这些系统包括电力系统、水、油和燃气输配系统、公共交通系统、道路网络(包括桥梁)、消防和响应系统等。在大多数系统中,短期或局部停机是可以容忍的,特别是备份方案到位的情况下。然而,一个长期的、广泛的中断可能是致命的或引发一定程度的社会动荡或崩溃,幸运的是,很少有这种状况。

让我们考虑电力系统的更多细节。冒着过分简单化的风险,可以把电力系统划分为发电厂和配送(传输)网络。局部的中断并不少见,而且近几十年来出现了一些值得注意的大范围中断。许多机构和个人为这些中断制定了计划,并有备份系统。几乎所有的医院都有本地发电机,以备他们的供应商发生中断时提供备用电力,因为医院的电力中断很容易导致人员伤亡。电话中心局使用48V 蓄电池,在断电后提供约 8h 电源,更大的机关在电池用尽之后,会使用现场发电机提供动力。备用电源方案的其他使用者包括无线服务提供商、互联网服务供应商、一些食品零售商等。有个别房主在停电的情况下也使用发电机。

局部中断和持续时间相对较短的中断,通过上述措施是易于处理的。然而,持续时间较长的大范围中断,如最近几年的卡特里娜飓风和桑迪飓风造成的停电,有更严重的后果。有时,用于发电机的汽油难以获得,因为加油站的电动泵停电而无法使用。这种中断需要由联邦或州政府或私人援助机构的应急响应处理,这种应急响应是复杂的、昂贵的,有时也是缓慢的。

想象一下,如果 2003 年[12]或 1985 年[13]美国东北部停电持续了几周,而不是几小时,这种情况很容易引起大的社会混乱。即使由卡特里娜飓风和桑迪飓风造成的(相对)短时中断,日常生活也受到严重破坏,特别是对那些不幸的人,甚至直到电力恢复后很长一段时间,生活才恢复到正常。

7.2.2.2　商用飞机

在客运服务中使用的商用飞机是典型的要害系统[25]。在飞行中一个机载故障很容易导致多人受伤或失去生命。即使是在地面上的火情也可能是一个严重的事件。如果故障是由于设计缺陷(与之相对的,如一个故障组件),机身制造商可能会发现他们的业务风险。近日,波音787,一款新飞机,经历了多起由于灭火系统[16]的锂离子电池热失控[14]和接线错误引起的火灾。虽然这些事故没有造成伤害或死亡,但可以肯定的是,制造商正在积极解决这些问题。

7.2.2.3 卫星和海底电缆通信系统

卫星和海底电缆通信系统可以被认为是要害系统,因为发生故障时维修起来是不可能的,或者非常困难且费用昂贵。直到不久前,卫星的维修①事实上还是不可想象的。国际空间站的宇航员们已经对哈勃太空望远镜进行了维修和升级,所以卫星的修复已经不再是不可能的,但是它几乎不能被看作是一种常规的活动。它仍然是相当复杂和昂贵的。海底电缆通信系统是以地球为基础,但在海洋的底部,仍然是另一个相对未知的领域。在中继器或电缆节点的表面固定和拼接新电缆的技术,自20世纪50年代最早的电子海底电缆系统的部署时就已经存在,但随时间推移这类工作并未得到多大简化或成本的降低。对于这样的系统在可靠性和可维护性之间的平衡很容易证明,消耗更多的设计和开发资源用于防止故障的发生优先于发生故障时如何弥补。

7.2.2.4 其他要害系统

可以举出许多其他要害系统的例子,包括:

(1) 航天器;

(2) 危险物品运输和处理系统;

(3) 医疗系统;

(4) 核反应堆和更多的系统。

在所有情况下,这些系统的故障造成的灾难性后果的社会和经济损失,远远超过用于故障预防所需的金额。我们不妨设想这就像一个1-10-1000000规则,而不是1-10-100规则。

我们也可以与那些明显不是要害系统的系统做比较。其中的一些包括:

(1) 消费娱乐产品;

(2) 其操作只影响少数人以及其发生的大多数故障是良性的(如车库门开启装置、圆珠笔);

(3) 照明设备以及诸如此类。

即使这些看似简单的例子也可以有严重的故障(如照明设备会着火并导致房子烧毁)。这些系统故障引发的悲剧可能涉及的人员损失,没有上升到要害

① 除了远程软件维护和重新启动。

系统所定义的程度,因为故障不会造成大规模的人员伤亡或重大社会动荡或基础设施的破坏。

7.3　要害系统的可靠性要求

如果不是强制性的,要害系统的特殊性质使采取不同的方法来达到可靠性的要求成为可能。由于要害系统故障的后果非常严重,并且有时只有少数系统被部署,采用可靠性的要求限制直接故障的数量和持续时间而不是要求限制故障的平均数、中位数,或其他简化量可能是更有意义的。由于故障的后果是严重的,这个数量会很少,并且当仅涉及少数系统(也许只有一个)时,将优先选择可靠性效能标准的要求对这些系统建立可靠性模型以评估其满足要求的概率。采用这一观点,自然会产生一个以决策理论为背景的、可靠性风险管理的整体模型。这种方法的详细讨论超出了本书的范围,但是有兴趣的读者可以查阅参考文献[1,6]获取更多的信息。当已安装系统的普查数据可用时,数据分析以确定符合要求是一个简单的问题,当已安装系统群体中只有一个样本可用时,则需要一点额外的工作。详情见第 5 章。

例如,对于 TAZ-8 海底光缆通信系统的可靠性要求是在系统预期 25 年的寿命[8]中,应当不超过 3 个船舶修理①故障。这样的要求只针对仅由系统自身原因引起的故障,而并不适用于如因地震、②鲨鱼袭击、拖网渔船捕鱼等引起的电缆断裂故障。当 25 年内出现 4 次或更多的船舶修理故障的概率预估小于 0.05 时,可靠性模型可据此而被构建。只有一个 TAT-8 跨大西洋系统,虽然 SL-280 和 SL-560 光纤系统在随后的几年中被用于其他海底应用。这些其他的应用,如 TAT-9、TPC-4 等都有自己的可靠性要求:重点是可靠性的要求是应用程序的一个属性,它也是系统供应商的责任(在这种情况下,该 SL-280 和 SL-560 制造商,这是美国电话电报公司、英国标准电话电缆和法国 99 塞伯马克姆股份的共同努力),以使购买者确信提出的系统解决方案满足了应用程序的可靠性需求。

只有一个 TAT-8 系统的另一个结果是无需复杂的数据分析判断要求是否已经得到满足。只有一个系统,所以很容易计算需要船舶维修的故障次数,看看这个数字是否大于 3。该 TAT-8 系统安装于 1988 年,并于 2002 年从服务中删除,因为安装了更大容量的系统,维持这样的小容量(40000 音频信道)的系统变

① “船舶修理”是一个工业专用术语,特指如下故障修理作业,这种作业需要调度电缆修理船抓住电缆到海洋表面,执行任何必要的更换,并将电缆放回到海底。

② 地震、野火、洪水等可能导致各种基础设施,包括要害系统的故障。本章的主要目的是研究防止故障的措施。灾后重建不在本书的范围之内。

得不再经济。不幸的是,内部系统故障数的数据总是来之不易,作为供应商通常认为这是保密的。这个例子还指出了一个写在效能标准要求的缺点:在整个应用周期过去之前,很难确定要求是否满足。使用有限的时间周期的数据可以创建预期模型,但是从这些模型中表达的结论仅是概率。

我们先前已经强调,一个良好的可靠性要求有3个重要组成部分:本身数据要求、要求适用(工作)环境条件、要求应用时长。对于要害系统的可靠性要求区别仅在于该可靠性数值要求应用于可靠性效能准则(如在系统寿命内的故障数),而不是一些相关可靠性指标(如平均每年的故障数)。

7.4 满足要害系统可靠性要求的策略

7.4.1 冗余

增加冗余也许是最基础的可靠性改进策略。对于需要重视的开关电路和设备的可靠性来说,冗余相当有效。冗余的缺点是复杂和费用昂贵。

冗余增加了操作和维护的复杂性。冗余设备工作时,操作者需要额外的培训,以帮助他们避免发生错误。例如,在完全复制的电子交换系统,就有可能错误地从开关的正常部分而不是从开关故障部分移除现场可更换单元或电路板。这种情况是罕见的,但不是闻所未闻的。如果此移除发生时该开关处于故障状态的边缘,因为一半的开关是由于矫正或预防性维护活动退出服务的状态,那么,整个开关将不能完成工作。更全面的操作员培训有助于避免这些错误。技术解决方案也已提出[20]。

冗余的明显缺点是增加了成本,不仅包括获取冗余单元的初始成本,还有持续经营的持续成本。在要害系统中,对可靠性的改进增加的成本可能是合理的容易的,但如果未进行明确的成本和可靠性权衡而增加成本仍然是不常见的。即使在一个要害系统中,系统工程师应为获得更高可靠性的解决方案而做好努力的准备,这可能会提高预防成本,因为早期投资在可靠性策略设计上的优势可能并不总是被所有的利益相关者完全理解。充分的准备是十分重要的。

SL-280的海底电缆缆光纤通信系统的TAT-8应用为人们提供了冗余及其成本和收益的一个指导性的例子。该系统的海底部分包括一个六光纤电缆和大约互相间隔35km离散布置的中继器。

在TAT-8的应用中,三路光纤被用于向东传输,三路光纤被用于向西传输。三路光纤中,二路用于正常使用,一路备用。中继器包含6个再生器,对应于每一路光纤。再生器是一种电子放大器,用来补偿信号在一个光纤段(一个光纤段是光纤在两个中继器之间的长度)的衰减。它分别在其输入端完成光-电转换,在其输出端完成电-光转换。备用光纤及其相关联的再生器(一个或多个),可以在独立的段内从备用状态切换到工作状态。每一个再生器包含提供了其中3个冷备用激光发射器的激光发射机。所有的切换发生在中继器内,但是从岸上终端远程控制。图 7.1 显示了 SL-280 系统中继器内中的再生器部分进行TAT-8 应用的功能组成。

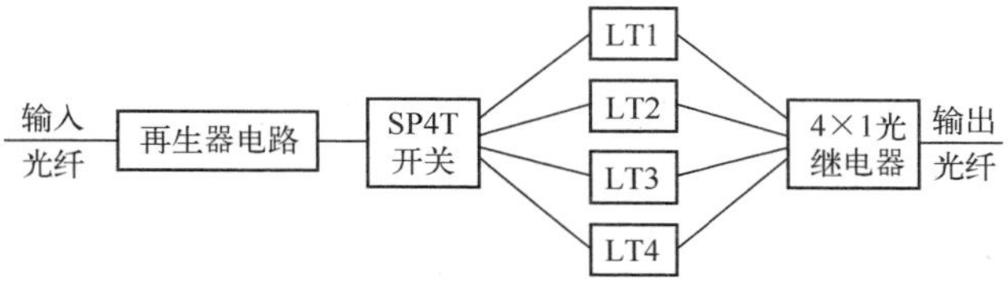

图 7.1　再生器的功能组成图

再生器部分对光纤进行了放大。再生器电路含有一个 O-E(光-电子)转换电路和放大器。再生器电路的输出定向到四个冷备用激光发射器集成的一个激光发射器(图 7.1 所示的 LT1 到 LT4)。E-O 转换发生在激光发射器中。激光发射器 LT2 到 LT4 用虚线和虚线框表明他们是冷备用单元。[①] 激光发射器(工作状态)的输出由具有 4 个输入和 1 个输出的光继电器切换到输出光纤。中继器(一个"半中继")内传输的一个方向包括再生器部分的三选二冷备系统。整个中继器功能和组成包括两部分,也就是传输的两个方向。监控电路需监控性能、检测故障,并切换冗余设备,这些不在图 7.1 中示出,虽然它们是冗余方案的一个组成部分。同时,供电设置也未示出。

该系统在全容量工作状态下,每个传输方向需要两路光纤,并且每个工作的再生器需要配备一个独立工作的激光发射器。纯粹为了提高要求满足点的可靠性,该系统的成本需要乘以 1.5 的系数,用于提供每个方向上额外的第三路冗余路径的光纤和再生器。再生器的成本增加了大约 4 倍的一个因子,以提供备用的激光发射器和光继电器。这个例子表明,该费用作为对可能需要从船舶修理故障过多的流动潜在的收入损失和修理费合理的权衡,应是自愿支付的。SL-280 和 SL-560 的技术现在已过时,海底光缆通信系统仍然依赖于冗余作为基本的可靠性改进策略。

7.4.2　网络弹性

许多要害系统以网络方式运行。例如,发电和配电、配水、石油和天然气运

① 这不是一个普遍接受的绘图方案,但它在简单的情况可以是很有帮助。

输、电信[7]和公共交通。当然,其中也不乏一些要害系统。电力系统是一个多重要害系统,不仅作为一个整体是要害系统,甚至其重要组成部分——如核电站——本身也是要害系统。

对于网络式基础设施的可靠性提高,网络弹性[21,23]的概念是有帮助的。网络弹性是用来描述一个网络的两种(相关)属性。

(1) 即便网络元件发生故障,网络中的其他被部署的原件继续以令人满意的方式提供服务。

(2) 当网络元件故障中断服务传递时,网络可以在短时间内恢复正常运行。

网络弹性概念的基石是:该网络具有一个目标,即提供一些服务。① 网络的有效性评估是以它的传输功能而言,其传输功能的测算是计算网络中从所有源节点传输到所有目的节点的总流量。② 在第一种情况下,网络弹性是测算由网络容量矩阵的变化所导致的传递功能的变化。这是一个敏感的评估,或重要性评估,类似于在 3.4.8 节中讨论的伯恩鲍姆可靠性重要性评估。在第二种情况下,通过保障性和维修性的资源倾斜可以提高一个网络由故障状况快速恢复到正常运行状况的能力。促进网络弹性原则和设计实践的建立仍然是一个活跃的研究领域。其中一些工作,可以在参考文献[2,10,21]中找到,并参考在其中的文献。

7.4.3 组件资格认证和鉴定

当故障组件的替换是复杂和/或昂贵的,或组件故障的后果是严重的,如在大多数风险系统中的情况,值得采取措施来防止组件故障。防止由于组件故障导致的系统故障的基本策略已在第 6 章中讨论过。为了控制报废故障,使用直到系统设计寿命结束才激活损耗故障机制的组件。为了控制在应力超过部件强度的随机时间产生的故障,使用 6.5.1.2 节中讨论的热和电应力分析程序,以最大限度地减少部件在使用寿命期间出现的“随机”故障。在本节中,我们讨论一个策略去缓解。

(1) 由于固有组件故障机制产生的故障。

(2) 在系统投入使用后由于采购组件自带的制造缺陷可能产生的问题。

这种策略称为鉴定和认证,并通过特殊的可靠性测试和筛选采购的组件。你可能觉得我们在这里主张一种被认为低效、昂贵、有时无效的行动,但是在要

---

① 在第 8 章,我们明确地概念化网络作为“服务传递基础设施”,以强调自己的所需服务推动者的角色。

② 对于更专业的研究,出发地和目的地节点的子集可以在同一个框架内考虑。

害系统中，外部故障成本非常高，额外的预防投资是合理的。

简言之，鉴定是一种测试方案，侧重于组件的内在故障机制，其目的是确定一组组件在包含它们的系统操作期间是否能够承受可能施加到组件的大部分应力。鉴定通常包括一些加速寿命试验，特别关注组件的已知故障模式以及旨在发现可能未知故障模式的加速寿命测试。它回答了关于整个群体(类似)组件的问题：给定组件、系统使用寿命以及组件在系统操作期间可能观测到的压力的情况下，为了用于(要害)系统中的这些组件具有经济意义，群体中大部分的组件是否可以在超过系统使用寿命的终点时继续使用？鉴定是生成对整个群体组件决策的过程，并且因此容易遭遇类型I(拒绝应该接受的群体)和类型II(接受应该拒绝的群体)的错误。

相比之下，认证是用于识别单个组件的可靠性足以保证该组件在(要害)系统的整个使用寿命期间不会在操作中失败的过程。认证也是一个决策过程：对于每个单独的组件，决定接受或拒绝它在系统中使用。因此，决定也受类型Ⅰ和类型Ⅱ错误的影响。①

本节致力于鉴定和认证的I型和II型错误概率，以及鉴定和认证试验存活者的寿命分布。这种材料的大部分内容以前由作者在文献[9]案例6中发表和享有转载许可。

7.4.3.1 作为决策过程的鉴定

鉴定是确定在进行认证后是否可以获得在经济上可行的组件群体的过程。也就是说，鉴定意在确定满足认证标准的组件的比例是否足够大，使得足够的组件通过认证测试，以获得认证组件群体的总成本是合理的。在海底电信电缆系统中，其可靠性要求是25年的系统寿命[19,22]，我们要确定群体中是否有足够的组件，其寿命大于25年(TAT-8系统的预期使用寿命)，从而可以在不影响系统利润的情况下实施合理的认证(筛选单个组件；参见7.4.3.2节)(显然，在25年内没有什么必要；从此，我们用T，其中T是系统使用寿命要求的年限)。如果F是要使用的群体的寿命分布，则鉴定试图确定$F(T)$的值，希望它接近于0。特别地，假设有一些量θ，$0<\theta<1$，即经济系统的部署的一个充分条件是$F(T)\leqslant\theta$。也就是说，被鉴定的群体定义为寿命分布满足$F(T)\leqslant\theta$。θ是通过考虑成本和技术权衡得出的。这种形式的鉴定标准的选择反映了这样的概念，即对于被鉴定的群体来说，$(1-\theta)$足够大的比例具有足够长的寿命，使得鉴定和认证的成本不会过度影响整体系统的经济性。对关于θ的$F(T)$做出的鉴定判断可能不正确。这部分显示这个决定的质量如何影响鉴定的幸存者的生命分布。

① 有时由组件制造商特别选择。

鉴定可以被解释为决策过程:它是数据的收集和分析,以支持关于 $F(T)\leqslant\theta$ 或 $F(T)>\theta$ 的判断。因此,决定受Ⅰ类和Ⅱ类错误的影响。这些误差的大小对鉴定和认证的幸存者的寿命分布有影响。本节探讨了在鉴定决策中Ⅰ类和Ⅱ类错误的作用。7.4.3.2 节涉及Ⅰ类和Ⅱ类错误在认证决策中的作用。

鉴定通过一系列交替的可靠性试验和产品重新设计进行。① 在每次可靠性测试后,对群体是否合格进行判断。用 Q 和 N 分别表示一个群体的状态是否合格。

使用这些字母的本质状态(群体的"实际的,未知的状态"),以及在可靠性测试之后做出的判断。还定义 S_k 为在 $(k-1)^{st}$ 产品重新设计之后的自然状态,J_k 为在第 k 个可靠性测试之后的判断,$k=1,2,\cdots$,S_k 和 J_k,然后取值 N 或 Q。最后,将 F_k 定义为在第 $(k-1)^{st}$ 次产品重新设计之后的群体的寿命分布,其中 $F_1=F$ 是原始群体寿命分布(在执行任何测试或重新设计之前)。

当然,结果序列由一个 Q 值后面伴随一些 N 值组成,因为一旦群体被认为合格,产品重新设计和可靠性测试序列就要暂停。任何判断单独来看都可能是错的,包括最后一个判断在内,因此我们不仅需要检查每个步骤中个体类型Ⅰ和类型Ⅱ的故障,也需要集合或整合最终鉴定中类型Ⅰ和类型Ⅱ的故障。

对于鉴定决策(在 k 步后),整体类型Ⅰ错误拒绝了 $F_k(T)\leqslant\theta$ 的结论,当它实际上是真的(这是生产者的风险);整体类型Ⅱ错误接受 $F_k(T)\leqslant\theta$ 的结论,当它实际上为假时(这是消费者的风险)。定义当在第 k 步进行决策时,$\alpha_Q(k)$ 是整体类型Ⅰ错误的概率,$\beta_Q(k)$ 是整体类型Ⅱ错误的概率。然后,$\alpha_Q(k)=P\{$决定 $F_k(T)>\theta\mid F_k(T)\leqslant\theta\}$ 和 $\beta_Q(k)=P\{$决定 $F_k(T)\leqslant\theta\mid F_k(T)>\theta\}$。为了本研究的目的,重点是可能做出的决策错误的程度,鉴定测试,数据收集的细节和使用由此制定的信息做出决定是不相关的。显然,在实践中,我们希望 $\alpha_Q(k)$ 和 $\beta_Q(k)$ 尽可能小,受任何时间和资源的限制都可以适用于鉴定承诺。本研究仅涉及 $\alpha_Q(k)$ 和 $\beta_Q(k)$ 的值如何影响对合格群体进行认证的最终幸存者的寿命分布。表 7.1 可以帮助阐明在这种情况下整体类型Ⅰ和类型Ⅱ错误的定义。

如果群体被判定为不合格,鉴定通过开始一系列对产品的测试、决策和修正,直到(适当修改的)得出群体是合格的决定。让我们假设有一个 v—1"不合格"的决定伴随着"合格"的决定,修正的步骤在这一步停止。v 的分布不太可能是几何分布的,因为决定是随机独立的,我们将假设类型Ⅰ和类型Ⅱ错误在一项实验中是独立的,且它们的可能性(分别为 α 和 β)从始至终是相同的。这可能是合理的,只要证明群体合格的测试类型在每次修改之后基本相同,在每个决策

① 注意与"可靠性增长测试"的相似性[5]。

中涉及相同的人员等。

表 7.1　鉴定决策错误

自然状况	$F(T)\leqslant\theta$	$F(T)>\theta$
鉴定合格群体	正确决策	类型 II 错误
鉴定不合格群体	类型 I 错误	正确决策

将 $\sigma_k(N)$（相应地，$\sigma_k(Q)$）定义为 $\{S_1,\cdots,S_k\}$ 中的 N（相应地，Q）状态的数目，则 $\sigma_k(N)+\sigma_k(Q)=k$。回想一下，如果 $J_k=Q$，则 $J_1=\cdots=J_{k-1}=N$。然后，有

$$P\{J_k=Q\mid S_k=Q\}=\sum_{n=1}^{k}(1-\alpha-\beta)^n\alpha^{k-n}P\{\sigma_{k-1}(N)=n-1,\sigma_{k-1}(Q)=k-n\}$$

以及

$$P\{J_k=Q\mid S_k=N\}=\sum_{n=1}^{k}(1-\alpha-\beta)^{n-1}\alpha^{k+1}\beta P\{\sigma_{k-1}(N)=n-1,\sigma_{k-1}(Q)=k-n\}$$

在 $P\{\sigma_1(N)=1,\sigma_1(Q)=0\}=1-P\{\sigma_1(N)=0,\sigma_1(Q)=1\}$ 时，给出初始群体不合格的概率。然后，第 k 步的总体类型 Ⅰ 和类型 Ⅱ 错误概率为

$$\alpha_Q(k)=P\{J_k=N\mid S_k=Q\}=1-P\{J_k=Q\mid S_k=Q\}$$

以及

$$\beta_Q=P\{J_k=Q\mid S_k=N\}$$

这些是从上述等式递归计算得出的。

类型 I 错误和类型 Ⅱ 错误对寿命分布的影响：

如果 $J_k=Q$，则将在步骤 k 判断为合格的群体寿命分布称为“最终”生命分布 F_k。据我们所知，$J_k=Q$ 意味着 $F_k(T)\leqslant\theta$（相当于 $S_k=Q$）。在本节中，我们基于类型 Ⅰ 和类型 Ⅱ 错误概率研究 $F_k(T)$。因此，$P\{F_k(T)\leqslant\theta\mid J_k=Q\}$，有

$$\begin{aligned}P\{F_k(T)\leqslant\theta\mid J_k=Q\}&=P\{S_k=Q\mid J_k=\theta\}\\&=\frac{P\{J_k=Q\mid S_k=Q\}P\{S_k=Q\}}{P\{J_k=Q\}}\\&=\frac{P\{J_k=Q\mid S_k=Q\}P\{S_k=Q\}}{P\{J_k=Q\mid S_k=Q\}P\{S_k=Q\}+P\{J_k=Q\mid S_k=N\}P\{S_k=N\}}\\&=\frac{[1-\alpha_Q(K)]P\{S_k=Q\}}{[1-\alpha_Q(k)]P\{S_k=Q\}+\beta_Q(k)P\{S_k=N\}}\end{aligned}$$

该方程表示当在第 k 步骤进行判断时，$F_k(T)$ 是大于还是小于 θ 的“置信度”。如果 $\alpha_Q(k)$ 和 $\beta_Q(k)$ 都等于零，那么，$P\{F_k(T)\leqslant\theta\mid J_k=Q\}=1$，我们的判断准确地反映了本质的状态。如果 $\alpha_Q(k)$ 或 $\beta_Q(k)$ 是正的，那么，我们的判断是有缺陷的，并且它们越大，我们的判断越不准确。

为了完成计算,需要用$\{S_1,\cdots,S_k\}$的分布模型。一个非常精确的模型将需要深入了解测试和重新设计的特定过程中的问题,所以下面的话应该仅作为说明。$\{S_1,\cdots,S_k\}$的一个简单模型是一个双态马尔可夫链,有$p_{QQ}=P\{S_{j+1}=Q \mid S_j=Q\}=1-p_{NQ}=$"大"(接近1)和$p_{QN}=1-p_{NN}=$"中"。这样的模型将允许计算涉及由$\{S_1,\cdots,S_k\}$确定的$\sigma$域中事件的概率的项,因此允许完成表7.1的计算。在实践中,k通常是相当小的,大约2或3,所以在这个模型中的计算将不会太繁重。除了这个简单的建议,因为对特定项目细节的强烈依赖,对这个问题的进一步探讨超出了本讨论的范围。

7.4.3.2 作为决策过程的认证

因为认证对于每个组件关于其使用寿命是否超过T年做出单独的决定,所以重要的是考虑在特定情况下可能做出不正确决定的可能性。令L表示来自在认证测试中存活的被判断为合格的群体的给定组件的(随机)寿命。也就是说,$L(\omega)$是组件ω的寿命,组件ω是样本空间的元素,其描述了进行认证的组件群体在认证测试中存活。此外,将这个群体分为两部分:$\Omega_A=\{L>T\}$和$\Omega_U=\{L\leqslant T\}$。这些名字的意思是要明确,寿命超过$T$年是可以接受的,不超过$T$年的是不可接受的。对于每个$\omega$,如果认证将分量$\omega$放置在$\Omega_A$(相应地,$\Omega_U$)中,则令$C(\omega)=A$(相应地,$U$)。也就是说,$C(\omega)$是对分量$\omega$的认证决定的结果。

如果$\omega\in\Omega_A$且$C(\omega)=A$,或者如果$\omega\in\Omega_U$,并且$C(\omega)=U$,则认证决定对ω是正确的。另一方面,如果$\omega\in\Omega_A$且$C(\omega)=U$,或者如果$\omega\in\Omega_U$且$C(\omega)=A$,则认证决定对于ω是不正确的。在第一种情况下,有一个生产者风险的例子,或类型Ⅰ的错误,其中可接受的成分被错误地丢弃。在第二种情况下,有一个消费者风险的例子,或类型Ⅱ的错误,其中不可接受的组件被不正确地保留。对于大多数要害系统,类型Ⅱ错误更加重要,因为一个类型Ⅱ错误的组件是在系统组件中使用的,并且在T年之前可能故障的组件。类型Ⅰ错误的概率是$P\{C=U \mid \Omega_A\}=\alpha_C$,类型Ⅱ错误的概率是$P\{C=A \mid \Omega_U\}=\beta_C$。表7.2可能有助于明确情况。

表7.2 认证决定错误

自然状态	A中组件,$L>T$	U中组件,$L\leqslant T$
认证标记组件为A	决定正确	Ⅱ 型错误
认证标志组件为U	Ⅰ 型错误	决定正确

7.4.3.3 寿命分布

鉴定通常通过一些加速寿命测试完成。这意味着组件在鉴定期间累积一定量的时间,并且通过这种方式反映,即在寿命分布模型中假定一个时间τ_Q代表鉴定过程所花时间。通常,鉴定测试的幸存者并不用于后续产品的生产;后续生产仅用群体的未测试部分(被判断为合格);在这种情况下,$\tau_Q=0$。然而,如果试验品被用于下游生产,然后 $\tau_Q>0$,如果 $J_k=Q$,则幸存者的寿命分布由$(F_k(t+\tau_Q)-F_k(\tau_Q))/(1-F_k(\tau_Q))$对于 $t\geqslant 0$ 给出(在这里和下面,我们使用鉴定试验品群体的新时间起点与实践中采取的行动一致,其中幸存者被认为是具有新的寿命分布,在时间原点为零)。此外,我们知道 F_k 满足"类型 I 错误和类型 Ⅱ 错误对寿命分布的影响"一节中的方程。

$P\{L\leqslant t \mid C=A\}$是被认证程序选择使用的组件的寿命分布。它是更容易使用的幸存者函数,所以有

$$
\begin{aligned}
P\{L>t \mid C=A\} &= \frac{1}{P\{C=A\}}P\{L>t, C=A\} \\
&= \frac{1}{P\{C=A\}}[P\{L>t, C=A, \Omega_A\}+P\{L>t, C=A, \Omega_U\}]
\end{aligned}
$$

其中 $P\{C=A\}$ 由下式给出,即

$$
\begin{aligned}
P\{C=A\} &= P\{C=A \mid \Omega_A\}+P\{C=A \mid \Omega_A\}P(\Omega_U) \\
&= (1-\alpha_C)P\{L>t\}+\beta_C P\{L\leqslant T\} \\
&= (1-\alpha_C)[1-F_Q(T)]+\beta_C F_Q(T)
\end{aligned}
$$

现在假设,给定 A(或给定的 U)生命周期值和认证决定是条件独立的。这反映了决策者不完全知道设备的生命周期的设想。这当然是只有近似,因为认证决定是基于可能得出设备寿命的估计的一些试验做出的,但这将引出一个更复杂的模型,这不在本书的讨论范围,是未来研究的课题。然后,有

$$
\begin{aligned}
P\{L>t, C=A, \Omega_A\} &= P\{L>t, C=A \mid \Omega_A\}P(\Omega_A) \\
&= P\{L>t \mid A\}P\{C=A \mid \Omega_A\}P(\Omega_A) \\
&= (1-\alpha_C)P\{L>t, L>T\} \\
&= (1-\alpha_C)[1-F_Q(t\wedge T)] \\
&= \begin{cases} (1-\alpha_C)[1-F_Q(T)], & 0\leqslant t\leqslant T \\ (1-\alpha_C)[1-F_Q(t)], & t>T \end{cases}
\end{aligned}
$$

其中在第二步使用条件独立性。类似地,有

$$
\begin{aligned}
P\{L>t, C=A, \Omega_U\} &= P\{L>t, C=A \mid \Omega_U\}P(\Omega_U) \\
&= P\{L>t \mid U\}P\{C=A \mid \Omega_U\}P(\Omega_U) \\
&= \beta_C P\{L\leqslant t, L>T\} \\
&\begin{cases} 0, & 0\leqslant t\leqslant T \\ \beta_C[F_Q(t)-F_Q(T)], & t>T \end{cases}
\end{aligned}
$$

综上所述,我们得到

$$P\{L>t \mid C=A\}=\begin{cases}\dfrac{(1-\alpha_C)[1-F_Q(T)]}{(1-\alpha_C)[1-F_Q(T)]+\beta_C F_Q(T)}, & 0\leqslant t\leqslant T\\ \dfrac{(1-\alpha_C)[1-F_Q(t)]+\beta_C[F_Q(t)-F_Q(T)]}{(1-\alpha_C)[1-F_Q(T)]+\beta_C F_Q(T)}, & t>T\end{cases}$$

这是通过认证筛选的组件群体的期望的幸存者函数。

注意：当 $\alpha_C=\beta_C=0$ 时，即认证决策总是正确的，则 $\{C=A\}=\{L>T\}$，得

$$P\{L>t \mid C=A\}=\begin{cases}1, & 0\leqslant t\leqslant T\\ \dfrac{1-F_Q(t)}{1-F_Q(T)}, & t>T\end{cases}$$

它应该是与 $P\{L>t \mid L>T\}$ 相同。随着 α 和 β 增加、减小，对于每个固定的 t，指示不正确的认证决定的结果变得更昂贵，因为不正确的决定的概率增加。实际上，不正确的认证决策增加了经过资格鉴定和认证的组件群体中的子生命周期组件的数量，结果是在服务中由于这些组件将出现更多的故障。

7.4.3.4 本节小结

回顾本节组件鉴定和认证研究及文献[3,4,10,11,18,22,24]，表明对鉴定和/或认证组件的可靠性预测的决策错误的重要性尚未得到充分的重视，特别是在规划工作的鉴定和/或认证组件的可靠性必须预测。我们的目的不是为鉴定和认证中的决策过程提供一个完整和全面的指南，而是为你提供实施鉴定和认证计划的基础，以说明这些程序的决策性质。

7.4.4 故障隔离

有时，尽管做出最大努力，故障还是会发生。在覆盖大地理区域或大规模人口的分布式要害系统中，故障隔离的策略可有效地限制损害。故障隔离是指防止在系统中发生的故障导致故障系统可能连接到或与其通信的其他系统中的故障。有时这种情况称为“级联故障”。

提示：短语“故障隔离”或更常见的“故障隔离”也用于指在系统中定位引起系统故障的已发生故障的组件或子组件的过程。为了避免这种混乱，我们一直将此活动称为“故障定位”。这将在第 12 章中详细讨论。

7.4.4.1 案例

1990 年 1 月，AT&T 信令系统 7（SS7）事务管理数据网络遭遇了广泛的中断，因为 SS7 其中一个交换节点中的软件故障在大面积传播来自故障节点的不正确的状态信息，连接到故障节点的节点因此退出服务。不到 10min，故障级联超过 100 个 SS7 节点，导致 9h 的中断，影响 60000 客户和导致 AT&T 大约 6000 万美元的收入损失[15]。若有缺陷的状态信息没有传递到邻近节点，则中断的范

围将大大减少。

7.4.4.2　故障隔离策略

虽然分布式系统在广泛地理区域和/或不同客户群体中自主提供服务方面具有许多优点，但是总是需要进行某种协调，以确保属于同一客户的所有记录不管它们在哪里存储都应被整合。在分布式系统的元件之间的通信是必要的，但是也会被用作在整个系统中不期望的错误传播的介质。因此，每当系统必须通过通信通道共享信息时，良好的软件工程实践应遵循以下几方面。

（1）在发送消息之前，请确保：

① 消息格式是正确的（即是接收方预期的格式）；

② 消息内容正确；

③ 所有返回码都被检查和验证。

（2）当接收到消息时，并且在它被采取行动之前：验证错误检测码结果是否正确。

许多相关的做法是一个良好的软件设计可靠性的一部分。

分布式系统或网络元件的故障可能增加系统或网络相邻元件上的负载（应力）。例如，在流体分配网络中，泵的故障可能导致进入泵的管道中的回流，并且可能在供给那些管道的泵上施加额外的负载。分布式系统或网络的设计审查应包括一个部分，特别关注发现由系统或网络元件故障引起的意外应力过载，特别强调这些过载是否可能导致其他相邻或交互系统或网络元件的故障。在结构上，这种检查通过使用 FMECA 工具（参见 6.6.2.1 节）实现。

7.5　要害系统可靠性工程最佳实践

将系统指定为“高风险”，其程度差异很大，以至于它实际上是种类差异的情况之一。所有系统都存在于从轻微故障（如娱乐设备）到具有危及生命后果的故障（如医疗设备——具体示例，参见参考文献[17]）的连续体上。因此，要害系统的可靠性工程的第一步是确定所讨论的系统是否具有高风险。答案“是”的含义是：因为外部故障成本如此高，所以大量花费在预防上是合理的。因此，应该进行有力的可靠性设计（第 6 章）。在不是高风险的系统中，一些可靠性工程任务被省略，因为它们的成本效益比或许不能合理支持它们的使用。在这种系统中，将活动纳入其可靠性工程程序是合理的。例如，针对低影响的系统，如 DVD 播放器，它可能不需要进行故障树分析和一个 FMECA。在要害系统中，可靠性工程程序应该要求排除任何任务的理由。

以下是在要害系统的可靠性工程中要考虑的一些其他想法。

(1) 可靠性要求的设计。要害系统具有适当和明确的可靠性要求至关重要。所有的系统要求在可能被违反的地方都应该被正式检查,也就是说,检查相关的故障模式。可靠性要求应与开发团队所有领域的代表进行设计审查。

(2) 可靠性建模。系统可靠性模型也可以作为跟踪设计可靠性活动的手段。随着活动的完成,它们的结果被迭代到系统可靠性模型中,为系统工程师提供在所有开发阶段可靠性的当前视图。

(3) 可靠性设计。要害系统应该得到正式的可靠性设计。第6章讨论的任何忽略可靠性任务设计的原因,应仔细研究和完全理解。

(4) 网络弹性。在作为基础设施网络(如电力分配)实现的要害系统中,新兴的网络弹性科学提供了设计原则和实践,使网络能够继续令人满意地运行(即提供服务),即使一个或多个网络元件故障。

7.6 本章小结

要害系统是指故障具有极其严重后果的系统。在这些系统中,因为外部故障成本如此之高,大量支出预防成本往往是合理的。要害系统的可靠性工程策略包括以下几方面。

(1) 根据可靠性效能标准,直接编写可靠性要求,而不是可靠性指标。

(2) 尽可能使用冗余。

(3) 将组件鉴定和认证作为供应商管理的重要组成部分。分布式系统中的故障隔离实践。

(4) 使用网络弹性概念来发现网络中特别脆弱的位置,并重新设计网络以减轻这些漏洞。

(5) 研究正式的设计审查侧重于可靠性,以获得跨职能团队中可用的各种经验的好处。

虽然可靠性设计在要害系统中可以非常有效,但是还有必要准备发生故障的情况。有关要害系统中可维护性和保障性的设计,请参见第11章和第13章。

7.7 习　题

1. 列出5个要害系统和5个不具有高风险的系统(7.2.2节中给出的系统除外)。讨论。

2. 请参见7.4.1节中的示例。

(1) 使用合适的符号,根据入射和出射光纤,再生器电子器件,SP4T开关,激光发射器和光继电器的寿命,为再生器部分的寿命写一个表达式。

（2）如果激光发射器的寿命分布是平均为40000h的指数分布,4个激光发射器的冷备份组合的寿命分布是多少？总成的平均寿命是多少？如果激光发射器的寿命分布为对数正态分布,平均40000h和扩展因子2.3,你的答案会有什么不同？

（3）在这个例子中,热备份一直是一个有效的冗余策略,考虑如何执行热备份,并将其与冷备份实现方式进行比较。

3. 考虑多处理器计算系统。绘制因果图（鱼骨图、Ishikawa）识别连锁故障的根本原因,提出三个最重要的根本原因的对策。

参考文献

[1] Barlow RE, Clarotti CE, Spizzichino F. *Reliability and Decision Making*. New York: Chapman and Hall; 1993.

[2] Baroud H, Ramirez-Marquez JE, Barker K, Rocco CM. Stochastic measures of network resilience: applications to waterway commodity flows. Risk Anal 2014;34 (4):1317–1335.

[3] Booker JM, Ross TJ, Rutherford AC, Reardon BC, Hemez FM, Anderson MC, Doebling SC, Joslyn CA. An engineering perspective on UQ for validation, reliability, and certification (U). 2004. Los Alamos National Laboratory report no. LA-UR-04-6670.

[4] Boydston A, Lewis WD. Qualification and reliability of complex electronic rotorcraft systems. Presented at AHS Specialists Meeting on Systems Engineering; October 15–16, 2009; Hartford, CT; 2009.

[5] Crow LH. Tracking reliability growth. 1974. Defense Technical Information Center document no. AD-0785614.

[6] Cui L, Li H, Xu SH. Reliability and risk management. Ann Oper Res 2014;212:1–2.

[7] Dolev D, Jarmin S, Shavitt Y. Internet resiliency to attacks and failures under BGP policy routing. Comput Netw 2006;50 (16):3183–3196.

[8] Easton RL, Hartman RL, Nash FR. Assuring high reliability of lasers and photodetectors for submarine lightwave cable systems: introduction. AT&T Tech J 1985;64 (3):661–670.

[9] Elsayed EA. *Reliability Engineering*. 2nd ed. Hoboken: John Wiley & Sons, Inc; 2012.

[10] Hallberg Ö, Eriksson B, Francis R, Hjortendal R, Lindberg L-I, Saevstroem B. Hardware reliability assurance and field experience in a telecom environment. Qual Reliab Eng Int 2007;10 (3):195–200.

[11] Harry CC, Mathiowetz CH. ASIC reliability and qualification: a user's perspective. Proc IEEE 1993;81 (5):759–767.

[12] http://en.wikipedia.org/wiki/Northeast_blackout_of_2003. Accessed November 11, 2014.

[13] http://en.wikipedia.org/wiki/Northeast_blackout_of_1965. Accessed November 11, 2014.

[14] http://en.wikipedia.org/wiki/Boeing_787_Dreamliner_battery_problems. Accessed November 11, 2014.

[15] http://www.informit.com/library/content.aspx?b=Signaling_System_No_7&seqNum=19. Accessed November 11, 2014.
[16] http://www.bloomberg.com/news/2013-08-14/ana-finds-wiring-defects-in-dreamliners-as-jal-plane-scraps-trip.html. Accessed November 11, 2014.
[17] Leveson NG, Turner CS. An investigation of the THERAC-25 accidents. Computer 1993;26 (7):18–41.
[18] Nash FR. *Estimating Device Reliability: Assessment of Credibility*. New York: Springer-Verlag; 1993.
[19] Runge PK. Undersea lightwave systems. AT&T Tech J 1992;71 (1):5–13.
[20] Tortorella M. Electromagnetically locking latch to prevent circuit pack removal. US Patent 6,312,275. 2001.
[21] M. Tortorella (2011), Design for network resiliency. In JJ Cochran, LA Cox, Jr., P Keskinocak, JP Kharoufeh, JC Smith *Encyclopedia of Operations Research and Management Science*, vol. 2, 1364–1381. Hoboken: John Wiley & Sons, Inc.
[22] P. Trischitta, M. Colas, M. Green, G. Wuzniak, J. Arena (1996), The TAT-12/13 cable network. IEEE Commun Mag February, 24–28.
[23] Whitson JC, Ramirez-Marquez JE. Resiliency as a component importance measure in network reliability. Reliab Eng Syst Saf 2009;94 (10):1685–1693.
[24] Wright MW, Franzen D, Hemmati H, Becker H, Sandor M. Qualification and reliability testing of a commercial high-power fiber-coupled semiconductor laser for space applications. Opt Eng 2005;44 (5):054204.
[25] Yeh YC. Unique dependability issues for commercial airplane fly-by-wire systems. Presented at 18th IFIP World Computer Congress; Toulouse, France. 2004. Available at http://webhost.laas.fr/TSF/IFIPWG/Top3/08-Yeh.pdf. Accessed November 11, 2014.

第8章　面向服务的可靠性工程

8.1　本章内容

服务业正在成为世界经济一个越来越大的部分。世界各地将有越来越多的服务消费者。这些消费者会期望他们所购买的服务是可靠的。在本章中,将讨论服务是可靠的意味着什么和一些用来使服务可靠的工程技术。我们覆盖一直在线的服务和按需服务,但更注重按需服务,因为一直在线的服务的可靠性,相当于用来承载它们的基础设施的可靠性。

8.2　引　　言

到目前为止,我们一直通过设计和组装有形的实际物体满足特定目标的实例讨论系统可靠性工程。现在,将检查这些目的,以及如何保证系统的用户从系统中获得的服务是他们所预期,或从用户的角度来看这些系统如何更好地满足用户的需求。从重要意义上说,这是一个更基本的观点,因为它最终包括从供应商到用户的整个价值链,使系统工程师能够实现从概念到用户的系统开发的整体视图。可在文献中找到许多(如参考文献[3,5,9]和许多其他的)有关服务可靠性的出版物,而将服务可靠性作为独立的学科进行系统研究始于参考文献[10,11]。

服务可靠性工程与产品可靠性工程在基本原则上没有什么区别,在细节上有所不同。进行可靠性工程研究的案例是必需的,这有助于很好地了解服务的故障模式和故障机理。定义与服务有关的初始概念有助于加强这一理解。我们考虑两种类型的服务,由离散交易方式的递送的服务和"一直在线"的服务。

8.2.1　按需服务

按需服务,包括一个服务器完成某些行为或需要一些动作以响应来自用户或客户的要求操作。这种服务的一些例子是语音电话、汽车维修、零售销售、包裹递送、业务流程等。在一个按需服务中,用户向服务器发出请求(拨打电话、车主等待修车完成、客户购买一台冰箱、发送者与邮政服务签订的包裹投递合同、保险索赔申请等),服务器通过一些操作来执行请求(电话网络设置一个连接—这可能是虚拟的—到被叫方、汽车修理店指定维修技师完成维修修理、零售商店出售并递送冰箱、邮政服务将包裹递送至目的地、保险核算人检查损坏的财产并做出赔付的决定等),这些操作有一个可识别的完成标志以便释放服务器,并能够接受新的交易请求。按需服务的特点是用户和服务器之间称作事务的相互交互。我们认为事务是按需服务的基本单位。通常认为,按需服务中服务可靠性工程关注的是整个服务的使用寿命期内服务器与所有用户之间交互的成功完成。我们认为当服务提供者停止提供服务或者(对于特定服务的采购)当服务合同或协议到期时,服务的使用寿命(一般来说)结束。我们也认为当服务提供商改变了服务的要求时服务的使用寿命结束。在这种情况下,服务是不同的,它是不同于以前的版本,从可靠性工程的角度来看,应该把这作为一个新的服务。

向用户提供服务的递送是在某些设备和工艺的帮助下完成的。这些“后台”资源是服务交付基础设施(SDI)。在包裹递送服务中,SDI 包括服务供应商的交通网络,包括车辆、飞机、路由软件等,客户界面如服务柜台、本地运营商等,计费和支付机制(场外销售、通过互联网等)。了解 SDI 是重要的,因为它是服务故障机理的来源。换言之,我们探索相关的故障机制通过每个服务故障模式回溯到在 SDI 事件发生的环节。这在服务故障树分析(第 6 章)中需要额外的步骤。这种方法构成了本章所有分析的基础。

此外,基于个人计算机或智能手机应用的可靠性工程可以有利于服务可靠性的概念和方法有效地完成工程分析。用户请求一个动作,如引入一个电子邮件阅读器、开始游戏、通过近场通信支付账单等,是由个人计算机或智能手机执行。在这种情况下,SDI 包括个人计算机或智能手机硬件及其上运行的软件,这样的应用还可能需要访问远程网络(如互联网)上的资源,在这样的情况下,远程网络也成为 SDI 的一部分。

服务可靠性可以很容易地理解为,提供持续交付(服务提供商关注)或执行(用户关注)成功事务的能力。注意:这是可靠性的标准定义的一致性适应(一个系统,根据它的要求,在指定条件下,在一段特定的时间内持续令人满意的操作)到服务的特定性质。下面是正式的定义。

定义:服务可靠性是指服务根据其需求,在使用寿命内,在指定条件下,完成令人满意的事务的能力。

符合该服务的所有要求的事务被认为是令人满意的。与系统或产品一样,每一个要求都包含一个或多个故障模式,可能有多种方式使要求不能达成。这是完全类似于我们迄今为止使用的系统可靠性的定义。它采用这样的概念,在该概念里,服务有一组要求需要被满足以便(包含一个事务的)服务被认为是成功的。这类似于一个系统的成功运行的概念:成功运行时,该系统的所有要求均得到满足。不符合要求的实例是失败的;产品或系统的可靠性工程是我们努力使产品或系统无故障且经济合理的过程。同样,服务也是如此。服务可靠性工程是由我们尽力使服务无故障,并同样是经济合理的过程。因此,我们收集了详细的有关服务故障的可用知识。特别地,这意味着我们需要研究服务故障模式和故障机制。

8.2.2　在线服务

除了提供离散的事务的服务之外,很多重要的服务是它们(应该是)具备随时可用的性质。突出的例子是公用事业,如电力、天然气、水等。

用户希望这些服务应该在任何时候都是可用的。一直在线的服务可能被容纳在一个基于事务的框架中的两种方式。

(1) 该服务可以看作是在过去的某个时间开始,并且将持续到无限期的未来的一个事务。在这种解释中,电力服务可以认为是这样的单个事务,服务开始于当前用户第一次请求在他/她的处所开启服务,停止于该用户请求服务结束。该用户主要关注的将是服务的连续性(参见 8.4.2.2 节),其中涉及中断和提供电能的情况,如电压、频率等方面。

(2) 服务可以定义为完成事务,每项事务都是楼盘业主的请求服务;这会使每次尝试打开一盏灯,运行一台机器或设备等都成为一个事务,本章讨论的以事务为基础的可靠性工程模型可以无需修改即可使用。

这两种方法都可以产生有用的结果。前者的方法是更好地适应公共服务(服务提供商)的视角,而后者更忠实地反映用户的角度。最有可能的是,服务提供商将做这些分析,用户的服务故障树分析会迅速简化为对公共服务的连续性,因为当公共服务是可访问的,一个用户的个人事务失败的原因将局限在用户的处所。因此,进行前一种分析通常能够满足该服务提供商。

8.3　服务功能分解

可以采用对产品和系统进行功能分解的方法,为服务进行功能分解。在大多数情况下,该服务将通过服务供应商所属的 SDI 提供,SDI 是一种硬件和软件配置,由服务提供商拥有且由服务消费者用来访问和使用。服务功能分解包括提供服务的一系列操作。这些操作运行在硬件和软件平台或 SDI 上,平台或

SDI 为了成功地提供服务需进行一定的配置。底层的 SDI 配置是服务功能分解的关键部分。

示例:在这个示例中,我们考虑的服务是企业计算机数据在“云”的异地备份。这是一个云计算服务的实例。服务使用者与远程的一个存储空间提供者签订合同,以便在远程位置存储不同用户的特定文件。

这可以认为是一个按需服务(参见 8.2.1 节):用户除了在规定时间内将文件从用户上传到云存储位置外,还可以异步从备份处下载文件和/或上传文件到备份。用户可通过在本地运行的应用程序做到这一点。我们可以为这个服务构造一个功能分解,如图 8.1 所示。

用户调用他计算机上的一个应用程序,形成了一个请求访问由云服务提供商远程存储的一些数据。该请求通过用户的企业网络,并通过一个广域网到达服务供应商的管理基础设施(计算机、软件、计费等)。所需的数据通过相同的方式发送回用户。如果有必要,可以添加更多的细节到该服务的功能分解。例如,它不显示箭头所描述的任何交互作用期间的操作序列(用户的应用程序等)。这些交互作用涉及各种请求和应答,通常是由运行在该平台的不同部分中相同的软件传达的。在图 8.1 中提出的分解对一个高层次的可靠性模型是足够的,其中分解的每一个部分可能存在一些广泛基础的可靠性估计。如果需要更多的细节,操作也可以进行分解。3.4.2.3 节呈现包括在图中 3 个实体之间具体信息的详细服务功能分解的实例。

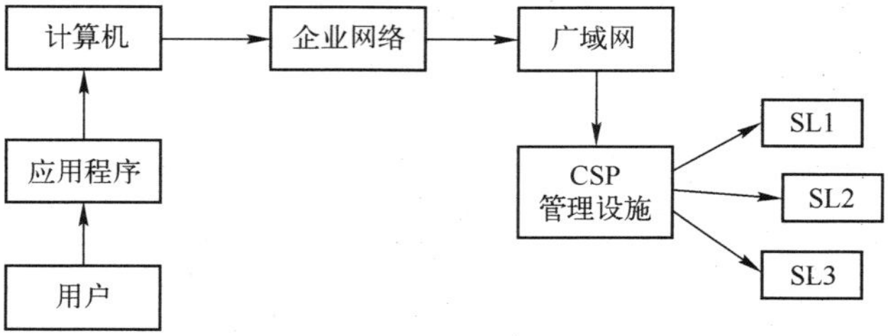

图 8.1　云备份服务功能的分解

8.4　服务故障模式与故障机理

8.4.1　简介

顺着 8.2.2 节的思路,在本章的剩余部分将把重点放在按需服务的可靠性工程上。

从服务属性要求得到服务故障模式的方式与从系统属性(功能、性能、物理和安全)要求得到系统故障模式的方式完全相同。没有满足要求的实例都是失败的,而故障模式是一个故障发生的明显的迹象。

例如,在语音电话服务中,当一方或另一方听不到另一方时,一个“电话切断”已经发生。在发达国家的电话基础设施的先进状态下,这些是罕见的事件(可能除了在无线电话会发生类似事件)。这是一个服务故障的实例,故障模式是电话切断。更多电信服务故障模式实例参考文献[10]。对于用户或事务来说,足够复杂的服务操作近 100%的时间处于低级状态。例如,坊间常说,在任何给定的时间中,互联网上有 5%的路由器处于故障状态。IP 的健壮性有助于确保这些故障是难以被用户察觉,但如果需求增加,接入网络中的拥塞会被人察觉。

为了便于对服务故障模式和故障机制的检查,可以更详细地分析事务的概念。作为一个事务有一个起始阶段、一个过程阶段和一个结束阶段,可以相应地把服务故障分类如下。

(1) 服务可访问性故障。

(2) 服务持续性故障。

(3) 服务解除故障。

任何与无法建立或启动事务有关的故障属于服务可访问性故障。服务持续性故障是在事务正确开始后,任何与事务执行直至完成有关的故障。服务解除故障是任何与无法解除已完成过程阶段的事务有关的故障。电话服务中的一些具体实例参考文献[10]。

对于产品或系统,可靠性工程要求与每个故障模式相关联的故障机制要探究清楚。这里的服务可靠性的研究需要额外的步骤。在服务可靠性工程的关键点是:服务故障机制是 SDI 事件导致事务失败。在服务可靠性工程中这种额外的步骤是必要的,因为服务是无形的:如果进行该项操作所需要的东西没有(通过操作或忽略)完成进一步的行动所需的步骤,这个行动只能认为失败。换句话说,服务故障是由 SDI 的故障引起的,服务故障的类型是由基础设施故障的类型确定。还是在电信行业中,有一个很好的例子:基础设施故障发生在一个呼叫正在建立时引起服务的可访问性故障,而发生在稳定阶段的则导致服务持续性故障。

定义:服务可访问性是在用户所需的时间内建立一个事务的能力。服务持续性是对于成功启动的事务,将其以令人满意的质量且没有中断的运行,直到所需的事务完成的能力。服务解除是当事务已完成时,成功地解除的能力。这三部分分解称为标准的事务分解。

用语提示:像往常一样,同一个词被用于两个定义,前面给出的以及相关的概率。所以,举例来说,我们可能会说"服务可访问性",是与设置或启动事务相关的事件的全集,也可以说是能够成功地建立或启动一个事务的概率。如无明确的上下文,应注意区分两者的意义,防止误解。

服务提供商设置服务的要求,使用相同的过程了解客户的需求和执行对有形产品和系统的经济权衡。当任何一个要求在特定事务中没有满足时,该事务就失败了,同时服务也失败了。一个服务的要求不能被满足是服务故障模式一个明显的标志。根据给定的标准事务可靠性分析,有助于对服务故障模式进行分类。

要求提示:有时候,对客户来说看起来单一的服务,其实是来自不同服务提供商的两个或多个服务的组合。例如,通过因特网从特定卖家购买由两个不同的提供者控制的两个 SDI 商品:卖家的服务器和相关的软件以及互联网服务提供商的广域网和接入网。卖家没有理解互联网服务提供商的性能及互联网服务提供商和卖家之间可能的传输协议,不能设置任何与其相关的故障模式要求。网络中立性规则下,互联网服务提供商关于卖家的传输没有特殊规定,任何服务和可靠性要求卖家需要与互联网服务提供商的服务可靠性的协调一致。网络中立性规则应该被修改,服务提供商(如 Netflix)可以自由地签订关于互联网服务提供商对他们服务的可靠性产生贡献的协议。本书对网络中立不表态,只是指出,系统工程师需要考虑到所有部门和贡献者的 SDI 各具特色的服务可靠性的要求。

8.4.2 服务的故障模式

8.4.2.1 服务可访问性

服务可访问性故障是指在启动过程中发生的或"设置"事务的过程中发生的故障。一些服务可访问性的故障模式的例子包括请求 WWW 网页加载失败、在完成到远程用户(如果服务提供商有多余的延迟的需求)电话呼叫的时延(从开始收到拨号数字到远端开始振铃)或家庭取暖用油交付不符合约定时间。典型的服务可访问性的故障模式是额外的延迟:客户发出请求启动一个事务,服务提供商的 SDI 不能及时响应(服务提供商的服务可访问性的要求,应包含采取建立事务的时间限制)。事务完全故障是这样一个实例,无论用户等待多久,事务始终不会开始。对一个不耐心的用户来说,一个额外的延迟可能看起来像事务的完全故障,但用户犹豫的概率必须考虑,参见练习 3。

在某些情况下,特别是电信和数据通信服务,即使网络中的所有元素都正常工作,也可能因为服务提供商的网络拥塞而产生服务可访问性故障。这是由超过网络容量需求引起的。① 对用户来说,这看起来像是一个故障,而对服务提供商来说,这可能是正常的状况。这里是一个在运转中的服务可靠性要求的例子。服务提供商可能已经建立了一个服务可访问性的要求,即"开始启动时经历延迟时间大于 3s 的事务比例不超过 1.5%。"②当服务提供商的 SDI 正常运行时,从表面上看用户体验超过 3s 的延迟可能是上述 1.5%中的情况。也有可能,这一要求是没有得到满足的,其实超过 1.5%的用户正在经历延迟超过 3s。要辨别属于哪一种情况,需要采取测试,数据收集及分析。我们已经讨论了在第 5 章的产品和系统的可靠性要求的解释,但是处理服务可靠性时需要一些额外的理念,参见 8.5.2 节。

8.4.2.2　服务持续性

服务持续性故障是指那些在事务被正确地设置或启动后的时间内,事务正在进行过程中发生的故障。一些服务持续性故障的例子,如邮政服务没有完成邮局已接收包裹且用户已支付费用的包裹投递业务、一个视频电话会议的语音或视频的严重失真(如果服务提供商对失真有限制),以及递送与售出的冰箱并非同一型号。区分两种类型的服务连续性故障有时是有用的。一种类型包括一个事务被中断无法恢复的故障;另一种类型包括那些进行到完成的事务,但无法达到一个或多个服务提供商的质量要求。电话切断是第一种类型的一个很好的例子。双方正在说话,突然"连接消失",任何一方都听不到对方的讲话。这种情况会持续下去,也就是说,不管双方要等多久,谈话始终不会恢复。

第二种类型的一个例子是在视频电话会议中的音频和/或视频失真超出服务提供者的要求允许的限度。会议并没有完全停止,但其质量不能满足有关要求。赫夫林(Hoeflin)[6]将后一种服务持续性故障称为"服务实现故障。"

8.4.2.3　服务解除

服务解除故障是指在一次事务完成后,与服务提供商的资源的解除连接相关的故障。它们还包括与该特定事务有关的后续处理的动作,如计费,会影响用户对交易成功的感知。服务解除故障往往比服务可访问性或服务连续性故障少,但它们确实对服务供应商产生经济后果,因此,服务可靠性计划应该包括它们。一些服务解除故障的例子包括已完成出货的不正确的账单、发出终止信号后视频会议的拒绝终止等。

8.4.3　服务的故障机理

8.1 节中指出,识别服务故障模式连接相关的故障机理,需要理解发生在服

① 当网络单元故障时,相同水平的要求会导致比网络单元正常时更严重的拥塞。

② 旧电话工程师可能会认识到这一标准的贝尔系统拨号音延迟要求。

务提供商 SDI 中创建事务所研究的特定类型。这些操作发生故障或未能完全正确完成操作,会导致事务失败。服务故障机理分析的两个重要特征如下。

(1) 它本质上是使用额外的步骤,对结合元素和服务提供商的 SDI 处理事务的故障树分析(6 章)。

(2) 正如我们在产品/系统的情况下看到的,故障树可以分解到非常详细的事件。分析师需要确定所包括的细节的量以及何种程度的小概率事件应该在分析中被忽略。

我们可以按照 8.4.1 节的标准事务可靠性分析模型对服务故障机制进行分类。

8.4.3.1 服务可访问性

服务可访问性故障机理中断创建或启动事务的过程。每个服务可访问性故障模式可追溯到一个或多个服务可访问性故障机理。这里有一些例子。

(1) 美国邮政服务的在线标签打印和支付服务。

假设你正准备装运,希望支付运费,并打印一个使用此服务的邮资标签。

最典型的服务可访问性的故障模式是无法访问发货准备的美国邮政网的。

① 美国邮政服务的服务器正在经历一个硬件停机、软件故障或分布式拒绝服务(DDoS)的攻击。

② 有些问题发生在从 PC 到美国邮政服务的服务器的信息传输过程中。这可能包括丢包、网络拥塞或本地的问题,如出现故障的网络接口。

(2) 云计算。你与一个云计算服务提供商达成的合同,每晚备份你的本地文件。一个可能的服务可访问性故障模式是"备份不按计划开始"。一些相关的故障机理如下。

① 服务提供商的服务器不可用。

② 服务提供商使用的将内容分配到不同的服务器上的机制故障了。

③ 路由器和服务提供商之间的通信过程中的故障。

(3) 自助加油。许多加油站要求你先刷信用卡,之后才能分配汽油。这里的服务可访问性故障模式是泵被操作时没有开始工作。一些相关的服务故障机理如下。

① 未能正确注册信用卡信息:

信用卡读取失败;

泵和银行之间的通信路径中的故障;

银行服务器故障,由于硬件停机、软件故障或分布式拒绝服务(DDoS)的攻击。

② 内部汽油泵故障。

③ 外部汽油泵故障(如分配器手柄故障)。

注意:在这些例子中,服务故障机理之中包含了多个服务提供者:直接服务提供商(云服务提供商、加油站等)或后台服务提供商(电信公司、银行等),用户对故障根源是谁并不关心。作为一个商业问题,主要的服务提供商的服务可靠性规划必须包括其背景合作伙伴,以使一个统一的服务体验可以呈现给用户。正遇到服务故障的用户不应该被期望可以诊断问题的来源,如果希望修复问题,他们的正常行为将是联系主要服务提供商。

在电信和其他服务中的 SDI 会有某些共享资源,事务故障由于对共享资源的竞争而引起。

一些事务请求可能会因为 SDI 没有足够的能力再接受他们而被拒绝。提供足够的共享资源处理在所有时间每个事务的请求通常不是经济可行的,即使 SDI 的每一个元素都运行正常,也会有某种程度的服务不可访问的是故意内置到该服务中的。这个普遍存在的程度是由服务供应商基于它们顾客的需求和行为以及不可避免的经济权衡的理解而决定的。当 SDI 的元素故障时,这种阻塞,其症状包括增加的排队延迟和缓冲区溢出,即使当事务请求强度保持不变时,也会增加。任何个人客户无法分辨,也不应该被期望可以分辨,是否他的事务请求的故障是由于"正常"的拥塞(在 SDI 的所有元素都运行正常时服务可访问性的水平)还是 SDI 中一些元素的故障导致的"额外"拥塞。服务设计者应该建立在正常和混乱情况的 SDI 条件的服务的可访问性模型,从而可以理解用户体验和判断是否有必要对 SDI 改进(或削减)。

8.4.3.2　服务持续性

服务持续性故障机理是指事务被正确启动后发生的故障机理。每个服务持续性故障模式可以追溯到一个或多个服务持续性故障机理。下面是一些例子。

(1) 美国邮政服务在线标签打印和支付服务。一个典型的服务持续性故障模式是事务被中断。一些相关的故障机理如下。

① 连接用户到美国邮政服务服务器的广域网丢包或拥塞。

② 美国邮政服务的服务器故障。

③ 信用卡支付网络故障。

(2) 云计算。一个合适的服务持续性故障模式是"备份不能完成"。一些相关的故障机理如下。

① 在备份过程中服务提供商使用的将内容分配到不同的服务器上的机制故障了。

② 在备份过程中,连接你和服务供应商的局域网或广域网发生故障。

(3) 自助加油。这里的服务持续性故障模式在需求数量的汽油被泵完之前,泵油结束。一些相关的服务故障机理如下。

① 泵油手柄操作机制故障。

② 泵油过程中泵内部发生了故障。

8.4.3.3 服务解除

服务解除故障是一个事务已经按程序正确完成后不能结束的故障。每个服务解除故障可以追溯到一个或几个服务解除故障机理。下面是一些例子。

(1) 美国邮政服务在线标签打印和支付服务。服务解除故障模式是美国邮政服务不能发给你正确数额的信用卡账单。一些相关故障机理如下。

① 美国邮政服务和信用卡公司之间的通信故障。

② 通信中被人拦截并恶意修改。

(2) 云计算。一个合适的服务解除故障模式是“备份完成后备份程序不能结束”。一些相关的故障机理如下。

① 服务供应商不能给出是否成功备份的明显提示。

② 在连接你的路由器和服务供应商之间的通信过程中发生故障。

(3) 自助加油。这里的服务解除故障模式是“油泵不能打印收据”。一些相关的服务故障机理如下。

① 打印机没纸了。

② 打印机电子故障。

③ 用户键盘故障。

在每种情况下,注意一个用户感知到的事务故障的原因都可以追溯到 SDI 一些行为或不作为。你可以说,这足以为 SDI 的所有部分分配可靠性要求,并将控制服务事务故障。但是,使用这种方法忽略了有关用户如何看待服务的可靠性的重要信息。此外,从用户的角度来看,你可以决定在 SDI 多少可靠性是真的需要的,如果没有经过用户社区的需求和愿望所指导,很容易提供超过或低于规定的 SDI 可靠性。接下来提出一个合理的说法,例如,老贝尔系统要求交换系统可用性至少为 0.9999943(预计在 40 年的运行中,停机时间 2h)是远远超过必要的达到令人满意的 POTS① 可靠性,其通过 PSTN② 为任何用户给出许多冗余的路径。只有了解用户对服务可靠性的需求和愿望,才可以合理地提出开发 SDI 和其组件的可靠性要求。

服务可靠性的要求需要驱动的 SDI 的可靠性要求,以便可靠性设计既不超支也不出现配置不足的错误,见 8.7 节。

---

① 普通旧式电话服务。

② 公共交换电话网。

8.5　服务可靠性要求

服务可靠性要求按照标准事务可靠性分析进行分类。服务提供商利用他们对服务对象的需求和想法的了解,再结合自身对 SDI 行为的理解,设计服务可靠性的要求,可以提高用户的满意度并达到经济上合理可行。

8.5.1　服务可靠性要求示例

按需服务的可靠性要求可以根据 8.4.2 所描述的类别进行组织:可访问性、持续性、解除。要求也可以适用于每一个事务(参见 8.5.1.1 节)或一些事务的汇总,通常是在一个特定的用户群(参见 8.5.1.2 节)。在每一种情况下,数据的收集和分析,验证与要求的符合性在 8.5.2 节讨论。

8.5.1.1　单个事务的可靠性要求

服务可靠性要求可以通过指定事务故障(或成功)的比例来应用于单个事务。通常,该比例以分数表示,为单位数量的机会中不成功的事务。在事务数量众多持续时间相对较短的电信和其他领域,比例往往表述为"每百万次缺陷概率(DPM)"。该比例是一种可靠性效能标准,成果可以通过建模(设计服务时)或数据分析(验证部署后的要求是否实现时)进行展示。一个相关的可靠性指标是每次事务成功(或失败)的概率。

例如,一个服务可访问性的可靠性要求可能看起来像"当所有 SDI 元件运行正常时,有效的客户请求不能被成功初始化的比例不应大于 0.005%。"当以这样的方式表达时,对于请求来源没有条件限制,该规定适用于任何服务用户的任何请求。这意味着即使用户访问最差(最拥挤)的 SDI 部分,也需按照这种要求的状态来处理。一些(许多)用户本可以体验比正常情况(更)好的服务可访问性,但这个设计不容许不同级别的服务(如以更高的价格获取更好的服务可靠性)或用于识别 SDI 中哪些部分可以最有效的改善(在提高服务可访问性上每花费 1 美元能获得的最大回报)。这些反对意见可通过将服务用户聚合到不同的分组中处理。

8.5.1.2　聚合可靠性要求

在聚合服务可靠性要求中,要求结构不变,除了要求写入只属于一些特定群体的用户。例如,要求可能是在某个城市的用户写的,用户购买指定类的服务,在规定的时间内发生的事务等。分组允许基于服务的可靠性可能会因分组不同所进行的重点改善。它还允许销售不同级别的服务,例如,视频会议可以由标清视频或高清晰度视频以更高的价格提供。服务的可访问性和连续性要求和服务级别协议可能会在不同类别的服务中有所不同。

8.5.2 服务可靠性要求说明

服务可靠性要求通常表述为事务在每个不可访问性、持续性和解除类别中一定比例的失败的限制。如此表达,可靠性要求就是一个可靠性效能标准。在设计一个服务或分析数据,以确定是否符合该服务的可靠性要求时,我们比较事务成功的概率与可靠性效能标准的值。要求也可描述为总体上的限制,或"综合性"事务失败的比例(包括在同一尺度的可访问性、持续性和解除);在这种情况下,标准的服务可靠性事务分析帮助服务提供商创建一个计划,通过控制每个起作用的因素,以满足综合的要求。许多服务供应商把百分比表达为"DPM"度量,这是一个乘以 10^4 的百分比,因为事务故障的数量通常是很小的。许多服务提供商,尤其是在电信业,都能够通过自动化手段获得关于每个事务的数据,并且当这样的普查是可用的,与要求的结果相比较只需要保持一个时间段内的要求。然而,当进行一次普查是不可能时,可以使用事务的抽样,并从样本估计实现的服务可靠性。比较实现与要求的服务可靠性,就是一个比例估计的问题。这个统计过程由 9.1 节参考文献[1]中给出。下面的例子说明在电信方面的思想。

例如,假设一个 VoIP 电话服务要求指定其可靠性应不低于 3.4DPM。为了证明符合这一要求,我们将对 VoIP 事务失败(因任何原因)的概率不超过 $R=3.4\times10^{-6}$ 进行假设检验。100000 VoIP 呼叫的样本被取样,并且在样本中故障呼叫的数量为 2。这样看来,要求不能得到满足。这个结论的依据是什么?

解决方案:设 p_0 为事务失败综合概率(即包括服务提供商进行 DPM 测定时所有的故障模式),以便理解 VoIP 电话服务提供商的可靠性管理计划。将进行零假设检验 $H_0:\{p_0\leqslant r=3.4\times10^{-6}\}$(要求得到满足)替代 $H_A:\{p_0>\mathrm{r}\}$(性能比规定差)。适当的统计推断过程参考了文献的 10.3 节参考文献[1]描述比例的测试。检验统计量是归一化的样本比例 $\hat{p}-r\sqrt{r(1-r)/n}$(其中 p 是样本比例),在这种情况下是 2.8469,得到的 p 值为 0.0022(如果假设是真的,你会有一定概率看到结果的数据,即一次偶然的机会有 2 个或更多的失败呼叫 100000)。我们拒绝零假设,而且需求明显地没有被满足(结果不可能是一个偶然的现象)。如果样本在 1000000 中含有 2 次故障的事务,则该检验统计值为-0.7593,得到的 p 值为 0.7762,支持零假设的有力证据。10000000 中有 14 次事务失败,检验统计值是-5.59,产生 0.9999 p 值,有利于零假设的非常有力的证据。小比例统计推断中大样本量的值是清晰的。

在第 5 章中,我们通过在本例中估计交易可能失败的概率来演示这种类型或者,等效地,估计交易失败的概率。这两种方法(即第 5 章或这里所示)都是可行的。使用哪一种可能取决于你与所面临的更容易进行交流的特殊受众。

如果一个要求适用于一个规定的聚合群体,数据收集以验证实现的成果,该要求应仅限于该群体的成员。

8.6　服务级别协议

服务级别协议是服务提供商的一种声明,在某些服务的可靠性要求不满足规定情况时,将会以规定的保证金方式对用户进行补偿。服务提供商的每一个客户都有自己的服务级别协议。服务级别协议是服务提供者对潜在的购买者提供更具吸引力的服务的一种方式。

在电信服务的一个典型的服务级别协议可能会写为"倘若该服务在单个日历月期间超过 30min 不可用时,当月服务提供商将返利服务价格的 5%"。[①]

该协议属于一个特定的服务。一个服务提供商和一个服务客户可能有几个服务级别的有效协议,每个协议都用于客户从服务提供商购买不同服务。由于服务级别协议是服务提供商和一个特定的服务客户之间的合同的一部分,测量结果需要涵盖每个特定的客户及其服务提供商的每个服务级别协议。当该特定客户的测量结果显示规定的权益受侵犯时,该协议的规定被触发。

有关服务级别协议的服务提供商的一个关键问题是盈利能力。在提供服务级别协议之前,服务提供商应该有一些考虑,它是否会在协议上赚钱或赔钱。在第 4 章想法的基础上,模型可能被构造为研究服务级别协议的盈利能力。参见练习 4 的一些想法。

8.7　SDI 可靠性要求

服务可靠性工程的一个基本原则是:服务的可靠性,包括可访问性、持续性和解除特性,是由在 SDI 发生的行为或遗漏行为决定的,所以可靠性要求分配确定为当 SDI 的内容设置为使得它们被满足时,服务可靠性的要求得到满足。这是一种可靠的预计(参见 2.8.4 节和 4.7.3 节)。它可以通过正式的途径完成,如 4.7.3 节中所述,或当输入信息的精度不需要完成一个正式的分析费用和时间证明时,可以不那么正式。这里是后一种情况的一个例子。

例如,在 POTS 中,一个包括交换和传输元件的专用电路("通话路径")设

① 数字不代表任何特定的服务提供商或服务级别协议,仅供说明用。

置并在双方之间的整个会话期间保持。这项服务中断的主要原因是在通话路径中一个(或多个)元件的故障。假设对于中断状态的服务可持续性要求,每1000000通话不超过25通话被中断。应该怎样提出关于网络的开关和传输元件的要求,以便使这一服务的可靠性要求得到满足?

解决方案:当通话路径中的一个元件故障时,事务的中断(在这个服务中的"截止呼叫")发生,所以截止呼叫的故障率是由交换和传输系统的故障频率决定。设 σ 表示每小时交换系统故障数,τ 表示每小时传输系统故障数(为简单起见,我们将采取 σ 和 τ 分别适用于所有类型的交换和传输系统)。如果通话通路包含 n 个交换器和 $n+1$ 的传输系统(在这种情况下,我们说其大小为 n),则在该通话通路每小时故障次数为 $n\sigma+(n+1)\tau$(为什么)。设 $r=2.5\times10^{-5}$,以及每小时的呼叫数量为 C。

此外,一个包含 n 个交换器和 $n+1$ 的传输系统的通话通路概率为 p_n,$n=1$,$2,\cdots,N$,其中 N 是由其他因素,诸如计划内损失允许的最大通话通路的大小。然后,基于预期值,我们需要

$$\sum_{n=1}^{N}[n\sigma+(n+1)\tau]p_n\leqslant rC$$

如果交换器达到每小时 σ 故障率的成本是 $k_S(\sigma)$,传输系统每小时 τ 故障率的成本是 $k_T(\tau)$,通过求解优化问题,实现了一个基于最小化期望成本的合理分配,即最小化 $\sum_{n=1}^{N}[nk_S(\sigma)+(n+1)k_T(\tau)]p_n$ 从属于 $\sum_{n=1}^{N}[n\sigma+(n+1)\tau]p_n\leqslant rC$

虽然这个例子属于一种过时的技术,并且进行了一些简化,它的目的是说明服务的可靠性来自SDI可靠性的重要理念,而这些应该在设计的服务时一并考虑。更确切地说,服务可靠性的要求应该被用来驱动SDI元件可靠性的要求。这里给出的说明过于简化,但应为这种更现实的研究提供有益的指导。

有时,另外一个功能,分割或分配服务的可靠性要求纳入SDI时需要进行考虑:一个成功的事务,可能包括时间的因素:某些操作需要在一个特定的顺序,以使交易成功(发生参见3.4.2.3节服务功能分解的例子)。在第3章和第4章所示的可靠性模型并不能涵盖时间要素,所以,举例来说,如果一个人想如3.4.2.3节分析使用SIP的VoIP服务,将需要更丰富的模型。这样的情况很适合使用随机Petri网建模,这种模型允许进行测序和事件的时序建模。可靠性随机Petri网建模的描述超出了本书的范围。作为一个很好的介绍,有兴趣的读者可参阅文献[2,4,8,12]。

8.8　服务可靠性设计技术

服务功能分解(参见 8.3 节)是服务可靠性设计的一个很好的起点。它包含服务故障树分析和使用 FME(C)A 的材料来源。

(1) SDI 是如何进行配置需要支持和提供服务的功能。

(2) 服务中的事务需要成功正确发送和接收消息。

一旦 SDI 的配置和可靠性要求的合理配置(参见 8.7 节)是已知的,硬件的可靠性设计(第 6 章)和软件可靠性设计(第 9 章)就可以进行。8.7 节详细介绍了测序和时序模型的信息或其他 SDI 的事件。

本节讨论修改或增进用于服务的故障树分析和 FME(C)A。其主要思想是添加步骤到 SDI 和服务之间的接口性能的故障树分析和 FME(C)A,详见第 6 章。

8.8.1　服务故障树分析

服务故障树的顶事件可以来自服务中的故障模式的列表,而这反过来又来自于服务可靠性要求。这和目前为止我们遵循的故障树分析研究模式相同。它促进了一个服务故障树开发系统的方法。顶事件违反了一些服务可靠性要求,其原因是 SDI 中可见的或用户的某些行为。如在第 6 章中,对产品或系统故障树的开发的那样,进行 Ishikawa 图或鱼骨图分析,在 SDI 事件或服务故障遗漏时,可以在开发故障树以及导致服务故障的根本原因分析诊断时有帮助。

8.8.2　服务 FME(C)A

FME(C)A 是一种自下而上的分析,从系统中的某些部件的意外事件的开始,探究事件直到系统故障点。对服务应用 FME(C)A,系统就是 SDI。所以服务 FME(C)A 在 SDI 一些意外的(如边缘路由器电路板故障)事件开始。需要额外的步骤,对服务操作序列链进行推理,以确定服务的序列。在所有其他方面,服务的 FME(C)A,与我们在第 6 章阐述的一样。

8.9　服务可靠性工程最佳实践

8.9.1　设定服务的可靠性要求

如果你是一个服务提供商,你将需要全方面了解你提供的服务的客户体验,包括可靠性维度。可靠性是任何服务的价值的一个重要组成部分,通过分配在服务级别的可靠性要求,能最好地完成服务可靠性的理解和控制。

此外,这些可靠性要求相对于SDI技术,属于不可知的。大多数客户不知道或不关心用什么技术来为他们服务,客户与服务供应商的接口是严格的,SDI的变化对服务用户是不可见的。服务供应商当然会宣传和销售可能是由于改进SDI而提高的服务可靠性和性能,但基本点仍然是用户所看到的服务,妥善管理该接口需要服务可靠性要求的明确声明。

8.9.2 根据服务可靠性要求确定基础设施的可靠性要求

SDI的运转状态确定了它支持的服务可靠性。独立分配这些服务和SDI元素的可靠性要求是没有意义的,因为这样做会造成风险冲突和可能的不足或基础架构元素的过度供应。这两种做法都有经济后果。供应不足会较低服务成本,虽然节省初始资本支出,但同时引起声誉受损;过度供应可能会导致支出超过保证足够的服务可靠性所需的资本。这些风险可以通过SDI可靠性要求和服务可靠性要求的链接来避免,如8.7节所述。

8.9.3 实现服务可靠性要求的监控

把服务当作产品或系统采用戴明循环法是重要的。监测服务事务确实会引发隐私权的特殊问题,故负责的服务提供商将采用尊重用户隐私的方法。一些数学模型[7,13]已被开发,使服务提供商在这个援助产生的事务(例如,ISP用来查询、对网络状况进行分类以及用户体验的测试包)至少大致反映出用户体验而不影响个人隐私。

8.10 本章小结

本章描述了以确保服务所需可靠性的工程原理。因为要给一些用户群体提供服务,许多技术系统都会精确部署。本章重点指出,底层的技术系统(在SDI)可靠性要求应与服务的可靠性要求相一致。服务的可靠性要求变得非常重要,因为服务是用户购买自服务提供商,且其特性是为了满足(或不满足)用户/客户的需求。

相应地,本章开头讨论的按需和永远在线服务,因为永远在线服务的可靠性相当于其交付基础设施的可靠性,所以重点转移到按需服务的可靠性的讨论。按需服务的基本单元是事务,我们研究了可访问性、持续性和解除服务的事务可靠性要求。接下来给出服务的功能分解、服务故障模式和故障机制的例子,随后是开发、解释和验证服务可靠性要求。类似于可靠性预算技术被描述,以使合理分配 SDI 的可靠性要求并与它所支持的服务可靠性要求相一致。本章结尾讨论了服务可靠性设计。

8.11　练　　习

1. 确定以下服务故障模式和故障机理。

(1) 传真服务(通过电话发送文件)。

(2) 云计算服务。

(3) 智能手机天气预报应用程序。

(4) 包裹递送服务。

提示:首先定义每个服务的事务,并使用该服务可访问性,服务的持续性和服务解除的形式。确定在每种情况下的 SDI。

2. 讨论一个 PC 应用程序的服务可靠性。

3. 假设接受服务的特定人群中每个用户都有一个随机的时间 B,如果在启动事务的延迟超过 B,用户将放弃一个事务建立尝试。不同用户的 B 可能会有所不同,甚至同一个用户在不同时间的 B 也可能会不同。假设 B 也有分布 $F(t)=P\{B\leqslant t\}$,且对于所有用户是相同的。假设服务提供商在建立一个事务的延迟是一个具有分布函数 $W(t)$ 的随机变量 D。在指定的用户中,看到事务建立故障的用户比例是多少?这种现象应该如何编写进一个服务的可访问性要求?

4. 服务级别协议的高层次模型。服务提供商 V 与特定的服务组客户达成合同,为他们提供服务的可访问性是至少为 0.9995。有关的服务级别协议指出,如果在 1 个月(30 天)内,服务是超过 30min 不可访问,V 将返利支付该月的月服务价格的某些部分。V 的 SDI 受这些客户根据交替更新过程的时间分布均值 3000h 的指数分布的影响,其停机时间分布是均值 1h 的指数分布。V 将在这个月支付回扣的概率是多少?假定 SDI 可靠性过程已经运行了很长一段时间。

参 考 文 献

[1] Berry DA, Lindgren BW. *Statistics: Theory and Methods*. 2nd ed. Belmont: Duxbury Press (Wadsworth); 1996.

[2] Ciardo G, Muppala J, Trivedi K. SPNP: stochastic Petri net package. Proceedings of the Third International Workshop on Petri Nets and Performance Models, 1989. December 11–13, 1989; Piscataway, NJ: IEEE; 1989. p 142–151.

[3] Dai YS, Xie M, Poh KL, Liu GQ. A study of service reliability and availability for distributed systems. Reliab Eng Syst Saf 2003;79 (1):103–112.

[4] Florin G, Fraize C, Natkin S. Stochastic Petri nets: properties, applications and tools. Microelectron Reliab 1991;31 (4):669–697.

[5] Grassi V, Patella S. Reliability prediction for service-oriented computing environments. IEEE Internet Comput 2006;10 (3):43–49.

[6] Hoeflin DA, Sherif MH. An integrated defect tracking model for product deployment in telecom services. *Proceedings of the 10th IEEE Symposium on Computers and Communications*. June 27–30, 2005; Piscataway, NJ: IEEE; 2005. p 927–932.

[7] Melamed B, Whitt W. On arrivals that see time averages: a martingale approach. J Appl Probab 1990;27 (2):376–384.

[8] Sahner RA, Trivedi K, Puliafito A. *Performance and Reliability Analysis of Computer Systems: An Example-Based Approach Using the SHARPE Software Package*. New York: Springer; 2012.

[9] Tollefson G, Billinton R, Wacker G. Comprehensive bibliography on reliability worth and electrical service consumer interruption costs: 1980–90. IEEE Trans Power Syst 1991;6 (4):1508–1514.

[10] Tortorella M. Service reliability theory and engineering, I: foundations. Qual Technol Quant Manage 2005;2 (1):1–16.

[11] Tortorella M. Service reliability theory and engineering, II: models and examples. Qual Technol Quant Manage 2005;2 (1):17–37.

[12] Volovoi V. Modeling of system reliability Petri nets with aging tokens. Reliab Eng Syst Saf 2004;84 (2):149–161.

[13] Wolff RW. Poisson arrivals see time averages. Oper Res 1982;30 (2):223–231.

第 9 章　系统和服务软件部分的可靠性工程

9.1　本章内容

每一项技术系统或服务都包含一个相当大的软件部分。软件部分的故障在系统故障中所占的比例也相当大。软件具有独特的属性,足以将软件可靠性工程作为一个单独的课题看待。在本章中,你将看到软件可靠性工程问题在过去是如何处理的,并介绍一种与第 6 章中讨论的可靠性设计方法相一致的软件可靠性工程途径。按照本书的主题,我们给出了一个广泛的概述,旨在使系统工程师能管理软件可靠性,但在具体方法的细节方面参考其他资料来源。

9.2　引　　言

到现在为止,我们的注意力一方面是在整个产品或系统的可靠性要求和工程上,另一方面是在服务这种无形资产的可靠性要求和工程上。当然,在技术领域,很多(即使不是全部)产品和服务都包含一个相当大的对其功能的发挥至关重要的软件部分。通常情况下,为这些系统和服务构建可靠性要求时,需要特别注意其中包含的软件。

(1) 分析系统或服务的属性要求时,它要对挖掘的很多故障模式负责。

(2) 软件的可靠性工程有特殊的挑战。

我们知道,一个软件故障原因如下。

(1) 违背了专属于系统软件部分的要求。

(2) 因系统软件部分的不当行为而导致违背了任何的系统要求。

从这里可以直白地给出软件可靠性的定义,即在规定的时间内和规定的使用条件下没有软件故障。这与我们一直使用的可靠性的定义一样,只不过这里注重于系统或服务的软件部分。

传统上,系统或服务的软件部分的可靠性建模与工程采用的是测试、分析和纠正(TAAF)方法[21,27,28,31]。事实上,那时“软件可靠性工程”是 TAAF 方法的代名词。这是历史上的一次偶然事件,源于该领域早期从业人员所选择的特定方法[25]。这些方法强调由测试过程中收集的数据回馈的软件可靠性增长①模型。一般来说,TAFF 作为系统和服务的一项可靠性工程策略并不被看好,因为对于产品或系统的硬件部分来说它费钱又费时。然而,它在软件领域取得了部分成功。

(1)软件中的错误是确定的,重复执行含有错误的那部分软件始终会导致相同的故障。

(2)纠正测试中发现的错误,通常软件要比硬件可以更快地实现。

即便如此,TAFF 的补救能力也很有限。对于小规模的错误它是最有效的,如代码错误。当处理更基本的问题时,其有效性是很有限的,如无效设计或设计的低效执行,纠正起来可能涉及范围广泛并且耗时巨大的返工。现代质量工程原则认为,完全通过测试获得满意的产品或服务的质量和可靠性,总是代价昂贵的,且一般是不可能的。这些原则强调在设计和开发过程的早期阶段,采取措施进行可靠性设计和预防故障。在这一章中,我们回顾了软件可靠性建模与工程的现行做法,从软件的角度重新考察可靠性要求的构建以及如何开展可靠性建模与工程。事实上,软件可靠性工程与我们已经比较理解和熟悉的可靠性工程有很多共同点。即使这个问题,也就是软件,看起来在某些方面与我们目前所面对的系统有所不同,软件可靠性工程也应该按照目前所使用的相同的原则开展:认识起作用的故障模式,通过扎实地理解其中的故障机理,做出经济合理的反应或处理,避免这些故障发生。

9.3 系统和服务软件部分的可靠性要求

9.3.1 将系统的可靠性要求分配给软件部分

通过在 3.5 节中的介绍和之后的连续应用,我们倡导的创建可靠性要求的方法应该是相似的。

(1)将系统要求进行分类,对于系统属性的要求要特别关注。

① 系统必须执行的功能。

② 每个功能需要满足的性能目标。

③ 物理特征。

④ 安全性。

(2)确定与每个属性要求相关的故障模式。

① 5.7.2 节对可靠性增长试验进行了一般性讨论。

（3）确定每个故障模式中客户对故障的容忍度。

（4）在客户对可靠性要求和期望与开发一个满足属性要求的系统的经济性之间进行平衡。

（5）记录通过分析得到的可靠性要求。

当系统或服务的属性要求涉及软件完成的动作时，这些动作就可能是我们所说的由于软件而引起的故障的来源。例如，系统或服务的故障树分析可能会发现如果软件部分执行不正确而导致系统或服务故障的事件。例如，在 6.6.1.2 节的乘客电梯故障树分析例子中，事件“15”是一个软件故障，控制器错误地切断了电梯电机的供电。这样的事件和行为正是软件部分可靠性要求的问题。我们采用对系统功能的分解列举软件部分的基本功能，然后才能为它们建立可靠性要求。

例：考虑一个由管道、终端和阀门组成的输油管道网络。这个网络的基本特征是，油从某些终端进入网络，通过网络中的管道输送到其他终端，阀门开关用来控制油的流量。流量的自动控制通过软件实现，根据当前的流量监测反馈、网络中的流量值以及网络控制中心的命令打开和关闭阀门。软件需要获得设置在网络中的固定的流量传感器①的值，并对网络中所有传感器的变化量进行反馈。软件还需要计算最有效的流量以满足要求。在这样一个网络中可能出现多种故障，不仅在于需要将所需的油量送到目的地（在网络的设计容量以内），而且还要求安全送达。也就是说，除了功能性的要求外，该网络还有安全性的要求②。在这些要求中，只要有 3 次违规就当作一次故障。例如，对阀门的不恰当操作可能会导致管道网络中的某点压力过大，如果这个压力超过管道的强度将引起管道破裂和泄漏。对于顶层事件“破裂和泄漏”的故障树分析，涉及控制软件的操作。假设管道网络的使用寿命是 25 年，对于“破裂和泄漏”事件的可靠性要求如下：在管道网络的 25 年使用寿命里，任何位置的管道破裂导致泄漏的概率不超过 10^{-6}。与此要求相关的故障模式是什么？一般是通过基于顶层事件“网络中某处管道破裂和泄漏”的故障树分析方法获得答案。建立详细的故障树不是这个例子的目的，相反，我们只关注包括“软件故障”事件的故障树分支。什么样的软件故障会导致管道破裂？经过简化，只考虑两种情况：流量传感器采集的数值不正确，或基于电流传感器的读数和外部命令优化的流程算法执行不正确。将 10^{-6}概率要求的一部分分配给这两种软件故障，同时还要想到“网络中某处管线破裂和泄漏”的故障树中还包括一些硬件故障（如腐蚀和渗漏），以及外部原

① 换能器是一种将物理特性（这种情况下的特性为流量）转换成定量测量的装置（如 gal/min）

② 毫无疑问，也存在对于性能和物理的要求，但是不在这个例子中讨论。

因引起的故障(如地震),也需要给这些分配一部分概率。通过使用在4.7.3节中讨论过的一种正规的优化方法或非正式的成本效益分析方法,可以提出像这样的需求,即“25年里,由于网络控制器软件故障而导致的网络中某处管道破裂泄漏的概率不超过10^{-7}”。①

这里值得再详细地探究一下:如果控制器软件的设计和制造是正确的,这样的故障是如何产生的?就如9.5.2.1节中提到的;如果没有受到干扰,软件性能不会恶化(尽管可能伴随着维护时对软件的修改会积累故障②),因此,随着时间的流逝,不会自然地出现新的故障原因。如果造成故障的运行条件和要求合法的输入条件(RELIC)③的特定组合在测试过程中没有再现(因为如果在测试中再现并造成了故障,那么,软件中潜在的故障就应得到纠正了④),那么,在系统运行中就可能会出现9.5.2.2节中介绍过的一些应力强度交互影响的故障。因此,至少部分的要求是要覆盖一些潜在的故障溜掉的不完整或有缺陷的测试。即使我们能做到这样最好的程度,但仍旧不能安心,因为这意味着,即使是一个像管路这种非常重要的系统,我们进行测试时捕捉到每一个潜在故障的能力也是有限的。虽然我们尽量保证不发生故障,但9.5.2.3节中介绍过的制造缺陷似乎是软件开发过程不可避免的特点。可靠性设计(参见9.6节)的目的是确保曲解的要求,错误的设计、无效执行和代码错误等问题不会发生,但就像所有人参与的过程一样,缺陷总会发生。结果是,开发过程引发软件错误(而3.3.6节中提到制造过程是将缺陷引入产品的时机),这些错误在测试过程中可能或多或少地被删除。这些问题是软件的弱点。当施加适当的应力(执行包含故障的那部分代码的运行条件和输入的那个特定组合)时,软件就要故障。总之,软件可靠性要求要覆盖由于在制造过程中引入的缺陷(问题)而引起的应力-强度相互作用的故障,它们植入软件特有的弱点,当运行条件和输入的特定组合促使包含故障的那部分软件被执行时造成故障,且在测试过程中未被检测到且没有排除。

9.3.2 安全性和其他新领域的可靠性要求

在互联网和其他通信网络(如蜂窝电话网)中运行的软件很明显会使用不当,导致用户和供应商出现安全漏洞。安全性已经成为用户和网络服务提供商

---

① 本例中所示的数字仅用于说明,并不意味着是现实的或指定的标准。

② 有时称为“腐蚀”。

③ 合法的要求输入条件是:根据系统要求,输入在允许区域内的数据信息。

④ 当然,还需要解决通过修正也未能改变的潜在问题,修正也可能将额外的错误引入到软件中,或者两者兼而有之。

(ISPs)两者都关心的一个重要问题。安全性是(或应该是)系统或服务可靠性要求的主题,安全问题就是违反这些要求所造成的,这些要求可以用系统或服务的可靠性工程方法处理。从安全性方面考虑,当面临一个新问题时,为检验系统工程师的可靠性方法提供了有利的条件。系统工程师不需要是一个可以创建有效安全要求的安全工程师,可靠性工程师可能也不是安全专家。系统工程师和可靠性工程师需要与安全专家一起合作,更有效地履行他们在这些方面的责任:系统工程师了解到通过要求进行安全性管理是可行的,可靠性工程师的开发根据安全性的要求进行可靠性设计,按照安全故障模式和故障机理进行分类。安全性的可靠性工程结果如下。

(1) 提高对系统或服务中导致安全性故障的故障机理和故障模式的理解。

(2) 安全故障和停机的频率以及持续时间的管理。

需要注意的是,这一模式同样适用于新的学科领域的任何功能要求。

用户认为,安全漏洞就是没有达到他们的预期(但是态度消极的人可能会觉得,如今多数用户对安全性没有太大期望)。为了管理安全性,系统工程师将在安全性要求中概述这些期望,可靠性工程师的工作是:尽量减少要求中提到的问题出现的频率和持续时间。要进行遵守安全性要求的可靠性设计,可靠性工程师需要与安全专家一起确定与安全性相关的故障模式和故障机理并提出合适的对策。由于可能造成威胁的情况不断变化,解决这些问题需要更多的知识,关于安全性要求的可靠性设计还不是稳定的、完备的。与安全专家的合作有助于相关故障模式和故障机理的分类,这种合作应该在可靠性设计过程的初始阶段就开展,以便于应对最新出现的威胁。

9.3.3 运行时间和日历时间

许多软件需要每天 24h、每周 7 天连续运行。对于这样的软件,很容易了解用户遇到的故障:按照日历时间与运行时间进行描述是相同的。对于不是这样的软件,就需要理解运行时间和日历时间是怎样关联的,以便能够按照日历时间理解用户的经历。例如,如果一个系统在一天中只使用 4h,那么,一年(日历时间)中预期将发生的故障次数,是一年中连续使用时预期发生的故障次数的1/6。但是,在通常情况下,客户的使用是没有规律的,需要按照随机的方式处理。

例:设 t 表示日历时间。假设在第 n 天,客户使用系统的时间是 W_n,$\{W_1, W_2, \cdots\}$ 是独立的并且在[2,8]h 内一致分布。假设系统故障的发生服从齐次泊松过程[13],每周使用 1 次。那么,在第 65 天故障发生的概率是多少？一年中故障预期出现的次数是多少?

解:$W_{65} \sim U[2,8]$及每小时(运行)故障发生率为1/168。用$Z(t)$表示$(0,t]$运行间内系统故障次数(运行时间,以t测量),用N_{65}表示在第65天出现的故障次数,则

$$P\{Z(t)=k\} = \frac{1}{k!}\left(\frac{t}{168}\right)^k e^{-t/168}, k=0,1,2,\cdots$$

在第65天出现故障的概率为

$$P\{N_{65} = 1\} = P\{Z(W_{65}) = 1\} = \frac{1}{6}\int_2^8 P\{Z(W_{65} = 1) \mid W_{65} = w\} dw$$

$$= \frac{1}{6}\int_2^8 \frac{1}{168} e^{-w/168} dw = -\frac{1}{6} e^{-\frac{w}{168}} \Big|_2^8 = 0.0058$$

在一年中(日历时间),软件累积使用了$W_1 + \cdots + W_{365} = H$h。$H$的分布是365次幂的$U[2,8]$分布,算法简单但计算并不容易。相反,我们使用中心极限定理可以得出H分布,近似于平均值1825、标准偏差33.09的平均分布一年中的故障次数,即

$$\int_{-\infty}^{\infty} E\left[\frac{H}{168} \mid H = h\right] dP\{H \leqslant h\} = \frac{1}{168}\int_{-\infty}^{\infty} h\,\varphi_{(1825,1095)}(h)\, dh = \frac{1825}{168} = 10.86$$

关于运行时间和日历时间在2.2.5节和3.3.7节的需求技巧中会进行更多的探讨。

9.4 软件可靠性建模

在软件可靠性建模领域以TAAF为基础的统计方法为主导。这种方法以软件故障发生的时间序列为模型,通过经典的参数估计或贝叶斯方法建立非齐次泊松方程[13]。也有一些其他的方法但不经常用到,本节将进行回顾。

9.4.1 故障时间序列的可靠性增长模型

软件开发有多种不同的模式(瀑布式、极端编程、螺旋式等),其中,大多数软件项目开发过程的开发阶段和测试阶段是交替进行的。也就是说,经过一段时间一个“开发版本”发布后,该版本的测试工作就开始了。测试的目的是,以确定目前的开发版本怎样满足该软件的可靠性要求。在测试过程中,出现功能故障并对故障的根本原因进行分析,从而发现软件中的故障隐患。测试中的每一个功能故障将发出一个“修改请求”,需要开发团队修复导致功能故障的软件故障。经过一个测试阶段后,下一个开发阶段的工作包括解决“修改请求”以及新加的功能要求。在这个开发周期结束时将发布另一个开发版本,同时一个新

的测试阶段再次开始。当然,在大多数情况下,开发和测试的工作几乎是同时进行的,但可以在不考虑这一点的情况下完成可靠性建模。

从可靠性工程的角度来看,这种故障管理方法与可靠性设计是不同的。它更像是一个测试、分析、修复(TAAF)的实例。一种替代可靠性设计的方法是:先确定软件可能出现的故障模式和故障机理,然后再进行软件的设计和开发,避免这些问题,通过对可用部分的软件测试得到 TAAF 结果,尝试对可能出现的任何故障进行校正,之后再次放到测试序列中,但需要等待一段时间。现在市场上的很多软件看起来运行得很好,从这个意义上来看,软件行业已经比较成熟,但无疑开发成本、上市时间以及可靠性仍需要改进[1,29]。一些著名的软件不断地为正在使用的客户打"补丁",实际上使客户成为制造商的测试团队的基础(不需要付费)。如果期望 TAAF 起到实际的作用,必然是费时和昂贵的。可能在软件使用 TAAF 唯一的原因是:修改软件是比较容易①的(相对于硬件),软件修改后新一轮的测试需要很快启动。

建立符合 TAAF 流程的故障时间序列可靠性模型的步骤如下:假定一个开发版本序列标记为 0,1,2,…。每一个开发版本都存在一个测试区间,在测试中一些故障被发现,并且对于这些故障的"修改请求"被记录下来。在下一个开发版本中对一些故障进行处理。如果故障被正确处理,则在记录中删除该故障。如果没有正确地解决故障需要将其保留,并且可能由于错误的维护而引入额外故障。在建模过程中,故障时间序列,开发时间间隔的长度可以忽略不计。所以我们假设测试间隔$[t_0、t_1]$,$[t_1、t_2]$,$[t_2、t_3]$,…并且$t_0=0$;开发版本 i 在$[t_i,t_{i+1}]$$(i=0,1,2,\cdots)$区间中进行测试。在$[t_i,t_{i+1}]$期间,故障发生概率$\lambda_i$遵循齐次泊松过程。用$N_i$表示$[t_i,t_{i+1}]$期间出现的故障次数,则可以通过$\hat{\lambda}_i=\dfrac{N_i}{(t_{i+1}-t_i)}$估计$\lambda_i$。如果在开发版本中唯一的功能是校正先前测试区间中发现的故障,并且所有的故障校正是成功的,那么,$\lambda_0\geqslant\lambda_1\geqslant\lambda_2\geqslant\cdots$。然而,开发版本之间通常包括部分新的软件以满足追加的属性要求,这种新的软件包含了额外的故障,在测试中发现故障到目前为止并不总是正确的,因此$\{\lambda_1,\lambda_2,\cdots\}$的单调性是无法保证的。如同所有的 TAAF 脚本一样,这个模型的关键之处在于每个测试区间的对象是不同的产品。软件在每个开发区间内进行修改,包括:

(1) 针对原先未解决的属性需求的新软件;

(2) 为消除之前测试中发现的故障的修正。

通过允许前后两个测试区间λ_i的不同,以体现这种变化。

---

① 更少耗时和/或昂贵。

在软件可靠性工程文献中，这一基本模型的许多变化已经被处理过。大多数做法不区分测试区间，但把它们作为一个单独的扩展测试区间。也就是说，测试发生和推断故障出现的整个时间 T 符合 $[0,T]$ 区间内的非齐次泊松分布①。如果 $N(t)$ 表示在 $[0,T]$ 内出现的故障次数（累计），那么，该分布的累积密度函数通过 $\hat{\Lambda}(t)=\dfrac{N(t)}{t}, t\in[0,T]$，估计得出。如果 TAAF 过程是成功的，在适当的时间周期之后 $\hat{\lambda}(t)=\hat{\Lambda}'(t)$ 将会减小，这表明，大部分故障已被发现并且故障发现的速度明显放缓。从统计的角度来看，这些模型符合经典[25]和贝叶斯理论[20]。开发的程序通过使用运行剖面[26]使测试过程更加实用和有效，运行软件的分类有望按照一定比例与实例一起执行。测试需要进行多久的标准已经明确，那就是当测试应该停止时[3]。这些主要引用的是早期关注于软件可靠性增长、TAAF、建模等问题的文献。在软件可靠性建模中，这些模型的定义和应用开发，现在可以说是很好的[21,27,28,31]。在参考文献[6]中介绍了更多唯象模型。

当软件的最终版本发布给用户时，只要软件发布后没有变化，故障的发生遵循参数为 λ 的泊松分布，应该等于 $\lambda(T)$。如果软件改变了，可靠性模型必须按照面对一个不同的产品进行考虑，相关的参数也要随之变化。

9.4.2 其他方法

在 TAAF 成为最广泛使用的软件可靠性建模方法之前，还有一些其他的方法。Munson[24]以及 Khoshgoftaar 和 Munson[14]假定将故障添加到软件的可能性应该与软件的复杂度成正比，所以他们研究了软件的可靠性和复杂性之间的关系。他们的想法是：当某些软件的复杂程度的值是已知的情况下，软件可靠性是可以估计的，计算复杂程度的值是比较容易的，而计算软件的可靠性则不太容易。结构可靠性模型使用的程序流图方法是 Cheung[2]、Littlewood[19]等人提出的。状态图方法（参见 4.4.7 节）是由 Wang 等人提出的[30]。还有其他一些方法在参考文献[21]中进行了详细介绍。

9.5 软件故障模式与故障机理

9.5.1 软件故障模式

故障模式是一个产品或服务出现故障的描述，或是有明显的迹象表明有违

① 这个先验模型的约束条件是：假设 NHPP 的密度函数是一个阶跃（变化）函数，在 t_i 时刻的阶跃幅度为 λ_i。

反要求的情况已经发生。故障模式可以回答,如何知道一个故障发生？在软件中,当一个符合软件要求(RELIC)的输入得到错误的输出响应时,则认为出现了故障。因为软件是无形的并且不存在一些硬件的运行,软件故障模式有时可能会被运行它的平台上发生的故障所掩盖。例如,当一个错误发生在个人计算机上的文字处理应用程序时,它可能由应用程序的故障引起,也可能由计算机硬件或操作系统的一些异常引起。事实上,个人计算机用户通常会首先选择重新启动应用程序查看异常是否消除,如果没有异常消除,则重新启动操作系统。如果重新启动后仍然存在异常,通常的结论是存在硬件故障。此外,当软件是一个大系统(如控制铁路开关和信号的软件)的一部分时,错误的输出通常会引起一些其他严重的后果(错误的开关可能会导致列车相撞)。

(1) 软件故障可能不会被及时发现。

(2) 事实上,只有等到故障的根本原因分析完成,才能分辨出导致系统故障的潜在原因是否由软件故障引起。

9.5.2　软件故障机理

通常认为,软件故障的来源是编码错误。虽然编码错误确实是一种常见的软件故障机理,但它们不是唯一的。软件故障机理可能出现在开发过程中的任何部分,包括:

(1) 对要求缺乏理解,这将导致无法满足客户的真实需求;

(2) 无效的设计,这可能会导致真正需要解决的问题被忽略或解决方案效率低下(如未能满足一个实时系统的性能要求);

(3) 不当执行,这可能会导致运行效率很低,如果不是完全不能满足系统要求。

因此,除了处理编码错误,9.6 节还讨论了有助于减少其他软件故障机理发生的技术。特别是故障树分析和故障模式影响及危害性分析(FME(C)A)方法,可以很方便地应用到系统和服务的软件组件中。

应用生命周期的软件收益率三相模型(参见 3.3.4.4 节),对软件的故障机理提供了有益的启示。

9.5.2.1　耗损故障

软件不随时间的流逝而变质或改变。也就是说,软件本身并不会改变。除非真正的离奇事件,如由周围空间辐射引起存储位置的变化,软件只有被有意地干预才会改变。原则上,被认为完全正确工作的软件(即每一个 RELIC 是已知的并将产生正确的输出)将继续执行,只要它满足 RELIC 并且没有其他操作条件被改变(如不同的硬件、不同的操作系统等)。当进行软件维护时,它被改变了,如进行导致故障的错误校正。

(1) 与之前相比现在是一个不同的软件。①

(2) 不能保证它将继续像以前那样工作,除非通过一些方式刻意地努力证明这一点,一般是采用测试(回归测试)的方法。

因此,在软件中没有耗损故障模式。特别是耗损或缺陷积累最终使软件难以管理[12],这是真实存在的,但它是一个典型的软件版本修改的顺序,而不是原来的软件,原来的软件已经不存在了。

9.5.2.2 有用寿命期间的故障

应力强度模型可以解释至少是暗示一些软件故障(包括安全事故)。例如,一个实时的交易系统可能包含一个性能要求,只要对系统的请求的数量每秒不超过100,系统的响应时间将不超过350ms。每秒的请求次数是一个应力变量。系统强度是指它对请求进行响应所需的时间能力。所说的要求是,只要应力低于每秒100次的请求,系统强度应该在350ms内响应。当压力超过每秒100次请求时,系统无法向客户保证响应时间——由于人带来的延迟可能无法识别——但是超出每秒100次请求的负载服务曲线是不确定的。当压力超过每秒100次请求时系统仍旧可以工作得很好,或者当应力达到每秒101次请求时系统“落下悬崖”并停止工作。从这个例子得到的经验如下。

(1) 软件的强度是由可靠性设计和集中测试(也就是操作剖面测试[26])建立的。

(2) 只要RELICs是在规定的强度要求下提出的,并且软件的构建拥有这种强度,那么,软件将会做出适当的响应。

软件的应力强度模型强调了确保只有RELICs作为软件输入的重要性。另一种方法是,当在其要求中规定的环境条件之外运行时,该软件不应该被算作正确运行。

9.5.2.3 制造缺陷

大部分的软件工程主要关心的是创建无错代码。这一点是很重要的,因为软件可靠性在下面几方面来说是确定的:每当一段包含了一个或多个错误的代码被执行,都将会引起故障。因此,软件无故障的一个必要条件是没有错误代码(假设所有的代码都是必需的,从这个意义上来说,所有代码都要执行)。建立有错代码行的比例和软件可靠性之间的关系是可能的(例子见练习5),但这些练习有些不切中要点:如果你知道该软件包含代码错误,就会投入资源消除它们,无论是在开发过程中(通过测试检测到的错误)还是在发布给客户(客户报

① 否则,为什么要麻烦的分配新版本号?

告测试阶段未发现的由错误代码引起的故障)使用后。所以应该遵循好的软件工程实践要求,使开发初期引入错误的数量是最少的(因为虽然校正测试中发现的错误是可能的,但是校正的过程创造了引入额外误差的机会;见 4.4.4 节关于复杂维修问题的讨论)。

但是,软件制造业不仅仅是代码的生成。软件的制造涉及系统工程和代码开发前的设计。为了推动可靠软件产品的制造,必须采取一些步骤,以确保要求能够被正确解释并对包含所选择的功能要求进行有效设计。在编写任何代码之前,必须先处理好这些问题。

9.6　软件可靠性设计

在可预见的将来,认为测试不是软件开发的重要组成部分是不现实的。我们鼓励开发团队在开发过程中尽可能早地面对可靠性的相关问题,并采用可靠性设计作为首选的可靠性增强策略。

(1) 在软件中 TAAF 是可能的。

(2) 软件工程还不够先进,预测和消除故障的程序还不是常见的和众所周知的。

这就意味着,在很长的一个时期中,测试仍将是软件质量工程和质量控制工具集的一部分。然而,我们要求开发团队从开发初期就能够期盼并使用可靠性技术的设计,因为这样做可以提供一种高效的方式使软件更可靠。

软件的可靠性设计遵循相同的原则,在 6.4 节进行了详细介绍:确定在产品中出现的故障机制,以及防止它们发生的应对措施。与硬件一样,故障树分析法和 FME(C)A 也可用于软件。

9.6.1　软件故障树分析

故障树分析是很容易应用到软件实体的。Leveson 和 Harvey[16] 以及 Leveson 等[18] 使用故障树分析,作为一种安全相关故障的可靠性改进工具,① Lyu[21] 用了整整一章介绍故障树分析方法。

例: 在 6.6.1.2 节乘客电梯例子的故障树中,事件 12“控制器错误地关闭电机的电源”。在第 6 章的插图中,事件 12“控制器错误地给电机供电” 被看作事

① 这两篇文章都进一步说明了系统可以被设计为避免安全故障的思想,它们的设计与避免其他类型违反要求的方式相同,参见 6.7 节。

件 14“硬件故障”和 15“软件故障”进行“或”运算的结果。在第 6 章的例子中,事件 15 是一个基本事件,从该例子的角度来说,不会再进一步分析导致事件 15 发生的原因。我们在这里将对该事件做进一步的分析,说明软件故障树分析的方法。这是软件中可能会导致错误地关掉电机电源的全部错误。这些错误包括以下几方面。

(1) 软件不能正确读取一个或多个箱式位置传感器的数据。

(2) 软件在响应箱位置传感器读数时,包含一个或多个分配动作错误。

(3) 软件读取箱位置传感器正确,但向控制电机电源继电器的开关传递了一个错误信号。

如果这些错误的根本原因是代码错误,通过设计审查和其他质量管理程序,它们应该在测试过程中被查出。如果这些错误在运行过程中发生,无论是测试中漏掉了,还是电梯运行条件在某种方式上改变了,软件都是没有准备的。例如,对污染的或间歇的位置传感器进行正确响应的软件是无法设计的。更详细的故障树的阐述应该包括上述问题以及其他类似的可能性,这样,可以有针对性地进行软件设计处理它们。再次,这只是一个模型图,不是一个详尽的故障树分析,不能作为真正的乘客电梯系统软件,但它说明了建立一个软件实体故障树的推理过程。

9.6.2 软件 FME(C)A

对于 FME(C)A 来说也是这样。虽然第 6 章仅从硬件的角度讨论了 FME(C)A,这种方法在软件实体中是一样的。例如,考虑一个智能家庭烟雾报警,当检测到一个事件(烟雾)时会发送一个短信到指定的电话号码。这个功能是通过软件实现的。一个 FME(C)A 过程主要是在软件的各个部分行为不当时查看发生了什么。在这个例子中,软件包含一个程序,用于接收烟雾探测器的硬件信号,关闭继电器或开关启动声音报警,从存储器中读取电话号码并向拨号器发送数字(硬件会产生正确的 DTMF 音调拨号),向固定电话或手机网络发送拨出的号码。通常,无论是在要求的行为失败时还是不要求行动时,我们都应该查找这些情况下可能出现的任何不当操作。这是我们在第 6 章中对硬件部分所采用的相同的推理方法,信息发现用来在 FME(C)A 输出的帕累托图的基础上开发对重大事件的对策。对于软件部分,对策可能包括不太明显的设计特点,这些特点需要在 FME(C)A 的结果之前进行考虑。

最后,使用数据流和控制流图[4]可以帮助揭示因果关系的路径,在进行软件 FME(C)A 时,它们是非常有用的。

9.6.3　软件故障预防策略

9.6.3.1　软件设计模板

设计模板是建立一种针对一般问题的解决方案。不是必须的代码,而是关于解决某些问题的最佳途径的一种抽象的计划。例如,使用不同的编程语言可以有许多种方法编写实现日历的功能。日历功能的设计模板,可以用来指导日历功能需要完成什么样的行动,以及完成它们最好的方式是什么。设计模板是脱离了软件复用(参见 9.7.3 节)的一个抽象的层次,软件复用主要应用于代码块大规模的执行或最小限度地适应一个被认为已经按照预期正常工作的新系统。设计模板有助于提高可靠性,因为它们是经过验证的流程,通过反复的改进错误已经被删除。关于设计模板进一步的信息可以在参考文献[11,22]及其他资料中找到。

9.6.3.2　异常处理

异常处理是一种容错的形式。它是内置例程的规范,对在程序的执行过程中发生的不寻常的情况做出反应(“异常”如浮点除以零)。如果不包括响应异常的规范,异常继续存在从而导致故障。当异常发生时,异常处理程序通常会保存程序的状态,将程序的控制权转移到试图校正这种状况的异常处理程序,当异常处理程序很好地解决了这个异常问题后,控制权返回到主程序。关于异常处理的更多信息,见参考文献[5]。

9.6.3.3　语言选择

一些软件开发语言更适用于创建无错的程序。例如,C 和 C++都要求程序员在对某资源使用完成时释放资源。如果不这样做将导致缓冲区溢出,“内存泄漏”以及其他不良状况,甚至可能被攻击者利用以达到不可告人的目的。相比之下,Java 拥有内置的“垃圾回收”,因此程序员不需要明确地进行资源释放代码的编写,内存泄漏故障很少出现在使用 Java 编写的应用程序中。

9.7　软件可靠性工程的最佳实践

9.7.1　遵循良好的软件工程实践

软件工程仍然是一个非常活跃的研究领域,很大程度上是因为认识到软件开发仍然是一个难题。许多软件的维护太贵、太耗时,而且结果非常不可靠。需要继续讨论的是,哪一种软件工程的实践可以更好地克服这些问题[9,10,23]。在讨论中评判任何一方的优点不属于本书的范围。出于可靠性工程的考虑,一些系统的、被记录的、遵守实践要求的软件工程群体更重要。本书不建议使用一种软件工程类型适用于任何特殊的情况,因为所有的开发过程都具有独特的属性,这些属性可能做出这种或那种选择,而且作者并不是一个软件工程专家。但更重要的是,一些软件工程原则需要遵守。至少这将有助于减少代码错误的数量,也有助于更基本的设计和开发选择。

9.7.2 可靠性设计评审

设计评审在软件开发中有许多用途。有效的开发过程使用设计评审将团队所有成员的观点结合在一起,以推动获得更好的结果。对于软件可靠性工程来说,设计评审是最有用的。

(1) 选择了一个最有可能拥有更好可靠性的设计。

(2) 合理安排内部沟通路径(数据流和控制流),使它们不成为故障的来源。

(3) 确认详细设计和可靠的初步开发。

(4) 在测试之前帮助消除代码错误。

9.7.3 利用已知的好软件

不同的软件应用程序中有许多功能是一样的。例如,一个应用程序要计算两个事件之间的时间间隔。可以使用日历函数实现。每一种编程语言都包含日历函数。很难找到一个很好的理由开发一个新的日历功能,而是应该使用编程语言提供的语言。从可靠性的角度来看,使用一个已知的具有良好功能的函数,可以提高使用单元的可靠性。

(1) 所有的输入和输出都是为了检查复用函数与新代码之间的兼容性。

(2) 可以验证所有被复用函数鼓励使用的操作条件,在之前已被证明是能够正确处理的。

这些警告直接来自于一个良好的可靠性要求说明,包括系统操作中主要的操作条件或环境条件。过去对这些问题的不在意,已经成为灾难性失败的根源。值得注意的是,医疗设备 Therac-25[17] 中的软件重用不当引起了几位患者的死亡。软件复用仍旧被积极研究[7,15],复用性和可靠性的最新的进展还没有写出[8]。尽管如此,复用具有超过改进的可靠性的优点,因此采用复用策略可能在开发时存在一些压力。系统工程师应该检查特殊开发中复用相关的可靠性,并在可靠性的优点展现出来时推动复用的使用。

9.7.4 鼓励预防观念

像往常一样,系统工程师是不可能参与到特定软件工程任务的日常执行的。为了促进有效的软件可靠性设计,系统工程师应督促软件开发团队采用参考文献[6]中推荐的可靠性设计方法,可以积极主动地预防软件故障,作为一种可靠性保障策略,这种方法是 TAFF 的有益补充。

9.8 本章小结

本章的目的是,帮助系统工程师按照系统和服务的软件部分的可靠性要求和设计开展工作。本章回顾了软件可靠性的定义、软件可靠性的要求,以及对软件部分的可靠性要求的分配。还涉及已广泛应用在软件可靠性工程技术的 TAAF 方法。为了帮助软件可靠性设计的开展,讨论了软件故障模式和故障机理。回顾了作为可靠性设计工具的故障树分析和 FME(C)A 方法,它们可以很好地应用到软件,也可以将系统和服务作为一个整体进行使用。读者应该对这章有一种感觉,尽管软件和硬件的属性存在明显差异,应该通过预防的方法对两者都提供最好的可靠性保障,除了 TAAF 作为常用的方法外,还应强调做好可靠性的设计工作。

9.9 练　　习

1. 在 9.3 节管道网络例子中给出了严格审查的要求。要求是否包含一个合适的可靠性效能标准的定量表达式?要求是否明确规定了申请的时间期限?该要求如何处理(或不处理)申请的条件?

2. 如果软件程序的预期故障数是每小时 3 次故障,该系统每天运行 3h,预计每天的期望故障次数是多少?

3. 如果软件程序的故障数服从泊松分布,平均每小时 3 次故障。该系统每天运行 3h,这个程序每天预期故障次数是多少?

4. 如果软件程序的故障数服从泊松分布,平均每小时 3 次故障。每天使用的程序的小时数在[2,21]内分布均匀,每天的程序故障的分布是什么?每天的期望故障数是多少?

5. 定义“污渍”为包含一个或多个错误的代码行。假设在 n 个代码行中发生一个带有速率 β_n 的泊松过程。如果包含 1076 行代码的模块每天执行 X 次,其中 X 在参考文献[7,36]上服从均匀分布,并且软件中的所有其他模块都不包含错误。该软件每周的预期故障数是多少？

参考文献

[1] Brooks FP Jr. *The Mythical Man-Month, Anniversary Edition: Essays on Software Engineering*. Hoboken: Pearson Education; 1995.

[2] Cheung RC. A user-oriented software reliability model. IEEE Trans Softw Eng 1980;2:118–125.

[3] Dalal SR, Mallows CL. When should one stop testing software? J Am Stat Assoc 1988;83:872–879.

[4] DeMarco T. *Concise Notes on Software Engineering*. Volume 1133, Englewood Cliffs: Yourdon Press; 1979.

[5] Dony C, Knudsen JL, Romanovsky AB, Tripathi A. *Advanced Topics in Exception Handling Techniques*. New York: Springer-Verlag; 2006.

[6] Everett WW, Tortorella M. Stretching the paradigm for software reliability assurance. Softw Qual J 1994;3 (1):1–26.

[7] Frakes WB, Kang K. Software reuse research: status and future. IEEE Trans Softw Eng 2005;31 (7):529–536.

[8] Frakes WB, Tortorella M. Foundational issues in software reuse and reliability. Department of Industrial and Systems Engineering, Rutgers University; 2004. Working Paper 04-002.

[9] Frakes WB, Fox CJ, Nejmeh BA. *Software Engineering in the UNIX/C Environment*. Englewood Cliffs: Prentice Hall; 1991.

[10] Ghezzi C, Jazayeri M, Mandrioli D. *Fundamentals of Software Engineering*. Englewood Cliffs: Prentice Hall; 2002.

[11] Hanmer R. *Patterns for Fault-Tolerant Software*. New York: John Wiley and Sons, Inc.; 2007.

[12] Izurieta C, Bieman JM. A multiple case study of design pattern decay, grime, and rot in evolving software systems. Softw Qual J 2013;21 (2):289–323.

[13] Karlin S, Taylor HM. *A First Course in Stochastic Processes*. 2nd ed. New York: Academic Press; 1975.

[14] Khoshgoftaar TM, Munson JC. Predicting software development errors using software complexity metrics. IEEE J Sel Areas Commun 1990;8 (2):253–261.

[15] Krueger CW. Software reuse. ACM Comput Surv 1992;24 (2):131–183.

[16] Leveson NG, Harvey PR. Software fault tree analysis. J Syst Softw 1983;3 (2):173–181.

[17] Leveson NG, Turner CS. An investigation of the Therac-25 accidents. Computer 1993;26 (7):18–41.

[18] Leveson NG, Cha SS, Shimeall TJ. Safety verification of Ada programs using software fault trees. IEEE Softw 1991;8 (4):48–59.

[19] Littlewood B. Software reliability model for modular program structure. IEEE Trans Reliab 1979;28 (3):241–246.

[20] Littlewood B, Verrall JL. A Bayesian reliability growth model for computer software. J R Stat Soc Series C 1973;22 (3):332–346.

[21] Lyu MR. *Handbook of Software Reliability Engineering*. New York: McGraw-Hill; 1996.

[22] Martin RC. 2000. Design principles and design patterns. Available at www.objectmentor.com. Accessed November 10, 2014.
[23] Mills HD, Linger RC. *Cleanroom Software Engineering: Developing Software Under Statistical Quality Control*. New York: John Wiley & Sons, Inc.; 1991.
[24] Munson JC. Software faults, software failures and software reliability modeling. Inf Softw Technol 1996;38 (11):687–699.
[25] Musa JD. A theory of software reliability and its application. IEEE Trans Softw Eng 1975;3:312–327.
[26] Musa JD. The operational profile in software reliability engineering: an overview. Proceedings of the Third International Symposium on Software Reliability Engineering. October 7–10, 1992; Piscataway, NJ: IEEE; 1992. p 140–154.
[27] Musa JD, Iannino A, Okumoto K. *Software Reliability*. New York: McGraw-Hill; 1987.
[28] Rook P. *Software Reliability Handbook*. New York: Elsevier Science; 1990.
[29] Verner JM, Overmyer SP, McCain KW. In the 25 years since *The Mythical Man-Month* what have we learned about project management? Inf Softw Technol 1999;41 (14):1021–1026.
[30] Wang WL, Pan D, Chen MH. Architecture-based software reliability modeling. J Syst Softw 2006;79 (1):132–146.
[31] Xie M. *Software Reliability Modelling*. Volume 1, Singapore: World Scientific; 1991.

第 2 部分

维修性工程

第 10 章　维修性要求

10.1　本 章 内 容

下面介绍本书的第二个主要部分。维修性是在初始装机后持续维持系统良好运行的 3 门可持续学科（系统工程师职责和技能的主要部分）中的第二门。这些学科适用于在设计和开发过程中所需要采取的措施，这些措施用以确保一个系统或服务能在其预期的寿命内持续正常运行和盈利。本章首先把维修性作为系统属性来理解，然后制定维修性的效能标准和指标以及了解维修性包括修复性维修和预防性维修作为系统属性这一认识的优点。从这一角度来认识维修性，然后讨论维修性需求与其解释的实例。在本章的最后回顾一下当前维修性需求研究的最佳实践和本章摘要，在第 11 章介绍维修性设计。

10.2　系统工程师的维修性

10.2.1　定义

本书的第一部分详细讨论了可靠性。如果一个系统或者设备是依据可靠性来设计的，那么，这个系统或设备出现故障（违规操作）的次数应该比不是依据可靠性设计的系统或设备的故障数量要少。但是我们生活在一个不完美的世界里，即使拥有充沛的精力和精湛的技术，故障也会产生，这是不可避免的。所以当一个故障出现时,尽快使系统或设备恢复正常运转是当务之急。这跟让系统达到尽可能高的有效性(参见 10.6.4 节)是一致的。

维修性与系统在损坏时能被修复的难易程度有关。原因是:系统越容易被修复,类似的修复工作就能越快完成,任何由于故障而暂停工作的时间越短,系统的维修性就越好。

被普遍接受的维修性定义是指系统在具备一定技能水平的人员、程序和资源维修时被修复与恢复运作的能力[13]。与可靠性相关联,我们认为维修性是一种能力,即系统(或设备)的一种抽象性能,在这种情况下,也就是系统能如何适应修复和恢复到可用状态。把维修性看作能够提升速度、降低开销和减少故障的系统属性或特性的集合。如果系统 A 比系统 B 具备更高的维修性,那么,系统 A 的维修时间很可能比系统 B 要短。① 一个维修性低的系统可能会有更长的运行中断时间,因为该系统由于我们在第 11 章讨论的维修性设计中的一些原因难以被修复。换句话说,在设计系统维护理念(参见 10.2.2 节)时一些能缩短修复时间的因素没有合理地进行考虑、控制和监控。

几个影响维修性的因素包括:

(1) 系统所应用的基本维护和保养规则,也就是系统维修理念;

(2) 维修效能标准和要求的合理使用;

(3) 预防性维修的合理使用;

(4) 维修的执行位置和每个位置的维修类型("维修等级");

(5) 岗位职责;

(6) 依据维修原理设计的特征;

(7) 预期的维修环境;

(8) 保质期条款。

维修性设计(第 11 章)包括为上述的每个因素选择合适的值,以达到客户所要求的维修性。

10.2.2　系统的维修方案

系统开发的第一步是为系统要执行的功能创立目录。一旦这些功能明确,就应该开始规划维持这些功能或在系统或者子系统故障后恢复这些功能所要采取的措施。这个规划从系统维修方案的建立,它是一个关于系统在损坏后如何修复的综合性计划。系统维修概念包括:

---

① 有人可能希望这样进行一个正式的定义:如果系统 A 的预估维修次数更少,就说明系统 A 比系统 B 更具备维修性,但这种定义法还不是惯例。

（1）维修性要求；

（2）一个符合要求的综合性维修方案，包括一个含有具体修复作业步骤的程序（替换、现场即刻修理等）；

（3）标明系统的哪部分是可替换的；

（4）如果有，哪部分需要预防性维修；

（5）哪里可以采取不同种类的维修方式；

（6）哪些人员对修理负责；

（7）哪些特征包含在维修性的设计中；

（8）是否提供担保；

（9）任何其他影响维修性的系统设计和运行因素。

一旦系统设计方案确定，系统维修概念也应当一起确定。本章有助于通过提供跟每个要素相关的信息具体化系统维修概念。第 11 章讨论了满足系统维修性要求所使用的具体维修概念的维修性程序的具体设计。我们通过最基本的维修性决定开始：我们要维修吗？

10.2.2.1 "维修，立即维修"或"先复原，再维修"

10.2.1 节引用的概念为"修理并复原"。很重要的是，它们并不总是不可分割的。有时，需要采取一些快速行动使至少部分运行得到恢复，全部的修理推迟至稍后合适的时间。例如，在多个服务中的一个服务故障可能不需要立即处理，因为该损坏可能只引起微小的、甚至几乎不被注意到的设备退化。举一个极端的例子，一些通信设备供应商在挂车上备用一系列设备，在重大灾害（如火灾）中可快速查找临时性备用设施，这样在全面修理之前某些服务还能维持正常运转。临时替换的设备可能不具备跟永久设备完全一致的性能，但是它可以在彻底检修之前在一定程度上迅速恢复设备运转。当我们讨论合理的维修行为时，分辨正确的维修是确定迅速恢复一定程度的设备运转还是彻底检修已经发生的故障是很重要的。

本书中议及的许多系统属于非常大型的综合性服务供应基础设备，是为了支持像网络供应、邮政服务等复杂型服务项目的。一些服务供应基础设备的部分会随时发生故障，然而，还要在微小的或不可识别的设备功能退化的情况下继续提供服务。我们之前讨论了网络的稳定性或弹性与服务可靠性设计的关系（第 8 章）。现在主要讨论维修性的含义。在大型综合服务供应基础设备中，不用在每个部位发生故障时都去修理。如果提供服务的基础设备有足够复原力的，或者运输负荷较低，少部分的故障可能是用户难以察觉的。例如，10000 个服务器中的 10 个损坏了，可能不会特别影响服务，除非设备超负荷运转或利用率非常高。因此，维修并不总是需要马上开始。在这些情况下，不同的维修情况是可能的:维修技术员可能只在故障数量达到预先设定的数量后才被派遣,或者设立一个日程表来纪录周期性地派遣了哪些技术员进行维修,以及维修员上次维修之后又产生了哪些故障。这些经验值得被遵循,这样就能达到数值的最优化,使得运行的开销最小化。

所以,当需要辨别时,首先考虑前两种需要进行复原、延迟维修的情况,其次再考虑彻底维修。

10.2.2.2　修理什么和何时修理

关于修理所需要考虑的最基本问题是某个部件是否需要修理,还是在发生故障后将其报废,以及报废后是否保证有替换。正如在 2.2.2 节中所探讨的,经济因素在以上决定中扮演一个重要的角色。在大部分大型军事设备、通信设备或其他复杂的技术系统中,当系统发生故障之后用一个新的系统替换是不切实际的,并且是不经济的。结果是通常要安排修理系统发生故障的部分。系统的维修方案(或者维修与保障方针)的初次迭代可以初步确定系统的可行部分。随着系统工程和设计的推进,产生更加详细的有关系统结构的信息,对该方案进行细化。第 11 章提到的修理级别分析(LORA)是制定维修方案的最后几步之一。通过它最终将系统分成可修的单元,指出每个人单元将在哪里、由谁修理或更换。

维修分析等级是系统进入维修单元前的最后部分,表明在哪里和谁将进行修理或替换哪一部分。这个信息也是系统可靠性模型和保障性所需要的。

10.2.3　维修性效能标准和要求的使用

与可靠性和保障性一样,“如果你不测量它,没人会注意它”的原则在维修性上也适用。维修性要求关注系统或设备设计和运行中在系统故障发生后的修复能力。

理想的维修应是。

(1) 迅速的。

(2) 尽可能便宜的。

(3) 无错误的。

要选择与系统或服务设计和运行相关的能提升速度、减少开支和提高有效性最相关要求。以这种方式使用要求为通过及时实施维修性管理创造了合理的构架。需要分析为核实维修性要求所搜集的数据,以此来评估维修计划的性能和运行效果,并得出还需要进行哪些改进。反复的测量(如设备中每周超过规定运行时间的部件所占百分比)可能会通过一个控制图表跟踪记录来帮助区分由于正常数据波动产生的变化和由于需要调查并通过正确行动可改正的特殊原

因产生的变化。在所有情况下,系统工程方法都应该鼓励:

(1) 在系统或服务设计初期考虑维修性;

(2) 在设计过程中使用维修性设计(第 11 章)改善和更新系统维修概念;

(3) 创造一个合理的框架来通过现实管理维修性;

(4) 建立可提升成功率的系统和流程,使之系统化、可复制。

第 2 章阐明了应用于可靠性的性能标准指标和度量。同样通用的效能标准、指标和权值大体框架也是构成维修性需求所需要的。维修性有效标准是关于出现频率、持续时间或其他维修因素的定量描述。维修性的有效标准通常定义为任意性的变量,因为在具体场合采用的具体值由于大量干扰因素的影响并不能确切知晓。维修性指标是一些维修性有效标准的汇总,如均值、变量、百分率等。维修性度量是一个统计数值,或从数据中导出的量值,与维修性效能标准或指标有关。维修性效能标准、指标和度量将注意力集中在系统工程依据他们对客户需求的理解而认为重要的。10.3 节论述了一些维修性的效能标准。

维修性的效能标准和指标用来定义维修性要求(参见 10.4 节)。维修性要求通过任何包括可靠性的系统可靠性关联(参见 10.6.4 节)。也就是说,可用性是由操作时间(正常运行时间)的随机变量和停止运营时间(故障停机时间)的任意变量的特征所决定的,因此可用性和修理时间的要求不是能单独确定的。

例如,假设一个通过可靠性建模确定系统的平均运行时间是 10500h,而我们希望固有可用性(参见 10.6.4 节)至少要在长期内达到 0.9999。如果假定采用翻新修理(参见 4.4.2 节),则可以解这个不等式,即

$$\frac{10500}{10500+v} \geqslant 0.9999$$

求出为达到长期的可用性而允许的最大停机时间,结果是 $v \leqslant 10.5$h。就是说不可能维持长期的期望可用性,除非平均故障时间限制在 10.5h 以内。如果标准将平均停用时间限制在某个较小值时(如卓讯科技的 GR-284-CORE[16] 对通信交换系统是 4h),则该不等式表明可靠性必须提高从中获得 $\mu \geqslant 39996$

$$\frac{\mu}{\mu+4} \geqslant 0.9999$$

尽管这个例子的数学只有在进行翻新修理时才适用,但它表明,如果系统有可用性要求,那么,可靠性(运行时间)和维修性(故障时间)就不能单独设定。维修性权值是以验证是否符合维修性需求来计算的(参见 10.6 节)。

10.2.4 预防性维修的使用

预防性维修通过采取防止系统可能产生故障的方式提高维修性。例如,一

个关于润滑轴承的定期时间表是用来防止过度磨损的,这样机械磨损的故障会被推迟并且不会引起非计划的运行中断。预防性维修可以如下进行。

(1) 一个根据系统年限制定的固定时间表(使用任何被用来追踪系统年限的变量,包括时间、里程、运营数量等)。

(2) 对一些传感器的读数做出回应。

(3) 根据任何计划方案设定。

预防性维修利用了已知的到下一个系统故障之前的循环时间采取维修行动,旨在推迟或消除可预测的故障。预防性维修是一种以可靠性为中心的维修[4,11]。它也同基于状态的维修相关,参见 11.5.3 节。

10.2.5　维修等级

维修等级或修理级别,是指修理的位置和每个位置的修理类型。修理等级的规定是维修性设计的一个重要成分,这个我们将在第 11 章介绍修理级别分析(LORA)时进行深度探讨。

根据系统类型,使用情况和故障类型,系统可能进行多个级别的维修,对于相对简单的系统,或者操作员不复杂的系统,在原制造厂进行修理可能是最合理的选择。这可以成为消费类电子产品的普遍(或强制性)策略:例如,苹果产品的电池更换通常是苹果公司自己或者其经销商进行。家用电器和汽车通常由用户、原始制造商(或者其代理商)、独立修理商(如未授权的技术商铺)修理。一些修理工作足够简单,用户可以自行解决(如更换一个没电的前灯),其他的可能需要专业技术,只能由经销商处或技术商铺里经过培训的特殊人员处理。

类似防御系统和通信系统这类的大型技术系统一般采用更正式的维修策略。某些确定的维修可由该领域的用户进行修理,而其他种类的维修只能在仓库(一个集中的场地,脱机并远离使用区域)或制造地才能进行。我们将在第 11 章详细探讨这些问题。

10.2.5.1　用户进行的维修

在保修期过去之后,系统用户可能选择使用他们自己的人员进行维修。这在防御系统是普遍现象。例如,在美国,许多军事职业类别(MOS)涉及武器系统、通信系统、飞行器等的深度专业知识,因此,军事人员能够进行预防性维修和修理。“修理级别”的概念从防御系统传统的维修方式演变而来,即现场维修,在偏远的集中维修区域(仓库),在某个更高级别的场地或由制造商维修。

10.2.5.2　合约供应商进行的维修

作为一个可选项,用户可能联系系统提供方进行维修。这对于类似操作系统、企业管理软件、企业技术交流系统等软件类产品来说是非常普遍的。在这种情况下,供应商有机会优化他们的维修设备,并达到最低开销,或者把维修处经营为一个利润中心。保障性设计如今对供应商来说变得重要,因为这对修理运营系统和修理提供方的成本有影响。修理级别分析也同样重要,因为一个修理合约可能把现场保养和修理、维修点预防性维修和维修活动列入其中。

10.2.5.3　其他维修商

维修也可能由其他诸如独立维修点之类的供应商提供。这种类型对于消费品、汽车等是非常常见的。本书不再讨论更深层次的问题只是要注意,设施离供应商越远,就越难以管理维修性。"供应商对于文档、工具、备用物品等的掌控更少,所以维修性需求在这些情况下更少。然而,许多消费者认为这仍是一个充满吸引力的选项。

10.2.6　机构职责

在选择合适的维修等级时,确定谁会被分配到那个等级、维修哪种类型是重要的。不同的选择表明了不同的开销,以及培训和支持方面不同的需求(测试设备、文档、工具等,第 11 章涵盖更详细的内容)。

维修性的设计中很大一部分包含了设计多项开支的数学模型和为这些模型寻求最低的支出方案。一个典型的例子就是,策划职责的分配根据其开支和有效变量成为修理级别分析的一部分。

10.2.7　设计特点

维修性可能会被设计方案提升或破坏。第 11 章专门探讨维修性设计的积极因素。作为介绍,下文将介绍设计特征如何对产品维修性造成积极或消极影响的几个例子。在 20 世纪 90 年代,美国利盟广泛使用了不需要使用螺丝和铆钉这些需要花费时间和精力安装和拆卸的固定技术。他们使用了四合扣、对齐校准辅助和其他"无紧固件"的技术来加快装配(生产时)和拆卸[①](维修时)。这种设计通过减少拆卸需要替换或翻新的产品的时间对维修性产生积极影响。

相反地,如果对维修性关注不够,则可能导致维修更加困难。1975 年至 1980 年,雪佛兰·蒙扎和相关的通用汽车(GM)使用有大型发动机间隔空间的 V6 发动机,要改变最后两个火花塞需要打开发动机架,把发动机稍微举高才能有足够的空间够到这两个火花塞。这是技术疏忽还是故意为之并不清楚。不论是哪种情况,当用户了解到发动机调整所要经历的麻烦,言论就会传播开来,通

① 提供的程序被详细记录。任何不经过说明就尝试拆卸无固定设计的人都很欣赏这个设计。

用汽车可能比往常卖出更少的车辆。

系统工程所得到的教训是：与可靠性一样，如果设计时没有关注维修性，那么，产品或系统就是由一系列随意的与维修相关的特质构成，可能一些是好的，一些是不好的，但是本质上来说得到的是随机的结果。成功的设计有必要对产品或系统与维修性相关特征的高度关注。

10.2.8 维修环境

维修性规划的一部分必须包括对于维修地点环境的考虑。如果维修要在一个沙漠里、海上或室内温控设备中进行，则有必要进行不同的特征设计。同样，这也是一个必须提前计划的维修性影响因素，可以在第 11 章找到更多细节。

10.2.9 质保条款

在某些情况下，产品或系统供应商会提供质保条款，这几乎不是一个新概念。关于书面的质保条款声明的例子可以追溯到公元前 429 年，《朱兰的质量手册》的 2.9 节引用了这个例子[10]：一个早先的例子是从古巴比伦的尼普尔废墟的泥板上发现的，它涉及一枚镶嵌绿宝石的金戒指。卖家担保 20 年之内绿宝石都不会从金戒指上脱落。如果 20 年后绿宝石从金戒指上脱落下来，卖家就答应向买家支付 10 马纳白银作为赔偿。

大部分质保条款涵盖产品维修或更换，以防购买产品后使用初期出现故障。近年来，一些汽车生产商开始修改条款，承诺在一定英里数范围内进行预防维修。

质保条款是供应商使用的一种使产品对买家更具吸引力的工具。一些质保条款可能对供应商造成大量的资金负担。其余情况下，类似 30 天的质保维修期对于电子消费产品来说是普遍的，也是无价值的。质保条款带来的开销是产品或系统供应商要承担的损失费用[19]。维修性设计的欠考虑会增加这些开销，并且，在最后一件售出产品的质保条款过期之后费用消失了，但生产商在很多年后仍然对产品的安全性负责。正如 4.7.2.1 节中叙述，质保条款模型的全面处理超出了本书的范围。可参照参考文献[3]获得关于这个话题的详细介绍。

10.2.10 预防性维修和修复性维修

预防性维修指的是任何为了防止发生故障的行为。润滑就是预防性维修一个简单的例子。轴承上金属与金属间的摩擦容易发生损耗。润滑作为一个特定的维修方式，能防止金属的直接接触并显著地增加设备寿命。对系统或子系统进行预防性维修所消耗的时间被记录为与系统或子系统相关的“预防性维修时间”。预防性维修提高了系统本身的有效性(参见 10.6.4.1 节)因为一些可能由于没有预防性维修而发生的运行中断将不会发生,而对系统故障并不起任何作用。

修复性维修指的是故障发生后采取的恢复系统运行的行为。故障检修时间标志着完成修理一个系统或子系统所用的时间。许多关于维修性的概念和想法与这两种维修类型都有关,本章也是这样进行讨论的。预防性维修需要对相关内容进行额外的关注,如日程安排、故障预测和最优化,这些内容将在适当的时期被单独处理,也可见 10.2.2.1 节。

10.2.11 服务的维修性

10.2.11.1 概述

到目前为止,我们讨论的维修性只关注产品和系统。许多产品和系统是为用户执行某些操作或提供服务。我们在第 8 章看到,在提供服务的基础设施中使用的产品和系统决定了服务使用者/购买者看到的服务质量和可靠性。当出现服务中断时,修复服务传递基础设备中发生的故障能够完成服务复原(参见 10.2.2.1 节)。服务的维修性需求与服务传递基础设备的部件的可靠性要求是相关的。服务中断可以分为两个部分:一部分是支持时间;另一部分是 10.1 图表中显示的维修持续时间。服务的保障性将在 12.3 节进行讨论。

10.2.11.2 服务的维修方案

服务的维修方案是一个计划,它说明服务在故障发生后运行如何恢复到正常。服务故障是由服务传递基础设备中的部件出现故障引起的,因此恢复服务到正常运行的行为通常施加在服务交付基础设施的部件上。这就要求我们理解服务交付基础设施部件的变化是如何在服务行为中体现的。例如,当服务交付基础设施的某一个部件需要修理时,我们需要知道:

(1) 修理所恢复功能在正常服务功能中的百分比;

(2) 修理完成的时间。

这跟我们使用过的与服务交付基础设施部件故障与服务故障时间的原因是类似的(第 8 章)。现在,我们把服务交付基础设施的部件修理与服务恢复(部分或全部)联系在一起。正如 10.2.2.1 节中提及的,迅速地完成修复可能不是必须的或者令人满意的,服务维修概念将把这作为每种服务或服务维修基础设施的特定类型。

服务维修方案包括下列要素:

(1) 服务的维修性要求;

(2) 特定服务检修程序的开发(服务需要逐步恢复、按阶段恢复或立刻完全恢复)；

(3) 维修的责任；

(4) 与维修性有关的服务特征；

(5) 是否提供服务水准协议(参见 8.6 节)；

(6) 其他会影响维修性的服务设计和操作因素。

服务维修性要求会限制服务故障时间和相关变量(如每个月超过限制的服务故障数量)。他们也会设定将服务能力恢复到要求比例的时间目标(如服务反应时间要在停机开始后 10h 内恢复到标定的 150%)。参照 10.2.2.1 节了解计划完全或部分服务恢复时要考虑的一些要素。需要了解的是,在大部分部件处于危险状态的情况下,设计服务恢复的操作规划和算出最佳模式是明智的。例如,在技术人员被派遣并开始修复之前,大型服务设备中的多少服务是被允许损坏的？这能构成最优延时和最低开销问题,开销的增加来源于：

(1) 由于延时或失去交易、服务水准协议以及罚款减少收入；

(2) 派遣技术人员采取维修行动的开销。

第一项随着系统中断持续上升。第二项开销在某些时间段(等待技术人员)内持续为零,包含一项固定支出(出行及相关消费)和一部分从技术人员被派遣之后随着维修或替换服务数量的增加相应增加的费用。解决方案的细节随服务类型、在现场服务的数量等变化而变化,但是实例证明最优化的模型能帮助做出更好的决定。换句话说,一个最初的服务维护概念可能包含对于这种类型故障的模糊计划,随着服务定义被进一步明确化,基于数量最优化研究的信息才开始变得自用。

与系统和产品一样,必须清楚描述故障后开展服务恢复正常功能所需各机构的职责。考虑到许多服务传递技术设备的分布性质,不应忽视因为不协调的组织和紊乱造成的停机,时间延长的风险。同样,分配责任的最初想法不需要特别精确,但应该在服务定义明确之后予以明确。

最后,服务故障时间不是独立于服务传递基础设备部件的故障时间存在的。我们在第 8 章看到了,服务传递基础设备要素的故障就是怎样影响这些部件支持的服务的故障机理。类似地,在服务传递基础设备部件上进行的维修活动所持续的时间决定了服务故障将持续多久。要点是,服务交付基础设施部件的维修性要求不应当脱离服务故障频率和故障持续时间的需求而独立提出。与可靠性一样,一个把服务传递基础设备部件的故障时间和所支持的服务的停机时间联系起来的模型是必不可少的。

例如,假设由一个由 A、B 两个要素(串联配置)组成的服务传递基础设施提供一项服务(参见 3.4.4 节)。A、B 装置按泊松过程发生故障,故障率分别为 λ_A

和 λ_B，中断是独立的，且分别以均值 $1/\mu_A$ 和 $1/\mu_B$ 相同分布。μ_A、μ_B、λ_A 和 λ_B 都是 1h 的单位。如果 λ_A 和 λ_B 小，μ_A 和 μ_B 大，那么，我们可以忽略中断重合的可能，服务故障将近似地按泊松过程发生，故障率为 $\lambda_A+\lambda_B$，并且它们的平均持续时间将大约为

$$\frac{\lambda_A\mu_A+\lambda_B\mu_B}{\lambda_A+\lambda_B}（小时）$$

因此，如果一项服务中断要求不超过 2h 的中断时间，那么，就需要找到满足以下公式的 μ_A、μ_B、λ_A 和 λ_B 值满足服务故障的需求，即

$$\frac{\lambda_A\mu_A+\lambda_B\mu_B}{\lambda_A+\lambda_B}\leqslant 2$$

显然，这个例子过于简单化，这一类型的实际要求分配可能需要更加复杂得多的网络问题。这一点被复杂的算法掩盖，即服务传递基础设备部件的维修性需求应该来自该设备支持的服务项目，以便服务的客户是相关维修性的最终驱动者。换句话说，服务交付基础设施部件的维修性要求不是随意的，而是有道理的，因为其支持服务项目的维修性要求。

10.3 维修性效能标准和指标

10.3.1 产品和系统

我们在第一部分了解过效能标准的使用，其中将可靠性、可用性、故障数量等作为概括与对客户重要的无故障运行有关的系统特征的方式。值得重复的是效能标准将系统工程，设计和研发的注意力转移到客户认为重要或希望得到的系统性能参数上。因为维修性与在故障的系统上实施维修所需要的时间，或故障预防措施需要的时间有关，许多维修性效能标准涉及与维修和修理有关的行为的频率及持续时间。其他维修性效能因素涉及开销和工时数。通常使用的维修性效能标准包括以下几方面。

（1）预防性维修时间。完成预防性维修行为所需要的时间。它可能指的是单次预防性维修，或一个规定时间间隔（如一年）所进行的预防性维修时间的总和。如果是后一种情况，则需要通过用合适的修饰词表达（如每年预防性维修的总时间）。然而，预防性维修时间的增长会引起可达可用性和使用可用性降低（参见 10.6.4 节），所以预防性维修需要与提高系统固有可用性进行权衡，以降低需要修复性的频率。根据客户的需求，更多或更少的预防性维修可能是最优的。这些考虑可以通过数学优化来合理化。参考文献[7,14]中包含一些例子。

（2）修复性维修时间。完成彻底恢复行为所需要的时间。它可能指的是单次修复性维修，一系列定期时间间隔所进行的彻底检修（如一年）。如果是后一种情况，则需要通过合适的修复方式表明（如每年彻底检修的总时间）。减少纠正性维修时间增加了系统的可用性。反过来，提倡一个基于拆卸和置换组件的维修概念（或者说，拆卸组件，修理它，并将其放置回去）来逐渐减少的纠正性维修时间。彻底纠正性维修时间可能指的是用延期的修理复原或完全的彻底维修（参见 10.2.2.1 节）；必要时，利用合适的修复方式进行清晰表达它们的区别。

（3）维修时间。预防性维修时间和纠正维修时间的总和。

（4）有效预防性维修时间。一些资料在预防性维修时间前面加了一个修饰词"有效的"，因为它们希望有效区别维修时间和相关支持时间。本书使用的术语中，这种区别是没必要的，因为我们清楚地区分了保障性和维修性。

（5）有效纠正维修时间：见之前的段落。

（6）有效维修时间。有效预防性维修时间和有效彻底检修时间的总量。

（7）预防性维修间隔时间。定义预防性维修行为作为点过程发生（被实施）的时间（参见 4.3.3.1 节），两次预防性维修之间的时间就是这个点过程的间隔。如果照这样定义，需要注意的是，预防性维修行为时间包含了预防性维修自身的时间。这就像故障时间和运行时间一样，详见 4.3.3 节。

（8）纠正性维修时间间隔。定义了纠正性维修的行为作为点过程发生（被实施）的时间，两次纠正性维修时间之间的时间就是这个点过程的间隔。如果照这样定义，需要注意的是，纠正性维修时间间隔包含纠正性维修时间自身的时间。

（9）每（小时、周、月、年或其他单位）的预防性维修行为：不需加以说明。

（10）每（小时、周、月、年或其他单位）的纠正性维修行为：不需加以说明。

（11）替换之间的时间。考虑将替换作为预防性维修或修复性维修的一个特定类型并定义了替换作为点过程的时间，两次替换间的时间就是这个点过程的间隔。

（12）每（小时、周、月、年或其他单位）的替换行为：不需加以说明。

所有这些效能标准都是任意变量，基于这些变量的性能表征普遍采用的是这些变量的平均值、中间值等。显然，维修性效能标准存在许多可能性，上面的列举肯定不是详尽的。维修性效能标准的数量和系统工程师选择实施的细节深度取决于系统问题的类型和客户的需求与愿望。在每项开发中都制定可能的维修性效能标准是吸引人的。我们能看到"合适核心"的本质，谨防冲淡焦点，尽可能多地使用效能标准来集中关注客户在意的重要系统特性。但是也要慎重考虑使用过多的效能标准，以此来避免客户批评研发团队丧失信心。如果团队感觉他们被预测和追踪大量效能标准的需求压倒，应广泛地与客户交流并解释清晰追踪客户需求分析的效能要点。如果这样的解释不可能实现，就考虑排除掉看起来多余的效能标准。

一个好的普遍原则是你能测量想要的任何东西，只要：

（1）这个测量是一个可确定的需求；

（2）这个测量有一个描述性的名字，所以其用法是明确的；

（3）这个测量在研发过程中被持续使用。

10.3.2 服务

从产品和系统维修性效能标准和指标清单中移过来用于服务的维修性效能标准和指标有。

（1）修复性维修时间。

（2）修复性维修间隔。

（3）（每小时、每周、每月、每年和其他时间）进行的纠正性维修行为。

一个对服务维修性有用的额外细节来自对服务故障发生后对服务进行部分复原的可能性（参见 10.2.2.1 节）。一种将部分服务复原合并到维修效能标准和指标中的有效方式是利用复原。例如，我们可以利用使服务能力恢复 $p\%$ 的时间作为一项维修效能标准，在这里 p 的选择取决于服务场景（即带宽、泵送能力、线电压等）。

10.4 维修性要求实例

回到我们在图 3.1 中第一次看到的系统历史图表。图 10.1 是从系统历史图表中提取出来的，只关注单次故障情况。在这个图 10.1 中，时间依照水平线方向向右增加。同之前一样，上部的水平线（4.3.2 节描述：当使用 0–1 模型时 $y=1$）代表系统正常运行的时间。下部的水平线（$y=0$）代表系统发生故障的时间；这条水平线的开端代表一个故障开始发生的时间。现在我们加入更多细节：故障时间被分为两个部分。左边部分是准备修理所使用的时间。这是支持时间，第三部分已详细讨论。右边部分是进行修理实际使用的时间。这是维修时间：维修进行的时间段（右边线条末端代表修理完成，并且系统再一次正常运行的时间点），这是维修持续的时间，也是我们提及提升修理速度的维修性时起作用的因素。

维修性要求用来控制：

（1）进行维修所需要的时间长度；

（2）影响持续时间的因素；

（3）预防性维修和纠正性维修的效果；

（4）维修活动的花费和劳动时间。

维修的数量取决于系统经受的故障数，它由系统可靠性决定（第 4 章）。

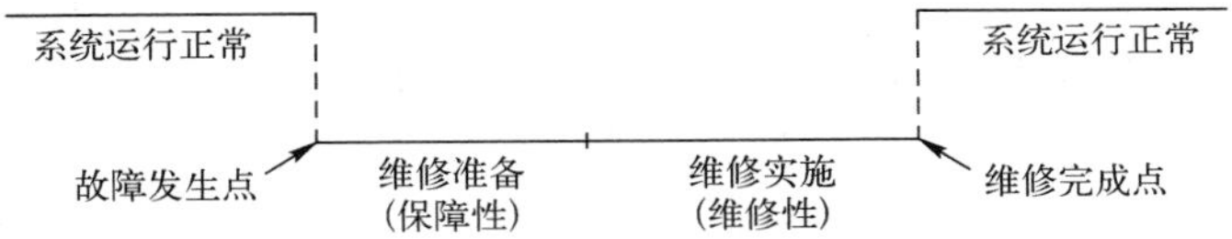

图 10.1　从系统历史图表中提取

依据客户要求及采用的保修期维修策略和保修期后维修策略，任何维修性时间、开销、劳动时间等变量都可能是要求的主题。对于像航空公司、国防部门、电信公司等在保修期过去之后自行修理的客户，降低维修的难度和减少所需时间对客户是有利的，对于供应商来说也是提高产品吸引力的方法。对于保修服务和保修期过后服务是由供应商或转包商提供的情况，便于运营和较短的维修时间可以降低内部成本，是一项直接的益处，对于维修主要是由利润支出的情况尤其重要。

维修性要求的一些例子包括：

（1）按照规定的说明和工具执行维修作业程序，98%所需时间不应当超过 4h；

（2）当维修是根据规定指令并使用规定工具进行时，完成系统维修的平均时间不应当超过 8h；

（3）修理出现错误，需要返工的比例不应当超过 0.01；

（4）经过第一个月的运行后，系统达到的有用性（参见 10.6.4 节）不应当小于 0.99。

这些例子是以维修性效能标准和指标为基础的：例如，第一个和第三个例子中的比例，以及第二个和第四个例子中的平均数（有用性是系统可靠性程序的期望值）。

维修性要求应当规定：

（1）适用的系统及子系统；

（2）适用时的条件。

（3）其他任何可能用来避免模棱两可或误解的限定条件。

维修性要求中制定的维修时间属于图 10.1 中系统停机时间的第二部分（最后部分）。关于支持时间要求（图 10.1 中系统停机时间的第一或最左边部分）的讨论将在第 12 章进行。

10.5 维修性建模

就像4.7.1节探讨的可靠性建模一样,应了解在你收集维修性数据后来验证是否符合维修性要求时会看到什么,以此来指导维修性模型。例如,如果要求规定了任务平均持续时间,就要记录完成任务持续的时间并分析和预估任务平均持续时间,这样就能比较是否符合要求。一个符合要求的模型应当将任务平均持续时间作为输出值。

10.5.1 持续时间和工时的效能标准及指标

维修性变量是连续或离散的。连续的变量包括事件持续时间、任务持续时间、工时等。工作时间可能与任务时间不同,因为执行一项任务可能需要计算多位人员的劳动时间,因此,劳动时间是完成任务的每个人花费时间的总额(一位独立人员可能不会花费整个修理持续的时间长度完成任务:他/她可能只被要求执行任务中的一些步骤,没必要完全投入在整个任务中,因此,劳动时间需要从统计学的角度计算,而不仅是简单地用工作人数乘以任务持续时间)。这个部分探讨了维修性连续变量的建模。离散的变量将在10.5.2节进行讨论。

持续时间的效能标准是连续变量(可能呈现任何实值,不需要仅仅为整数值),并且在维修性中,通常有单位时间、优先图或活动网络表示是展示维修运作持续时间和花费的劳动时间的非常有用的模型。这些工具在项目管理和稀缺资源安排中非常常用,也适用于维修项目。有一种特殊情况就是随机流动网络[5],在这种情况下,维修任务在一个或多个工作站完成,根据反映任务需要的规则从一个工作站转移到另一个工作站。为设计并优化维修性设备而采用的网络模型将在13.4.1节中进行详细探讨。对于维修任务持续时间模型,收益值就是一项工作在设备中花费的总时间;这就是维修任务的持续时间,将会和要求的持续时间进行比较。这个持续时间的期待值在13.4.1节的第6项中给出。劳动时间由单个节点在活动网络中的滞留时间得出。

例如,参照13.4.1节中描述的维修设备,设备一次工作所花费时间的预期值由下面这个等式给出,即

$$(\boldsymbol{I}-\boldsymbol{R})^{-1}(S\#\boldsymbol{R})(\boldsymbol{I}-\boldsymbol{R})^{-1}$$

式中:$\boldsymbol{I}$为单位矩阵;$\boldsymbol{R}$为网络的线路矩阵(图13.2);S为包含了单个工作站滞留时间和工作站间过渡时间的信息。当工作站以连续的顺序安排时,这个公式就会变为一个简单的形式。函数T_i. 表示一项工作在工作站i中花费的时间,函

数 n_i 表示 i 工作站中的工作人员数量，$i=1,2,\cdots,7$。那么，不论设备总体的网络结构怎样，假设一个工作站中所有的操作员都参与了工作站接手的每一项工作，一项工作的总工作时间为

$$\sum_{i=1}^{7} n_i T_i$$

(平均)期望值为

$$\sum_{i=1}^{7} n_i ET_i$$

这个等式的结果来自设备在每个工作站里花费所有劳动时间的总和。通常，这跟设备进行一项工作花费的时间是不同的，因为一项工作不可能需要在每一个工作站里都进行(在这个例子中，是因为一些工作站重复处理了额外的工作)。

维修持续时间指标中最常用的就是平均数和百分位数。同通常情况一样，当为一些维修性效能标准定出平均数要求时，拥有一些关于优先效能标准的可变性数量的知识是有帮助的。例如，假设 X 是平均数为 60、方差为 1 的正态分布，Y 是平均数为 60、方差为 625 的正态分布。那么，两个正态分布的平均数都为 60，$P\{X\leqslant30\}<10^{-10}$，$P\{Y\leqslant30\}\approx0.11$。从某种意义上说，我们对 X 所描述的持续时间的总量比 Y 所描述的了解更多。在 X 的例子中，大部分持续时间值在 60±3 范围内，而在 Y 的例子中，几乎 1/4 的持续时间值超出了[30,90]的区间。Y 数列比 X 数列传播范围更广，或更加分散，用质量工程学的语言来说，我们称 X 数列的信息质量比 Y 数列的要好。你能看出当设定要求时这有多重要。想象一下写出类似“维修操作 14.7 的平均持续时间应该不会超过 65min”的要求。如果你知道操作 14.7 持续时间的数列是类似 X 数列的，你能够有更多的自信来相信你得到的大部分结果能够满足要求。如果它是类似 Y 数列的，结果则会更分散且不会有很多结果能够满足要求。这与 2.7.2.1 节中我们得出的观点是相同的：仅仅了解平均值会得出不需要的关于效能标准的极小或极大值，除非你对掌控数列的变异性有所了解。

10.5.2　计数的效能标准和指标

计数的效能标准是离散的(整数值)变量。离散的维修性效能标准例子包括每月的预防性维修次数、每周超过极限持续时间的维修任务的次数等。后者给出了一个连续性变量如何利用计数概念来研究的例子。注意：期望值或基于计算的效能标准不需要是整数。

10.6 解释并验证维修性要求

10.6.1 持续时间的效能标准和指标

我们使用与第5章中描述可靠性变量相同的描述框架解释维修性变量。当维修性要求是效能标准建立时,建模和验证就只能解决要求能被达到的可能性或要求正在被达到(除非安装总体的所有数据是可供使用的,这种情况下是非决策是可能的)。当维修性要求是建立在使用指标之上时,拥有总数据库也同样能确保是非决策,抽样能够通过许多种方法实现,包括假设测算、指标的置信区间、贝叶斯定理法等。通过第5章中关于可靠性的语言来看,统计学的理念也可以被应用在维修性变量中,因此,下面的处理方法比第3章和第5章更缺少广泛性。

10.6.1.1 持续时间的效能标准

如同基于效能标准的可靠性要求一样,基于维修性效能标准的要求建模和验证只能表述要求被达到或正在达到的可能性,除非可以使用安装数据的总体资料库。

例:维修性要求是"维修任务14.7,当根据说明书并使用提供的工具实施维修时,应当在65min之内完成维修。"如下的数据是在任务14.7持续时间中搜集的:45,81.2, 58,69,52.1,71, 60.8,64,47.5,58.7,62,68.5,63和64.5。这一系列的任务是否满足要求呢?这些收集到的数据中的哪些满足了维修性的要求?

解决方案:如果这些数据展示的是某一天所有任务的数据库,那么,就是说需求没有被满足,因为这一系列任务的数据中的4个超过了65min。为了解决第二个问题,我们预测要求被满足的可能性是建立在将数据视为典型操作的随机样本基础上(不必要来自某一天)。这个店铺满足需求的可能性的点估计值就是样本比例 $\hat{p}=10/14=0.71$。p 的标准误差是 $0.12/\sqrt{14}=0.032$,所以要求被满足90%的可能性的置信区间是 $[0.71-1.645\times0.032, 0.71+1.645\times0.032]=[0.66, 0.76]$,因此证据非常充分,要求在这家商店里不会被满足。

同样的问题可以使用假设测验的方法解决,类似于8.5.2节中所展示的。我们也可能用贝叶斯定理的观点来处理这个问题,如果这家商店已经操作了一段时间,累积了任务14.7的历史案例,用贝叶斯定理来处理就是合适的。从这个历史纪录中看,我们可能假设任务14.7持续时间不超过65min的比率是参数 $r=7$ 且 $s=3$ 的 β 正态分布(这个正态分布的平均数是0.75)。上述数据的后验

分布也是 β 正态分布，它的参数是 $r=17, s=8$，平均值是 $17/24=0.71$。这是贝叶斯定理对任务 14.7 持续时间不超过 65min 的比率估测，见参考文献[2]中 9.11 例子。

值得注意的是，如果设备只有 3/4 的概率满足要求，管理措施将更可能的指向对设备及其性能的矫正，这样我们预估达成要求的可能性大于 0.75。

10.6.1.2　持续时间的指标

如果一个持续时间要求建立在指标之上，如平均数、中值或百分位之上，就要从数据中预测指标来判定要求能否被满足。在 10.6.1.1 节的例子中，假设要求是“当根据说明书并使用提供工具实施维修时，维修任务 14.7 的持续时间中值应当为 65min 或更少。”10.6.1.1 节中 14 个观察值的中值是 62.5，因此，如果这些数据代表持续时间值的数据库，那么，这些持续时间满足要求。如果数据代表维修任务 14.7 持续时间的更大数据群中的一个样本，我们估计的中值就是数据群样本的中值，即 62.5。样本中值的标准误差是样本标准偏差的约 1.253 倍[2]。这些数据的样本标准误差是 9.52，因此样本中值的标准误差是约 11.92，对应的中值标准误差是约 $11.92/\sqrt{14}=3.19$。这形成数据中值 90% 的置信区间 $[62.5-1.645\times3.19, 62.5+1.645\times3.19]=[57.25, 67.65]$。所以满足这个要求是有可能的，但是这个分析并不能给予足够的可信度。当这种情况发生之后，一种策略就是找到不包含要求的最大置信区间；然后要求不被满足的可能性就是区间的置信度。例如，用 $\alpha=0.78$ 解等式 $62.5+\alpha(3.19)=65$。然后，发现对应（两面的）置信系数 0.78 的置信级，或者有多少正态分布是在 -0.78 和 $+0.78$ 之间的，在这种情况下是约 0.565。不满足要求的可能性是约 56.5%。

要求提示：观察不同的要求（在第一个案例中，一个要求是关于维修性效能标准，第二个是具体性能表征）是如何导致同样的行为在一个案例中不被接受而在另一个案例中被接受的。因此，当设定要求时，首先决定你要尝试提升什么能力，然后以此为据写出要求。

10.6.2　计数的效能标准和指标

10.6.2.1　计数的效能标准

计数的效能标准是整数值。他们在一些关联维修行为的具体场合中被使用。例如，计数格式的维修性效能标准包括指定群体每月预防性维修次数，具体设备某一周超过 4h 的维修任务次数等。频繁使用计数的效能标准，通过引用给定时间间隔的一系列计算点估算。

例：设置某一维修设备的一项维修性要求为“这款设备每周有不超过一项工作需要超过 10h 的时间完成。”在设备运行一周的时间中记录如下工作持续时间(小时为单位)的数据:3,6.2,8,11.8,8,9.1,7.5,5.7,8.1,6,9.8,3.5,4,7.1,8 和 9.5。要求在这周里被满足了吗?

解决方案:如果这些是数据库资料,那么,要求被满足了,因为只有一次工作时间比 10h 多。如果这些数据是这个设备一周处理的所有工作的一个样本,我们能够使用这些数据估计设备的两次或更多次工作会花费超过 10h 完成的可能性,也就是说,可能性不能满足要求时:样本中工作持续时间超过 10h 的比率是 1/16=0.0625,标准误差为 0.0605。一项工作花费 10h 以上完成的可能性为 95%的单向置信区间(基于样本比率的近似正态分布,可被接受,因为拥有 16 个观察结果)是[0.0625,0.0625+1.645×0.0605]=[0.0625,0.162]。如果在给定的一周内有两次或更多次工作时间花费 10h 以上完成,那么,就不能满足要求。基于这些数据,我们有大约 95%的理由相信一项工作花费超过 10h 完成的可能性小于或者等于 0.162。如果设备一周处理了 W 项工作,要求没有达到的可能性是参数为 W 的二项随机变数的可能性,0.612 是 2 次或多次没有达到要求的可能性。设定 N 表示每周花费 10 个或更多个小时完成工作的次数。使用恒值 0.162,每周各项工作中没有达到要求的可能性见表 10.1。另请参阅练习 7 和 8。

表 10.1　$P\{$未满足要求$\}$

每周工作数	$P\{N\geqslant 2\}$
10	0.211
20	0.651
50	0.991
100	0.999

10.6.2.2　计数的效能指标

基于计数的维修性要求也可依照性能表征表达,如同可靠性要求的案例一样。我们用一个例子来阐明。

例:假设 10.6.2.1 节中读到的要求由“这款设备不超过 5%的工作持续时间不会超过 10h①”。依据 10.6.2.1 节中所给出的数据,这个要求被满足了吗?

解决方案:如果这些数据是来自于某一段时间区间所有工作的数据,那么,这期间的要求没有被满足(一项工作超过 16,或数据库中 6.25%的工作持续时间超过 10h)。如果展示的数据是设备在一段时间内所有工作持续时间的样本,我们做出假设 H_0,即设备 q 比例的工作持续时间不超过 10h,至少 0.95 违反可

① 另一种理解要求的方式是设备 95%的工作持续时间应当不超过 10h。

替换的 $q<0.95$ 的 H_1。

样本的工作时间不超过 10h 的比例是 15/16=0.9375。根据零假设,16 项工作中的 15 项不超过 10h 或所有 16 项都不超过 10h 的可能性是 0.46,即

$$\binom{16}{15}(0.95)^{15}(0.05)^{1}+\binom{16}{16}(0.95)^{16}(0.05)^{0}=0.46$$

因此,我们不能否认零假设是低于 95%的工作需要 10h 或者更少来完成,所以不满足要求。奇怪的是,仅有 16 个观察对象是不可能否认零假设的,即使所有 16 个工作项目花费少于 10h;这个案例中的 P 值是 0.44。记录并分析另外的数据能够帮助得出更有力的结论。作为备选项,我们可能为 q 估算出一个置信区间。一个关于 q 的近似 95%的置信区间是[0.84,1],包含要求值是 0.95,因此,在 95%的置信水平上不能得出符合要求的结论:区间中包含很多不能接受的值。

10.6.3 开销和工时的效能标准和指标

开销和劳动时间是连续变量,如持续时间,和持续时间变量所使用的同样种类的数据分析能够使用在这些案例中,见 10.6.1.1 节和 10.6.1.2 节。

10.6.4 3 个可用性指标

现行的实践区分 3 个相关的可用性指标如下。

(1) 固有可用性。

(2) 可达可用性。

(3) 使用可用性。

3 种都涉及系统运行所用时间的比率,由于被算作故障时间的不同而不同。

10.6.4.1 固有可用性

固有可用性 $A_I(t)$,称为某类系统或某件设备在规定条件下、理想支持环境下被使用,在时间点 t 完美运行的可能性。这里的关键词是“完美的支持环境”。它们意味着,当计算系统故障时间时,只有修复性维修时间被考虑其中。也就是说,当建模或估算固有可用性时,预防性维修周期和支持周期不包括在计算中。

10.6.4.2 可达可用性

可达可用性 $A_A(t)$,称为某类系统或某件设备在规定条件下、包含预防性维修的环境下被使用,在时间点 t 完美运行的可能性。可达可用性与固有可用性不同之处仅在于预防性维修时间是包括在系统故障时间中的。支持活动花费的时间周期在建模或估算获得可用性时不被计算。

10.6.4.3 使用可用性

使用可用性 $A_O(t)$，被称为某类系统或某件设备在规定条件下、在实际操作环境中，在时间点 t 完美运行的可能性。这里的关键词是"实际操作环境。"所有故障时间的参与项目，不论是预防性维修、修复性维修或支持活动，都计算在建模或估计使用可用性中。表 10.2 概括了这 3 种情况。

表 10.2 可用性中包含的故障时间

可用性	符号	故障时间包含
固有	$A_I(t)$	仅修复性维修
获得	$A_A(t)$	预防性维修和修复性维修
操作	$A_O(t)$	所有，包括支持时间

当使用 4.4.2 节和 4.4.3 节中的模型给这些可用性类型中的一种时，将系统可靠性程序进行排列，这样 $D_1, D_2, \cdots$ 故障时间仅表示适合可用性类型的故障时间的比率。

10.7 要害系统的维修性工程

第 6 章推荐了使要害系统尽可能可靠的可靠性设计方法。即使当这些方法被实施之后，无法预料的非常罕见且不需要认真考虑①的故障模式或破坏机理的组合也可能造成偶然故障。当一个要害系统确实发生故障时，快速恢复服务都需要额外费用。所以要害系统维修性的优先顺序是：

(1) 速度；

(2) 准确性；

(3) 低成本。

除了第 11 章中讨论的维修性实践的标准设计，要害系统的维修性设计能够得益于业务连续性和信息技术系统发展的灾难恢复计划[1,6,15]，这些领域要求短期故障期，一些能从这个领域获得的原则和实践经验包括：

(1) 强调安排好的和可预见的预防性维修，减少修复性维修的要求；

(2) 将系统设计特点进行合并，隔绝失败可能，不仅能提升可靠性，对客户和环境的影响最小化，而且能将修复性维修需要的时间最少化；

① 这些种类的故障的一个重要来源就是建模活动中随机独立部件的使用，这些部件可能不是物理上独立的。

（3）周期性地检修钻头和操作系统，确保维修人员能胜任最新的技能和系统特征；

（4）进行已发故障和运行中断根本原因分析不仅能提升可靠性，还能提升维修进程；

（5）自动恢复到可能的最高级别，但特殊情况下需要手动越控；

（6）当系统发生变化后，立即培训维修人员，这样他们才能像对之前的系统一样熟悉新环境。

其他能得到可移植的维修性工程实践的要害系统包括核电站、炼油厂和配电设施。

（1）美国核管理委员会设立了核查程序来核实电厂设备使用标准，核实包括维修在内的所有相关领域。核查程序 42451B[17] 是用以证实工厂维修程序对于充分维持使用管理规则中同安全相关系统是完备的目的。核查程序 62700[18] 为提升设备使用的可靠性和安全性寻求特定的工厂维修实践。这些实践包括备用件的可追溯性、维修后检测、频繁发生故障的彻底维修的备案程序，以设备停止运转处于维修状态下的管理规定。

（2）从冶炼厂的运营中，我们得知记录已实施维修的重要性，采取措施来使员工流动率最小，集中于维修工人的安全和个人保护。

（3）电力分配遭受了一些高度曝光的故障。根据这些故障的根源原因分析，改进过的维修原则被得出[12]。

许多故障由外部设备在暴风雨中从树上落下和其他残骸造成的损坏引起，因此，许多电力公司实施了更高频次的树木修剪。一些故障会影响大面积的地理区域，因此，改进隔离故障的技术是有用的。

10.8　维修性要求确定的现行最佳实践

这部分的目的是提供一些利用现代质量工程原则和定量推论确定维修性要求的建议。客户对快速的、低消费的、无误的维修的要求是出发点。一旦给出维修性要求，使用第 11 章中维修性技术的设计整合系统，以满足要求。如果供应商按合同进行修理，要求也会推动保障性的设计，这样就能创造出成功且可获利的维修运营方案。

10.8.1　确定客户的维修性要求

与可靠性一样，对客户定量的维修性要求的清楚理解是设计成功的维修性要求所需要的。替客户考虑的将不仅是完成维修需要的时间，也包括客户期望得到的自行开展预防性维修和修理方面的支持。维修行为的频次由可靠性的设计约束,所以虽然维修行为的比率(如每周维修行为次数)可能作为维修性管理的一部分进行追踪,但是可靠性和维修性需要同时考虑,充分理解客户对设备故障的体验。需要特别说明的是,可靠性和维修性通过可用性要求联系在一起:武断地列举可靠性、维修性和可用性要求是不可能的,因为可靠性由发生故障的间隔时间(可靠性)和故障持续时间(维修性和保障性)决定。可参照 10.2.3 节作为例子。

我们在第 1 章的笼统地讨论过系统工程师能够使用的用来获取客户要求和愿望信息作为确定要求的第一步的技术。也应当考虑到用于维修性要求的工具的使用,这样清晰、明白、定量的陈述就能够被供应商及客户团队中的所有当事人理解。

10.8.2 平衡维修性和经济性

似乎只有在维修由供应商按合约执行的情况下,费用和工时这因素才是重要的。然而,即使在客户自己进行维修的情况下,理解由维修程序造成的费用和工时负担,并把它纳入维修性要求也关乎供应商的利益。客户希望看到供应商理解他们的要求,并帮助他们实现要求。当可能时,供应商应当同顾客一起工作,理解他们的运行过程,使系统更好地适应这些运行过程来提高维修性。

10.8.3 用定量维修性建模确保维修性要求

在没有定量维修性模型的时候,预测时提出的计划要求或要求变化的效果是困难的。预防性维修行为的频率可能已经被确定了,因为它们被预定好了,或者可以从预防性维修中推断出来(参见 11.5.3 节)。每项特定的预防性维修的时间分配应当是相对紧密的(有小的变化),因为这些行为被预先决定和确定了;同样,这些可能由历史数据或工时与动作研究决定的。① 修复性维修行为的频率由系统的可替换部件的可靠性决定。11.4.2.1 节中提到一个这样的系统。修复性行为的持续时间可能比预防性维修的持续时间更易变,因为故障有时候是伴随着混乱偶然发生的,所以不可能总是有最专业的人员进行维修等。相同或相似修复性行为的历史数据和工时与动作研究结果也能够为任务分配提供参考。

10.8.4 用事实管理维修性

我们已经推荐了以定量形式提出维修性要求,以便能够收集数据和验证是

① 在维修性语境中,这些研究是通过“维修任务分析”分类。

否满足要求。建议采用系统的、可重复的过程方法开展日常的核实，这样就能对已实现的维修性有一个现实理解。

这个过程的一个重要部分就是从数据中分析出结果，知道这表明一个实际信号或仅仅是统计噪声，见练习 8 中修理厂使用数据的说明。任何过程中被噪声变量和控制变量影响的测量值将会展示出一定程度的数据波动。这对于维修性来说是完全正确的，因为人类的异常行为和其他噪声因素扮演着显著的角色。当管理人员对表明过程状况真的发生变化的信号做出反应、忽略仅代表状态波动的信号时，这可以为所有的利益相关者提供更好的服务。控制图表[19]提供了一个系统性的从表示运营状况发生实际改变的信号（“特殊原因”）中区分数据噪声（“常见原因”的波动）的方法。

通过时间周期追踪维修性要求达成状况将会产生一系列的测量值，对于测量值来说，这些理念很容易运用。使用追踪结果来提升：

（1）当特殊原因被记录时的维修性；

（2）整个追踪过程。

尤其是你需要知道现在什么维修操作是合适的，这样能够决定要求中是否接受这种操作或设定更高水准的目标。过程能力应当是你提出要求时所要考虑信息的一部分。在要求中包含一个更高级的目标是可接受的，但是需要建立在理解现阶段什么过程是合适的和建议的提升要求是否经济与亲民的基础上。一个需要得到的提升要求必须拥有条款规定的能进行提升的工具，包括硬件和软件，或培训，或新的设备布局等。在没有相应的设备投资和培训的情况下要求主动的提升是自寻失败。

现阶段的工艺能力可能是不符合客户要求或维修合约情况的，也可能当前的工艺能力需要超出成本。当这些属于主要问题时，一个包含升级版目标的要求就可能被批准了。例如，根据运营经济状况，可能需要将一个特定工作点的工作持续时间从 4h 减少到 3h。以这种方式改变需求应当伴随程序、工具、培训等的变化，这样才能使提升变得可能。

10.9　本章小结

这一章笼统地论述了作为系统特性的维修性，列举了一些常用的维修性效能标准和指标。本章强调了在系统功能确定后，第一时间提出初步的系统维修和支持决策并在系统明确的情况下进行修正的重要性。要经常考虑立即进行修复性维修是否必要，或者少做些工作，恢复一些系统功能（或服务传递），将完全修复推迟进行。基于维修性效能标准和指标，并对：

（1）在设计时，使用维修性模型；

（2）在运营时，使用维修性权值。

使用相关统计技术的例子进行探讨。维修性和可靠性通过3种类型的可用性相关联：固有的、已达到的和运行的。

10.10 练 习

1. 一个服务器群包含10000个服务器，每个服务器包含1000个网页。一个服务器处理一个网页的要求所需的时间是一个平均值为10ms的正态分布。服务器群接收包含根据泊松过程每秒比率为1000000需求的网页要求。一个要求不能进入群的原因就是所有繁忙的服务器被封锁和丢失了。一个要求被封锁的可能性是多少？假设10个服务器故障了，那么，现在一个要求被封锁的可能性是多少？

2. 给出一个软件产品进行预防性维修的例子（如一个服务器操作系统）。

3. 评价10.4节中展示的维修性要求的例子，评价其完整性、歧义性、适宜性等。

4. 对10.6.1.1. 节中的例子中展示的数据进行假设检验。探讨你的结论和例子中展示的结论的关联。

5. 给10.6.1.1. 节中例子的数据作如下的两个图：水平轴标记为0-100。第一个图中，对于水平轴的每个X，垂直轴都画一个大于X的数值来对应。在第二个图中，将数值大于X的比例标记为垂直轴。第二个图是这些数据的一个经验残存函数的例子。

6. 对10.6.1.2节的例子进行假设检验。

7. 探讨10.6.2.1节中的例子所展示的要求。

（1）你将搜集什么数据来确定要求是否在一段长期的时间里得到满足，如一年？搜集数据是可行的吗？

（2）要求完成了吗？它是清晰并明白的吗？讨论如果你发现给出的要求声明后，什么可以被添加或不同地定义？

（3）把要求按照每周超过10h的平均工作数量写出来会更有用或合适吗？要求所申明的商业含义是什么？使用平均数能够对其进行修订吗？

8. 没有被满足的要求的含义是什么？再次考虑练习6中的要求。假设你收集25周里每周超过10h的工作数量的（数据库）数据，得出如下的结果：0,0,0,1,0,0,5,1,0,0,2,0,0,0,0,4,3,0,0,0,1,0,0,1,0。你将对设备运营情况进行怎样的总结？（线索：考虑使用控制图表确定何时特殊原因能被批准。）

参考文献

[1] Arnell A. *Handbook of Effective Disaster Recovery Planning*. New York: McGraw-Hill; 1990.

[2] Berry DA, Lindgren BW. *Statistics: Theory and Methods*. 2nd ed. Belmont: Duxbury Press (Wadsworth); 1996.

[3] Blischke WR, Murthy DNP. *Warranty Cost Analysis*. New York: Marcel Dekker; 1994.

[4] Bloom NB. *Reliability Centered Maintenance*. New York: McGraw-Hill; 2006.

[5] Buzacott JA, Shanthikumar JG. *Stochastic Models of Manufacturing Systems*. Volume 4, Englewood Cliffs: Prentice Hall; 1993.

[6] Cimasi JL. *Disaster Recovery & Continuity of Business: A Project Management Guide and Workbook for Network Computing Environments*. CreateSpace Independent Publishing Platform; 2010.

[7] Dekker R. Applications of maintenance optimization models: a review and analysis. Reliab Eng Syst Saf 1996;51 (3):229–240.

[8] Freivalds A. *Niebel's Methods, Standards, and Work Design*. Volume 700, Boston: McGraw-Hill Higher Education; 2009.

[9] Jardine AK, Lin D, Banjevic D. A review on machinery diagnostics and prognostics implementing condition-based maintenance. Mech Syst Signal Process 2006;20 (7):1483–1510.

[10] Juran JM, Godfrey AB. *Juran's Quality Handbook*. 5th ed. New York: McGraw-Hill; 1999.

[11] Nowlan FS, Heap HF. Reliability-centered maintenance. 1978. Defense Technical Information Center document no. AD-A066579.

[12] Pflasterer R. Maintenance work management—best practices guidelines. 1998. Electric Power Research Institute technical report no. TR-109968.

[13] Schaeffer M. *Designing and Assessing Supportability in DoD Weapons Systems: A Guide to Increased Reliability and Reduced Logistics Footprint*. Washington, DC: Defense Acquisition University Guidebook; 2003.

[14] Sherif YS, Smith ML. Optimal maintenance models for systems subject to failure—a review. Naval Res Logist Q 1981;28 (1):47–74.

[15] Snedaker S. *Business Continuity and Disaster Recovery Planning for IT Professionals*. 2nd ed. New York: Syngress (Elsevier); 2013.

[16] Telcordia Technologies. Reliability and quality switching systems generic requirements, Issue 1. 2003. Telcordia document no. GR-284. Piscataway, NJ: Telcordia Technologies.

[17] US Nuclear Regulatory Commission. Maintenance procedures. 1975. Inspection Procedure no. 42451B.

[18] US Nuclear Regulatory Commission. Maintenance implementation. 2000. Inspection Procedure no. 62700.

[19] Wadsworth HM, Stephens KS, Godfrey AB. *Modern Methods for Quality Control and Improvement*. New York: John Wiley & Sons, Inc.; 2002.

第 11 章　维修性设计

11.1　本 章 内 容

一旦明确系统的维修性要求,需要设计该系统的特性使得其维修性要求得到满足。必须深思熟虑,使系统达到一个实现维修性要求的状态,这是可能的,并不是一种奢望。本章回顾了维修性设计技术,包括:

(1) 定量维修性建模;

(2) 修理级别分析(LORA);

(3) 预防性维修;

(4) 以可靠性为中心的维修(RCM)。

这些都是为了增加系统设计的特征、特性和特点,以便提高其快速维修的能力,并伴以较少的花费和错误。

11.2　系统或服务的维修方案

通过可靠性的设计以防止故障的尝试,很少能获得完全的成功。

所以当策划一个新的系统、产品或服务时,投入精力到系统、产品或服务的维修设计中是有意义的,以便出现运行故障时(事后维修)修理并恢复,或者在系统运行开始后为预防故障而进行的维修程序(预防性维护)。用更正式的表述来说,就是当我们开始设计一个系统,我们也开始创建一个如何保持该系统的功能性能计划,这个计划称为系统维修方案。

如 10.2.2 节指出的,系统维修的方案解决了:

(1) 系统的哪些部分将被维修,以及如何完成这些维修;

(2) 正式的规划在进行之前预计有多少维修级别(参见 11.4.2 节);

(3) 预计在每个级别要执行什么类型的维修及其他工作;

(4) 设置什么样的维修性要求(参见 10.3 节),以满足该系统的特殊需求;

(5) 应纳入什么样的设计特性,以使系统修复得以简化,进行快速维修,且不易出错;

（6）其他维护要素，如测试和诊断程序的类型，员工所需技能等初步想法；

（7）有关的环境要求（例如，在有害的环境中进行维护的情况下，如在沙漠中、船上或在污染环境中，应采取特殊的预防措施）。

在设计的早期阶段，当首次探讨维修方案时，不应该期望得到所有这些问题的确切答案。然而，依据实现预防和质量工程的精神，应尽快开始思考这些问题。维护的方案应不断更新，深入地了解更精确的特性，并达到设计的特异性。

维护方案的一些部分与系统保障方案是相通的，因此，可以认为，一些相关的活动可以合理地放置在任何一类。这些包括备件库存计划，故障单元、备件、维修单元的运输后勤规划失败的单位，在线或离线测试程序和设备的供应，维修设施（布局、人员规模等）的规划等后勤方案。不是要求过量投入，而是确保重要的活动最好都包括在内。要做到这一点的一个好方法是将维修人员和支持人员纳入设计团队，这样如果有一方或另一方不经意地省略了所需的活动，这种遗漏被捕获和纠正的机会将增加。

服务的维护方案需要了解服务交付的基础设施，以及它的每个元素的维修性如何有助于服务的维修性。第 8 章展示了一些例子，服务可靠性是由服务提供基础设施[20]的元素的可靠性驱动的一些例子[20]。

同样的道理适用于维修性：服务中断的持续时间是由服务交付基础设施（以及其他因素，包括服务交付基础设施架构和备份的供应）中的元素的中断持续时间影响的。大多数情况下，至少可以断言存在有一个单调的关系：服务交付基础设施中断持续时间越长，服务中断的时间就越长。有关服务中断时间与服务交付基础设施中断时间的定量建模是必要的，以便服务交付基础设施元素中断时间的要求（即维修和支持需求）是在理性的基础上开发起来的。

11.3　维修性评估

11.3.1　维修功能分解和维修性框图

3.4.1.2 节介绍系统功能分解，系统地描述了系统的各个要素如何协同工作，执行各系统的功能。系统可靠性框图是系统功能分解的一个重要的副产品。可靠性框图表示系统故障（一个或多个要求的故障）是由图中的一个元素的故障所引起的。我们称为系统的“可靠性逻辑”。这样看来，可靠性框图像是系统功能分解的逆推：系统功能分解描述系统的元件如何有助于系统的运转，可靠性框图讲述系统的元件故障如何导致系统故障。

有时,系统的一个元件故障不会导致系统故障。这种情况下,例如,当一个系统元件由一个冗余元件备份("备件"),以便当系统元件出现故障时,备用元件接管该元件的功能、元素,并且系统不会继续发生(或仅一个短暂的[①])运行中断。维修方案要求需要考虑这些事件。

(1) 每次发生这种情况都会产生一些成本。

(2) 可能需要替换故障单元的动作;

(3) 如果不注意,一些这样的事件可能使系统处于意外的濒临故障状态中[②]。

维修功能分解便于这种计算。维修功能分解是系统元件的故障是否需要执行维修动作(如故障元件的替换)的系统描述。我们可以与从系统功能描述导出可靠性框图相同的方式从维修功能分解导出维修性框图。维修性框图以图形形式表示维修动作可以遵循图中元件的故障。最简单的维修性框图是串联系统,其中串联的每个元件在其故障时引发维修动作。

如果作为单点故障的元件出现故障了,则需要记录系统故障和用于替换故障单元的维修动作。可靠性框图对系统故障进行评分,维修性框图对维修动作进行评分。如果有冗余单元备份的元件故障,则可以启用维修动作,也可以不调用。例如,如果故障的元件具有热备份,则作为系统维护方案的一部分,可以决定将故障单元留在原位,直到第二个单元也故障,此时两者都在单次维修活动中被替换。此外,当系统维护方案要求将某些子系统故障的修复推迟到以后的某个时间(参见10.2.2.1节)时,维修性框图不包括该子系统。每当单元或组合故障需要维修动作时,我们将该单元或组合以串联配置放置在维修性框图中,即使可靠性框图中的该单元可能具有冗余备份。如果一个单元在故障时不需要维护动作时,该单元以并行配置输入维修性框图,其中"备用"或"备份"单元的数量由必须进行维修操作前发生故障单元的数量来确定。例如,直到第二单元发生故障(整个组合在此时故障)时进行维护的两单元热备份组合作为两单元并行系统进入维修性框图。如果系统维护计划要求每个单元在故障时被替换,即使备用单元在运行并且使系统能够继续运行,则双单元热备份系统作为两单元并行进入可靠性框图系统,但作为两个单元的串联系统进入维修性框图(因为每个单元的故障使维护动作增加一次)。

例:考虑服务器群组示例中的单个服务器机架,如4.4.5节所示。机架中的

---

① 备用元件切换到服务时可能发生的短暂中断称为"故障转移时间"。

② 如果任何系统元件的下一个故障导致系统故障,则系统称为处于故障状态的边缘。例如,在三单元热备用冗余集成中的第二单元故障之后,集成处于故障状态的边缘,因为当第三单元故障时,不再有备件可以切换。

所有单元都是单点故障,但冗余电源除外。当发生故障时,关于电源更换可以有两个选择:无论另一个电源单元的状态如何,我们可以更换故障电源单元,或者我们可能会等到两个电源单元都发生故障,然后将两个单元的组合一起更换了。在第一种情况下,每个电源单元故障时都需要维修活动,从维修活动的角度来看,实际上将两个电源作为非冗余的。这种情况下的维修性框图是包括机架的所有 16 个单元的串联系统。在第二种情况下,直到两个电源单元都发生故障时,才需要维修活动,并且两个冗余单元组合的替换仅需要一次维修活动。这种情况下的维修性框图是 15 个单元 1-12、15、16,以及表示单元 13 和 14 的并联组合的另一个单个单元的串联系统。

11.3.2　定量维修性建模

11.3.2.1　维修活动的频率

一旦维修性框图到位,关于维修活动的数量,维修活动之间的时间间隔等预测可以使用用于可靠性框图的第 3 章和第 4 章中的相同技术进行。关键是准备一个方框图,该图反映了维修活动的数量,而不是系统的可靠性。通常,系统将经历比它将经历故障更多的维修活动,主要是因为冗余单元虽然用于防止中断,但是当它们故障时可能需要注意,避免系统处于濒临故障的状态。

本节讨论使用独立的维修模型(参见 4.4.5 节)作为给定时间段内维修活动数量的模型。要在此应用程序中实现独立的维修模型,请从维修功能分解(参见 11.3.1 节)开始,其中系统的每个可更换单元都被单独标识为分解的元素。维修功能分解类似于系统功能分解,但每个维修活动都要被记录,即使它不引起或导致系统故障。在维修功能分解中可能存在其他元素,但是在系统维修方案中被指定为可替换的子组件或 LRU 应该出现在该分解中。维修性框图是一种基于维修功能分解的可靠性框图。将图分成两部分,以使一部分包含所有可替换单元。令 $\varphi_{\mathrm{M}}(X_1,\cdots,X_n)$ 表示包含可替换单元(编号 $1,\cdots,n$)的图的那部分的结构函数。[①] 最后,通过 $Z_1(t),\cdots,Z_n(t)$ 表示 n 个可替换单元的可靠性过程(参见 4.3.2 节)。[②] 独立的维修模型是可靠性过程 $Z_M(t)=\varphi_M(Z_1(t),\cdots,Z_n(t))$ 的可更换单元组合。我们使用 $Z_M(t)$ 获取系统的维修活动数量。

例:继续讨论 11.3.1 节中的服务器机架的例子。设 $N_1(t),\cdots,N_{16}(t)$ 分别表示单元 $1,2,\cdots,16$ 的时间段 $[0,t]$ 中的单元故障的数量。我们考虑以下两种情况。

① 当需要进行区分时,我们称为“维修性结构函数”,以区别于 4.6 节中介绍的可靠性结构函数。

② 事实上,这是对包含可更换单元的插座的运行和停电时间的描述。

(1) 每个电源模块出现故障时都会更换。在这种情况下,维护动作的数量为$N_1(t)+\cdots+N_{16}(t)$,因为每个单元(包括每个电源模块)故障,都会导致维护动作。当每个系统组件的运行时间和停电时间分布如表4.1所列时,如果在故障[21,23]时更换新的单元,则5年内的预期维修活动数为49.363。如果每个单元故障时被修复(参见4.4.3.1节),则5年内的预期维修活动数为79.579(练习2)。由于服务器和电源的寿命分布的概率特性,修复的单元故障数量大于新单元的故障数量。

(2) 当电源模块在使用中出现故障时,备用电源(如果尚未出现故障)投入使用;在第二电源模块故障时替换两个热备份电源模块的集合。在这种情况下,维护动作的数量是$N_1(t)+\cdots+N_{12}(t)+N_{15}(t)+N_{16}(t)+J(t)$,其中$J(t)$表示对两热备份电源模块组合的更换数量。如果模块的交替更新模型是可接受的,并且分配该模型中开和关的时间分布,J的期望值(t)可以由参考文献[22]中方程式(4.10)确定。

11.3.2.2 维修活动的持续时间

维修动作持续时间的关注点包括:

(1) 在单个工作站操作的个体的持续时间;

(2) 单次维修活动遍历一个设施所需的总时间。

这些可能涉及预防性或修复性维修。可以从历史数据估计单个工作站处作业的停留时间,或者可以使用时间和运动分析来测量作业的停留时间[9]。在维修性背景下,这些研究也称为维修任务分析[3]。

关于作业在维修设施中花费的总时间的信息可以从设施的顺序图(关键路径方法)或活动网络模型[9]中获得。为了达到该分析的目的,维修设施可以被抽象化为工作站的网络,该工作站中作业由所服务的设备类型服务需求以及每个可执行任务的类型确定的模式在网络中流动。该变量的讨论推迟到13.4.1节,其中我们描述了用于性能分析和维护设施优化的随机网络流模型。

11.4 维修性设计技术

11.4.1 系统维修方案

系统维修方案(参见11.2节)是维修规划的基础。系统设计的早期阶段开展系统维修方案设计,因此,当时一定是不完整和缺乏细节的,良好的做法包括随着设计进展持续更新维修方案。维修方案和系统可靠性建模之间存在天然联系:维修系统的可靠性建模(如4.4节)是由系统维修方案驱动,因为所执行的维修的位置和类型是系统可靠性模型的基础,如单独的维修模型(参见 4.4.5 节)或状态图可靠性模型(参见 4.4.7 节)。

将某些维修活动分配给不同级别的策略是维修方案的重要部分。执行修理的地点称为“级别”,这是从早期使用本程序的国防系统中所得到的术语。维修级别的选项包括:

(1) 在使用系统的站点进行在线维修;

(2) 在使用系统的站点附近位置处的离线维修;

(3) 在远离使用系统的站点位置处的离线维修;

(4) 在制造商的工厂或供应商的设施进行离线维护。

系统维修方案不需要包括所有这些级别。使用哪个级别的选择是由 LoRA(参见 11.4.2 节)完成的,这是通过实施本菜单中的选项进行的经济探索和维护操作的优化。影响每个级别的维修和特定维修程序分配的一些附加因素包括:

(1) 需要做什么修理,包括评估每种修复类型的复杂程度;

(2) 需要存储哪些备件,工具、文档和其他材料以实现该级别的维修;

(3) 维修人员将需要什么技能,包括评估可能不一定经过训练来执行维修任务的系统操作者可以完成多少维修;

(4) 可能维修(修复性和预防性)的频率,以及有关每个维护级别的详细信息,请参见 11.4.2 节。

11.4.2　修理级别分析

LoRA 是一种经济优化,它确定对通常考虑的四个维修级别中的一个或多个维修操作的最经济的分配方式。将维修活动划分为多个级别最初来自国防工业,系统可能被部署在偏远地区,并且通常需要快速修理,因此,开发故障系统的现场修复成为选择。

11.4.2.1　在线维修

在线维修是指在系统部署时进行的预防性或修复性维修活动。通常,在线维修的理解为更简单,时间更短,或不经常发生的任务,如清洁、轻微的调整、定期监测等,这些任务可以由系统操作员在不使系统停止服务的情况下完成。在线维修也可以优选用于快速更换关键项目,以尽量减少系统停机时间。系统操作员的维修培训包括:

(1) 能够启动和理解故障定位的诊断程序;

(2) 由 LoRA 确定要在现场执行的维护任务(预防性或修复性)的程序;

(3) 识别超出现场维修能力的维修范围,但需要提交至更高级别以完成维修的任务。

环境影响在线维修级别，所以其维修程序规划更加重要，因为系统可以部署在各种不同的环境中，如船舶、飞机、汽车、空气质量差、北极或赤道等。

11.4.2.2 在现场或周边的离线维修

某些预防或修复性维修措施可能要求在它们被执行之前中止系统服务。该系统称为离线，然后可以在现场或在附近的固定或移动位置进行维修。这和在远程位置的离线维修（参见 11.4.2.3 节）都称为“中继级维修”。例如，一些现场可更换单元（LRU）可能需要系统断电，才可以被安全地移除或更换。

11.4.2.3 远程的离线维修

这是第二种类型的中级维修，有时称为基地级维修。它应该被认为是具有如下特点的维修：

（1）可能更复杂；

（2）可能需要专门的测试设备和/或工具；

（3）可能需要更多的专业知识或技能完成；

（4）可能发生的不太频繁（以致使这类维修所需的备件的在现场备货显得成本较高）；

（5）周转时间将大于在线维修或在现场（或附近）的离线维修，并且还会产生运输成本。

这也是第一级的维护，其中考虑修理 LRU 是合理的。许多 LRU 是有价值的，它们在故障时不被丢弃，而是被修复并且放置到备件库中用于将来的系统修复性维修。修理 LRU 通常需要更换上面的某些部件，因此可能需要焊接返修台和其他专用工具。这通常也是精准的操作，并且不指望它可以在现场条件下（甚至在具有环境控制的场所，如电话中心），或者有一个良性的环境（稳定的温度和湿度、低振动等），以及配备修理这些所需的工作空间和工作站。当系统包含有价值的 LRU 时，它们故障时不被丢弃并且被修复，所以基地级和/或制造商级维修几乎是强制性的。图 5.1 示出了支持修理方案的材料和信息流的示例，其中 LRU 依据与系统制造商签订的合同，在专有地方修理。即系统制造商外包的 LRU 的修复，导致寻求在不相关的组织分享可靠性数据可能出现潜在的管理困难。虽然这是一个重要的考虑因素，但它超出了这本书的范围。

11.4.2.4 在制造商或供应商的工厂进行离线维修

对于使用多级维修方案的系统或产品，这是最后的修理手段。考虑保留此级别的维修是针对：

（1）特别难以诊断的棘手故障；

（2）可以容忍长周转时间的情况；

（3）超出现场或中级维修人员能力的任务。

多级维修方案还提供了已经尝试但未成功的升级到下一更高级维修的可能性。可以合理地期望(但应当验证)系统的制造商具有专门的专业知识、工具和诊断系统处理所有类型的故障。对于某些类型的产品(如消费娱乐产品),这可能是制造商提供的唯一选择(即使所有者可以自己进行修理或者可以签订由独立商店进行的修理)。与中继级维修一样,来往于工场设施的材料运输将产生成本。

11.4.2.5　分析和优化

本节中描述的 LoRA 有助于选择最低成本修复方案,以适应系统的特定需求。从 4 个级别的修复和丢弃部件的可能性,最多有 31 种组合(范围从使用现场修复,直到使用所有 4 个级别的丢弃)。一些组合可以由系统使用或操作中占优先级的其他条件排除,所以选择的数量通常是有限的一个小数目。最小成本的选择容易通过使用基于电子表格的审计程序来实现。LoRA 在 MIL-STD-1390D[24]中有详细描述,虽然国防部不再支持,但它包含大量有助于实际 LoRA 分析的信息和程序。LoRA 还用于汽车和航空航天工业[19]。允许快速完成 LoRA 的软件已经被描述[7,11]。与所有现成的软件一样,用户应该验证软件开发人员使用的假设是否适合正在进行的研究,然后再依赖软件生成的答案。

要开始 LoRA,请选择决策过程的时间范围。使用能合理反映期望维护级别方案支持系统的时间范围。对于要在多级方案中维修的每个项目类型使用一个电子表格工作表。对于每个修复级别选项使用一个列(例如,三级维护方案使用四列,每个级别一个,“丢弃”选项一个)。对于以下每种费用,请使用一种。

（1）采购费用。采购项目的费用。

（2）预期维修人工费用。每小时的人工费用乘以在所选时间范围内该项目上所有维修任务的预计总持续时间。

（3）分配给该项目的维修人员培训费用。

（4）分配给该项目的维护设施费用(租金、公用事业、管理费用、资本成本等)(如有必要,从费用中分离资本成本)。

（5）项目的库存采购费用。

（6）项目的库存费用。

（7）项目的修理零件库存采购费用。

（8）项目的修理零件库存运输费用。

（9）项目的测试设备,工具、文档、软件等的费用。

(10) 项目的运输费用。

(11) 分配给该项目的回收和处理费用。

与它的列关联的级别对应的行的费用填充到每个单元格。使用电子表格将每列的费用相加。LoRA 程序选择与总数最低的列对应的选项。如果你只是为该项目做出决定,此时可以根据电子表格结果做出决定。如果计划中有多个项目,并且所有项目都使用相同的多级计划进行修复,则对所有总成本进行加权平均,并按每个项目所代表的占总数的比例进行加权。例如,如果有两个项目 A 和 B,并且项目 A 表示两个项目总数的 30%,项目 B 表示总数的 70%,则分别将项目 A 和 B 的总费用分别乘以 0.3 和 0.7 。为这两个项目制作单独的工作表,并使用这些权重对 A 和 B 的两个工作表的总成本进行平均。加权平均总成本最低的选项是 LoRA 解。如果计划中有一个以上的项目,但每个项目可能有一个单独的修复方案,则可以用为每个项目选择的最佳修复级别单独处理这些项目,并且不需要加权平均过程。

本节的其余部分专门讲述 LoRA 的一个小例子,而不是作为特定应用程序中的一个通用示例,更多地作为使 LoRA 有用的过程和推理过程的例证。

例:这个例子涉及两个 LRU,即 A 和 B,它们本身是可修复的。考虑的方案包括中级维修的 LRU 的基地级维修(故障 LRU 被来自备件库存的备件替换,使得系统恢复服务;故障 LRU 使用的修复方案是由 LoRA 决定)以及报废(当 LRU 故障,其不被修复,而是被丢弃或回收)。这些单元不能在现场修理。我们将使用 10 年的时间范围来说明这些单元的 LoRA。要填写电子表格,需要一些有关单元 A 和 B 的实际数据。

(1) 一个包含单位 A 和 B 的系统安装在 10 艘潜艇。每艘潜艇包含两个系统。每个系统包含 3 个 A 单元和 7 个 B 单元。这些系统每天运行 12h,潜艇按 6 个月工作,2 个月停机的时间表运行,因此在 10 年的研究期内,每个系统累计运行 32400h。[①] A 型单元累计运行 1944000 单元小时,B 型单元累计运行为 4536000 单元小时。

(2) A 型单元如果设计为可修理的,每个成本为 18000 美元;如果设计为故障即报废,则每个单元成本为 15000 美元。B 型单元的相应成本分别为 3500 美元和 2750 美元。

(3) 人工费,包括所有的开销,在中继级为每小时 35 美元,在基地级为每小时 55 美元,A 单元平均需要 4h 修复,而 B 单元平均需要 3h 修复。

(4) 单元 A 的故障强度预计为每小时 6×10^{-5} 故障,单元 B 的故障强度预计

① 使用 30 天作为一个月,这是这样的研究中的常见的简化假设。

为每小时 2×10^{-5} 故障。[①]

(5) 培训修理人员的费用为中继级工作人员每小时 60 美元,基地级工作人员每小时 80 美元。

(6) 分配给单元 A 和 B 的设备成本在中继级维修级别为每维修小时 1.50 美元,在基地级维修级别为每维修小时 2.50 美元。

(7) 在单元修理时,备件库存大小为在中继级的每个系统 2 个 A 型备件和 5 个 B 型备件,基地级的 10 个 A 型备件和 25 个 B 型备件(涵盖所有系统)。如果单元报废,则对于现场中的每个单元需要一个备件。库存运转成本约为每年库存价值的 7%。

(8) 在单元 A 修理中消耗的零件费用为每次修理 78 美元,单元 B 为每次修理 24 美元。

(9) 分配给 A 和 B 单元的测试设备,工具等的费用为中继级维修的每次安装费用 12000 美元,基地级维修的每次安装费用为 50000 美元。

(10) 对于从潜艇到中继或基地修理设施的任何数量的单元,运输费用为 500 美元,而不考虑被运输的单元数量。

(11) 处理成本为 A 单元 25 美元,B 单元为 15 美元。其中 50%是回收,回收单元 A(B)带来 80 美元(10 美元)的收入。

单元 A 的电子表格如表 11.1 所列。

表 11.1　单元 A 修理级别分析表

成本描述	中级维修/美元	基地维修/美元	报废选项	备　　注
采购	1080000	1080000	900000	20 个系统,每个系统 3 个 A 型单元
人工	16330	25661	0	10 年内预期的故障数为 116.64
培训	11520	2880	0	八名学生在中级学习 3 天,两名学生在基地学习 3 天
设施	700	1166	0	
备件库存采购	720000	180000	900000	
备件库存运营	504000	126000	630000	
修理零件消耗	9098	9098	0	
测试设备、工具等	3600	4500	0	

① 注意:因为故障强度被表示为没有时间依赖性的常数,这假定故障将根据具有所述速率的均匀泊松过程出现在现场,参见 4.3.3.1 节。

（续）

成本描述	中级维修/美元	基地维修/美元	报废选项	备注
运输	0	0	0	不包括，因为它在所有情况下是相同的
回收/处置	0	0	-3208	
总计	2345248	1429305	2426792	

单元B的电子表格如表11.2所列。

表11.2 单元B修理及别分析表

成本描述	中级维修/美元	基地维修/美元	报废选项	备注
人工	22226	34927	0	10年内预期的故障数为90.72
培训	11520	2880	0	8名学生在中级学习3天，两名学生在基地学习3天
设施	408	680	0	
备件库存采购	350000	87500	385000	
备件库存运营	245000	61250	269500	
修理零件消耗	2177	2177	0	
测试设备、工具等	8400	10500	0	
运输	0	0	0	不包括，因为无论单元数量如何，它是相同的
回收/处置	0	0	227	
总计	639731	199914	654727	

在A和B两种情况下，分析表明中继级修复是优选的。注意：培训成本对于单元A和B是相同的，所以这些可能被排除在分析外，并且结论不会改变。如果我们需要结合起来考虑单元A和B（即对于两个单元只能选择单一级别的修复策略），当分析得出了A和B的有两个不同选择时，则需要对两个单元的A和B的结果执行加权平均值的额外步骤 。在这个例子中，这不是必需的，因为结论是A和B一样：使用中继级维修。

示例过于简单，并且不旨在为任何特定LoRA提供模板。相反，它旨在一般地显示如何执行LoRA和基本的推理过程。实践LoRA由标准推进，诸如参考文献[19,24]和现成的软件，如参考文献[7,11]。

11.4.3 预防性维修

预防性维护是应用偶尔的干预措施,以防止可能的系统故障。在没有实施适当对策的情况下,或者由于确定的对策被认为过于昂贵,并且已知可以应用于防止破坏故障模式措施的情况下,预防性维护是最有效的。可以清楚地说明预防性维修的例子是润滑轴承,因为磨损故障模式不难看出。在没有润滑的情况下,滚动或滑动轴承中的金属与金属接触会导致系统的快速磨损和故障。因此,润滑被指定为大多数(即便不是全部)轴承应用的一部分,以推迟这种磨损故障模式可能发生的时间。这个例子的另一个预防性维护方面是:在某些情况下,如内燃机,润滑剂本身可能磨损并且需要不时地更换以维持其有效性。因此,润滑油更换的建议计划:每 7500mile 或一年更换机油,以先到者为准。这是一个固定计划的例子,其中"年龄"是以经过的时间和经过的里程衡量的。

固定的预防性维护计划可能不是最佳的。例如,在内燃机实例中,润滑剂磨损还取决于其他因素,如驾驶风格和环境条件。高速公路行驶以一个或多或少的恒定速度比起停停走走的城市驾驶对润滑剂的消耗更小。在多尘或多沙环境中驾驶会导致润滑剂磨损加快。但固定的润滑剂更换计划不考虑这些变量,可能导致:

(1) 过早更换润滑剂可能会浪费掉许多英里的安全使用里程;

(2) 过晚更换润滑剂可能已经过了润滑剂的使用有效期。

随着业界开始认识到这些(我们可能称为)1 型和 2 型错误的经济影响,开始寻求更好的预防性维修计划。一个结果是 RCM。

11.4.4 以可靠性为中心的维修

当最初设想,预防性维修被设想为一个定期安排的活动,无论系统中存在的其他条件如何,都会进行。很快就发现,一个固定的预防性维修时间表不是最佳的。你可以在需要或者预期发生的故障模式之前进行预防性维护。因此,寻找方法将系统的当前状态和过去的故障行为的知识转化为一个预防性维修计划是明智的。这种技术属于以可靠性为中心的维修(RCM)类别[5,17]。我们将描述两种类型的 RCM,预防维修和基于状态的维修。

语言提示:"预防性维修""基于状态的维修"和"RCM"在业内没有统一的说法。我们在本书中选择了最后一种用法,我们希望将这个术语与过程相结合,以便更容易记住哪个术语适用于哪个概念。因此,我们使用 RCM 作为所有预防性维修方案的一般术语,其涉及使用关于系统的可靠性的信息计划下一个或下一个系列的预防性维修措施。我们基于对系统故障或操作时间的随机属性的知识制定预防性维修计划,以及基于系统中活动的一些降级过程的进展或对一些具体的测试应用到系统的结果制定基于状态的维修计划。注意:使用方式不同,需要花费很多时间验证哪些是重要的。

11.4.4.1 预测性维修

RCM 方案有两大类:基于对时间(或其他年龄测量变量)的系统故障模式的了解,以及基于对系统中一些退化过程的理解。我们将在本节中描述第一类预测性维修,在 11.4.4.2 节描述第二类基于状态的维修。

我们以前概念化了可维护系统的故障作为点过程的时间(参见 4.3.3 节)。如果可以彻底地表征在该点过程中的操作时间,则可以使用我们所知道的过程中的操作时间的分布构建预防性维修计划表。例如,假设到目前为止系统中发生了 $n-1$ 个故障。在当前中断结束时,系统被修复并返回服务,并且下一个操作时间 U_n 开始。如果知道 U_n 的分布,可以选择一个时间,我们说,90%肯定下一次失败将发生在这个时间之外(这将是 U_n 的分布的第 10 百分位数)。当然,这种选择不会是任意的(尽管即使是任意选择也有机会在固定调度方案上有所改进),是通过优化过早执行预防性维修的成本而不是失败成本来确定。预测性维修方案优化的一些示例可以参见参考文献[6,14]。

11.4.4.2 基于状态的维修

作为获取系统的操作时间的随机特性的替代,可以随着时间①测量和跟踪系统的一些物理特性,以尝试预测故障何时来临。测量可以是被动的(即没有特殊的激励施加到系统,而是依据一些现有的工作特性或传感器读数)或主动的(即一些激励施加到系统,并测量响应)。

在第一种情况下,测量的特性通常概念化为随机过程$\{X(t):t\geqslant 0\}$ ($X(t)$是在时间 t 的测量值),并且与维护的关联是系统在第一时间 τ,该过程越过某个规定的阈值 x_0,即

$$\tau=\inf\{t\geqslant 0:X(t)\geqslant x_0\}$$

如果我们认为 $X(t)$ 为非递减过程。例如,$X(t)$ 可以表示钢结构中的氧化百分比;当该百分比达到预定阈值 x_0 时,采取一些补救措施以防止结构的坍塌。$X(t)$ 可以表示在一些旋转机械中测量的振动的水平;当测量的振动过大时,采取预防措施以防止轴承磨损(或一些其他故障机制),可以增加一些检查。检查的时间表是必要的,以便维护人员知道系统何时应该被监控。静态时间表要求测量在固定的、预定的时间。如果系统被连续监测,这个过程称为状态监测[8]。可以基于对 $X(t)$ 改变的快速程度的理解开发动态时间表,也就是说,不需要频

① 统计学家称这个方案产生的数据为纵向数据。

繁地检查缓慢变化的现象。可以通过在测量 $X(t)$ 的同时估计 $X'(t)$ 创建动态时间表，使得如果 $X'(t)$ 小，则下次检查的时间将更长，并且如果 $X'(t)$ 大则更短。

从这些检查获得的测量（纵向数据）是在检查时间 $t_1, t_2, \cdots$ 的 $X(t)$ 的值。在工程背景下这些数据的统计处理由 Carey 和 Tortorella 介绍[4]，并由 Lu 和 Meeker 等人[13]发展成为更高标准。退化分析是目前可靠性数据的统计分析[15]标准的一部分，被广泛应用于许多基于状态的维修分析[2,12,13,14,25]。

在第二种情况下，检查需要测量系统对限定的刺激的响应。例如，反向声散射可以用来检测结构材料的裂缝[1]，使得能够早期检测到恶化，如果不加抑制，可能导致灾难性故障[10]。在其他方面，该过程类似于基于被动状态的维护，具有附加特征，可以实现通常不可见的元件的定期检查。

11.5　维修性设计的最佳实践

11.5.1　制定慎重的维修性计划

由系统或服务实现的可维护程度取决于客户的需求，用于快速、低成本和无差错的修复或恢复，以及系统或服务的业务情况。它可能是开发一个优化模型，以指导适当的平衡或确定客户愿意为维修性支付多少。即使这样做只是非正式的，通过市场营销和系统工程之间的讨论，对所涉及的协定可以更好的理解并形成更合理的行动基础。必须采取一些慎重的行动，或者结果是具有基本上随机实现的某种程度的维修性的系统或服务。也就是说，没有专门规划和注重设计的维修性，系统或服务的维修性将因为执行或不执行维护工作没有指导，得到一个好的结果由运气决定，而不是一个坚实的计划。因此，第一个最佳实践是确定多少维修性适合于系统或服务。这应该在考虑维修方案（参见 11.2 节）之前进行。

11.5.2　确定使用哪些维修性设计技术

并非每个系统或服务都需要高维修性，但每个系统或服务都应该有一个维修方案，因为它包括维修的基本决策和记录。从这些决策中，应该构建维修性要求。一旦要求被知晓，就可以决定需要在设计中投入多少努力进行维修性设计。本章讨论了维修性的 3 个相关设计技术：系统或服务维修方案、LORA 和预防性维修。

每个系统或服务都需要一个维修方案，即使该方案是“不进行维护”（如果这是确定的结果，它必须是慎重的）。对于子组件使用替换和重用概念的系统，不需要 LORA。如果一个系统是部署在地理上相隔遥远的地点，并且是用替换和重用方案进行修复，则需要 LORA，以便可以识别修复操作的成本，并选择合理的最小成本修复方案。即使是传统的修复基础设施，也应考虑到可能由于批处理策略，按需修理可能产生的节约成本的机会。

调查可能的预防性维修计划。确定系统是否包含任何磨损故障机制，以及这些故障是否可能在系统预期使用寿命结束前发生。如果是这样，请考虑开发适当的预防性维修（预定性或预测性维护），以防止可能发生的大量故障，因为所有部署的系统都具有相同的损坏故障机制。这类似于可靠性工程中的设计缺陷的处理：如果故障模式是由于设计缺陷，则系统的每个副本都包含相同的缺陷，并且（根据系统操作的环境）缺陷将导致系统的每个副本迟早出现故障。同样，预防性维修决策是经济型的决策。在具有短期使用寿命，低价值或不产生大的外部故障成本的系统的预防性维修上花费大量的资金在经济上可能是不明智的。

对于高风险系统来说，设计可靠性时也可以应用相同的原理：对任何由于设计维修性造成干预的因素进行质询。不同的是，"正常"（非高风险性）系统的经济利益需要进行包含维修性干预因素设计的质询。预算成本和外部故障成本应当共同被纳入考虑范畴。

11.5.3 整合

维修性（和保障性）和可靠性通过可用性需求连接在一起（见 10.2.3 节中的例子）。因此，可靠性模型和维修性模型（和保障性模型，第 12 章）应当联系在一起。

（1）维修和保障政策对可用性能影响能够被识别。

（2）维修性需求可以在理性基础上设定。

故障的频率由可靠性决定，故障持续时间由保障性和维修性决定。如果故障频率出现下滑效应①，设计可靠性需求时就应当纳入考虑范围。下滑效应是服务传输基础设备中的部分，应当作为设计维修性（和保障性）的考虑因素。

11.5.4 组织因素

要尽快安排设计团队整合维修团队成员。我们已经见过设计因素可能提升或抑制维修性的例子。在设计过程中尽可能早地开展跨学科的交流是明智的，

① 例如，电路交换通话网络在通话网络的部件发生故障时会出现中断。这种现象直接导致故障的产生，所以系统的盛行度由故障频率决定，而不是故障所在网络的故障持续时间[20]。

这样影响维修性的决定可以再次被评估,并且进行合理化设计,防止不良后果的产生。设计评审是开展这些讨论的一个方面。

11.6 本章小结

像通常一样,这本书是为系统工程师使用的,本章提供了维修性设计的许多建议,但只有一部分进行了详细探讨。很多时候,这些行为不是由系统工程师执行的,而是由设计团队的其他维修专业工程师执行的。一些资料可以被用来填补像包括参考文献[3,16]中过程的细节,并且被用来就某工程进行初步规划[18]。

11.7 练　　习

1. 继续进行 11.3.1 节~11.3.2 节服务器齿条的例子。假设替换单元是新的,并且单元 i 拥有参数为 λ_i 的指数寿命型分布,$i=1,2,\cdots,16$ 时,$\lambda_1=\cdots=\lambda_{12}=2$,$\lambda_{13}=\lambda_{14}=8$,$\lambda_{15}=1$,且 $\lambda_{16}=0.01$ 的每年故障率。

(1) 假设出现故障时每个单元都被替换,在第一年运行时齿条的单元替换期待值是多少?

(2) 在两个动力提供系统均出现故障、动力供应整体被替换的案例中,第一年运行期的总体替换期待值是多少?(线索:见 4.2 节和参考文献[22]。)

2. 利用 4.4.3.1 节中发现的方法完成 11.3.2.1 节中的例子。

3. 列出 11.4.2.5 节开头所述的 31 种可能的修复级别组合。所有的 31 个组合都有意义吗?在任何情况下,没有现场修理选择是有意义的吗?

4. 浅谈预防性维护的两个实例。确定磨损故障模式的预防性维护的目的是预防。在你的例子中如何衡量"年龄"?

参 考 文 献

[1] Baltazar A, Wang L, Xie B, Rokhlin SI. Inverse ultrasonic determination of imperfect interfaces and bulk properties of a layer between two solids. J Acoust Soc Am 2003;114 (3):1424–1434.

[2] Besnard F, Bertling L. An approach for condition-based maintenance optimization applied to wind turbine blades. IEEE Trans Sustain Energy 2010;1 (2):77–83.

[3] Blanchard BS, Verma D, Peterson EL. *Maintainability: A Key to Effective Serviceability and Maintenance Management*. Volume 13, New York: John Wiley & Sons, Inc; 1995.

[4] Carey MB, Tortorella M. Analysis of degradation data applied to MOS devices. Sixth International Conference on Reliability and Maintainability; Strasbourg, France. 1988.
[5] Carter AB. Reliability centered maintenance. 2011. *United States Department of Defense Manual 4151.22-M*. Washington, DC: US Department of Defense.
[6] Chu C, Proth JM, Wolff P. Predictive maintenance: the one-unit replacement model. Int J Prod Econ 1998;54 (3):285–295.
[7] Elliott-Brown JA, McPherson SW. NAVSEA level of repair analysis (LORA) software. Naval Eng J 1995;107:59–66.
[8] Elsayed EA. *Reliability Engineering*. 2nd ed. Hoboken: John Wiley & Sons, Inc; 2012.
[9] Freivalds A. *Niebel's Methods, Standards, and Work Design*. Volume 700, Boston: McGraw-Hill Higher Education; 2009.
[10] https://en.wikipedia.org/wiki/Mianus_River_Bridge.
[11] Ituarte-Villarreal CM, Espiritu JF. A decision support system for the level of repair analysis problem. Proceedings of the 41st International Conference on Computers & Industrial Engineering. October 23–25; Los Angeles, CA; 2011. p 666–671.
[12] Jardine AKS, Banjevic D, Makis V. Optimal replacement policy and the structure of software for condition-based maintenance. J Qual Maint Eng 1997;3 (2):109–119.
[13] Lu CJ, Meeker WQ. Using degradation measures to estimate a time-to-failure distribution. Technometrics 1993;35 (2):161–174.
[14] Lu S, Tu YC, Lu H. Predictive condition–based maintenance for continuously deteriorating systems. Qual Reliab Eng Int 2007;23 (1):71–81.
[15] Meeker WQ, Escobar LA. *Statistical Methods for Reliability Data*. New York: John Wiley & Sons, Inc; 1998.
[16] Okogbaa OG, Otieno W. Design for maintainability. In: Kutz M, editor. *Environmentally Conscious Mechanical Design*. New York: John Wiley & Sons, Inc.; 2007. p 185–248.
[17] Rausand M. Reliability centered maintenance. Reliab Eng Syst Saf 1998;60: 121–132.
[18] Rigby LV, Cooper JI, Spickard WA. Guide to integrated system design for maintainability. Defense Technical Information Center document AD-0271477. 1961.
[19] Society of Automotive Engineers. Level of Repair Analysis standard AS-1390. 2014.
[20] Tortorella M. Cutoff Calls and Telephone Equipment Reliability. Bell Syst Tech J 1981;60 (8):1861–1889.
[21] Tortorella M. Numerical solutions of renewal-type integral equations. INFORMS J Comput 2005;17 (1):66–74.
[22] Tortorella M. On cumulative jump random variables. Annal Oper Res 2013;206 (1):485–500.
[23] Tortorella M, Frakes WB. A computer implementation of the separate maintenance model for complex-system reliability. Qual Reliab Eng Int 2006;22 (7):757–770.
[24] US Department of Defense. *Military Standardization Document 1390D*. Washington, DC: US Department of Defense; 1993.
[25] Williams JH, Davies A, Drake PR, editors. *Condition-Based Maintenance and Machine Diagnostics*. New York: Springer-Verlag; 1994.

第 3 部分

保障性工程

第 12 章　保障性要求

12.1　本 章 内 容

针对系统工程师,我们已经完成了可靠性工程 2/3 的旅程,最后的冲刺阶段就是保障性工程。虽然通过可靠性设计努力避免故障,但故障是不可避免的,我们可能无法预见到系统中所有可能的故障模式。因此,预测到故障的发生,一个设计良好的系统有助于减少故障持续时间。在图 10.1 中,中断期被分为两部分:开始专门用于准备维修的时间和后续专门用于执行维修的时间。这种划分是为了使每段持续时间可以由针对准备和执行两项活动需求的技术来分别进行最小化。作为连接维修行动的知识体,维修性工程是本书第二部分的主题。我们现在回到第三部分的保障性工程,它是与维修准备相连接的知识体。

本章通过研究保障要求开始保障性工程的研究。为此,我们需要知道:

(1) 系统或服务保障由何组成;

(2) 保障性工程包含何种活动;

(3) 保障性可以如何测量、监控;

(4) 保障性要求如何制定、说明。

我们首先从系统属性的角度讨论保障性,以及系统工程师如何通过建立适当的需求以及进行或尝试进行有关系统特征和属性(直接影响保障性)的定量研究改变保障性。一如前几章的可靠性和维修性,我们列出并讨论各种保障性效能标准和在创建保障性需求时经常使用的有效数值。这些帮助我们理解什么造就了良好的保障性需求并形成其与保障性能比较的基础。在本章末回顾了目前保障性需求发展的最佳做法。

12.2 系统工程师需要关注的保障性

12.2.1 作为系统属性的保障性

以前保障一度被认为与后勤同义。例如那时,当多级维修方案第一次投入实施后,后勤产生了清晰可见的巨大成本。然而,持续的、越来越复杂的维修任务明确表明,确保维修的迅速完成还涉及很多其他因素,而这些因素都是属于保障性的。

保障性作为一种系统属性,包含了有效且高效的维修准备。我们可以这样说,保障性是指系统包含能实现快速、价格低廉、无差错修复的功能和流程的程度。换言之,保障性表明了该系统对执行维护任务的准备程度。保障性包括使一个系统或多或少准备以迅速、低成本和无差错的方式进行维护的属性和操作。有时可以使用其同义词可维护性。

当出现系统故障时,用户极为关心的是系统功能的快速恢复。此外,随着停机中断的增长,外部的故障花费也逐渐积累起来。

(1) 当系统无法为客户提供服务时,系统用户将失去收入。

(2) 当系统无法工作时,材料积压和未完成的工作不断增长。

(3) 当客户无法访问该系统所提供的服务时,系统用户的声誉也会受到影响。

(4) 维修和恢复服务的费用增加。

通过研究,工业工程师已经确定将维修活动分为两部分:一部分是维修准备;另一部分是维修行动。这种分类促使更有效、更快捷地恢复系统服务,因为它允许对这两部分分别进行研究并分别使用适合的技术和工具。本章涉及第一部分——维修准备,第 10 章和第 11 章则是关于第二部分——维修行动。

用语提示:请参考图 10.1。该图显示了一个典型的分为两部分的停机中断区间:一部分关于维修准备;另一部分关于维修行动。第一部分维修准备是一个保障时段,其持续时间是一次保障所用时间或保障时间。通常认为该区间包含与最近开展的特定维修准备直接相关的活动。这些活动包括收集该维修需要的工具、指令和备件,清理之前维修造成混乱的工作站,组织维修所必需的工作人员等,但只涉及将要开始的那一项维修。我们称这些为"在线"保障性活动。作为系统属性的保障性可能包括促进更有效、更快维修的其他因素,作为维修设施和流程的一般性质。这些因素包括维修工作站、维修设施布局的设计、广泛适用的文件、工作流管理策略和配套工具的创建、备件库存供应管理以及其他有利于整体维修行动的常规设计特点。不针对任何特定的维修而为了整体改善维修设施所采取的保障性措施称为“离线”保障性,并在第 13 章保障性设计中详细讨论。在文献中,保障性用于描述这两类活动,通常没有进一步的区分。

用语提示:保障和保障性是不同的。保障是指为准备有效且高效的维修而承担的具体活动。保障包括零件库存规模的确定、工具和文档的供应、维修工作站的工效学以及保证维修顺利进行所需的其他具体活动和流程。保障性是保障流程和活动的结果,它是描述系统进行快速、便宜、无差错维修准备的程度。有效的保障流程和活动创造出良好的保障性。杂乱无章的、无计划的或其他不当的保障流程和活动意味着保障性不会那么好。在这本书中,有时会用到“保障性的程度”和“保障性”两个词,尽管“保障性的程度”是多余的,但它们都是同一个意思。最后,不是每一个文档或讨论内容都对“保障”和“保障性”做了区分。本书的观点就是:对于系统工程师来说,注意术语是更好且有效完成自己工作的一个必要条件。

12.2.2　促进保障性的因素

系统开发团队控制下的某些因素是可以提高保障性的。这些应被视为团队为了评出一个满足顾客缩短停机需求的系统而做的努力的一部分。有关的因素包括:

(1) 采用可以进行故障原因快速诊断和故障组件定位的系统特征;

(2) 设计在任何可能的地方使用标准紧固件和工具,以及在适当情况下使用无紧固件的装配(如钮扣);

(3) 提供适当的工具、设备、文件和系统工效学接口,以便更换故障组件越简单万无一失越好;

(4) 提供适当的文件和工作流程管理,使得维修人员在最小延迟内获得所需信息;

(5) 可以对人员进行定期培训;

(6) 维修设施的布局和其独立工作站的设计;

(7) 设计在最大限度减少错误的同时很容易完成的维护和维修程序;

(8) 提供数量充足的备件、维修配件和耗材,使得维修人员能在最短时间内获取;

(9) 设计运输和后勤保障以支持维修性设计中创建的维修级别分析(LORA);

(10) 备件老化、过时和更换的管理;

(11) 提供材料、临时工作人员或其他保障必需品的供应商的管理;

(12) 保障性活动和设备的成本。

这个列表只包含在 12.2.1 节提出的离线因素。给予这些因素适当关注可以帮助提高设计的保障性。13.3 节描述了实施问题,其中包括一些量化模型,将对这些任务的资源优化配置有所帮助。

12.2.3 保障性工程包括的活动

保障性工程的范围包括维修前开始的、促进更快且更有效维修发生的任何活动。与 12.2.2 节的因素保持一致,这些活动包括:

(1) 设计和提供内置测试、在线测试和离线测试程序及设施;

(2) 设计系统工效学接口使预防性与修复性维修过程中的错误概率最小化;

(3) 提供离线测试和其他维护、维修活动所需的测试设备的规格与购买标准;

(4) 设计和布置维修设施,包括人为因素,如照明、暖通空调、工效学以及工作人员的规模和来源;

(5) 设计和创建文档用以支持维修的实施,包括工作流管理系统的适当设计和实施;

(6) 设计和提供保障记录、工作实施等的计算;

(7) 运输、后勤、备件与耗材库存、无库存情况的订货流程以及其他相关的维修准备问题的定量建模优化;

(8) 设计和实行适当的人员培训;

(9) 收集数据,以支持当前性能的监控并保证持续改进。

12.2.4 保障性的测量和监控

保障性测量和监测的任务是制定保障效能标准和指标的依据。为了制定这些标准和指标,需要从维修和维护保障业务中收集数据,以便确认保障要求对人们有所帮助并被能被满足。我们将在 12.4 节讨论保障有效性标准和指标。

12.2.5 保障要求的形成和理解

一旦为系统和服务运行的重要保障因素确定了效能标准和指标,就可以为其提出要求。要求形成了系统或服务的总体保障方案的一部分,并不是所有的保障方案都相似。保障要求将开发和管理的注意力集中在那些对产品、系统、服务设计很重要的特定的保障性问题上。我们将在 12.3 节介绍保障方案,12.5

节和 12.6 节则讨论保障要求的设计和理解。

12.3　系统或服务的保障方案

我们把用于支持系统或服务的总体规划称作系统(或服务)保障。它在系统或服务设计中扮演的角色对于保障性来说,就如同系统(或服务)维护概念对于维修性。系统保障的概念可以理解为以下几方面。

(1) 预防性和修复性维修修理级别的适当分配。

(2) 用于预防性和纠正性维修操作设施的设计和管理。

(3) 生命周期成本估算。

(4) 备件、耗材和其他需要维护物品的库存大小与管理。

(5) 预防性和修复性维修的后勤。

(6) 故障诊断定位程序和设备。

(7) 开展预防性和修复性维修所需的文档、工具、工作流管理与其他供应。

(8) 维修人员的培训政策。

(9) 数据收集、分析和存档,为验证与可靠性和维修性要求以及其他维修相关项目的一致性。

在设计的早期阶段,当第一次定义保障方案时,我们不应该期望获得所有这些问题的确定答案。然而,只要可行就开始思考这些问题是符合预防和质量工程精神的。保障方案应该不断更新,并且随着获得更多的理解和设计、维修的特征性而变得更精确详尽。系统开发完成后,保障方案或保障该系统的计划应包含解决前面列出的每个项目的特定元素。

虽然服务是无形的,但在发生服务中断时仍然需要准备好服务的恢复。除了解决系统保障问题所需提供的基础设施,服务保障还包括:

(1) 数据收集、分析和存档,以验证是否符合服务可靠性和维修性要求以及任何相关的监管要求;

(2) 设计程序来保障服务恢复过程,属于服务维修方案的一部分(参见 10.2.2.1 节)。

12.4　保障的效能标准和指标

最基本的保障有效性标准是完成某个维修的初期或准备期中所有任务所需的全部时间。因为它是关于一个特定的维修,而不是与维修相关的普遍过程,这是一个在线保障有效性标准。我们称为保障时间,表示为 W。这个时间在图

10.1 中表示为中断区间的第一部分。像往常一样，我们把 W 当作一个随机变量，因为许多潜在的干扰因素会影响这个时间段。反映了完整保障性概念的指标则是 W 不超过 x（$x \geqslant 0$ 是一个自由变量）的概率。这是 W 的分布，通常很难估计。像往常一样采用简化：使用平均保障时间是最常见的，并且保障时间中值也是有用的，如果极大或极小值对需要的指标的影响较少。

保障时间还包括其他个体活动持续时间，当希望将注意力集中于这些其他的持续时间，可以为它们定义各自的有效性标准。这些包括以下几方面。

（1）后勤延误时间。用于等待交付备件、维修配件、工具、耗材或开始维修所需的任何其他项目的时间。一旦承诺维修但发现实施维修所需的某个或多个物理对象（工具、备件等）在开始维修时都不在工作站，后勤延迟时间就开始增加。

（2）行政延误时间。用于等待完成任何相关管理任务的时间，如确保某些特定设备或工具的使用审批、距离较远的维修人员的到来等。

（3）低效延迟时间。浪费在克服错误上的时间，如定位错位的工具或文档、修正从库存中撤出不正确的维修零件、处理员工伤病同时准备修理等。

为这些对保障时间起作用的组件创建保障有效性标准是符合系统工程的关键概念的，即如果有必要专注于一个特定的保障问题，那么，应该设计、监测并公开跟踪一个或多个与这个问题相关的定量测量。这种推理所涉及的变量通常是出现在戴明循环的“验证”部分，当程序已经建立但性能不理想。当发现不满意的性能时，必须确定：

（1）性能欠佳是由于共性原因，还是一个或多个特殊原因；

（2）是否该过程可通过重新设计以消除或改善有问题的步骤。

要是判定某个特殊原因对操作产生不利影响，则表 12.1 可用于帮助判断潜在的问题。即表中第 1 列所列出的所有症状会不时发生。要由进程管理器确定它们的发生是在过程的容量范围内正常统计波动的一部分，还是非正常并指向需要跟踪和补救的底层程序条件的变化。控制图[2]是完成这种区分任务的一个简单有效的方法。

表 12.1　保障性跟踪变量

症　状	可 能 表 明
维修工作站缓冲区溢出	工作站人员或设施配备不充足，无法充分匹配维修或其他工作站缺陷所需时间
频繁缺货①	不当的库存规模
补货订单延迟	供应和/或后勤功能管理不足

（续）

症　　状	可能表明
在一个特定的维修操作中消耗的多余时间	文档、培训、工具等的不足,以及关于维修所需活动的描述不足
不满足故障定位时间要求	故障定位规程的设计不当或错误太多
遗失货物	供应网络缺乏健壮性
① 缺货是一个在需要备件时备件库存所剩无几(空)的实例	

每个列出的症状都可以建立保障有效性标准。例如,如果发现频繁缺货,可以施行“每周缺货数目”的保障有效性标准。如果还需要更精确的控制,可以针对设备中备件的每个种类定义这个有效性标准。可以在控制图上追踪有效性标准的连续值,以确保在维修设备中的设计和/或工艺变化只针对真正的信号(特殊原因),而不是过程的容量范围内正常预期的统计波动。虽然从最简单的控制图上就能会获得很多裨益,但更复杂的情况可能会需要一些更先进的控制图技术[2]。

除了时间点相关或时间段相关的保障有效性标准,也可能会用到与其他重要保障性因素相关的有效性标准。

(1) 缺货发生的次数(每周、每月、每季度、每年)。

(2) 故障、维修材料所需的运输成本(每周、每月、每季、每年)。

(3) 修理厂每个工作站的利用率。

(4) 经历了大于指定数量的缓冲延迟的维修作业数量(每天、每周、每月、每季、每年)。

(5) 发生工具、文档或其他资源设备缺失或错位的情况数量。

(6) 维修场所中的受伤率。

(7) 诊断错误率。

其中有些是离散(计次)的有效性标准。与维修性相同,有许多保障性的变量可以追踪。一个较好的原则是选择最小的一套有用变量,保证其可以根据系统或服务的特殊需求给出保障性的充足描述。正如前面提到的,只要测量有需要和裨益(超过其成本),你可以测量任何喜欢的东西。同时,给测量一个描述性的名称,在整个开发过程中统一使用。

12.5　保障要求范例

与可靠性要求和维修要求相同,保障要求可能以相关的有效性标准或者相关的指标的形式提出。选择的结果决定了将如何解读要求以及将如何分析保障性数据以验证其是否符合该要求。此外,对于保障要求的指导原则是类似于可靠性和维修要求的。制定要求:

（1）应以定量的形式,这样在限定的时间内有可能明确地确定要求是否已经满足;

（2）可以明确地确定适用于要求的物品数目;

（3）应针对最小的一组有用保障性变量以确保。

① 追踪对于系统或服务很重要的变量。

② 系统工程师和开发团队不受无法直接追溯的有明确标识客户需求或盈利点的影响。

此外,最好无需等待更长的时间周期就能够做出一些关于要求是否被满足的判断。如果需要 20 年确定一项要求是否已经满足,客户或供应商的利益都将不存在。这有时也是可靠性要求的问题,其操作次数的间隔时间趋向(并且最好是)更长。在维修和保障要求上这个目标更容易实现,因为维修和保障事件的持续时间往往较短。

12.5.1　保障持续时间的要求

最基本的在线保障的持续时间要求对保障时间本身有一个限制,例如,当使用特定程序实施维修“针对一次 A 类修理,保障时间不得超过 1h,B 型维修 2h,其他所有维修类型 3h。”在这个例子中,以保障有效性标准的形式制定要求。一如之前的可靠性和维修要求,我们针对各相关实例(在这种情况下,即每次修理伊始)以有效性标准制定要求。

持续时间的要求也可以表示成指标的形式,如平均保障时间、保障时间中值、保障时间的第 90 个百分点等。在这种情况下,要求附属于相关实例(在这种情况下,即维修开始)的数量。如前所述,如果数量普查可行,简单的算术就可以确认这些要求是否得到满足;否则,就需要类似于第 2 章、第 5 章、第 10 章中的标准统计推断过程估算满足要求的概率。

在线保障持续时间的其他重要有效性标准包括:

（1）一项维修作业在每个工作站缓冲区中等待维修活动启动的时间量;

（2）总的后勤(或行政或低效)延迟时间,适用于已承诺但尚未开始的维修;

（3）性能管理和故障定位所需时间。

备件订购与这些部件交付之间所需的总时间是一个重要的离线保障时间段的有效性标准的重要例子。其他连续变量但不必是基于持续时间的离线保障有效性标准包括：

（1）设施的费用，包括能源、清洁服务、设施维护和修理等；

（2）设施的资源成本；

（3）符合政府法规的成本。

下面是一些额外的保障时间段要求的例子。

（1）严重性 1 的故障（100%）将在 15s 内被检测并定位于该负责的现场可更换单元；100%的严重性 2 的故障将在 2min 内被检测并位于该负责的现场可更换单元；90%的严重性 3 的故障将在 15min 内被检测并定位于该负责的现场可更换单元。

（2）维修材料返回到备件库存地点的运输平均时间不得超过 24h。

（3）90%的工作站缓冲延迟不得超过 1h。

12.5.2　保障数量要求

除了监测重要的持续时间以作为过程效率的指标外，涉及散件计数的保障有效性标准可以成为要求的主题。其中的一些包括：

（1）每个类型备件的缺货数量（每周、每月等）；

（2）每周末、月末等库房中每种备件的数量；

（3）保障时间组成超过规定时间的维修工作的数量（每周、每月等）；

（4）消耗多于（规定数目）分钟数的故障定位的数量。

12.6　保障要求的理解和验证

我们用于解释保障要求的框架与已经使用的可靠性和维修要求相同。如果保障要求是以有效性标准的形式制定：

（1）它适用于要求中事件的每个实例；

（2）建模只能解决可能满足要求的概率；

（3）保障性数据分析有两个方面。

① 如果收集的数据是对在某些规定的时间-空间区域[①]内所有相关事件的普查，那么，每次观测都会与要求进行比较，并且根据在该时间-空间区域内是否满足要求，可以得到是或否的答案。

② 如果在一些时间-空间区域内收集的数据代表着相关事件的一个样本，需要设计出应付抽样变异的统计技术，以获得在该区域是否满足要求的结论。

① 例如，在指定的月份内，时间-空间区域是维修设施中的所有作业。

得出的结论是以在该时间-空间区域内满足要求的概率的估计形式。

如果保障要求是以保障性指标的形式制定的：

（1）它适用于超过一个规定的时间-空间区域的要求中事件的某些集合。

（2）模型可以计算相同的超过该规定的时间-空间区域的指标。

① 如果模型的计算还附加分散估计（目前很少见），那么，概率可以说明要求是否有可能得到满足。

② 如果模型的计算不附加分散估计（这是目前的通常做法），则将该模型计算与要求进行比较，以得到一个是或否的答案；

• 保障性数据分析有两个方面。

① 如果采集的数据是对在某些规定的时间-空间区域内所有相关事件的调查，那么，就可以从这些数据中计算出指标，并且根据在该区域内是否满足要求，可以获得一个是或否的答案。

② 如果在一些时间-空间区域内收集的数据代表着相关事件的一个样本，需要设计出应付抽样变异的统计技术，以获得在该区域是否满足要求的结论。得出的结论是以在该时间-空间区域内满足要求的概率的估计形式。

不管要求中的变量是连续值（如持续时间周期或成本变量）还是离散值（如计数变量），这些注意事项都成立。下面是两个例子。

例 1：要求是“设施的所有库存件类型中每月最多有一个缺货”。以下是在为期 2 年的时间内收集的数据：0、0、0、3、0、1、1、0、0、0、0、0、2、0、5、0、0、0、0、0、1、0、1、0。每个观测值是一个月设施缺货的数目。要求被写在保障性效能标准中。这些数据构成了 2 年内设施中缺货的调查情况，其中不满足要求的月数为 3 个。如果不更改库存操作，我们可以通过将这些观测值看作（当前不可见的）未来数据流的抽样，预测在某个给定月份内满足要求的概率。满足要求月数的样本比例为 21/24＝0.88，标准差 0.05。对于未来某个月内满足要求的概率，其 95%置信区间为

$$[0.88-1.96\times0.05, 0.88+1.96\times0.05]=[0.79, 0.96]$$

例 2：要求是“设施内维修工作的平均后勤延迟时间不得超过 1h”。下列数据是收集的设施中的后勤延迟（以小时计）：0、0、4、0.5、0、0、0、0.3、14、0、0、1、0、0、0、0、2.1、0、0、0.7。如果这 20 个观察值代表了某段时间内设施中作业的调查情况，这些数据的样本均值是 1.13 的事实表明这 20 项作业不满足要求。如果这些数据代表了设施中某段操作时间（不是所有的后勤延迟都在那段时间内测量）内的样本，我们可以预计那段时间内满足要求的概率。样本的标准差是 3.18，因此这段时间内满足要求的概率是 0.48，一个正态随机变量平均值 1.13 且标准差 3.18 的概率小于或等于 1。在此例中，我们不妨审查观察值 14 以确定

它是否是一个不寻常的大数值,还是流程经常出现的大数值甚至更大数值。①如果从数据中去除该观察值,现在的样本平均值是 0.45,样本标准差 0.98。现在这段时间内满足要求的概率是 0.71,比以前高了不少。观察值 14 是常规的(流程容量范围内)还是由特殊原因引起的,这个决定影响着严重的后果。

12.7　要害系统的保障性工程

经过付出巨大努力设计可靠性,可使要害系统中故障和停运不常发生,但我们仍然需要针对任何发生的故障尽可能迅速地完成纠正措施。10.7 节为最大限度地减少维修要害系统所需要的时间提供了一些建议;简要概括这些建议本质上是在考虑为维护要害系统中的实践而实现所有设计。换句话说,当盈利能力仍可能是要害系统中的一个重要因素时,故障和中断的严重后果使系统工程师确保排除故障和停运的解释更为合理,而在普通(非要害)系统的情况下则可能容忍夹杂这些故障和停运。这同样适用于第 13 章保障性讨论的许多在线和离线的保障措施的设计。在多数非要害系统中,只有少数的这些措施会被执行,这取决于系统的特殊需要和它的商业案例。因为要害系统中的外部故障成本都很大,这就要求在系统的商业案例中任何保障性设计的遗漏都能得到弥补,而在一个非要害系统中,保障性设计所含内容可能需要调整。

12.8　保障要求确定的现行最佳实践

与维修的情况相同,建议基于现代质量工程原理和定量推理制定保障要求。维修性关注的是快速、低成本和无差错的维修,而保障性工程就是准备能够执行快速、低成本和无差错维修的方式。根据维护是否由客户、供应商或第三方执行,出现了各种优化部分保障环境的机会。

一旦保障要求落实到位,就使用第 13 章中的保障性技术设计布置系统及其配套的保障基础设施以满足要求。当客户负责维修时,这方面的成功会为客户创造更高的价值。在供应商实施维修的情况下,要求就会影响维修操作的成本和盈利能力。

① 要做到这一点,一个正式的方法包括制作连续观测的控制图,但在这个例子中没有足够的信息来实现这一点——特别是,没有关于过程能力和 $\pm 3\sigma$ 限制的信息。更多的历史与过程数据需要纳入这种额外的形式。此外,可以用统计技术来识别离群值[1]。

12.8.1 识别保障要求

对于产品和系统,维护可能需要考虑 3 种情况:设备的客户(拥有者/购买者)、供应商或合同第三方。服务则通常由服务商维护。

12.8.1.1 客户/拥有者/购买者维修

当买方负责保障时,更好的保障,可以用来提高潜在系统购买者的价值主张。这在国防和类似行业中是常见的,这些行业标准中,要求由客户和供应商协商。在这种情况下,保障需求需要各种保障因素协助。

(1) 出售根据系统的维护概念需要的零部件和组件(现场可更换部件)。

(2) 需要进行转让或出售的修理文档、工具等。

(3) 协助(销售)知识产权因素,如备件库存大小和管理、维修设施的设计和优化等。

(4) 协助(销售)培训教材和课程,以使客户熟悉维修程序。

12.8.1.2 供应商维修

当供应商维修时,可以在保持有效的同时降低成本作为激励。这就需要良好的保障性以便如果没有实际盈利,维修操作可以保持低成本而不会降低系统的盈利能力。由于维修业务是由供应商控制的,他们有机会优化维修业务的所有方面,包括实现健壮的 FRACAS——提供了在一个短反馈回路时间内从失败中学习的机会。在这种情况下,供应商应认真考虑第 13 章提及的因素,并基于第 13 章中的介绍材料建立一个优化模型,以促进一个低成本而有效的维修产业。

12.8.1.3 第三方维修

万一维修由与供应商或客户无关的第三方执行合同要规定如何有效和高效地为客户(系统购买者)操作。第三方也成为维修所需要的材料、工具、备件等供应商的潜在客户。修理质量可能更难以控制,除非给予激励,这使得第三方不仅在速度和低成本上而且在质量上都有利害关系(无差错维修)。

12.8.2 平衡保障与经济性

似乎只有在供应商履行合同的情况下,成本和劳动时间因素才有意义。然而,即使在维护是由客户执行的情况下,了解并将维护过程所产生的成本和工时负担作为因素计入保障要求也关系到供应商的利益。客户希望看到供应商了解他们的要求,并采取行动帮助他们成功。如果可能,供应商应与客户合作,了解他们的流程,安排系统更好地配合流程,以提高保障工作。

该系统的商业案例应该在制定系统或服务的保障方案时予以考虑,低价值的产品或很快废弃的产品的保障可能不需要像长寿命使用系统或要害系统的保障那样广泛。可能会去思考建立一个优化模型,以帮助确定保障的适当水平。这种模式将需要成本、利润目标、预计销售额等具体信息,也许只知道概率,所以可能需要采用随机优化模型。数学,甚至这些模型的应用程序超出了本书的范围,可以说,即使出于非正式考虑,这些因素也将增加系统或服务的发展价值。

12.8.3 使用定量模型来提出合理的保障要求

许多影响保障性的因素,可以用各种运筹学模型进行定量研究。物流、运输、库存的大小和管理、人员规模及其他因素影响有效且高效地维修一个系统或服务的能力已经被广泛研究,甚至结果相当复杂的场景都可以在文献中找到。本书第 13 章讨论了这些细节。按照本书的精神,并非详细介绍所有的主题,而是对开始感兴趣模型的探索提供参考。之所以探讨这里包含的主题,是因为系统工程师需要知道可持续性原则中需要做的那类事情,却不是必须亲自了解开展研究所需的细节。在实践中,这意味着保障要求需要在定量模型相关支持指导下操作,开发和使用模型的系统工程师通常是供应商和专家级的客户。作为一个供应商,要准备好与客户沟通保障要求,而它则是通过正式或非正式地平衡这些需求和系统或服务的商业案例决定的。作为一个客户,要准备好使用定量模型的结果,在合理的基础上制定要求。

12.8.4 用事实来管理保障性

我们已建议用定量的形式提出要求,这样就可以收集数据并验证它们是否得到满足。常规验证推荐使用一个系统的可重复的方法进行,以便可以获得实现保障的实际理解。正如我们讨论的可维护性,我们不希望每次看到的要求没有得到满足时就采取行动,因为任何过程受干扰因素的测量,都会出现一定程度的波动。不浪费测量中每一个波动的资源,你要为在这个过程中实际变化导致的情况想好纠正措施。在这方面,维修要求和保障要求是相似的,它们既关注相对较短的持续时间,又对经常发生的事件进行计数。保障要求和维修要求有太多相同的有关用事实来管理的观点。在 10.8.4 节讨论的观点在这里可能同样适用。

12.9 本章小结

本章关注的是建立有效的保障要求,包括快速、低成本、无差错维修的准备程度的系统属性,称为保障性。本章强调,一旦设计概念成形就尽快开始创建保障计划，并随着设计方案的成熟不断更新。复习了几个保障有效性标准和指标的变量，包括连续变量和计数变量。通过对保障相关的数据使用统计抽样和分析技术探讨了保障要求的验证。本章为第 13 章涉及的保障性设计的讨论做了准备。

12.10 练　　习

1. 为什么“保障性程度”是多余的？

2. 对于 12.3 节中列出的每一项，根据自己的经验，找出并评论系统或服务的相关要求的实例。

3. 为每一项在 12.3 节中列出的项目制定合适的要求，清晰、完整地回顾你的结论，应该收集哪些数据，以便确定是否满足这些要求？

4. 是平均支持时间更适合还是中位数支持时间更适合用于描述维持准备的时间？（提示：确定谁或什么组织将使用信息，以及目的是什么。）

5. 考虑 12.5.1 节和 12.5.2 节中保障性要求的例子，或者来自经验的一些保障性要求。这些正如所写的，符合 12.5 节中的准则吗？重写你的例子使它们符合这些准则。

6. 当由第三方维修时（除系统供应商和系统购买者），应实行什么样的合同条款，才能使第三方按照客户需要的速度、成本和质量执行？此过程中，系统供应商有何利益？举例说明一些成功和失败的第三方维修方案。

参考文献

[1] Moore DS, McCabe GP. *Introduction to the Practice of Statistics*. New York: Freeman and Co.; 1993.

[2] Wadsworth HM, Stephens KS, Godfrey AB. *Modern Methods for Quality Control and Improvement*. New York: John Wiley & Sons, Inc; 2002.

第 13 章　保障性设计

13.1 概　　述

我们在这一章提出的内容支持执行我们一贯主张的观点：在系统设计的早期阶段注重可持续性工程，以便可以用较低的成本实现更好的结果。良好的保障性可促进客户的满意度和供应商的盈利能力，这是通过减少从故障中恢复的时间、减少维修人员的负担和提高系统的可用性达成的。影响保障性的一些重要因素在 12.2.2 节中回顾，本章讨论一些有用的措施，提供增强保障性的定量基础。这些实用技术形成了保障性设计的核心。许多定量技术还可以扩展优化它们的应用。是否采取额外的时间和资源进行这种优化的决定权，像往常一样，要平衡预防和外部故障的成本。

覆盖所有相关的保障性技术的建模和优化，超出了本书的范围，但我们用本章说明一些重要的保障性问题如何尝试用定量模型解决。与往常一样，这种技术的深度应用是由系统的经济性和它的总生命周期成本画面所决定的。价值不高的产品很快过时了，或者说经济效益不好的也会受到更少的保障性关注，一些本章中的想法可能被非正式地组织起来，或者根本没可能。但是，对于价格昂贵的、复杂的、高价值或后果严重的系统来说，这里提到的量化技术非常利于有效地在系统中建立保障性的优化。高价值和后果严重的系统证明，更多的预防成本和额外资源会花费在保障性设计上。这里介绍的技术并不意味着是包罗万象的，而是旨在提供一个在处理保障性需求思维过程中定量的介绍。在这里找到一个和你的情况完全匹配的模型是不可能的，相反，模型应该作为资源来使用，才可能会适应你的需求。更复杂的模型拆分可以满足更广泛的需求，此外，本章没有涵盖的其他保障性措施的模型，可以在文献中获得，练习也提供一些为保障性措施建立定量模型的经验。

13.2 保障性评估

13.2.1 保障性定量评估

和可靠性一样,随着设计的进展,能有一种方式让产品和服务的设计者认为保障性设计是很有用的。保障性是多方面的,不同的方面需要不同的评估模型。保障性需要定量建模的方面包括:

(1) 库存管理备件、维修配件、耗材;

(2) 运输所需货物的物流管理,伴随着多个地点指定的维修级别分析(LORA)(第11章);

(3) 设施的位置;

(4) 设施的布局;

(5) 人员配备水平。

定量保障性模型一个主要的目的是,能够建立合适的保障性需求并实施,定量模型也被用于对现有的保障性计划和要求进行比较,以确定系统的设计是否能够满足这些需求。展示所有这些可能因素的定量模型不是本书的目的,但我们会在本节,通过讨论一个简单的库存模型和简单的设施选址模型,说明相关的思考过程。

13.2.1.1 一个简单的库存管理模型

库存管理的两个方面在保障性方面发挥作用:确定一个正确的库存规模和维持整个运行过程中适当的库存量。在13.3.7节讲述用于确定正确的初始库存规模的模型。在本节中将讨论一个简单的、有助于维护适当的库存级别以保障系统维修性要求的库存管理模型。

这里考虑的是备用现场可更换单元[①](FRUs)库存的日常工作,采用13.3.7节的流程设计。用S表示该库存中存储的某一指定类型的FRU的数量。[②] S是该库存的设计程序的输出(类似13.3.7节)。这里还给出一个数$s<S$,它是一个重拨阈值($s>0$)。会不时地从库存中移除一个FRU来维修一个故障系统。库存经理在每个月底检查存货,如果检查时库存中的FRU数量大于等于s,经理就不会订购任何单元。然而,如果检查时库存下降到$a<s$,则将从供应商处订购足够的FRU(即$S-a$)恢复库存规模到S。这称为(s,S)库存管理策略。关系到维修

① 现场可更换单元(LRU)的同义词。

② 在该表述中,每个FRU类型单独使用一个库存管理模型。

经理利益的一些数量包括：

（1）补充零件到达前库存耗尽的概率（这就是所谓的“缺货概率”）；

（2）为了恢复库存水平到 S 所需订购的单元数。

设置时钟使存货过程开始于 0 时刻。第 n 个月的需求是 $D_n \geqslant 0, n=1,2,\cdots$。为了该模型的目的，假设 D_1、$D_2\cdots$对于所有 n 都是以 $P\{D_n=k\}=\pi_k, k=1,2,\cdots$ 恒等分布的。如果库存服务的系统数量不会每月变动，以上是合理的，因为对备用 FRU 的需求是由每个月全部库存服务的系统中 FRU 的故障次数决定的。如果让 Z_n 表示仅第 n 月结束前（就是说第 n 月结束前，在最后的 FRU 从库存中取出后的任意时刻）库存中 FRU 的数量，那么，库存大小 Z_n 可取值 $S, S-1, S-2, \cdots, 1, 0, -1, -2, \cdots$，其中负数表示库存中未实现的请求（即由于该 FRU 类型的故障导致的系统故障），因为在库存中没有足够的 FRU 所以不能被恢复。那么，按照 (s,S) 规则可以获得如下的 Z_n 递归表达式。

如果假设需求是相互独立的，那么，$\{Z_1, Z_2, \cdots\}$ 是一个有着转移概率的马尔可夫链，即

$$p_{ij}=P\{Z_{n+1}=j \mid Z_n=i\}=\begin{cases}\pi_{i-j}, & s<i\leqslant S\\ \pi_{S-j}, & i\leqslant s\end{cases}$$

库存经理分析时运用了需求分布以及计算缺货概率和需要在每个月月底订购的 FRU 数分布（或期望值）的马尔可夫链公式的知识。这样分析的例子可以参见第 3 章的参考文献[22]以及练习 2。

这个实施案例可能是已被定量研究[17,18,22]了的最简单的库存管理方案。该模型中的一个明显缺点是，它没有考虑库存所供应的系统群的扩大或缩小。可能需要其他变形以适应现实库存管理应用中的特殊情况。幸运的是，库存管理是最广泛研究的运筹学学科之一，而且已经研发出很多模型使定量库存管理适用于令人眼花缭乱的各种不同的操作条件。许多这种模型已经发展成为开源和商业软件。如果你正在考虑使用软件完成这个任务，同样需要回顾一下这个模型，以确保软件开发者们建立的假设足够接近你的条件，从而保证使用软件获得的结果是有意义的。对于任何其他可持续性工程软件同样如此。

另外，系统工程师不太可能会对某一个特定的库存管理实施案例进行细致的保障工作，但他们很可能参与确定库存管理需求以及定期审查数据收集和分析以核实库存的持续正常运转。可以寻求运筹学专业人士的帮助，特别是你正在研究的实施案例具有未在标准模型中发现的特点。

13.2.1.2　简单的设施选址模型

假设你正在考虑一个合并中继级维修的维修方案。中继级维修设施的选址很大程度上影响到方案的成本。在理想的情况下，人们希望将中继级维修设施

放置在能使所有相关成本的总和尽可能小的地点。显然,当中级维修设施的地点尚未确定时,设施选址问题和LORA(参见11.4.2节)之间会相互影响。在本节中将介绍一个简单的设施选址模型,同样不作为在很多情况下都可以使用的综合模型,而更多的是相关思考过程的说明。

假设有 n 个系统在运行,分别位于平面①中的 (x_1,y_1)、…、(x_n,y_n),对向一个目前位置 (x,y) 待定的中级维修设施。它的位置将通过最小化从 (x,y) 到 n 个独立系统位置的总运输成本确定,其预期的出入每个地点的交通量为加权。从 (x,y) 到 (z,w) 的运输成本由非负实函数 $C((x,y),(z,w))$ 给出。系统 i 的中级设施需求所占比例为 $\alpha_i \geqslant 0, \alpha_1+\cdots+\alpha_n=1$。这些可能并不相等,因为每个站点可能有不同的系统数量和类型,而且替换FRU的需求是由每个月每个FRU的故障频率和现场的FRU总数确定的。然后,中级设施的位置就可以通过找到最小化下式的 (x,y) 确定,即

$$\sum_{i=1}^{n} \alpha_i C((x,y),(x_i,y_i))$$

参见练习3。成本函数还可能包含一个有关延迟的系数。认真考虑中级维修设施的位置还有一个原因是为了尽量减少后勤延迟时间(参见12.4节)。

此外,这可能是抓住了核心思路的最简单的设施选址模型。它不可能包含足够的对现实选址问题有用的细节,但有时一个简单的模型是输入信息的质量可以调整的全部内容了。在任何情况下,它都可以提供一些指导,即使所有的已知会很重要的因素都不能明确地包含在内。对于设施选址问题存在大量的研究和教育文献,其中参考文献[12]提供了一种切入的方式。

13.2.2 保障性定性评估

保障性评估包括定性和定量技术。保障性定性评估可能用在通过建模进行定量评估所需的附加费用和时间难以调整的情况,或定量模型没有意义,此时,可以实施定性评估以提供足够的:

(1) 全面的保障性要求;

(2) 诊断程序;

(3) 文档;

(4) 工作人员的培训;

(5) 测试设备以及其他相关的要求。

① (x,y) 坐标系的二维欧几里得空间。

13.3　促进保障性实施的因素

12.2.2 节中列出了促进保障性的几个因素。这里我们将更详细地考虑每一项因素,讨论它们的实施,以及它们是如何促进保障性的。

13.3.1　诊断和故障定位

准备维修时最重要的因素之一是快速地决定什么需要被维修,显然,维修直到故障源被识别和定位后才能开始,识别时间越长,对保障性和系统可用性的中断越严重,影响越坏。这部分讨论在系统设计中的一些原则是以便快速地识别和定位故障,为快速开始维修铺平道路。

当一个故障发生时,花费在诊断和定位故障原因的时间增加了中断的持续时间,保障性是通过提供快速诊断(功能出现故障,则这部分的系统是要负责的)和故障定位(鉴定包含故障的具体组件或 FRU)的手段提高的,能够快速诊断并进行故障定位的在线技术,是当系统运行中持续、周期性运转的程序,包括以下几方面。

(1) 内置测试(BIT)设施(也称为内置自测)。BIT 包括确定系统是否在产生正确输出的方法,不仅包括最终输出,而且包括中间输出,BIT 的诊断能力源于一个正确的输出应该是在测试阶段的理解,该阶段的输出电流是什么,以及任意差异如何表明可能发生在该阶段的故障。可以在系统级全面实施 BIT 以帮助识别故障 FRU,并且如果 FRU 是可修复的,还可以在现场或 LORA 指示的远程修理设施中,在 FRU 内进行 BIT 协助维修人员。详情见参考文献[30]。

(2) 奇偶校验和错误检测的使用(EDC)或纠错码(ECC)。这些是 BIT 更基本的形式,因为奇偶校验和 EDC 表明只有一个故障的存在,但是并不确定故障的位置。ECC 通过纠正和检测错误提供了额外的稳健性,但在吞吐量上难免有小的损失。纠错码的数学原理可以在参考文献[25]中找到,工程应用覆盖在参考文献[26]。

(3) 当系统执行功能时,诊断程序在后台运行。

一旦系统故障并处于停电状态,离线程序就可以应用了。离线诊断和故障定位程序是常规性测试,它使用专业的测试设备和工具,特别设计了帮助确定引起故障的错误类型和位置的功能。例如,一个特定数字通信模式(如无线电电传)的传输测试集,创建了一个嵌入发射机输入的已知完整性信号。该波形由在发射机预定测试点的测试集测量,且与输入进行比较。与某个高质量信号测试点的偏差表明该测试点监控的发射机级存在困难。该系统的物理设计,通过使它更容易或更难访问所需的测试点,能促进或阻碍保障性。如果测试点带出一个单一的外部接口促进连接到测试集,这样的测试也可以自动完成。这些都不是新的想法,但包含了所有的,这些想法提供了一些保障性方法的设计实例。

13.3.2 工具和设备

有些设备被设计为无需工具拆卸。这些系统中,通常是低价值的消费产品,如打印机、子母扣紧固件,它们可以不使用任何特殊的工具迅速拆卸(尽管有时需要关于紧固件的位置和操作的专业知识)。但是,大多数更复杂、更高价值的系统在更有挑战性的环境中应用,如需要工具拆卸扣件、从连接器拆卸电路板等。所有这些工具应该容易得到,不要在寻找合适的工具上浪费时间①。所以要有一份合同,要求任何特殊的工具要作为系统物理设计的一部分被提供,并与产品一起发货。一些较老的例子,包括 R-390A/URR 和 Collins 51S-1 的 HF 接收器,被与拆卸和对准工具一同装备作为接收器的物理设计的一个组成部分。理想情况下,应该尽量减少使用专用工具,因为唾手可得的普通工具节省了工具挑选的时间。

13.3.3 文档和工作流程管理

如果没有完全不同的系统维修人员可以处理系统的几个不同的部分。虽然训练是必要的,但由于时间紧迫有时意味着它是不够的,工作人员可能需要查阅文档,让他们有能力执行所需的程序。花费时间寻找的同时也使找文件增加了停机时间。每次修理都应该研究适当的工作流程,文档应纳入工作流程,以便需要时是现成的。一个严格的过程管理方法[13,28]应该遵循使错误的机会减至最低,避免出现低效率。

工作流管理软件为执行特定的修复任务提供了一步一步的方向,它也可以用于过程中的质量控制。特别复杂或繁琐的程序可能会受益于工作流程管理软件的支持,增加了便利性,减少了出错的机会。工作流管理软件还可以通过提供实时指令和补充培训,使缺少经验的维修人员受益。

13.3.4 人员培训

当修理人员没有在他们的设施内进行维修所需要的程序培训时,多出的时间被消耗在各种低效上:查找在修复过程中一个步骤恰当的执行方式,请同事帮忙,找出正确的操作顺序等。这些增加了顺利执行的时间,降低可维护

① 这种时间统计是低效延迟时间(参见 12.4 节)的一部分。

性,错误的可能性增大。许多研究表明,在各种领域投资于训练[2,6,29]会获得收益增长。培训在维修业务中的价值不应该被低估,因为重复的维修错误会带来严重的后果。

13.3.5　维修设备的布局和工作站设计

虽然现场服务和维修往往是在特别的情况执行的,中级和更高级别的维修在专业的设备上执行,这些设备的设计和布局可以促进或阻碍维修任务的有效执行。永久性的安装提供了一个最大化效率和吞吐量的机会,通过对整体设施良好的设计和设施中各个工作站的设计。在一个设施上消耗了很多不必要的维修时间,会导致吞吐量降低、对修复件返回使用的无端延迟以及由于冗余而产生额外成本。

随机的网络流量模型提供了一种富有成效的方式,对维修设施的布局进行建模。它需要理解在设施中执行的维修工作以及每个修理工作类型所需的各个步骤。

(1) 计划设施的布局。

(2) 收集关于在设施的每个工作站中工作消耗的时间的信息。

后者是由维护任务分析(参见 11.3.2.2 节)促进。一旦这些是已知的,一个网络流量模型可以实现。在这种情况下,所述网络通常只具有一个输入节点(维修作业进入该设施的位置)和一个输出结点(维修作业离开该设施的位置),网络流量模型酷似优先图法或关键路径法。我们提出一个在 13.4.1 节提到的对设施性能(吞吐量和延迟)分析的情况下,修理设施的随机网络流模型。维修设施的设计也应包括对数据收集的规定和存档,以支持在第 5 章提到的 FRACAS。

13.3.6　维修程序的设计

当修理设施和材料通过它的流动的布局极大地影响完成修理工作所需的时间时,用于该作业的每一步骤的过程是不那么重要了。设施布局涵盖了工作站的顺序和位置,维护程序的设计考虑了在每个单独的工作站中操作顺序的规范。维修程序设计包含的规范如下。

(1) 测试设备需要执行工作站的功能。

(2) 工具所需的拆装、维修、调整、重组等,需要在工作站完成。

(3) 当出错的机会最小时,要用一系列的操作快速完成在工作站中的任务。

(4) 工作站的员工,其中需要多少技术人员,以及每个人的职责。

(5) 文件支持工作站的业务,包括全流程的描述以及修理中系统细节的详细文档。

(6) 工作站运营商培训,其中包括对老运营商定期的复习培训和对新运营商定期的入门培训。

(7) 从工作站操作人员处收集管理反馈确定提高效率、最大限度地减少错误以及只有通过已有操作获得的经验才可能会显现的因素的概率。

(8) 持续改进经由工作站性能的定期评估和重新设计,基于记录的需要改进的地方。

当缺少有经验的运营商时,对大量缺乏经验的运营商来说,工作流程管理软件也许就很有用了,并且以防万一,操作或材料需要可追溯。

13.3.7 备件和维修件及耗材库存

在任何通过更换模块或组件(简称现场可更换单元或 FRU)进行维修的维修方案中,不管多级与否,维修人员都需要容易获得的完好零部件库存。通常,这意味着在每个将要使用这些零部件进行维修的站点都会保存一定数量的备件。这个数量是怎么选择的呢?

保障管理图平衡购买和运输备件库存的成本与因为站点中某类型单元的库存已耗尽而使需要该类型单元的维修不能及时完成时所产生的成本。最早期的库存优化模型包括寻找缺货概率(参见 12.4 节)的最佳值。当缺货概率低时,需要较多数量的备件,并且购买和运输成本是很高的。当缺货概率高时,会更频繁地出现无法完成的维修,并且由于紧急采购备件和更长的中断而产生的成本增加。这些成本的总和具有 U 形曲线的特性,并且从该形式体系出发是可以选择缺货概率的最佳值的,这取决于所涉及成本的特定值。此外,这很可能是已被定量研究的最简单的库存优化模型,但在许多特定情况下它是不太可能直接适用的。对于许多现实库存优化模型已经在广泛的业务研究文献中有所考虑。另请参见参考文献[11]的概述。

故障和中断不会脱离可用性,然而,大多数系统有一定的可用性目标。因此,例如,如果中断持续较长的时间,因为一个备用单元中不存在现场详细目录,则系统可用性(任何固有的,操作,或实现,参见 10.6.4 节)将减少。在某种意义上说,缺货概率为系统可用性代理:因为希望保持低的缺货概率,使得系统的可用性较高。可用性要求的出现意味着可以通过直接将系统可用性要求作为计算库存尺寸优化的一个约束条件处理。以这种方式,系统保障性被安排,以使系统可用性要求直接考虑一个更全面的方法整合保障性和可靠性。这种方法的一些实例包括参考文献[1,7,23]。

各种各样的型号已发展到涵盖使用许多不同的操作可能性:备件只保存在

现场、备件保存在现场同时备份保存在提供备用备件几个网站中间服务的位置、备件直接从制造商订购等。许多内容可以在参考文献[27]中找到。

在实践中,大多数企业管理软件包括库存优化和管理功能,所以很少需要从头开始开发一个新的模型。正如所有预期的应用软件,检查软件提供者使用的假设是有价值的,以确保它们的操作及结果相一致。如果经验表明,由软件所建议的数字过大或过小,则实施后调整是可取的。

13.3.8 运输与物流

一个多层次的维修方案,需要大量的待修品、修复品和备件的运输工作,方案中等级和位置越多,需要的运输越多。运输和物流通常是这些方案中成本最大的部分,在购置成本和劳动力成本之后。最佳选址(参见 13.2.1.2 节)是尽量减少运输成本的一种方式,然而,通常的情况是设施的位置不能尽如人意,例如,人们会希望利用已有的基础设施。在这样的情况下,尽量减少运输成本和延迟依然重要。当位置(系统安装,中级和高级维修的位置)固定了,影响运输和物流成本的因素还包括:

(1) 维修方案中,将运输方式的组合用于不同路线;

(2) 工作的批处理和分期,以及物资运输;

(3) 内部与分包运输。

正式的优化模型可以考虑这些因素的成本最小化设计。在许多情况下,类似于 LORA 的简单计费模型可能足以为操作提供一个很好的起点,当获得一些经验后,这些起点会随着操作属性被调整。

13.4 保障性的定量设计技术

大多数保障性工程关注的行动来自于系统中保障人员的工作,他们的目标是促进更快、更低成本、更少出错的维修。13.3 节讨论了一些重要因素,是关于恰当的实施有助于促进更好的保障。这些因素中的一些,可以定量处理,因此它们可以通过优化解决。在本章前面,我们讨论了关于库存管理和设施选址的一些基本定量的发展,这些发展显示出应用和指向文献进一步发展的模型是最基本的。在本节中,我们将考虑一些更详细的模型用于维修设施的布局和个人工作站的人员规模,这些模型可以设计为,通过提供控制参数最低成本,实现规定的保障性要求。

13.4.1 维修设施的性能分析

一些维修设施被设计为支持多种系统类型,并且可能会有许多不同维修类型。例如,在 11.4 节研究的多层次模型,更复杂的维修需求需要从现场部署网点收集,并按照一定的计划方案提供服务。保障性关注的是实现更快的维修,所以对维护设施的设计是促进还是抑制快速维修感兴趣。本节讨论可用于研究维护设施性能的简单模型,常用的性能效力标准包括吞吐量(每小时从设施的入口流动到设施出口的单位数)和延迟(一个单位花费在设施中等待和经历服务过程的时间)。该模型可以作为设施的优化的基础,通过调节数量和工作站的布置,使得可以吞吐量和延迟要求满足最低成本。

维修设施通常包括一些工作站,它们可能全部相同(如果正在执行只有一种类型的维修)或不同(如果该设施处理一个以上类型的维修)。单位进行维护输入设施和路由到传入的检查和分类活动,从那里它们被发送到适当的工作站。然而,如果需要额外的维护,并且当所有的维护完成时路由到出口,则它们可能被路由到其他工作站,通常将需要维护的单位称为"工作"。因此,人们能将一个维修设施,想象为一个流过工作站周围的工作站和工作流的集合。这项活动的一个方便量化的模型是一个网络流[14],在其中工作的外源性需求进入网络,在网络中的各工作站花费一些时间,当它们需要的维护完成时就离开网络。

此外,在大多数情况下:

(1) 每个工作站的人数被限制;

(2) 花费在工作站的工作时间是不可提前预测的。

因此,网络实际上是队列的网络[3,8,19],其中的"队列",我们的意思是服务系统遇到的需求是随机的,需要服务每个需求的时间也是随机的。每个工作站代表一个队列,其中服务器的数目是工作站中运营商的数目,服务时间是(随机)在该工作站完成维护所需的时间(见维护任务分析,参见 11.3.2.2 节)。作业网络中的数据流是由马尔可夫过程描述的,具有过渡矩阵,它的(I,J)项的条件概率表示,一个作业现在在工作站 I 上,之后将前往给定工作站 J。这个路由模式也适用于固定的、确定性的路由选择,其中,通过该设施给定作业类型的路径是固定的,也是预先确定的。路由选择是由一个单位所需要的维护操作的顺序,每个工作站的能力,以及有多个已给定能力的工作站时在其中作业的随机完成时间,三者共同决定的。图 13.1 是这种操作的典型模式。

在本实施例中,有两个不同的维护任务,因为该设施服务两种类型的单元。每个任务有两个步骤,任务 1 的第二步骤比其他步骤耗时,所以为该步骤提供了

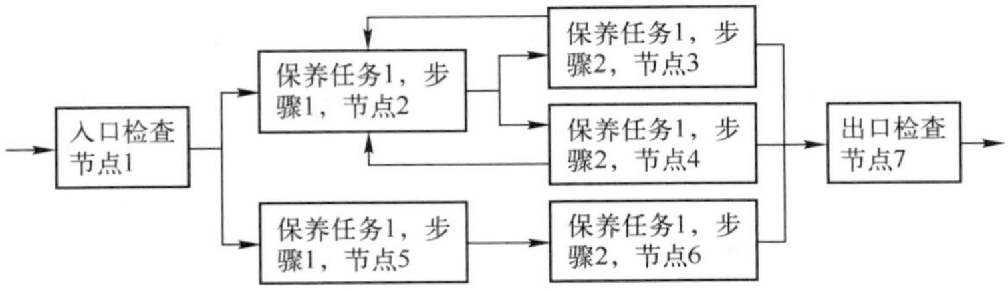

图 13.1　一个维护设施流网络(入口检查节点 1,保养任务 1 步骤 1 节点 2、3、4、5,出口节点检查节点 7)

两个工作站。① 从任务 1 步骤 2 回到任务 1 步骤 1 的路径,表示因为任务 1 的错误执行可能返工。当它们完成时,作业从外网来并从外网退出。每个工作站可以被认为是,一个由作业组成的到达过程的队列在工作站等待工作,服务器的数量等于工作站中员工的数量,服务的时间等于工作站中完成一项作业需要的时间。此示例网络中的路由选择矩阵是(RII:$I,J=0,1,\cdots,7$)(图 13.2)。

$$\begin{pmatrix} 0 & 1 & 0 & 0 & 0 & 0 & 0 & 0 \\ 0 & 0 & 0.6 & 0 & 0 & 0.4 & 0 & 0 \\ 0 & 0 & 0 & 0.5 & 0.5 & 0 & 0 & 0 \\ 0 & 0 & 0.02 & 0 & 0 & 0 & 0 & 0.98 \\ 0 & 0 & 0.02 & 0 & 0 & 0 & 0 & 0.98 \\ 0 & 0 & 0 & 0 & 0 & 0 & 1 & 0 \\ 0 & 0 & 0 & 0 & 0 & 0 & 0 & 1 \\ 1 & 0 & 0 & 0 & 0 & 0 & 0 & 0 \end{pmatrix}$$

图 13.2　路径矩阵的案例

此矩阵表示进入设施的作业中约 60%是类型 1,40%是类型 2。来自于任务 1(节点 2)步骤 1 的已完成作业的 1/2,被发送到在节点 3 的工作站,另一半被发送到节点 4。图表和矩阵表示,2%离开节点 3 和 4 的作业需要返回节点 2,因为任务 1 没有正确完成。所有作业离开设施之前将接受出厂检查,该网络被认为是开放的,因为至少有一个节点,供作业进入或离开网络(在一个封闭的网络,固定数量的作业围绕着网络,没有新的作业会进入,也没有作业离开;封闭网络通常不适合对维修设施建模,因为作业旨在被完成,并离开该设施)。

最简单的排队网络模型是杰克逊网络[19,20],其中每个单独的工作站是一个

① 在这个例子中,这是作为一个先验的判断,但这种性能建模的一个主要目的是该设施的优化,即为每个任务和/或路由方案选择工作站的数量,以优化某些系统的有效性测量,如设施的总操作成本,或从进入到退出设施的总时间。

M/M/c FCFS① 队列[15]，路由是马尔可夫（其中一个作业会去哪，仅次于取决于它现在在哪，而不取决于之前的任何位置）。杰克逊网络只允许一个作业类型②，但泊松流可以来自外网的任意节点，并按负荷而定支持的到达率和服务率。杰克逊网络的关键特征是：它具有所谓的产品形式的解。即每个工作站作业数量的联合分布，可以被写为每个工作站作业数量的个体分布。换句话说，网络的行为就好像各个工作站都随机独立。这一结果在很大程度上取决于伯克定理[5]，它声称来自 M/M/c 队列的离散过程也是泊松过程。形式上，令 j 表示杰克逊网络中工作站的数量，令 N_i 表示处于平衡状态的工作站 i 中，服务的作业数量③，Q_i 表示（平衡）工作站 i 中的作业数量 $I(I = 1,2,\cdots,J)$（即在服务和等待），则乘积形式的解为

$$P\{N_1 = n_1,\cdots,N_J = n_J\} = \prod_{j=1}^{J} P\{N_j = n_j\}$$

和

$$P\{Q_1 = q_1,\cdots,Q_J = q_J\} = \prod_{j=1}^{J} P\{Q_j = q_j\}$$

用 μ_i 表示工作站 i 独立服务器的服务速率，用 c_i 表示工作站 $i(i = 1,2,\cdots,J)$ 的服务器数量，然后，在工作站 i 的总服务速率为 $c_i\mu_i$。④ 工作站 i 中的服务器数量 c_i 是优化设施中的控制变量，分配给每个工作站的运营商数量，改变了在该工作站作业的服务时间，并影响了等待时间和缓冲器占有率。典型地，在维护操作中，每个工作站仅有有限的缓冲空间或等待空间，缓冲区大小可能是优化的控制变量，但杰克逊网络模型只允许无限缓冲器。但这显然只是近似的真实维修设施的设计，在应用中，人们会选择一个足够大的缓冲器，以适应大多数预期的需求，因为人们不允许原料等待被忽略、丢弃或没有受到关注以其他方式离开系统的服务。

解决一个杰克逊网络问题的第一步，是确定当包括两个外源到达和来自其他网络节点路由到达的，在每个节点处的复合到达率。通过解流量方程实现

---

① 先来先服务。

② 这不是一个难以逾越的限制，只有当一种以上的维修类型（作业类型）适应一个或多个工作站时，才会起作用。为适应多种作业类型的杰克逊模式的扩张，已经得到了发展；也许最知名的是参考文献[3]。也可以参见参考文献[4,9]的方法，用排队网络模型的方法计算。

③ “平衡”在这种情况下意味着足够的时间已经过去了，以至于任何瞬态效应由于队列的初始条件的变化已经衰减掉，而“稳态”操作占优势。“均衡”的正式定义需要考虑遍历性，这超出了本书的范围。通常一段长时间的稳定操作（稳定含义到达过程和服务时间分布的特性不改变）后，就足以推断均衡的实现了。

④ 关于为工作站选择运营商数量的一些想法，不含完整设施的分析，参见 13.4.2 节。

$$\lambda_i = \lambda_{0i} + \sum_{j=1}^{J} \lambda_j r_{ji}$$

式中：λ_i是节点 i 的复合到达速率，λ_{0i}是节点 i 的外生到达率，R_{ij}是路由矩阵 $\boldsymbol{R}$ 中的(i,j)项（$R_{ij}=P\{$作业下一个到访的工作站 j 作业所在的工作站 $i\}$）。令 $\boldsymbol{\lambda}$ 和 $\boldsymbol{\lambda}_0$是包含个别 λ_0和 λ_{0i}值的行矢量，以矩阵形式写出流量方程为 $\boldsymbol{\lambda}(\boldsymbol{I}-\boldsymbol{RT})=\boldsymbol{\lambda}_0$，我们很容易地得到复合到达率 $\boldsymbol{\lambda}=\boldsymbol{\lambda}_0(\boldsymbol{I}-\boldsymbol{R}^{\mathrm{T}})^{-1}$。$\boldsymbol{I}-\boldsymbol{RT}$ 是可逆的，因为网络是开放的[8]。已知任意复合到达率，就允许独立工作站作为 $M/M/c_i$ 队列被分析，得到$\rho_i=\lambda_i/c_i\mu_i,i=1,2,\cdots$，对 $M/M/c_i$ 队列来说，均衡解存在性的充分条件是 $\rho_i<1$，工作站 i 没有作业（无论是等待或服务中）的概率为

$$p_{0i} = \left[\sum_{n=0}^{c_i-1} \frac{1}{n!}\left(\frac{\lambda_i}{\mu_i}\right)^n + \frac{1}{c_i!}\left(\frac{\lambda_i}{\mu_i}\right)^{c_i}\left(\frac{c_i\mu_i}{c_i\mu_i - \lambda_i}\right)\right]^{-1}, \quad \rho_i < 1$$

工作站 i 中一些有趣的性能标量如下。[15]

（1）在工作站缓冲的作业预期数为

$$\mathrm{E}Q_i = p_{0i}\left[\frac{(\lambda_i/\mu_i)^{c_i}\lambda_i\mu_i}{(c_i-1)!\ (c_i\mu_i-\lambda_i)^2}\right]$$

当缓冲器占用超过其平均值时，你会想要确保有足够的缓冲空间为那些时间增加空间，以容纳至少这么多的排队作业。

（2）预计工作站 i 包括等待和服务中的总作业数为

$$\mathrm{E}N_i = \frac{\lambda_i}{\mu_i}+\left[\frac{(\lambda_i/\mu_i)^{c_i}\lambda_i\mu_i}{(c_i-1)!\ (c_i\mu_i-\lambda_i)^2}\right]p_{0i} = \frac{\lambda_i}{\mu_i}+\mathrm{E}Q_i$$

（3）W_i 工作站 i 的一个作业等待服务（在缓冲区）的时间，其预期值为

$$\mathrm{E}W_i = \left[\frac{(\lambda_i/\mu_i)^{c_i}\mu_i}{(c_i-1)!\ (c_i\mu_i-\lambda_i)^2}\right]p_{0i}$$

（4）令 T_i 表示工作站 i 中一个作业花费的总时间，其中包括等候时间和服务时间。之后，用 S_i 表示工作站 i 中一个作业的服务时间，即

$$T_i = S_i + W_i$$

$$\mathrm{E}T_i = \frac{1}{\mu_i} + \mathrm{E}W_i$$

（5）假设维护设施有一个作业进入的节点（称为节点 A）和一个作业离开的节点（称为节点 B）（是节点 1 和 7，分别在前面举例过）时，一个作业通过维护设施完成一次旅行预期花费的时间，为矩阵中的(a,b)项为

$$(I-R)^{-1}(S\#R)(I-R)^{-1}$$

式中：I 为单位矩阵；R 为设施的路由矩阵；S 为一个矩阵，它的(i,j)项为 $T_i+\tau_{ij}$

(τ_{ij}是从节点 i 到节点 j 的预期通行时间。在大多数情况下,这将被视为是零,除非该传输时间与平均服务和等待时间相比是不可忽略的),$(\boldsymbol{S}\#\boldsymbol{R})_{ij}=\boldsymbol{R}_{ij}\cdot\boldsymbol{R}_{ij}$(这就是所谓的阿达玛或 $\boldsymbol{S}$ 和 $\boldsymbol{R}$ 的直接产物)[31]。

(6) 吞吐量是每单位时间离开出口节点 b 作业的预期数目。节点 b 是带有复合到达率 λ_B(由流量方程得出)和服务速率的 $M/M/c_b$ FIFO 队列。通过伯克的定理,节点 b 的离开率也为 λ_b,这里吞吐量表示复合到达率的时间单位。

用于维护设施的排队网络模型的性能参数,在一个方案中可被用作变量使用,以优化设施的性能。优化的目标可以是最小化作业在设施中花费的总时间、最大化吞吐量、最小化操作的总成本等,因为需要系统的经济性。优化维护设备的众多研究超出了本书的范围,但你可以使用前面分析总结的简单杰克逊网络,获得初始设计的一些指导。如果你关于输入参数的信息质量(到达流程、服务时间分布等)很高,就可以使用更复杂或更详细的排队网络模型,并可以适当的使用。许多系统中人为的表现是一个重要因素的不确定性,而杰克逊网络模型往往可以调整。相关模型已经在文献中被讨论,包括参考文献[10,16]。

本节中所讨论的模型,关于操作进行了强假设(泊松引入、指数服务等),特殊情况下这些假设可能有效或无效。与往常一样,需要使用由系统开发的经济性所指导的更清晰的模型(更好的匹配已知特有的真实维护状况)。在大多数情况下,简单的模型可以为设施的设计和优化提供有益的指导,你要更好地使用它,而不是什么都不做。只有当经济学证明有额外的成本时,才要花费额外的资源去调整一个更复杂的模型。

13.4.2 员工规模:机器服务模型

想要高效维护的关键是,执行各维护任务时适当人员数量的选择。本节将介绍一种定量的方法,通过采用标准的工业工程排队模型、机器服务模型,确定员工规模。工作站 i 的技术人员的数量为 c;在 13.4.1 节的注释中已分析讨论过,工作站的员工模型与性能是相互影响的。当使用早期性能分析模型优化设施时,本节的模型为 c_i 提供了一个很好的起点,当执行整个网络模型时,这些选择的累积效果变得可见。

该机服务模型是有限源排队模型。也就是说,只有有限数量的源为队列产生作业。这些来源是需要时时(当它们发生故障)服务的机器,该服务器是修理人员。在此相适应,我们用源的数量 S 作为产品,系统或服务产生的维护任务,任务要在给定的工作站中执行。用服务器的数量 c,作为在工作站将要执行任务的技术人员的数量。在计划练习中,c 是未知的,并且要被选择去最小化一些运作效能测量,例如,执行全部需要维护操作的总时间,或在工作站的维护操作的总成本。维护人员对服务源需求的比率是与产品、系统或维护设施覆盖服务的失败频率，以及产品、系统或维护设施提供服务的数量相关的。排队模型的服务时间是停电持续时间，我们的初始模型将这些给出（具有已知的分布），并使用 c 作为一个控制变量。更先进的模型也可以构建使用该服务时间的分布（停机时间）作为控制变量。在这种情况下，服务器的数量和服务时间会相互影响，那将会使模型的分析更加复杂，但可以利用模拟从这个更现实的模型上获得结果。

在本节中，我们将考虑一个简单的机器维修模型，提出一些简化假设，这样就可以知道在不陷入细节困境的前提下，这项技术能做到什么。当需要更高的精度时，更现实的模型可以被开发，且经常需要模拟的解决方案。因此，我们假设有相同类型的 S 产品、系统或服务分配给所讨论的工作站，并且均为可修理系统，其故障出现在时间为齐次泊松过程[22]并伴随速率 λ。c 服务器队列的作业到达率即维修人员，当 $n<s$ 时，$\lambda_n=(s-n)\lambda$，当 $n\geqslant s$ 时 $\lambda_n=0$（n 为当前在服务的系统数量）。我们假定一个系统的维修时间呈均值为 $1/\mu$ 的指数分布，所以总体来说在设施中的所有系统的修复时间是均值为 $1/\mu_n=1/n\mu$ 的指数分布 $0\leqslant n<c$ 或均值为 $1/\mu_n=1/c\mu(n\geqslant c)$。写 $p=\lambda/\mu$，并假设 $p<1$，这种模式的解决方案使用出生和死亡过程[22]的理论，从中我们可以得到有益的平衡工作特性模型[15]。

（1）有 i 个系统被服务的概率为

$$p_i=\begin{cases}\dbinom{S}{i}\rho^i p_0, & 1\leqslant i<c\\ \dbinom{S}{i}\dfrac{i!}{c^{i-c}c!}\rho^i p_0, & c\leqslant i\leqslant S\end{cases}$$

式中：p_0为设施闲置的概率，可得

$$p_0(c)=\left[\sum_{j=1}^{c-1}\binom{S}{j}\rho^j+\sum_{j=c}^{S}\binom{S}{j}\frac{j!}{c^{j-c}c!}\rho^j\right]^{-1}$$

（2）工作站系统的预期数量，包括那些正在服务和等待的，由下式给出，即

$$\mathrm{E}N=\sum_{j=0}^{S}jp_j=p_0(c)\sum_{j=0}^{c-1}j\binom{S}{j}\rho^j+\sum_{j=c}^{S}j\binom{S}{j}\frac{j!}{c^{j-c}c!}\rho^j$$

（3）等待服务系统的预期数量由下式给出，即

$$\mathrm{E}Q=\mathrm{E}N-c+p_0(c)\sum_{i=0}^{c-1}(c-j)\binom{S}{j}\rho^j$$

（4）系统花费在工作站的预期时间由下式给出，即

$$\mathrm{E}T=\frac{\mathrm{E}N}{\lambda(S-\mathrm{E}N)}$$

系统花费在缓冲器等待服务的预期时间由下式给出，即

$$EW=\frac{EQ}{\lambda(S-EN)}$$

当使用该模型来规划供给工作站的运营商数量时，选择一个有保障的指标(如系统等待服务的预期数量)，并用 c 作为恰当表达式的控制变量(为了强调这一点，我们已经确定了空闲概率为 $p_0(c)$)，在给定的成本约束内，求关于 c 的最小值。

同样，即使这可能看起来很复杂，但是有可能是已经被定量处理最简单的机器维修模型，而且它可能不包含特定操作的所有细节。虽然在实际情况下，它提供了比猜测起点更好的指导，并且在操作的任何不足变得明朗之前不会花费太久时间以从基线中获得调整。

13.5 保障性设计的最佳实践

13.5.1 客户的需求和保障性要求

保障性对停用持续时间有直接的影响，所以了解客户在服务恢复速度上的需求是很重要的，以便它们可以被并入保障性要求。例如，客户可能需要不超过50ms 的故障切换时间(参见 11.3.1 节)，这只能使用自动化流程来实现，因此带来了在线冗余单元所有的支持问题，需要提前制定。这些方面包括诊断和故障定位、冗余单元的测试(如果必要)和预先确定如果不能正确切换到冗余单元时会有什么情况发生。

保障性要求应至少解决，直接降低中断长度方面的问题。这些包括：

(1) 诊断和故障定位时间；

(2) 现场备件库存管理；

(3) 调度时间使得技术人员到达故障更换单元；

(4) 更换过程中的误差最小化程序。

13.5.2 团队整合

维修性工程一样，保障性工程要避免的一大风险是在研发过程中考虑保障性太晚。例如，我们已经看到了考虑保障性即备件库存的适当大小，对系统可用性的重要影响。有了可用性的要求，许多系统都有这些要求，这就要求在开发早期开始库存优化，使信息可用于下游(如在 LORA 中使用)。

期望每个团队成员都成为保障方面的专家是不现实的，因此，由所有的可持

续性工程领域的代表参与“综合性”研发管理会议,有助于确保重要保障问题得到关注。当一个受保障性影响团队的成员从团队的另一部分听到一个计划,他会立即协调进行,并能取得较好的效果。

13.5.3 建模与优化

当在维护中有一个机会需要使用新的设施或工艺,则应基于一些定量模型进行计划,哪怕只是简单的模型。这一章已经给出了应用于库存管理、设施选址、维护设施的设计及维护工作站工作人员等实例的建模。这里给出的模型不能支持这 4 个领域的每一个计划,但它们的目的是给出使用这些计划定量方法时所使用的推理过程。大多数企业管理软件包含了这类计划的综合模式,但不是每一个组织都使用企业管理软件,甚至那些花钱去验证软件是否符合应用条件的企业也是如此。模型不需要是(实际上永远不能)完美的,但与保障性设施和工艺流程初步设计的猜测相比,它们提供了更好的指导。

13.5.4 持续改进

保障性的初始设计极少产生显著的结果。几乎任何设施或进程中的控制参数都需要一直调整。但除此之外,即使在保障过程运作良好的情况下,持续改进也总是非常有价值的。条件一直在发生变化:故障发生频率增加或减少、供应商来来去去、员工流动率增加或减少等,因此,几个月前行之有效的可能也不再是最优的。一个持续改进的健康计划有助于保持更低的保障成本,同时又保证了需要的效果。持续改进的基础是使质量控制和管理工具适应保障过程的需求。例如,设施的工作量可以通过控制图进行监控,当工作量变化时,就有可能确定这个变化是由于该设施操作中的某些重要因素(“特殊原因”),还是一个普通统计波动的反映,这会出现在任意一个受随机影响或“干扰变量”(“普通原因”)影响的过程中。

13.6 本章小结

本章一直致力于改善保障性设计。保障性设计与可靠性和维修性设计类似,因为它试图为保障环境预先准备一个通过优化操作条件来提供与客户需求、系统或服务商业案例相一致的保障水平的系统或服务。保障性设计通过开发可以改善保障环境的操作,达到快速、低成本和无失误维修的总目标,而不是试图阻止故障或优化维修。这里所涵盖的一个系统的保障条件的某些具体方面包括备件和耗材的库存管理、中级维修设施的选址、优化工作量和成本的维修设施安排,以及为维修工作站选择合适的员工规模(操作员数量)。保障性设计所包含的其他保障环境的特点包括故障诊断、故障定位、后勤管理、文档和培训以及维护程序设计的方法与工具。本章旨在帮助系统工程师熟悉基本的保障性原则,只有在少数情况下详细地探寻了模型的形成。涉及保障性工程细节的教科书包括参考文献[21,24]。

13.7 练　　习

1. 假定 $X_1, X_2, \cdots$ 是具有平均 μ_1 的指数分布的随机变量,$Y_1, Y_2, \cdots$ 是具有平均 μ_2 的指数分布的随机变量。证明:组合集合 $X_1, Y_1, X_2, Y_2, \cdots$ 是指数分布,且平均。这是否适用于两个以上的集合?

2. 当需求分布是泊松率为 4 的泊松分布时,确定(6,9)库存管理系统的缺货概率。

3. 对于 13.2.1.2 节中讲述的设施选址模型,当有 4 个系统位于(0,0)、(10,0)、(1,11) 和(17,24)时,找到中级设施的位置;每个系统对中级设施发送相同的需求;成本函数是 $C((x,y),(z,w)) = 5+6(x-z)^2+(y-w)^2$。

参考文献

[1] Adams CM. Inventory optimization techniques, system vs. item level inventory analysis. *2004 Annual Reliability and Maintainability Symposium*. January 26–29; Piscataway, NJ: IEEE; 2004. p 55-60.

[2] Bartel AP. Measuring the employer's return on investments in training: evidence from the literature. Ind Relat J Econ Soc 2000;39 (3):502–524.

[3] Baskett F, Chandy KM, Muntz RR, Palacios F. Open, closed, and mixed networks of queues with different classes of customers. J ACM 1975;22:248–260.

[4] Bolch G, Grenier S, de Meer H, Trivedi K. *Queueing Networks and Markov Chains: Modeling and Performance Evaluation with Computer Science Applications*. New York: John Wiley & Sons, Inc; 1998.

[5] Burke PJ. The output of a queueing system. Oper Res 1956;4 (6):699–704.

[6] Carnevale AP, Schulz ER. Return on investment: accounting for training. Train Dev J 1990;44 (7):S1–S32.

[7] Chan CK, Tortorella M. Spares inventory sizing for end-to-end service availability. Proceedings of the Annual Reliability and Maintainability Symposium; January 22–25; Philadelphia, PA; 2001. p 98–102.

[8] Chen H, Yao DD. *Fundamentals of Queueing Networks*. New York: Springer; 2001.

[9] Conway AE, Georganas ND. *Queueing Networks—Exact Computational Algorithms*. Cambridge: MIT Press; 1989.

[10] Crespo Marquez A, Sánchez Heguedas A. Models for maintenance optimization: a study for repairable systems and finite time periods. Reliab Eng Syst Saf 2002;75 (3):367–377.
[11] Davis RA. *Demand-Driven Inventory Optimization and Replenishment: Creating a More Efficient Supply Chain*. Hoboken: John Wiley & Sons, Inc.; 2013.
[12] Drezner Z, editor. *Facility Location: A Survey of Applications and Method*. New York: Springer-Verlag; 1995.
[13] Dumas M, LaRosa M, Mending J. *Fundamentals of Business Process Management*. New York: Springer-Verlag; 2013.
[14] Ford LR, Fulkerson DR. *Flows in Networks*. Princeton: Princeton University Press; 1962.
[15] Gross D, Harris CM. *Fundamentals of Queueing Theory*. New York: John Wiley & Sons; 1974.
[16] Hani Y, Amodeo L, Yalaoui F, Chen H. Simulation based optimization of a train maintenance facility. J Intell Manuf 2008;19 (3):293–300.
[17] Heyman DP, Sobel M. *Stochastic Models in Operations Research*. Mineola: Dover Publications; 2003.
[18] Hillier FS, Lieberman GJ. *Introduction to Operations Research*. 8th ed. New York: McGraw-Hill; 2005.
[19] Jackson JR. Networks of waiting lines. Oper Res 1957;5:518–521.
[20] Jackson JR. Jobshop-like queueing systems. Manag Sci 1963;10:131–142.
[21] Jones JV. *Supportability Engineering Handbook: Implementation, Measurement and Management*. New York: McGraw-Hill; 2006.
[22] Karlin S, Taylor HM. *A First Course in Stochastic Processes*. 2nd ed. New York: Academic Press; 1975.
[23] Kumar UD, Knezevic J. Availability based spare optimization using renewal process. Reliab Eng Syst Saf 1998;59 (2):217–223.
[24] Kumar UD, Crocker J, Knezevich J. *Reliability, Maintenance and Logistic Support: A Life Cycle Approach*. Dordrecht: Kluwer Academic Publishers; 2000.
[25] MacWilliams FJ, Sloane NJA. *The Theory of Error-Correcting Codes*. Amsterdam: North-Holland; 1977.
[26] Michelson AM, Levesque AH. *Error Control Techniques for Digital Communications*. New York: John Wiley & Sons, Inc; 1985.
[27] Muckstadt JA. *Analysis and Algorithms for Service Parts Supply Chains*. New York: Springer; 2005.
[28] Sharp A, McDermott P. *Workflow Modeling: Tools for Process Improvement and Application Development*. 2nd ed. Norwood: Artech House; 2008.
[29] Stolovitch HD, Maurice JG. Calculating the return on investment in training: a critical analysis and a case study. Perform Improv 1998;37 (8):9–20.
[30] Stroud CE. *A Designer's Guide to Built-In Self-Test*. New York: Springer-Verlag; 2002.
[31] Tortorella M. Path-additive functional in stochastic flow networks with Markovian routing. Rutgers University Department of Industrial and Systems Engineering Working Paper #06-004; 2006.

内容简介

本书重点关注满足客户需求并实现成功保障的系统工程的核心任务,包括撰写、管理和跟踪可靠性、维修性以及保障性需求。

本书可以帮助系统工程师进行系统和服务的开发,使得系统和服务的可靠性、维修性和保障性满足或超出客户的预期,可以提升保障的成功率和利润率。本书主要分为3个部分:可靠性工程、维修性工程和保障性工程。每一部分都提供了详尽的素材,包括需求开发、定量建模、统计分析以及在这些领域的最佳实践。

本书特色:

(1) 包含的"用语提示",可以帮助系统工程师了解专家和非专家表述的不同术语;

(2) 本书在每一章中提供练习,让读者验证在本章中提出的一些想法和程序;

(3) 在每章的最后都会进行小结,总结现行的一些可靠性、维修性和保障性工程的最佳实践。

本书具有较强的工程实用性,可供工程技术人员学习和参考。